U0197632

第二次青藏高原综合科学考察研究丛书

国家出版基金项目
NATIONAL PUBLICATION FOUNDATION

西藏色林错地区
环境变化综合科学考察报告

朱立平　王君波　等　著

科学出版社
北京

内 容 简 介

西藏色林错地区位于青藏高原印度季风与西风相互作用的过渡带。2017 年启动的第二次青藏高原综合科学考察研究将色林错地区作为重点考察地区之一，重点关注该区域的气象、湖泊、河流、冰川、大气状况和生态系统的近期变化以及全新世以来的环境演变。本书从气象要素、大气边界层水汽交换、现代湖泊学特征、湖泊面积与水量水质变化、水量平衡要素分析、湖泊生态系统、植被类型与植物多样性、动物多样性及其保护、土地覆被变化、全新世以来环境演变等方面，较为系统地介绍了考察的初步成果，提供了考察获得的基础数据。

本书为从事青藏高原研究的科研人员、管理工作者和广大科普爱好者提供了新的资料和科学认识。

审图号：藏S(2021)014号

图书在版编目（CIP）数据

西藏色林错地区环境变化综合科学考察报告 / 朱立平等著. —北京：科学出版社，2021.7
(第二次青藏高原综合科学考察研究丛书)
国家出版基金项目
ISBN 978-7-03-062825-1

Ⅰ.①西⋯ Ⅱ.①朱⋯ Ⅲ.①青藏高原–区域生态环境–科学考察–研究 Ⅳ.①X321.27

中国版本图书馆CIP数据核字（2019）第239991号

责任编辑：石　珺　朱　丽／责任校对：何艳萍
责任印制：肖　兴／封面设计：吴霞暖

科学出版社 出版
北京东黄城根北街16号
邮政编码：100717
http://www.sciencep.com

北京汇瑞嘉合文化发展有限公司 印刷
科学出版社发行　各地新华书店经销

*

2021年7月第 一 版　开本：787×1092　1/16
2021年7月第一次印刷　印张：22 1/2
字数：534 000

定价：268.00元
（如有印装质量问题，我社负责调换）

刘丛强　中国科学院地球化学研究所

龚健雅　武汉大学

焦念志　厦门大学

赖远明　中国科学院西北生态环境资源研究院

胡春宏　中国水利水电科学研究院

郭正堂　中国科学院地质与地球物理研究所

王会军　南京信息工程大学

周成虎　中国科学院地理科学与资源研究所

吴立新　中国海洋大学

夏　军　武汉大学

陈大可　自然资源部第二海洋研究所

张人禾　复旦大学

杨经绥　南京大学

邵明安　中国科学院地理科学与资源研究所

侯增谦　国家自然科学基金委员会

吴丰昌　中国环境科学研究院

孙和平　中国科学院测量与地球物理研究所

于贵瑞　中国科学院地理科学与资源研究所

王　赤　中国科学院国家空间科学中心

肖文交　中国科学院新疆生态与地理研究所

朱永官　中国科学院城市环境研究所

第二次青藏高原综合科学考察队
江湖源分队人员名单

姓名	职务	工作单位
朱立平	分队长	中国科学院青藏高原研究所
王君波	副分队长	中国科学院青藏高原研究所
侯居峙	队员	中国科学院青藏高原研究所
鞠建廷	队员	中国科学院青藏高原研究所
彭 萍	队员	中国科学院青藏高原研究所
陈 浩	队员	中国科学院青藏高原研究所
王明达	队员	中国科学院青藏高原研究所
刘克韶	队员	中国科学院青藏高原研究所
许 腾	队员	中国科学院青藏高原研究所
刘 翀	队员	中国科学院青藏高原研究所
开金磊	队员	中国科学院青藏高原研究所
于思维	队员	中国科学院青藏高原研究所
栗粲圪	队员	中国科学院青藏高原研究所
冀克家	队员	中国科学院青藏高原研究所
孙 喆	队员	中国科学院青藏高原研究所
郭泌汐	队员	中国科学院青藏高原研究所
宋炫颖	队员	中国科学院青藏高原研究所
江宝棋	队员	中国科学院青藏高原研究所
卢善龙	队员	中国科学院空天信息创新研究院
王 仓	队员	中国科学院空天信息创新研究院

马小齐	队员	中国科学院空天信息创新研究院
林 晓	队员	中国地质大学（武汉）
寇强强	队员	中国地质大学（武汉）
李亚蒙	队员	临沂大学
Andreas Jacob Laug	队员	德国布伦瑞克理工大学
边 多	队员	西藏自治区气象局
罗 红	队员	西藏自治区林业调查规划研究院
刘长兵	队员	西藏自治区环境监测中心站
张寅生	队员	中国科学院青藏高原研究所
陈莹莹	队员	中国科学院青藏高原研究所
郭燕红	队员	中国科学院青藏高原研究所
马 宁	队员	中国科学院青藏高原研究所
高海峰	队员	中国科学院青藏高原研究所
拉 珠	队员	中国科学院青藏高原研究所
周 旭	队员	中国科学院青藏高原研究所
张 腾	队员	中国科学院青藏高原研究所
王邺凡	队员	中国科学院青藏高原研究所
洛桑朗杰	队员	西藏自治区水文水资源勘测局
马耀明	队员	中国科学院青藏高原研究所
马伟强	队员	中国科学院青藏高原研究所
朱志鹍	队员	中国科学院青藏高原研究所
韩熠哲	队员	中国科学院青藏高原研究所
赖 悦	队员	中国科学院青藏高原研究所
胡泽勇	队员	中国科学院西北生态环境资源研究院
孙根厚	队员	中国科学院西北生态环境资源研究院
孙方林	队员	中国科学院西北生态环境资源研究院
假 拉	队员	西藏自治区气象局

赤　曲	队员	西藏自治区气象局
杨永平	队员	中国科学院昆明植物研究所
詹祥江	队员	中国科学院动物研究所
李欣海	队员	中国科学院动物研究所
杨晓君	队员	中国科学院昆明动物研究所
董　峰	队员	中国科学院昆明动物研究所
岩　道	队员	中国科学院昆明动物研究所
徐　凯	队员	中国科学院昆明动物研究所

丛书序一

　　青藏高原是地球上最年轻、海拔最高、面积最大的高原，西起帕米尔高原和兴都库什、东到横断山脉，北起昆仑山和祁连山、南至喜马拉雅山区，高原面海拔4500米上下，是地球上最独特的地质－地理单元，是开展地球演化、圈层相互作用及人地关系研究的天然实验室。

　　鉴于青藏高原区位的特殊性和重要性，新中国成立以来，在我国重大科技规划中，青藏高原持续被列为重点关注区域。《1956—1967年科学技术发展远景规划》《1963—1972年科学技术发展规划》《1978—1985年全国科学技术发展规划纲要》等规划中都列入针对青藏高原的相关任务。1971年，周恩来总理主持召开全国科学技术工作会议，制订了基础研究八年科技发展规划（1972—1980年），青藏高原科学考察是五个核心内容之一，从而拉开了第一次大规模青藏高原综合科学考察研究的序幕。经过近20年的不懈努力，第一次青藏综合科考全面完成了250多万平方千米的考察，产出了近100部专著和论文集，成果荣获了1987年国家自然科学奖一等奖，在推动区域经济建设和社会发展、巩固国防边防和国家西部大开发战略的实施中发挥了不可替代的作用。

　　自第一次青藏综合科考开展以来的近50年，青藏高原自然与社会环境发生了重大变化，气候变暖幅度是同期全球平均值的两倍，青藏高原生态环境和水循环格局发生了显著变化，如冰川退缩、冻土退化、冰湖溃决、冰崩、草地退化、泥石流频发，严重影响了人类生存环境和经济社会的发展。青藏高原还是"一带一路"环境变化的核心驱动区，将对"一带一路"沿线20多个国家和30多亿人口的生存与发展带来影响。

　　2017年8月19日，第二次青藏高原综合科学考察研究启动，习近平总书记发来贺信，指出"青藏高原是世界屋脊、亚洲水塔，是地球第三极，是我国重要的生态安全屏障、战略资源储备基地，是中华民族特色文化的重要保护地"，要求第二次青藏高原综合科学考察研究要"聚焦水、生态、人类活动，着力解决青藏高原资源环境承载力、灾害风险、绿色发展途径等方面的问题，为守护好世界上最后一方净土、建设美丽的青藏高原作出新贡献，让青藏高原各族群众生活更加幸福安康"。习近平总书记的贺信传达了党中央对青藏高原可持续发展和建设国家生态保护屏障的战略方针。

第二次青藏综合科考将围绕青藏高原地球系统变化及其影响这一关键科学问题，开展西风–季风协同作用及其影响、亚洲水塔动态变化与影响、生态系统与生态安全、生态安全屏障功能与优化体系、生物多样性保护与可持续利用、人类活动与生存环境安全、高原生长与演化、资源能源现状与远景评估、地质环境与灾害、区域绿色发展途径等 10 大科学问题的研究，以服务国家战略需求和区域可持续发展。

"第二次青藏高原综合科学考察研究丛书"将系统展示科考成果，从多角度综合反映过去 50 年来青藏高原环境变化的过程、机制及其对人类社会的影响。相信第二次青藏综合科考将继续发扬老一辈科学家艰苦奋斗、团结奋进、勇攀高峰的精神，不忘初心，砥砺前行，为守护好世界上最后一方净土、建设美丽的青藏高原作出新的更大贡献！

孙鸿烈

第一次青藏科考队队长

丛书序二

青藏高原及其周边山地作为地球第三极矗立在北半球，同南极和北极一样既是全球变化的发动机，又是全球变化的放大器。2000年前人们就认识到青藏高原北缘昆仑山的重要性，公元18世纪人们就发现珠穆朗玛峰的存在，19世纪以来，人们对青藏高原的科考水平不断从一个高度推向另一个高度。随着人类远足能力的不断加强，逐梦三极的科考日益频繁。虽然青藏高原科考长期以来一直在通过不同的方式在不同的地区进行着，但对于整个青藏高原的综合科考迄今只有两次。第一次是20世纪70年代开始的第一次青藏科考。这次科考在地学与生物学等科学领域取得了一系列重大成果，奠定了青藏高原科学研究的基础，为推动社会发展、国防安全和西部大开发提供了重要科学依据。第二次是刚刚开始的第二次青藏科考。第二次青藏科考最初是从区域发展和国家需求层面提出来的，后来成为科学家的共同行动。中国科学院的A类先导专项率先支持启动了第二次青藏科考。刚刚启动的国家专项支持，使得第二次青藏科考有了广度和深度的提升。

习近平总书记高度关怀第二次青藏科考，在2017年8月19日第二次青藏科考启动之际，专门给科考队发来贺信，作出重要指示，以高屋建瓴的战略胸怀和俯瞰全球的国际视野，深刻阐述了青藏高原环境变化研究的重要性，要求第二次青藏科考队聚焦水、生态、人类活动，揭示青藏高原环境变化机理，为生态屏障优化和亚洲水塔安全、美丽青藏高原建设作出贡献。殷切期望广大科考人员发扬老一辈科学家艰苦奋斗、团结奋进、勇攀高峰的精神，为守护好世界上最后一方净土顽强拼搏。这充分体现了习近平总书记的生态文明建设理念和绿色发展思想，是第二次青藏科考的基本遵循。

第二次青藏科考的目标是阐明过去环境变化规律，预估未来变化与影响，服务区域经济社会高质量发展，引领国际青藏高原研究，促进全球生态环境保护。为此，第二次青藏科考组织了10大任务和60多个专题,在亚洲水塔区、喜马拉雅区、横断山高山峡谷区、祁连山-阿尔金区、天山-帕米尔区等5大综合考察研究区的19个关键区,开展综合科学考察研究,强化野外观测研究体系布局、科考数据集成、新技术融合和灾害预警体系建设,产出科学考察研究报告、国际科学前沿文章、服务国家需求评估和咨询报告、科学传播产品四大体系的科考成果。

两次青藏综合科考有其相同的地方。表现在两次科考都具有学科齐全的特点,两次科考都有全国不同部门科学家广泛参与,两次科考都是国家专项支持。两次青藏综合科考也有其不同的地方。第一,两次科考的目标不一样:第一次科考是以科学发现为目标;第二次科考是以摸清变化和影响为目标。第二,两次科考的基础不一样:第一次青藏科考时青藏高原交通整体落后、技术手段普遍缺乏;第二次青藏科考时青藏高原交通四通八达,新技术、新手段、新方法日新月异。第三,两次科考的理念不一样:第一次科考的理念是不同学科考察研究的平行推进;第二次科考的理念是实现多学科交叉与融合和地球系统多圈层作用考察研究新突破。

"第二次青藏高原综合科学考察研究丛书"是第二次青藏科考成果四大产出体系的重要组成部分,是系统阐述青藏高原环境变化过程与机理、评估环境变化影响、提出科学应对方案的综合文库。希望丛书的出版能全方位展示青藏高原科学考察研究的新成果和地球系统科学研究的新进展,能为推动青藏高原环境保护和可持续发展、推进国家生态文明建设、促进全球生态环境保护做出应有的贡献。

姚檀栋

第二次青藏科考队队长

序

　　青藏高原与南北极一样，是地球上对全球变化产生重要影响和响应的关键区域，与周边地区一起被称为地球的"第三极"。青藏高原复杂多样的自然环境以及在这个特殊环境中产生的表生资源，在理论上成为研究地球圈层相互作用的天然实验室，在实践上构成保证国家环境安全、生态安全的自然屏障和实现区域可持续发展的物质基础。从 1973 年开始，我国先后组织进行的"西藏自治区综合科学考察""横断山区综合科学考察""南迦巴瓦峰登山科学考察""喀喇昆仑山 - 昆仑山地区综合科学考察"和"可可西里地区综合科学考察"等，完成了填补空白、积累基本资料的工作，并在 20 世纪 90 年代以后，将青藏高原的科学考察目标逐渐发展到围绕中心科学问题开展多学科的综合研究。

　　自第一次青藏科考开展以来的近 50 年，青藏高原自然与社会环境发生了剧烈变化。对于广袤的青藏高原大地而言，一方面，已有的相当一部分考察成果仅是过去某一时期的地表过程静态表现，或是对考察对象的局部认识，缺乏基于现代观测设备条件下的全面测量资料，难以发现各种要素间的相互关系与规律；另一方面，改革开放四十多年来，资源的利用价值、理念和可控方式正在发生根本性的变化，迫切需要在全球变化背景和人类活动影响下开展更加详细的调查以进行保护、开发和利用评价。如何在气候剧烈变化与人类活动加强条件下，实现青藏高原地区的生态保护与可持续发展，成为实现新时代中国特色社会主义生态文明建设的重大需求。开展新一轮的青藏高原综合考察研究，对深入了解资源、环境、生态的变化，正确处理好西藏生态环境保护与富民利民的关系，具有非常重大的意义。

　　色林错地区位于青藏高原腹地，是亚洲水塔的核心区之一，分布着西藏流域面积最大的内陆河（扎根藏布）和最长的内流河（扎加藏布）。近 40 年来，色林错湖泊面积由 1667 平方公里扩张到 2389 平方公里，已成为西藏自治区面积最大的湖泊。同时，这里也是世界上最大的黑颈鹤自然保护区，是高原高寒草原生态系统中珍稀濒危生物物种最多的地区。由于历史考察条件的限制，这里的资料较为稀少，研究程度较低。开展色林错地区的综合科学考察，一是使这些区域的基础资料匮乏或不准确的局面大大改善，进一步系统地揭示地球各圈层相互作用在这些地区地表环境中的敏感表现，为地球各圈层相互作用的机制研究提供坚实的资料基础和数据保证；二是进一步获得这些地区的地表环境特征，为深入全面认识青藏高原地表环境变化及其与亚洲季风的关系提供丰富的基础数据；三是丰富这些区域的基础数据，也为在环境变化背景下合理进行资源开发利用与有效进行国家环境安全、生态安全屏障建设等提供基础科学依据。

"第二次青藏科考"围绕青藏高原地球系统变化及其影响这一关键科学问题，在西风-季风相互作用及其影响、亚洲水塔动态变化与影响、生态系统与生态安全、人类活动影响与环境安全、生态安全屏障功能与优化体系、生物多样性保护与可持续利用、高原生长与演化、资源能源与远景评估、地质环境与灾害、区域发展与绿色发展途径等方面部署了10大任务。作为亚洲水塔动态变化与影响任务的重要成果，《西藏色林错地区环境变化综合科学考察报告》聚焦了亚洲水塔核心区典型湖泊流域的大气、水文、生态以及长期气候变化研究，通过对以色林错为核心的湖泊流域的综合考察，系统总结了近40年来气候变化下的气象要素与大气过程、湖泊面积/水量/水质、湖泊水生生态系统、草地生态系统、陆生动植物多样性、土地利用变化以及全新世的气候变化历史等，为全面认识气候变化对青藏高原腹地和亚洲水塔核心区的各种影响，研究区域地表过程对气候变化的响应与反馈，深入开展这一地区以国家公园为主体的自然保护地建设等提供了坚实的科学依据。

《西藏色林错地区环境变化综合科学考察报告》是"第二次青藏科考"丛书的首批优秀科考成果之一。承担考察与撰写工作的有当年作为学生参加过第一次青藏科考尾声工作——喀喇昆仑山-昆仑山和可可西里综合科学考察的中年科学家，更多的是第一次青藏科考基本完成时才出生的青年科研工作者。从这部书中来之不易的大量第一手科考资料和丰硕成果中，我很高兴地看到新一代的青藏科考人能够继承和发扬老一辈科学家艰苦奋斗、团结奋进、勇攀高峰的精神，不忘初心，砥砺前行，按照习近平总书记的指示，将科学考察工作紧密联系到青藏高原资源环境承载力、亚洲水塔变化和影响、灾害风险防治等重点问题，正在为优化生态安全屏障体系提供支撑，为第三极国家公园群建设和绿色发展途径提供科学方案，为建设美丽的青藏高原作出新的贡献。

郑度

2020 年 8 月

前　　言

　　色林错地处西藏自治区申扎、班戈和尼玛三县交界处，最大宽度 45.5 km，长 77.7 km，面积为 2389 km²（2017 年 6 月数据）。色林错流域是西藏最大的湖泊流域，流域面积 45530 km²，流域内河湖串通，水文特征复杂，形成了一个内陆湖群，东北部和南部地区都有现代冰川发育，是湖泊补给的重要来源。色林错流域属于高原寒带半干旱季风气候区，年降水量 389.4 mm，年平均气温 –1.8℃，年大风日数 103 ～ 132 d。该地区是亚洲水塔的核心区之一，是西藏流域面积最大的内陆河（扎根藏布）流域以及最长的内流河——扎加藏布流域所在地。从水文角度来说，其具有鲜明的地理特色。色林错在高原高寒草原生态系统中是珍稀濒危生物物种最多的地区，是世界上最大的黑颈鹤自然保护区。

　　近几十年来，色林错成为青藏高原面积变化最大的湖泊，其湖泊面积从 1976 年的 1667 km² 扩张到 2017 年的 2389 km²，增加了 40% 以上。湖泊面积的扩张不仅会淹没湖岸带的牧场，而且可能影响湖区道路的通行。然而，受自然地理环境和交通条件等诸多因素限制，该地区的综合科学考察非常少，存在大量的空白区。20 世纪 70 年代的第一次青藏高原综合科学考察中，在该地区内开展了零星的考察工作，获取了非常宝贵的各类资料，但对流域水文、大气、植被和生态环境的系统研究仍然十分有限，气象观测资料也多依赖于班戈和申扎的气象站数据。

　　青藏高原开展了很多大气观测试验，如"第一次青藏高原大气科学实验""第二次青藏高原大气科学实验"，以及随后的"全球能量水循环之亚洲季风青藏高原试验研究"和"全球协调加强观测计划之亚澳季风青藏高原试验研究"等。然而，这些试验大多数都是在青藏公路沿线或者交通便利的地区开展，类似的大气观测试验在围绕江湖源的综合科学考察中仍然十分稀少。目前该地区主要的气象数据来自再分析资料，如 NCEP、JRA-25、ERA-Interim、ERA-40 等。由于再分析资料包含有数值模式、同化方案和观测系统变更等引入的误差，特别是观测系统的不断变更会引入虚假的气候变化信号。因此，通过科考进行实地观测数据的采集和分析，可以有效地评估再分析资料的误差，并为解释和验证数值模式提供综合很好的观测和验证基础。

1973～1976 年的青藏高原综合科学考察在该地区的部分湖泊和河流中开展过工作，这些工作集中体现在专著《西藏河流与湖泊》中，直到现在这本书仍是了解西藏河流、湖泊最重要的参考书，后来出版的《中国湖泊志》中大部分关于西藏河流和湖泊的资料也都来源于这次考察。例如，1974 年对扎加藏布河流的测量以及 1979 年对色林错湖水性质的测量，包括水文要素、pH、透明度、矿化度等，并对湖中的鱼类进行了简单的考察。1997 年和 1998 年也有研究者对色林错开展了水文特征、水深及湖盆形态的考察，加深了对色林错的认识，但以上测量都只是在湖泊的近岸水域开展的，而色林错全湖水下地形分布、深水区湖水性质、沉积物分布及结构等仍然是空白，这大大限制了对色林错流域的整体深入研究。

近十多年来，对青藏高原湖泊微生物的研究日益增多，湖水和沉积物中细菌、古菌、微型藻类的群落结构及其与气候环境的关系得以部分揭示。但到目前为止，对江湖源区湖泊微生物的研究还相对较少，只是在研究高原面上湖泊微生物的空间变化时涉及少数湖泊，如崩错、蓬错等。而且，目前还没有任何关于湖泊生态系统碳氮循环过程的研究，无法厘定湖泊在碳氮循环中的重要地位。因此，需要对江湖源区的湖泊微生物展开全面考察，揭示微生物群落的演替规律及其对碳氮循环的影响。

作为西藏第一大湖和位于气候敏感区的典型高海拔湖泊，对色林错古环境变化的研究与青海湖、纳木错等相比显得非常薄弱。万年尺度湖泊沉积环境变化序列只有在 1988 年的中日合作研究中开展过一部分工作，当时在距离南岸约 3 km、水深 27 m 的地点采集了 3.08 m 长的岩芯，通过地球化学分析、花粉分析、碳酸盐同位素等对色林错 12 ka B. P. (13 ka B.P.) 的环境变化、湖面变化与植被演化特征进行了研究，并探讨了高原夏季风的演化。然而，限于当时的分析测试手段，岩芯的年代具有相对较大的不确定性且分辨率较低，分析指标相对较少，采样点水深较浅，低水位时可能已经处于干涸状况。

前人对色林错和同流域的班戈错高湖面的年代研究较多，色林错目前保留最为完好的古湖相沉积及滨岸地貌大都是 40 ka B. P. 以来形成的，其少量出露的最高位阶地铀系法测定年龄可达 67.9 ka B. P.；班戈错 6 级湖岸阶地最高处高出现在湖面 121.8～139.8 m，铀系法测定年龄为 47.9 ka B. P.。利用光释光测年方法对在色林错东南部发现的 4 组古湖岸堤进行了测定，结果表明，最高的一组高于现代湖面约 101 m，形成于 67.9 ka B. P.，对应于 MIS4 阶段早期，其余 3 组年龄依次为 30.4～18.6 ka B. P.、12.5～9.2 ka B. P. 和 6.9 ka B. P.，可分别对应于 MIS2 阶段晚期、冰消期及全新世大暖期。可见，色林错自 MIS4 阶段以来湖面持续波动下降。色林错处于季风与西风交错区，开展该区域长时间尺度的连续环境变化序列研究，揭示该地区的环境变化历史和特征环境变化事件，对于季风与西风相互作用过程及机制研究具有重要的意义。

色林错流域内的格仁错、吴如错、错鄂、恰规错、孜桂错、班戈错等在《中国湖泊志》中都有记录，但所能查到的数据大多只有根据航拍图片所计算的流域面积、湖泊大小

（长度、宽度、面积等）、补给河流等相关信息，仅有少部分湖泊有湖泊水深、湖水性质等资料，而这些资料也仅限于当时的一次测量结果，且大都是在湖泊近岸水域测定的，其代表性明显不足。因此，从湖泊水文的角度，这些湖泊与色林错一样，基本上都处于水文学资料空白的状态。位于色林错东边的兹格塘错属于本次考察区域的外围，1979 年 8 月曾有一次湖泊水质测量，之后从 1999 年开始开展了多次考察，并发现兹格塘错是一个半混合型湖泊，多个研究组对兹格塘错开展了较多的研究工作，研究内容涉及高湖面阶地、湖面变化及原因分析以及湖相沉积物有机地球化学记录等。位于本次考察湖源区的多尔索洞错和赤布张错是长江源区西部的两个较大的湖泊，这两个湖泊基本处于完全无资料状态，只有多尔索洞错在 1960 年有一次测量数据，获取了湖水的相关性质，而 20 世纪 70 年代以来已无任何可查到的考察数据。

本次科考将色林错 – 长江源这一完整的冰川 – 河流 – 湖泊水文系统作为考察重点区域，以查清该地区的湖泊、河流、冰川以及大气状况等背景资料为主要目的，并开展区域内全方位考察工作，填补区域内自然地理信息的空白。同时，在查清现有资料的基础之上，采集大量的各类样品并进行多方面的科学分析与研究，并与 40 年前第一次青藏高原考察时为数不多的资料进行对比，阐明近期该地区内各地理要素的变化情况，特别是这些变化与气候变化间的关系，为将来一定时间尺度内不同气候变化情景下生态系统的总体演变趋势研究提供科学依据。

湖泊考察工作主要考察色林错流域核心区、外围区和湖源区十余个主要湖泊，包括湖泊水深、水下地形、水量、湖泊水质参数（温度、pH、叶绿素、蓝绿藻、溶解氧、电导率、浊度）、湖泊分层特征等，并在后续研究中分析湖泊水生生态系统的状态和未来可能变化的趋势。

地表水文考察工作依据色林错流域已有的水文观测网络，结合水文观测与水体同位素取样，围绕色林错径流形成的各种过程，重点考察冰雪融水对径流的贡献、入湖径流来源与补给作用、高寒草甸径流形成过程。

大气试验考察工作收集色林错湖区已有的气象站点和自动气象站的观测资料，加上本次加强期的观测，对色林错地区的干湿状况及其湖陆风特征进行初步观测和研究。通过激光测风雷达连续观测大气风速和风向的变化，测量垂直范围 3 km 以内、水平范围 12km 直径内的风场，深入了解连续大气边界层结构和局地风场（如湖陆风）的变化。同时，基于台站观测的常规气象观测资料及科考观测数据，可以利用模型模拟色林错流域温度、风场和降雨等过程的发展变化。

考察队整个野外科考工作从 2017 年 6 月 10 日开始，到 7 月 15 日结束。考察队在色林错建立了以湖畔大营为基地的考察营地。依托湖畔大营开展了大部分考察工作，包括湖泊考察、大气观测、水文观测等。大气试验组还在中国科学院青藏高原研究所纳木错站、双湖站和中国科学院西北生态环境资源研究院的那曲站及色林错流域的观测站点开展大气边界层塔、大气湍流、地表状况等连续 4 个月的加强观测。除依托湖畔大营开展的考察工作外，地表水文组科考路线为：拉萨—班戈—湖畔大营—申扎—湖东岸—安多—湖源大营—拉萨。色林错外围区湖泊考察组科考路线为：拉萨—班戈—巴木错—江错—兹格塘错—其香错—安多县—赤布张错—安多—班戈—双湖—阿木错—双湖—令戈错—双湖—湖畔大营—达则错。另外，江湖源生物与生态变化考察队中的动物和植物多样性考察组也在该地区开展了大量的考察工作，并依托湖畔大营在色林错及周边的错鄂等湖泊开展了详细的调查，其部分考察成果也编入本科考报告。

本次科考共有 55 名科研专业人员参加，除此以外，还有来自珠海云洲智能科技有限公司的 3 名无人测量船工程师和来自中国科学院青藏高原研究所、中国科学院西北生态环境资源研究院等单位的 14 名司机参加此次艰苦的野外考察工作。

本次考察报告主要依托 2017 年开始的第二次青藏高原综合科学考察江湖源考察的初步成果进行撰写，也融合了考察队核心成员前期对青藏高原资料匮乏区开展的湖泊水生浮游生物调查、植被调查、土地覆被调查等成果。由于野外开展的大量观测数据和样品采集后的实验分析仍在不断进行，目前的成果总结和分析仅是初步的，还存在一些在所难免的科学认识不足，请读者批评指正。

朱立平　王君波

中国科学院青藏高原研究所

2019 年 5 月

摘　　要

　　色林错流域地处青藏高原季风与西风相互作用的过渡地带。季风和西风的水汽输送以及局地水循环过程均对色林错流域的气候特征产生影响。色林错流域多年平均气温为 −1.8℃，降水量为 389.4 mm，空气湿度为 0.0032 kg/kg，太阳辐射为 236.2 W/m^2，20 cm 蒸发皿蒸发量为 2014.9 mm。色林错流域每年 5～9 月的月均温高于 0℃，其他月份普遍低于 0℃。色林错流域的降水主要出现在 6～9 月，占全年降水量的 80% 以上。1979～2017 年，色林错流域年均气温以 0.049℃/a 的速率显著升高，尤以冬季为甚；色林错流域年平均降水量以 4.65 mm/a 的速率呈显著增多之势，降水的增多主要出现在 20 世纪 90 年代中期以后。

　　色林错位于北纬 30°附近构造原因形成的一系列大湖区的中间，这些湖泊大都深达近百米，但色林错最大水深只有 59 m。由于其面积巨大，平均水深更小，其湖盆形状更接近于"浅碟"形，因而在湖泊水位上升的情况下湖泊面积更容易快速扩大。利用实测水深数据并结合影像图进行计算，现今色林错湖泊面积和水量分别为 2389.47 km^2 和 558.38×10^8 m^3。1972～2017 年湖泊面积和水量分别增加 710.51 km^2 和 249.01×10^8 m^3，年均增加量分别为 15.64 km^2 和 4.25×10^8 m^3。其中，1972～2000 年扩张较缓，年均增加量分别为 9.124 km^2 和 3.68×10^8 m^3；2000～2005 年快速扩张，年均增加量分别为 60.69 km^2 和 15.76×10^8 m^3；然而，2005～2017 年变化处于平缓状态，年均增加量分别仅有 12.63 km^2 和 5.53×10^8 m^3。

　　通过系统分析湖泊降水、径流形成及其对湖泊的补给作用、湖面蒸发特征与变化，量化了色林错湖泊水量平衡过程。就 1979～2013 年整个时段而言，色林错湖泊补给量多年平均为 28.5×10^8 m^3，其中湖面降水、非冰川径流和冰川径流补给量分别为 6.0×10^8 m^3，20.5×10^8 m^3 和 2.0×10^8 m^3，多年平均湖泊蒸发量为 20.4×10^8 m^3，年均湖泊水量增加了 8.2×10^8 m^3，湖泊水位累积上升了约 14.0 m。湖面降水、非冰川径流、冰川融水对色林错湖泊水量的补给比例分别为 21.1%、71.8%、7.1%，其中 71.3% 补给的水量以蒸发形式损耗，而 28.7% 的水量留在湖泊内。通过对湖泊水量增加部分的定量分析，1979～2013 年湖面蒸发减少的贡献为 14.0%，而湖面降水、非冰川径流和冰川融水的增加对色林错湖泊扩张的贡献分别为 9.5%、67.0% 和 9.5%。因此，近 30 年来色林错湖泊扩张的主导因素是流域内陆面降水产生的非冰川径流增加，而湖面蒸发的减弱也是促进湖泊扩张的重要因素。

基于在色林错地区 14 个湖泊实地测量获取的湖泊水体透明度，将其与 MODIS 数据反演得到的透明度值进行对比，建立透明度反演模型。色林错地区湖泊透明度 2000～2017 年总体呈现出明显的上升或下降两种态势。其中，色林错透明度自 2000 年以来总体呈下降趋势，湖泊大部分区域下降速率介于 –0.1～–0.01 m/a，部分区域透明度下降速率快于 –0.15 m/a。但对于该地区大部分湖泊而言，其透明度总体呈上升趋势，且上升速率各不相等，主要介于 0.01～0.2 m/a。色林错地区湖泊透明度变化与流域温度关系不明显，但与流域近地面降水量之间存在较为显著的负相关关系。

对色林错不同湖区的水质剖面调查显示，大部分剖面表层水温基本在 14℃ 左右，没有空间上的差别。不同水深的剖面都显示了明显的分层现象，其温跃层深度基本在 20 m 左右，而纳木错夏季水温剖面显示在水深超过 40 m 的地方才能形成分层现象，这可能与纳木错水深较大、湖水透明度较高有关。同时，色林错湖水透明度较差，不利于热量向下传递，从而更容易形成湖水分层。对色林错地区的 12 个湖泊的矿化度变化情况进行了简单的量化分析，色林错和达则错盐度都降低了 1/3 左右，而赛布错盐度降低多达 71%。湖泊盐度变化受多种因素影响，但普遍出现的盐度下降可能与最近几十年的湖泊扩张具有密切联系。

对色林错地区的湖泊考察发现，青藏高原湖泊浮游植物的辛普森多样性指数也呈现随盐度升高而降低，随营养盐浓度升高而增加的趋势。在调查的 47 个湖泊中，有 20 个湖泊的硅藻相对丰度超过了 50%，31 个湖泊中硅藻门是优势度最大的门类。硅藻的耐盐以及适应低温的生存策略使得它们在青藏高原湖泊中具有明显的竞争优势，分布广泛。青藏高原湖泊浮游动物呈现低多样性的特征，种类组成以广布性种类为主，部分种类为古北区种类和高原特有种类。多元回归分析表明，盐度是导致调查湖泊间浮游动物种类多样性差异的主要因素，而湖泊面积大小、邻近湖泊数量、海拔和温度等因素对其影响不显著。在青藏高原盐度低于 10‰ 的湖泊中，浮游动物多样性随盐度上升而下降的速率小于盐度高于 10‰ 的湖泊。在青藏高原湖泊中，鱼类对浮游动物的捕食压力并没有随着盐度的上升而增加。在没有捕食者分布的湖泊中，大型浮游动物卤虫或西藏溞占据绝对优势，大型浮游动物对其他浮游动物种类的竞争排斥作用非常强烈；而在有捕食者分布的湖泊中，捕食者对大型浮游动物的选择性摄食有效地降低了浮游动物的竞争排斥强度，从而维持相对更高的浮游动物多样性。

结合前人研究资料和本次科考，初步确定色林错及其周边拥有高等植物 36 科 143 属 360 种 42 变种或亚种。发现羽叶点地梅（*Pomatosace filicula*）和马尿泡（*Przewalskia tangutica*）2 个中国特有属，西藏泡囊草（*Physochlaina praealta*）等多个青藏高原特有种，以及红景天、白花枝子花、独一味、藏玄参等藏药植物资源。该区域植被覆盖度低

（平均约 15.3 % 左右），草地植物生长季节短（约 4 个月），一般 5 月下旬至 6 月上旬才开始返青，8 月底～9 月初便开始进入枯黄期，因此草地产量也就相应低下。地上地下总生物量平均约 1131.3 g/m²，其中地下生物量约 1079.5 g/m²，占地上地下总生物量的 95.4 %，地上生物量 51.8 g/m²，仅占地上地下总生物量的 4.6 %。

在野生动物调查中，记录到野生动物 8157 只，其中藏羚羊 299 群 2178 只，藏野驴 191 群 2751 只，藏原羚 187 群 678 只，大䴗 33 只。藏野驴分布集中于色林错的西北面；藏羚羊分布于色林错的南面、西面和北面，以及各拉丹冬山峰南侧，在色林错西岸有 545 只的大群；藏原羚分布最为广泛，遍布调查区域，但是群体规模较小。大䴗在双湖县的密度最高。应用半正态探测（half-normal）函数、风险率（hazard-rate）探测函数和均匀（uniform）探测函数对物种的探测率与距离的关系进行拟合，计算得到藏野驴密度为 0.511 只/km²（标准误差为 0.054）；藏原羚密度为 0.290 只/km²（标准误差为 0.016）；藏羚羊密度为 0.467 只/km²（标准误差为 0.157）。基于物种分布模型的动物种群大小估算，进一步估计藏野驴在研究区域的数量为 27510 ～ 133785 只。初步确定，色林错及其周边地区共分布有 97 种鸟类，隶属于 15 目 28 科，其中古北界区系特征明显（占本区鸟类种数的 53.6%）。97 种鸟类中，22 种为国家级重点保护野生鸟类，其中 I 级保护鸟类 6 种，II 级保护鸟类 16 种；世界自然保护联盟（IUCN）受威胁物种共 4 种，其中易危（VU）3 种、濒危（EN）1 种；濒危野生动植物种国际贸易公约（CITES）附录 I 和附录 II 种类 21 种，其中附录 I 种类 3 种、附录 II 种类 18 种。

色林错流域土地覆被类型涵盖了林地、草地、水域、建设用地和未利用土地五大类 18 种二级类，根据 2015 年的 Landsat 卫星影像解译，其中草地为流域最主要的覆被类型，约占流域总面积的 83.82%，水域面积占比 9.44%，二者面积超过流域面积的 90%。与 1990 年相比，流域内的土地覆被类型相对稳定，变化面积占 0.14%，其中水域面积净增加 48.51 km²，主要淹没草地和盐碱地。土地利用率和土地利用程度相对较低，流域内土地利用在空间上相对较为均匀，空间差异不显著。畜牧业是该区主要的土地利用形式，牧业发展和草地保护是该区域需要重点关注的问题。

利用该地区令戈错、色林错、赤布张错湖芯初步分析了末次冰消期以来的环境变化。结果显示，11.5 ka B. P. 以前，色林错和赤布张错湖芯有机碳（TOC）含量很低，令戈错湖芯介形虫壳体氧同位素（$\delta^{18}O$）值序列最高，指示了这一时期气候寒冷。色林错湖芯元素 Rb/Sr 值为全序列最高值，指示了气候干旱；赤布张错湖芯平均粒径最大，应由湖面低、水动力强所致，反映了这一时期气候干旱；令戈错湖芯叶蜡氢同位素（δD）的高值表明，在末次冰消期印度季风难以影响到该湖区，该流域主要受西风控制，气候较为干旱。与色林错、赤布张错和令戈错不同的是，达则错和江错湖芯元素 Ti 含量在这一时期呈现高值，可能是低温导致蒸发弱，地表径流反而较多。11.5 ka B. P. 左右，色林错和赤布张错湖芯 TOC 含量快速上升，令戈错湖芯介形虫壳体 $\delta^{18}O$ 快速下降，反映了研究区气候快速转暖。早全新世（10 ～ 8 ka B. P.）色林错、赤布张错和纳木错湖芯 TOC 高值表明这一时期气候温暖，兹格塘错湖芯孢粉中蒿与莎草比值（A/Cy）的高值和令戈错湖芯介形虫壳体 $\delta^{18}O$ 低值也说明了早全新世温暖的气候特征。之后中全新

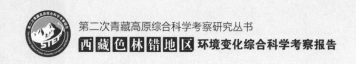
世各湖盆均呈降温趋势。晚全新世,尤其是 2 ka B. P. 以来,除兹格塘错温度较低且较稳定以外,色林错、赤布张错和纳木错温度均有所上升。

　　该区域全新世降水(或湿度)变化有明显的空间差异。赤布张错湖芯平均粒径和令戈错湖芯叶蜡 δD 表明,早、晚全新世气候较为湿润,而中全新世气候干旱。兹格塘错湖芯孢粉中的蒿与藜科的比值(A/C)反映了该流域早、中全新世湿润,晚全新世干旱。色林错湖芯元素 Rb/Sr 值指示了中全新世气候最为湿润,早、晚全新世相对干旱。然而,达则错和江错湖芯元素 Ti 含量则反映了晚全新世相对湿润,而早中全新世气候干旱。根据区域温度与太阳辐射变化的分析,发现太阳辐射可能是制约区域温度变化的主导因素,此外,湖泊补给来源的不同也可能对其造成影响。

目　录

第1章

现代气候特征与变化

本章导读：色林错流域地处青藏高原季风与西风相互作用的过渡地带。季风和西风的水汽输送以及局地水循环过程均对色林错流域的气候特征产生影响。色林错流域多年平均气温为 −1.8℃，降水量为 389.4 mm，空气湿度为 0.0032 kg/kg，太阳辐射为 236.2 W/m²，20 cm 蒸发皿蒸发量为 2014.9 mm。色林错流域每年 5～9 月的月均温高于 0℃，其他月份普遍低于 0℃。色林错流域的降水主要出现在 6～9 月，占全年降水量的 80% 以上。全球气候变化背景下，色林错流域也存在显著的气候变化。1979～2017 年，色林错流域年均气温以 0.049℃/a 的速率显著升高；四季平均气温也显著升高，尤以冬季为甚。近 39 年来，色林错流域年平均降水量以 4.65 mm/a 的速率呈显著增多之势。降水的增多主要出现在 1990s 中期以后，1996～2017 年年平均降水量（443.2 mm）较 1979～1999 年年平均降水量（319.8 mm）高出 123.4 mm。上述气温和降水变化暗示了色林错流域在近 20 年来显著变暖变湿的气候背景。此外，近 39 年来，色林错流域风速和太阳辐射也出现波动减小的趋势，尤以 1980s～2000s 为甚，然而最近 10 年来色林错流域的风速和太阳辐射均呈逐渐增大的趋势。需要指出，尽管气温升高，但是风速和太阳辐射减小使得 20 cm 蒸发皿蒸发量在 1979～2012 年也呈显著减少之势。

关键词：色林错，气候变化，气温，降水，湿度，风速，太阳辐射

1.1　色林错流域大气环流背景

青藏高原是西风与印度季风两大环流系统的交汇区，西风与印度季风两大环流控制着青藏高原气候与环境变化，影响着青藏高原的热力和动力条件，二者相互作用之下的水汽输送及其变化不仅能够改变青藏高原地区的气候条件，也在更大的尺度上影响着东亚、南亚的气候变迁（Wu et al.，2015；Ye and Wu，1998）。基于降水稳定同位素实测与模型模拟发现，西风与印度季风两大环流的影响范围和程度具有明显的空间分异，青藏高原现代西风与印度季风的相互作用特征表现为 3 种模态（图 1.1），以 30°N～35°N 为分界线，划分为印度季风模态（30°N 以南）、西风模态（35°N 以北）和过渡模态（30°N～35°N）（Yao et al.，2013）。上述 3 种模态对现代青藏高原环境产生连锁式效应，使得该区的冰川、湖泊、生态系统变化具有明显的区域特征（姚檀栋等，2017）。其中，过渡模态位于西风和印度季风影响交汇区，降水氧稳定同位素没有明显的季节性极值，与局地气象要素的相关性也较为复杂，多受控于大尺度的天气过程，且由于地处青藏高原腹地，海洋蒸发的水汽很难直接到达，故局地水汽再循环在大气降水过程中扮演了极为重要的角色，地表水分蒸发的水汽对当地部分降水事件的贡献率可高达 80%（Kurita and Yamada，2008）。

色林错流域位于羌塘高原中南部，其南北范围为 30°03′N～33°40′N，东西跨度为 87°39′E～92°26′E，整个流域恰好处于过渡带范围之内，图 1.2 为研究区域及周边地区夏季和其他季节多年的大气环流平均状况（水平风场和比湿场）。从图 1.2

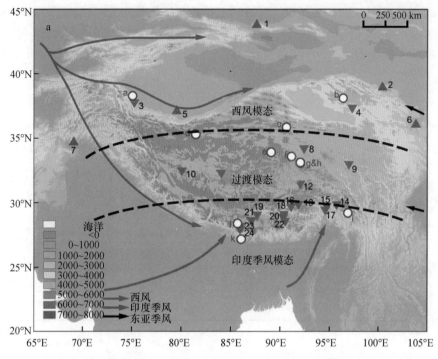

图 1.1　西风和印度季风水汽传输路径及模态分界示意图（改绘自 Yao et al.，2013）

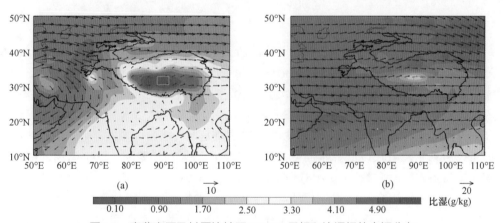

图 1.2　青藏高原及其周边地区 500hPa 风场和比湿场的空间分布
(a) 6～9 月平均值；(b) 11 月～次年 5 月平均值，绿色边框为色林错流域所在区域

中可以看出，夏季季风期（6～9 月），流域主要受来自印度洋西南季风的控制，虽然平均风速只有 10 m/s，但受其影响，暖湿的大洋水汽通过阿拉伯海输送至青藏高原或穿过孟加拉湾翻越喜马拉雅山脉北上，输送至青藏高原内部，因此，水汽量大，降水较多，经历长距离的"雨洗作用"（Dansgaard，1964）和受强对流活动（Gao et al.，2013）的影响，使得到达该地区时形成的降水中稳定同位素值极度贫化（图 1.3）

3

（Zhang et al.，2019）。在其他月份，流域则主要受西风带及偏北风控制，平均风速很大，达 20 m/s，但输送的水汽较少，降水量很少，降水同位素为高值（图 1.3）。此外，秋冬季的台风（崔江鹏等，2014）和强风暴活动（田立德等，2012）也会给非季风期带来额外的降水。

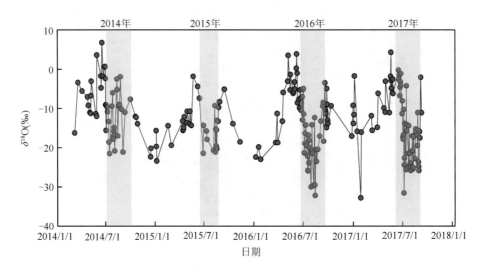

图 1.3　色林错流域内申扎站点日均降水同位素的变化（2013 ～ 2017 年）（Zhang et al.，2019）
黄色阴影区为该年内的夏季风时期

过渡区除两大环流的影响之外，过去的研究表明（Tian et al.，2001，2007），青藏高原夏季降水中的 $\delta^{18}O$ 和过量氘 δD 由南至北逐渐增大（例如，青藏高原北部沱沱河的大气降水中 $\delta^{18}O$ 和 δD 分别为 −9‰ 和 15‰，而南部的拉萨分别为 −17‰ 和 7‰），造成这种差异的主要原因是：高原南部的降水主要与南亚季风带来的海洋型水汽有关，而高原内流区水循环过程较强，降水水汽来源主要是地表水分的蒸发。基于本次科考，我们布设色林错流域尺度的降水同位素采样网络，结果同样验证了以上结论，由流域南部向北部 δD 值不断增大（图 1.4）（Zhang et al.，2019）。

基于 Yamada 和 Uyeda（2006）划分的 3 种降水类型，分别对比了 3 种降水过程中大气降水、低层大气水汽和地表蒸发水汽的同位素（主要指 $\delta^{18}O$ 和过量氘 δD）的关系和差异，观测期间青藏高原内流区水循环可简单概括为以下过程：观测初期，夏季热低压促进了高原尺度的对流运动，源于低层大气水汽（含有大量地表蒸发的水汽）的强降水随之产生。随后，局地的对流运动因对流层上部干空气的侵入而有所减缓，在这期间基本没有降水发生。向东的大气扰动挟带一定的水汽从远距离以外传输到藏北内流区，并形成了降水，浸润地表。降水结束后，地表水分开始通过蒸发返回至低层大气，低层大气中的水汽在热力环流作用下于夜间再次产生降水。

其中，西风槽东移所带来的降水（简称 TR 型降水）事件：远距离的水汽通过青藏高原北部的水汽辐合作用输送至此形成降水。除此之外，大气层中部水汽含量增大

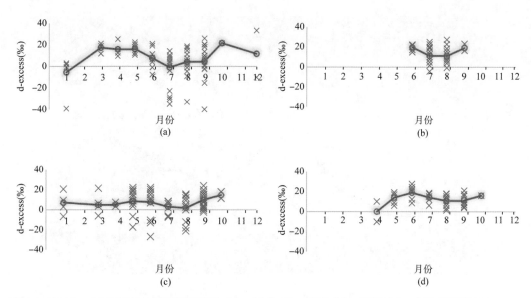

图 1.4　2016～2017 年色林错流域内申扎 (a)、班戈 (b)、多玛 (c)、岗尼 (d) 4 个站点处降水 d-excess
值月变化曲线 (Zhang et al., 2019)

而导致的低压槽到来时空气中可降水量剧增，暗示着当地水汽的蒸发对 TR 型降水事件的水汽贡献较小。综合而言，TR 型降水事件的水汽主要源于远距离的水汽输送，而与局地水汽蒸发关系甚小。而热低压型降水（简称 UH 型降水）事件刚开始时，大气低层水汽中的 δD 呈现出明显的下午大、夜晚小的日变化，这反映了地表蒸发对大气低层水汽的贡献；而随着降水的持续，大气低层水汽中的 δD 逐渐变小，暗示着地表蒸发对其贡献减少，推测其水汽来源可能源于由南向北的水汽辐合，但是再分析资料的分析结果表明，观测点处并没有明显的水汽辐合现象，因此，目前还无法判断局地水循环作用和远距离水汽输送在 UH 型降水事件中各自所占的比例。而高原尺度的扰动降水（简称 NL 型降水），水汽主要源自低层大气，水平方向上低层水汽输送为辐散。与此同时，大气水汽中逐渐增大的 δD 表明，地表水分的蒸发对 NL 型降水的水汽贡献越来越大。这是因为地表蒸发的水分中 δD 较为富集，局地水汽的再循环（即地表蒸发水汽回到大气中又参与形成降水）作用使得低层大气中 δD 也逐渐增大。模拟结果表明，NL 型降水时，地表水分的蒸发对降水水汽来源的贡献可从 30% 增大到 80%，即局地环流影响的水汽再循环作用对 NL 型降水事件的水汽来源贡献甚为显著。需要指出，虽然局地水汽的再循环对 3 种降水过程水汽来源的贡献有所差异，但其对维持该区活跃的水循环至关重要 (Kurita and Yamada, 2008；Yang et al., 2006)。

　　整体而言，色林错流域所处的青藏高原过渡带的水汽来源较为多样化（徐祥德等，2014；Yao et al., 2013）。图 1.5 展示了青藏高原特别是中部地区水分循环的概念图，尽管来自远距离输送的水汽从根本上控制着内流区的局地水循环，而活跃的内流区局地水循环的最重要作用，正是反复利用了这些水汽才给藏北地区带来更多的降水，进而维持夏季风时期该地区的地表湿度。

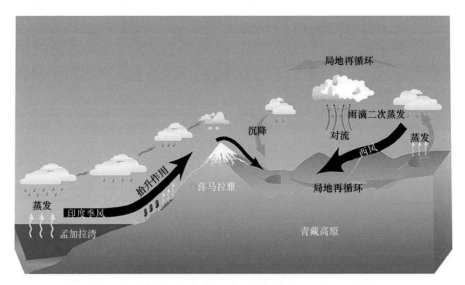

图 1.5　青藏高原水分循环模式概念图（Yao et al.，2013）

1.2　色林错流域现代气候特征

　　色林错流域大多属高原亚寒带，气候以半干旱为主（郑景云等，2013）。由于气候恶劣，流域内仅有一个中国气象局气象站——申扎站。本章基于中国科学院青藏高原研究所开发的中国区域地面气象要素数据集（CMFD）中的格点气温（2 m）、湿度、风速（10 m）、太阳辐射资料以及申扎站的 20 cm 蒸发皿探讨色林错流域现代气候特征及其变化趋势。CMFD 以国际上现有的 Princeton 再分析资料、全球陆面数据（GLDAS）气象驱动资料、GEWEX-SRB 辐射资料和 TRMM 降水资料为背景场，融合了中国气象局常规气象观测数据制作而成（He and Yang，2011）。对地面气象站观测结果的评估发现，CMFD 数据整体具有较好的准确度（Chen et al.，2011；Zhou et al.，2015），并已广泛应用于气候和水文模拟研究中（Sun et al.，2017；Ma et al.，2016；Zhou et al.，2015）。本章中色林错流域 1979～2016 年的气象数据来源于 CMFD，而 2017 年的气象数据源于 GLDAS 的原始气象驱动，20 cm 蒸发皿观测的蒸发资料则源于申扎站。气候要素变化的趋势均以线性回归计算。就趋势显著性检验而言，只有当趋势通过信度为 0.05 的显著性检验时，才认为变化趋势显著，否则认为变化趋势不显著。

1.2.1　气温

　　图 1.6 展示了色林错流域多年（1979～2017 年）平均的年均气温的空间分布，可以发现，流域多年气温的空间分布与海拔显著相关，流域内多年均温最高的地区可达 1.0℃，多年均温最低的高海拔地区甚至低于 −10℃。具体而言，流域西北部的唐古拉山南麓和流域西南部的甲岗雪山地区由于海拔较高，多年平均气温一般低于 −7℃；而

在色林错湖泊毗邻地区，由于地处流域海拔最低的地区，多年平均气温在 0℃ 以上。整个色林错流域的多年平均气温为 −1.8℃。为了进一步探讨气温的季节变化，本书以 3 ～ 5 月为春季、6 ～ 8 月为夏季、9 ～ 11 月为秋季、12 月 ～ 次年 2 月为冬季划分。季节尺度上，夏季流域内气温普遍高于 5℃，最高可达 12℃ 以上。夏季流域的平均气温为 7.4℃。而冬季气温则普遍低于 −10℃，最低可至 −16℃ 以下，冬季流域的平均气温为 −11.3℃。春季和秋季气温的空间分布较为类似，在色林错湖泊区，多年平均的春季和秋季气温约为 0℃，而在流域的东北部和西南部，春、秋季气温为 −5 ～ −2℃。就整个流域而言，春季和秋季的平均气温分别为 −2.2℃ 和 −1.4℃。

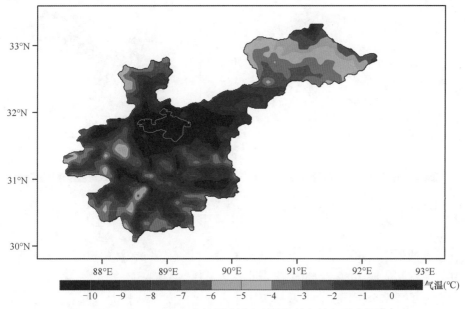

图 1.6　1979 ～ 2017 年色林错流域多年平均的年均气温空间分布

就整个色林错流域平均气温的年内变化而言（图 1.7），最冷月出现在 1 月，平均气温为 −12.5℃；而最热月出现在 7 月，平均气温为 8.1℃，最冷月和最热月温差高达 20.6℃。8 月气温与 7 月接近，约 7.5℃。6 月和 9 月分别为 6.8℃ 和 5.0℃。整体而言，一般每年 5 ～ 9 月的平均气温在 0℃ 以上，其他月份则均低于 0℃。12 月和 2 月的平均气温略高于 1 月，分别为 −10.9℃ 和 −10.3℃。

1.2.2　降水

色林错流域多年平均的年降水量为 389.4 mm。图 1.8 展示了色林错流域 1979 ～ 2017 年多年平均的年降水量空间分布，可以发现，色林错流域降水量最大值出现在唐古拉山南麓地区，年降水量普遍高于 450 mm。其中，部分地区的多年平均年降水量甚至可达 538.0 mm。除此之外，色林错南部的部分地区年降水量也可达 400 mm 以上，

图 1.7　1979 ～ 2017 年色林错流域多年平均的春季（a）、夏季（b）、秋季（c）和冬季（d）气温空间分布

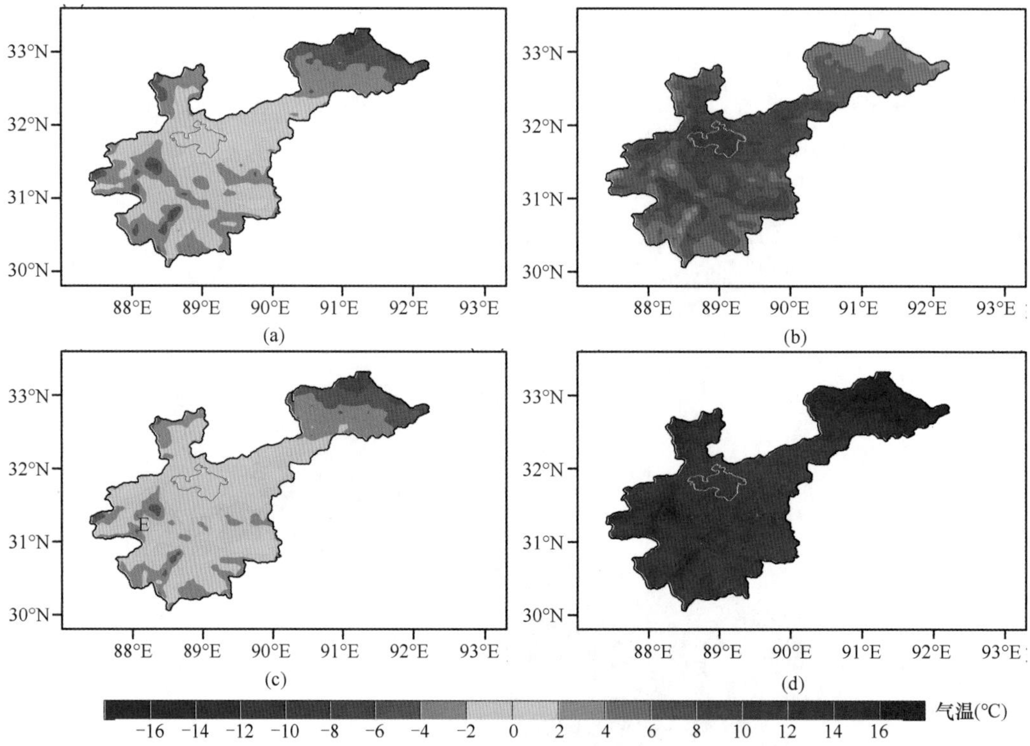

而色林错湖泊上空的年降水量约为 320 mm。整体而言，除色林错流域东北部的降水量峰值外，流域其他地区的降水量由南向北整体呈递减之势。

　　就降水的季节分配而言，色林错流域年内降水主要集中于 6 ～ 9 月（图 1.9），占全年降水量的 83%。多年平均的月尺度上，以 7 ～ 8 月降水量最大，分别可达 100.3 mm 和 97.3 mm，约占全年降水量的一半。多年平均的 6 月和 9 月降水量分别为 67.7 mm 和 59.2 mm。而 12 月～次年 3 月降水量甚少，多年平均的月降水量均低于 10 mm，仅占全年降水量的 5%。在色林错流域春、夏、秋和冬季的降水量空间分布中可以发现（图 1.10），除冬季外，各季节降水量的空间分布与年降水量的空间分布特征较为相似，峰值也主要出现在流域东北部的唐古拉山南麓地区。整体而言，冬季降水量普遍不足 10 mm，春季降水量少于秋季，春季流域大部分地区降水量不足 40 mm，而秋季流域大部分地区降水量在 60 mm 以上。就夏季而言，其空间分布特征与年降水量的空间分布特征极为相似，即峰值出现于流域东北部，而在流域的中西部降水量呈现由南到北递减的趋势。夏季流域降水量一般在 200 mm 以上，流域东北部的部分地区甚至可达 350 mm。

1.2.3　空气湿度

　　图 1.11 展示了 1979 ～ 2017 年多年平均的色林错流域年均空气湿度空间分布特征。

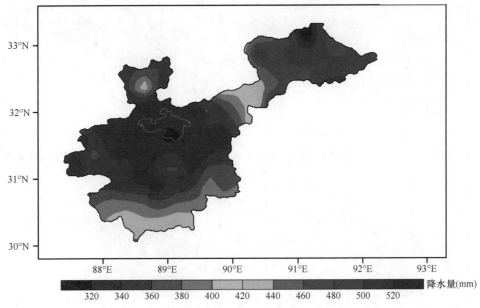

图 1.8　1979 ～ 2017 年色林错流域多年平均年降水量空间分布

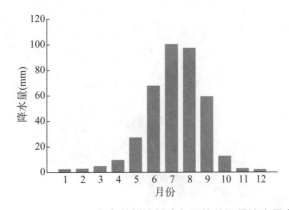

图 1.9　1979 ～ 2017 年色林错流域多年平均的逐月降水量变化

色林错流域的年均空气湿度为 0.0032 kg/kg。流域内空气湿度最大的地区位于色林错湖泊及其周边区域，一般为 0.0035 kg/kg，这可能与局地的湖水蒸发作用有关。而在流域西南部的部分地区，年均空气湿度较低，低至 0.0021 kg/kg。各季节平均的空气湿度空间分布模态与年均空气湿度空间分布模态较为类似，呈现湖泊附近地区较大，其他地区较小的特征。空气湿度也表现出显著的年内变化特征（图 1.12），以夏季（平均为 0.0065 kg/kg）最大，秋季（0.0032 kg/kg）和春季（0.0022 kg/kg）次之。多年平均的 7 月和 8 月空气湿度分别可达 0.0071 kg/kg 和 0.0069 kg/kg；6 月和 9 月平均的空气湿度则均约为 0.0055 kg/kg。冬季空气湿度最小，一般每年 11 月～次年 2 月的空气湿度仅约 0.001 kg/kg。

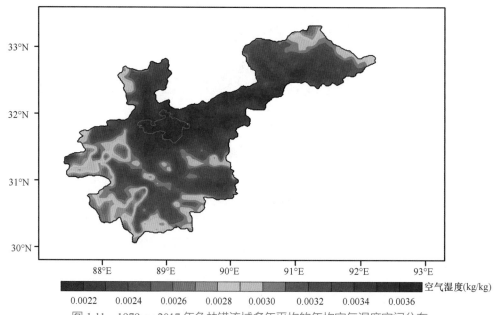

图 1.10　1979 ～ 2017 年色林错流域多年平均的春季（a）、夏季（b）、秋季（c）和冬季
（d）降水量空间分布

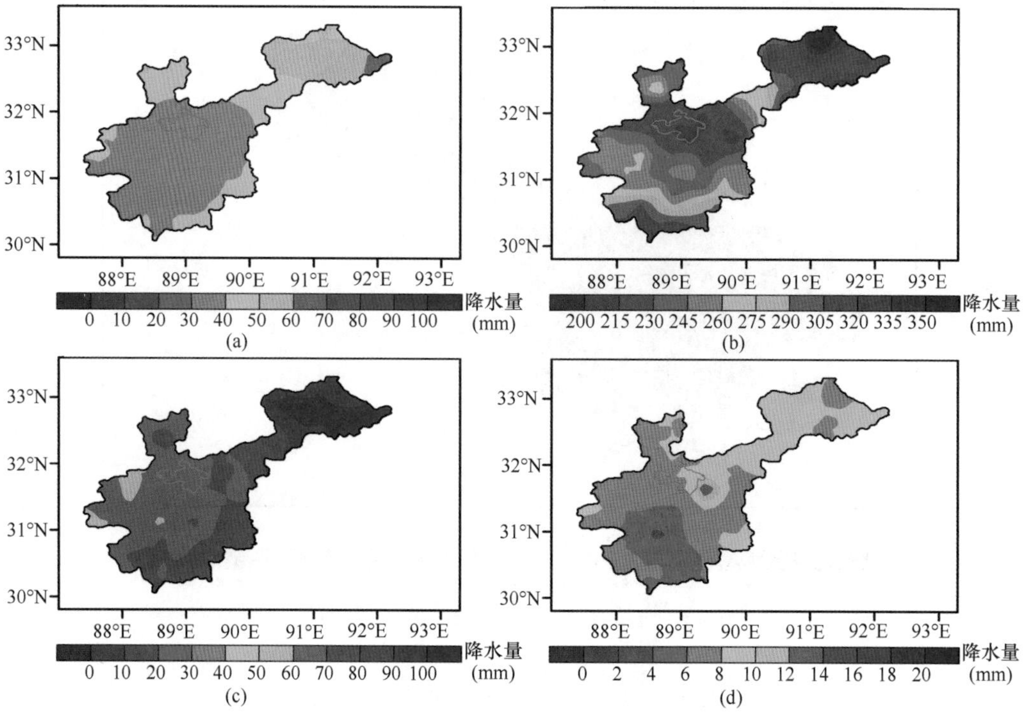

图 1.11　1979 ～ 2017 年色林错流域多年平均的年均空气湿度空间分布

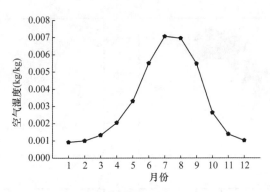

图 1.12　1979 ~ 2017 年色林错流域多年平均的逐月空气湿度变化

1.2.4　风速

色林错流域多年平均风速为 3.7 m/s。从图 1.13 中多年平均风速的空间分布可见，色林错流域风速最大值出现在流域北部，多年平均风速可达 4.2 m/s 以上，风速由北向南递减，流域南部多年平均风速低于 2.4 m/s。季节尺度上，流域四季平均风速的空间变化与年均风速相似，由北向南均呈现降低趋势（图 1.14）。其中，冬季年均风速最高，普遍高于 3.5 m/s，流域北部风速可达 5 m/s 以上。夏季年均风速最低，普遍低于 3.5 m/s，流域南部风速低于 2 m/s。春季和秋季年均风速的空间变化一致，同一位置的春季年均风速比秋季高出 1 m/s。就整个色林错流域而言，风速最大值出现在 3 月，平均风速为 4.7 m/s；而风速最小值出现在 8 月，平均风速为 2.7 m/s，最大值和最小值相差 2.0 m/s。

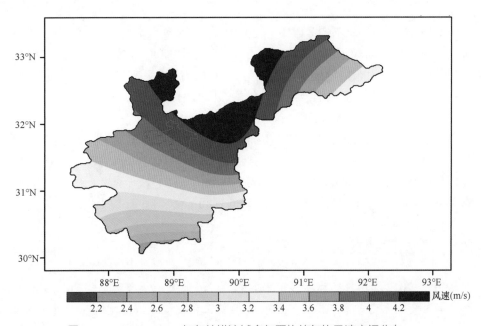

图 1.13　1979 ~ 2017 年色林错流域多年平均的年均风速空间分布

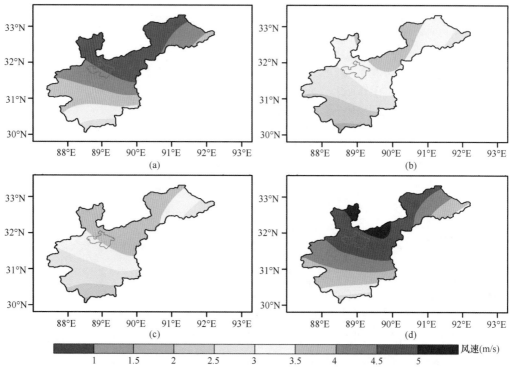

图 1.14 1979 ～ 2017 年色林错流域多年平均的春季（a）、夏季（b）、秋季（c）和冬季（d）平均
风速空间分布

1.2.5 太阳辐射

图 1.15 展示了色林错流域 1979 ～ 2017 年多年平均太阳辐射空间分布，可以发现，色林错流域年均太阳辐射介于 209.7 ～ 252.9 W/m²，平均为 236.2 W/m²。色林错流域太阳辐射整体呈现由东向西逐渐增大之势。色林错流域西部和西北部年均太阳辐射为 220 ～ 236 W/m²；而在流域的西南部，年均太阳辐射可达 245 W/m² 以上。色林错湖面处的年均太阳辐射为 240 W/m²。

就色林错流域太阳辐射的年内变化而言（图 1.16），由于夏季的对流性天气频发，6 月和 7 月的太阳辐射略小于 5 月。5 月平均的太阳辐射为 308.2 W/m²，而 6 月和 7 月平均的太阳辐射分别为 300.8 W/m² 和 268.9 W/m²。而 11 月～次年 1 月的太阳辐射均低于 190 W/m²，其中以 12 月最小，仅为 156.6 W/m²。

1.2.6 蒸发皿蒸发量

1979 ～ 2012 年色林错流域多年平均的 20 cm 蒸发皿年蒸发量为 2014.9 mm。就蒸发量的年内变化而言，多年平均的 20 cm 蒸发皿蒸发量最大值出现在 6 月（图 1.17），月蒸发量为 252.1 mm；5 月和 7 月次之，分别为 241.4 mm 和 221.8 mm。20 cm 蒸发皿蒸

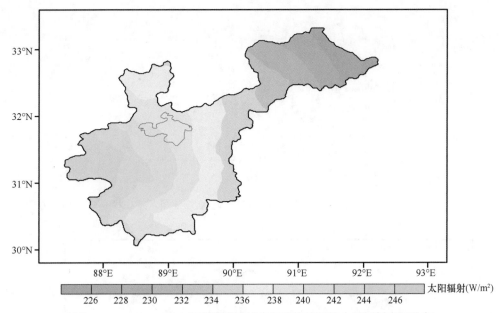

图 1.15　1979 ～ 2017 年色林错流域多年平均的年均太阳辐射空间分布

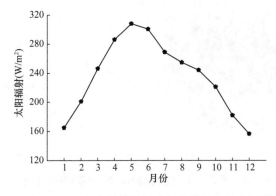

图 1.16　1979 ～ 2017 年色林错流域多年平均的逐月太阳辐射变化

发量最小值出现在 12 月，月蒸发量为 101.5 mm。最大值和最小值相差 150.6 mm。季节尺度上，春季 20 cm 蒸发皿蒸发量为 595.4 mm，夏季 20 cm 蒸发皿蒸发量为 665.0 mm，秋季 20 cm 蒸发皿蒸发量为 437.2 mm，冬季 20 cm 蒸发皿蒸发量仅为 317.5 mm。

1.3　1979 ～ 2017 年色林错流域气候变化

1.3.1　气温变化

色林错流域的气温在 1979 ～ 2017 年呈现显著的增加趋势，且不同区域的增幅具有明显差异。从图 1.18 可以看出，气温增幅较大区域出现在流域西部，而在东部

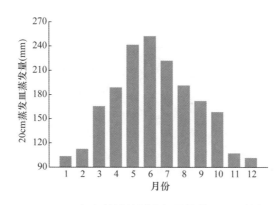

图 1.17　1979 ～ 2012 年色林错流域多年平均的 20 cm 蒸发皿蒸发量的月变化

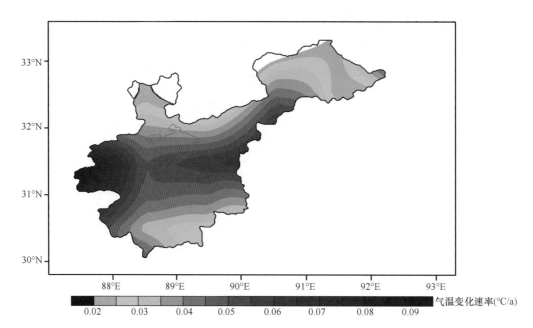

图 1.18　1979 ～ 2017 年色林错流域年均气温变化趋势的空间分布

空白处代表变化趋势不显著

和湖泊南北两侧高山区，气温增幅较小。将流域的平均气温变化绘制于图 1.19，可以发现，1979 ～ 2017 年，色林错年均气温以 0.0488℃ /a 的速率显著升高（相关系数达 0.733，通过信度为 0.001 的显著性检验）。其中，年均气温最低出现在 1997年，低达 –3.8℃；其次为 1983 年，年均气温低至 –3.3℃。相反，2000 年后，多个年份的年均气温接近 0℃。从年平均气温的阶段变化可见 ［图 1.19（b）］，色林错流域在 1990s 中期之前偏冷，1990s 中期之前的年平均气温仅有 2 个年份（1988 年和 1994年）高于多年平均值，其余均低于多年平均值。1990s 中期之后，气温显著升高，2001 年以来的逐年平均气温均高于多年平均值。2000s 的年代平均气温达 –1.4℃，较1980s 的年代均值高了 1℃。值得注意的是，2010s 以来，色林错流域的升温也呈现"升

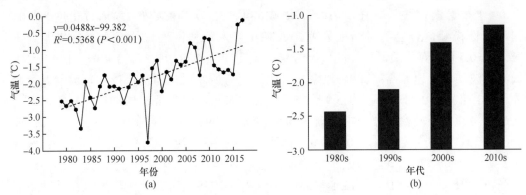

图 1.19　色林错流域 1979～2017 年年均气温变化（a）以及 1980s、1990s、2000s 和 2010s 平均气温的年代际变化（b）

温停滞"的现象，2011～2017 年气温变化不大，这 7 年的平均气温较 2000s 的年代均温并没有差别。

就流域四季平均气温变化而言（图1.20），1979～2017 年色林错流域春、夏、秋和冬季气温均呈显著升高之势，其四季的升温速率分别为0.03℃/a、0.049℃/a、0.063℃/a和0.049℃/a，其中以秋季升温速率最高。

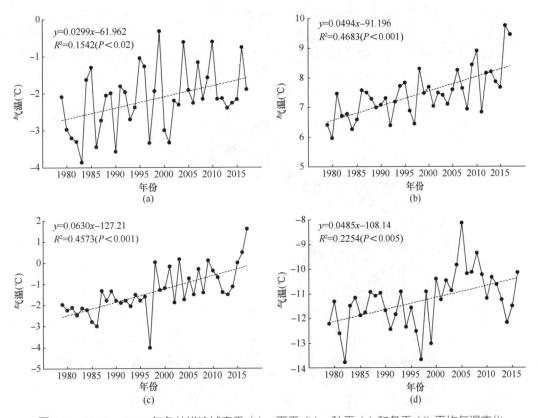

图 1.20　1979～2017 年色林错流域春季（a）、夏季（b）、秋季（c）和冬季（d）平均气温变化

4个季节的相关系数分别为0.393、0.684、0.676和0.475，均通过信度为0.05的显著性检验，升温趋势均很显著。近39年来，色林错流域的春季平均气温介于−3.8~−0.3℃，春季最低和最高气温分别出现在1983年和1999年。1980s~1990s春季气温在波动中迅速升高；2000s以来，升温速率有所减缓，但仍保持着较大的升温趋势。近39年来，夏季气温介于5.9~9.8℃，夏季最低气温出现在1980年。夏季气温变化趋势与春季不同，在波动中逐渐升高。1979~1999年的升温速率为0.047℃/a；而2001~2017年的升温速率达0.1℃/a。秋季气温在1980s甚至呈降低趋势，1990s则变化不大，1997年平均气温为近39年来最低值，达−4.0℃；2000s以来，秋季气温迅速升高，2001~2017年秋季升温速率达0.074℃/a。1979~2017年冬季气温在波动中变化不显著，1999~2005年以0.58℃/a的速率迅速升高，但2005年之后甚至出现了下降之势。

1.3.2 降水变化

色林错流域的降水在1979~2017年普遍呈现增加趋势，且不同区域的增幅具有明显差异。从图1.21可以看出，降水具有较大增幅的区域出现在流域内的高山区，而湖区的降水增幅较小。将流域的平均降水变化绘制于图1.22，可以发现1979~2017年，色林错流域平均的年降水量以4.65 mm/a的速率显著升高（相关系数为0.606，通过信度为0.001的显著性检验）。近39年来，色林错流域年平均降水量最小值出现在1994年，仅为207.2 mm；流域年平均降水量最大值出现在2008年，达到566.9 mm。

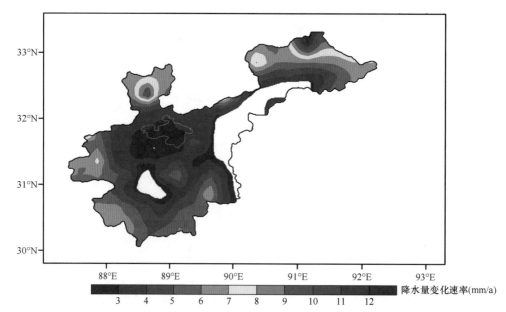

图1.21　1979~2017年色林错流域年降水量变化趋势的空间分布

空白处代表变化趋势不显著

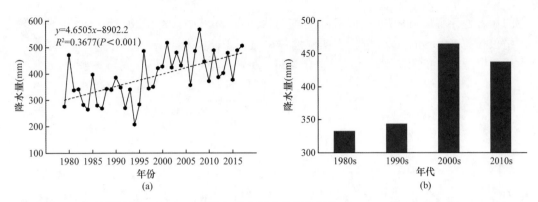

图 1.22　色林错流域 1979 ~ 2017 年年降水量变化（a）以及 1980s、1990s、2000s 和 2010s 年降水量的年代际变化（b）

就降水的阶段变化而言，1980s ~ 1990s 中期，色林错流域平均的年降水量在波动中略有减少，1979 ~ 1995 年降水的减少速率为 −3.8 mm/a。然而，1995 年以来色林错流域的降水开始迅速增大。例如，1995 ~ 2011 年，色林错流域的年降水量增大速率达到 6.3 mm/a。整体而言，1996 ~ 2017 年色林错流域年平均降水量（443.2 mm）较 1979 ~ 1995 年年平均降水量（319.8 mm）高出 123.4 mm，揭示了色林错流域在 1990s 末期以来，降水显著增多。年代尺度上，1980s 和 1990s 色林错流域年平均降水量分别为 332.5 mm 和 343.7 mm；而 2000s 和 2010s 的年平均降水量则显著偏多，分别为 465.0 mm 和 437.3 mm。

就季节降水量的变化而言，1979 ~ 2017 年，色林错流域春季和冬季的降水量分别以 1.4 mm/a 和 0.26 mm/a 的速率显著增多（图 1.23），其相关系数分别为 0.726 和 0.620，均通过了信度为 0.001 的显著性检验。春季降水量的最小值出现在 1984 年，仅为 10.3 mm；最大值出现在 2016 年，达 87.2 mm。1979 ~ 1998 年春季降水量在波动中变化不显著。1998 年以后，春季降水显著增多，增加速率达 1.8 mm/a。1999 ~ 2017 年平均的春季降水量（58.0 mm）几乎是 1979 ~ 1998 年平均的春季降水量（26.3 mm）的两倍之多。类似地，冬季降水也呈现与春季降水较为类似的阶段性变化，1998 ~ 2016 年平均的冬季降水（10.1 mm）也几乎是 1979 ~ 1997 年平均的冬季降水（5.1 mm）的两倍，这均表明，1990s 末期以后，色林错流域的冬春季降水呈现尤为显著的增多之势，而在 1990s 中期以前，色林错流域冬春季降水变化不甚明显。就夏季而言，近 39 年来，夏季降水量的最小值出现在 1994 年，仅为 135.9 mm；而最大值出现在 2008 年，多达 406.4 mm。1979 ~ 2017 年，色林错流域夏季降水以 2.45 mm/a 的速率显著增多（相关系数为 0.430，通过信度为 0.05 的显著性检验）。夏季降水量在 1979 ~ 1997 年甚至在波动中呈微弱的减少之势；1998 年以来，色林错流域夏季降水量也开始显著增多，1998 ~ 2017 年平均的夏季降水量（301.3 mm）较 1979 ~ 1997 年平均的夏季降水量（227.4 mm）多了 73.9 mm，暗示 1998 年以后色林错流域降水的显著增多。色林错流域近 39 年来秋季降水量的变化特征与其余 3 个季节不甚一致。1979 ~ 2017 年，秋季降水量仅以 0.55 mm/a 的速率呈不显著的增多趋势，并且秋季降水量并未表现出以 1990s 末期为拐点的显著差异现象。1979 ～ 1997 年平均的秋季降水量与 1998 ～ 2017 年平均的秋季降水量仅相差 8.2 mm。以上分析表明，色林错流域 1990s 末期以来的降水量显著增多，主要集中于春、夏和冬季，而秋季降水量变化并不显著。

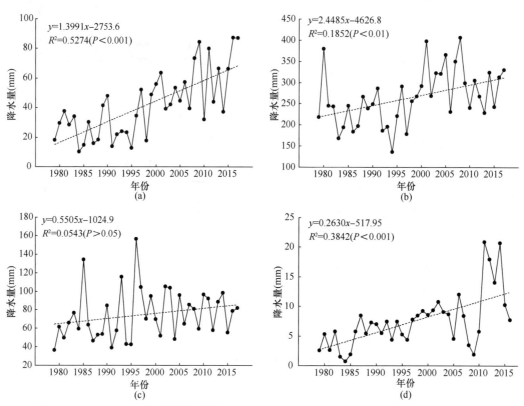

图 1.23　1979 ～ 2017 年色林错流域春季（a）、夏季（b）、秋季（c）和冬季（d）降水量变化

1.3.3　空气湿度变化

图 1.24(a) 展示了 1979 ～ 2017 年色林错流域年均空气湿度变化特征，可以发现年均空气湿度在近 39 年来变化趋势并不显著。色林错流域最大年均空气湿度出现在 2006 年，达 0.0038 kg/kg；最小年均空气湿度出现在 2015 年，仅为 0.0026 kg/kg。从空气湿度的阶段变化而言，1979 ～ 2006 年，色林错流域空气湿度在波动中显著增大；而最近 10 年（2007 年以后）的空气湿度则有显著减少之势。年代尺度上的色林错流域空气湿度变化与年际变化较为类似，1980s、1990s 和 2000s 色林错流域年均空气湿度分别为 0.003 kg/kg、0.0033 kg/kg 和 0.0035 kg/kg；而 2010s 年均空气湿度降至 0.0031 kg/kg。

就季节空气湿度变化而言，近 39 年来色林错流域春、夏、秋和冬季的空气湿度变化均呈不显著的增大趋势（图 1.25）。

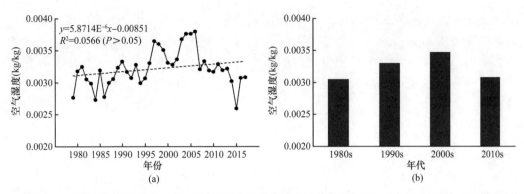

图 1.24　色林错流域 1979 ～ 2017 年年均空气湿度变化 (a) 以及 1980s、1990s、2000s 和 2010s
年均空气湿度的年代变化 (b)

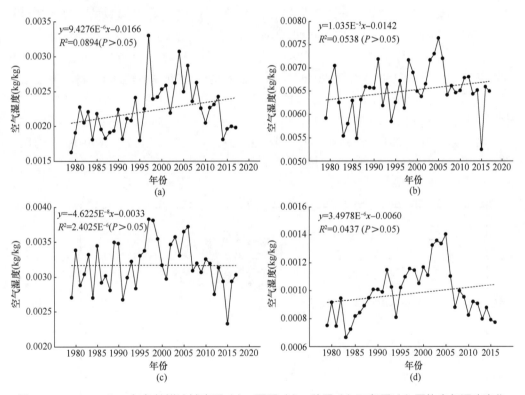

图 1.25　1979 ～ 2017 年色林错流域春季 (a)、夏季 (b)、秋季 (c) 和冬季 (d) 平均空气湿度变化

春季空气湿度的最大值出现在 1997 年，达 0.0033 kg/kg。整体而言，1979 ～ 1997 年春季空气湿度在波动中逐渐增大，而之后则在波动中逐渐减少。近 39 年来，夏季空气湿度最大值出现在 2005 年，达 0.0076 kg/kg；最小值出现在 2015 年，仅为 0.0052 kg/kg。整体而言，夏季空气湿度也在 1990s 末期以前略有增大；2000s 初期以来，空气湿度在波动中略有减少之势。秋季空气湿度的阶段变化与春季尤为相似，1997 年以前，色林错流域秋季空气湿度略有增大，而 1997 年以后，秋季空气湿

度在波动中逐渐减少。1997 年秋季空气湿度系近 39 年来色林错流域空气湿度的最大值，达 0.0038 kg/kg。就冬季空气湿度变化而言，冬季空气湿度变化特征与夏季较为相似，而与春秋不同。冬季空气湿度的拐点出现在 2005 年，1979 ~ 2005 年，色林错流域冬季空气湿度呈显著的增大趋势；而 2005 ~ 2017 年，秋季空气湿度则显著减小。

1.3.4 风速变化

由图 1.26 色林错年均风速变化趋势的空间分布可见，1979 ~ 2017 年，色林错流域南部的年均风速呈增大趋势，而色林错流域北部风速呈降低趋势，且降低速率在流域的东北部最大。色林错流域的多年平均风速为 3.7 m/s，年均风速随时间变化不显著（相关系数为 −0.217，未通过信度 0.05 的显著性检验）。从风速的阶段变化可见 [图 1.27(a)]，1979 ~ 1996 年，年平均风速呈显著降低趋势，以 0.081(m/s)/a 的速率降低（相关系数达 −0.758，通过信度 0.001 的显著性检验）。1997 ~ 2009 年，年平均风速呈显著增大趋势，以 0.070(m/s)/a 的速率增大（相关系数达 0.845，通过信度 0.001 的显著性检验）。2010s 以来，年平均风速呈先降后增趋势。值得注意的是，色林错流域的年平均风速由 2012 年的 2.20 m/s 增大到 2017 年的 4.75 m/s。从年代平均风速变化可见 [图 1.27(b)]，1980s 的平均风速最大，可达 4.14 m/s，1990s 的平均风速最低，仅为 3.30 m/s，2000s 和 2010s 的平均风速均为 3.64 m/s。

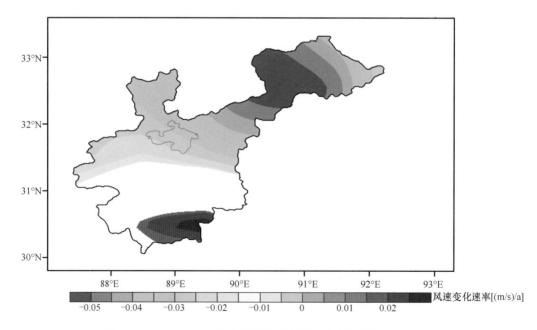

图 1.26　1979 ~ 2017 年色林错流域年均风速变化速率的空间分布
空白处代表变化趋势不显著

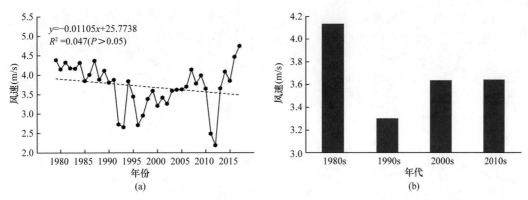

图 1.27　色林错流域 1979 ~ 2017 年年均风速变化（a）以及 1980s、1990s、2000s 和 2010s 年均风速的年代际变化（b）

从流域平均的四季风速变化可见（图 1.28），1979 ~ 2017 年，色林错流域的多年平均风速冬季>春季>秋季>夏季，平均风速依次为 4.31 m/s、4.2 m/s、3.26 m/s、3.00 m/s。春季风速呈显著降低之势，降低速率为 0.029（m/s）/a（相关系数为 −0.408，通过信度 0.01 的显著性检验），夏、秋、冬季年平均风速在过去 39 年间变化均不显著。

就各季节的年平均风速阶段性变化而言，春季年平均风速在 1979 ~ 2009 年以 −0.047（m/s）/a 的速率显著降低（相关系数为 −0.621，通过信度 0.001 的显著性检验），2010 年和 2011 年出现年均风速低值后迅速增大，2016 年和 2017 年平均风速达 5 m/s 以上。夏季年平均风速在 1979 ~ 1999 年以 0.048（m/s）/a 的速率显著降低（相关系数为 −0.613，通过信度 0.005 的显著性检验），在 2000 ~ 2010 年以 0.069（m/s）/a 的速率显著增大（相关系数为 0.733，通过信度 0.02 的显著性检验）。秋季年平均风速先在 1979 ~ 1996 年以 −0.076（m/s）/a 的速率显著降低（相关系数为 −0.763，通过信度 0.001 的显著性检验），后在 1997 ~ 2009 年以 0.067（m/s）/a 的速率显著增大（相关系数为 0.641，通过信度 0.02 的显著性检验）。冬季年平均风速在 1979 ~ 1999 年以 −0.089（m/s）/a 的速率显著降低（相关系数为 −0.758，通过信度为 0.001 的显著性检验）。值得注意的是，2005 年和 2007 年均风速出现高值，与 2000s 的平均风速 4.5 m/s 相差约 1 m/s，这与其他 3 个季节不同。

1.3.5　太阳辐射变化

图 1.29（a）展示了 1979 ~ 2017 年色林错流域年均太阳辐射变化，可以发现，近 39 年来，色林错流域太阳辐射以 −0.29（W/m²）/a 的速率呈显著减少之势。其中，1980s 中期 ~ 2000s 中期的太阳辐射减少尤为明显，1984 ~ 2007 年，太阳辐射的减少速率达 −0.69（W/m²）/a。最近 10 年来，太阳辐射在波动中逐渐增大。就太阳辐射的年代变化［图 1.29（b）］而言，1980s 的平均太阳辐射最大，达 242.0 W/m²；而 1990s、2000s 和 2010s 分别为 235.1 W/m²、232.4 W/m² 和 234.4 W/m²。

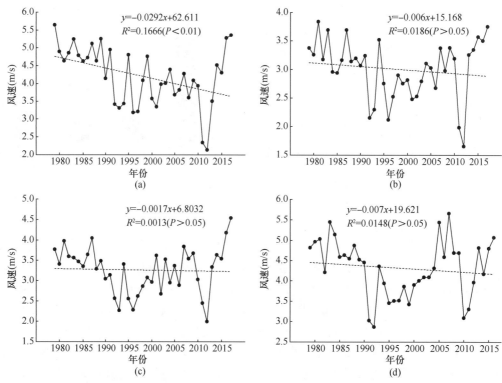

图 1.28　1979～2017 年色林错流域春季（a）、夏季（b）、秋季（c）和冬季（d）平均风速变化

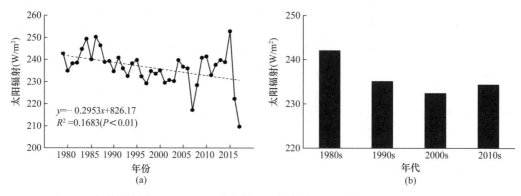

图 1.29　色林错流域 1979～2017 年年均太阳辐射变化（a）以及 1980s、1990s、2000s 和 2010s 年均太阳辐射变化的年代际变化（b）

　　季节尺度上（图 1.30），色林错流域春季太阳辐射在近 39 年来以 -0.47（W/m²）/a 的速率呈显著减少的趋势（相关系数为 0.442，通过信度为 0.01 的显著性检验）。春季太阳辐射最大出现在 1984 年，为 300.8 W/m²。1980s 中期至 1990s 末期，春季太阳辐射在波动中逐渐减小，然而 2001～2015 年春季太阳辐射略有增大。就夏季而言，色林错流域夏季太阳辐射在 1979～2017 年以 -0.39（W/m²）/a 的趋势略有减少。其中，1980s 中期至 2000s 初期减少最为明显，1986～2001 年夏季太阳辐射减少速率为

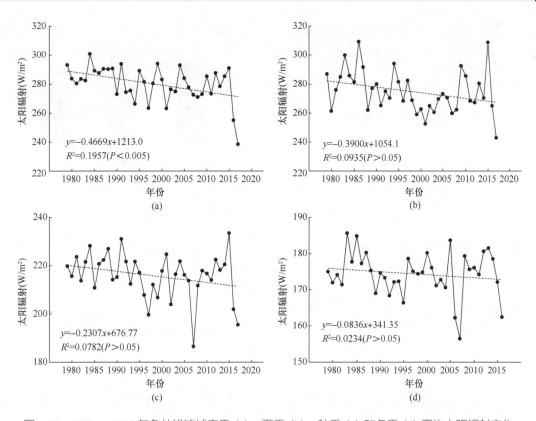

图 1.30　1979～2017 年色林错流域春季 (a)、夏季 (b)、秋季 (c) 和冬季 (d) 平均太阳辐射变化

−1.85（W/m²）/a（相关系数通过信度为 0.05 的显著性检验）。2001 年以来，夏季太阳辐射有所回升。秋季和冬季的太阳辐射变化特征均与年均太阳辐射较为相似，二者分别以 −0.23（W/m²）/a 和 −0.08（W/m²）/a 的速率呈不显著的减少之势。1980s 中期～2000s 中期，秋季和冬季的太阳辐射呈显著减少之势。此外，秋季和冬季的最小太阳辐射均出现在 2007 年，分别为 186.4 W/m² 和 156.4 W/m²。2008 年以来，秋冬季的太阳辐射均有所回升。

1.3.6　蒸发皿蒸发量变化

图 1.31(a) 展示了色林错流域申扎站 1979～2012 年 20 cm 蒸发皿蒸发量变化。1979～2012 年，色林错流域申扎站 20 cm 蒸发皿年蒸发量以 −7.2 mm/a 的速率显著减少（相关系数为 −0.475，通过信度 0.005 的显著性检验）。1979 年的 20 cm 蒸发皿年蒸发量最大，为 2378.2 mm，最小值则出现在 2008 年，为 1736.7 mm，二者相差 641.5 mm。申扎站 20 cm 蒸发皿蒸发量在 1990s 末期以来，减少速率尤为显著。1995～2003 年，20 cm 蒸发皿蒸发量减少的速率甚至达到了 −46.7 mm/a。从 20 cm 蒸发皿蒸发量的年代变化可见 [图 1.31(b)]，1980s 平均 20 cm 蒸发皿蒸发量最大，可达

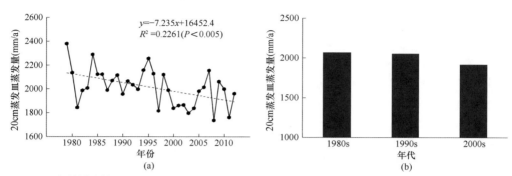

图 1.31　色林错流域 1979 ～ 2012 年 20 cm 蒸发皿年蒸发量变化（a）以及 1980s、1990s 和 2000s 的 20 cm 蒸发皿年蒸发量的年代际变化（b）

2069.5 mm，1990s 平均 20 cm 蒸发皿蒸发量与 1980s 相差不大，为 2053.8 mm，相较而言，2000s 平均 20 cm 蒸发皿蒸发量最小，只有 1916.8 mm。

就各季节的 20 cm 蒸发皿蒸发量变化而言（图 1.32），1979 ～ 2012 年，色林错流域申扎站的 20 cm 蒸发皿蒸发量在春季和夏季分别以 −4.13 mm/a 和 −2.98 mm/a 的速率呈显著减少的趋势（相关系数分别为 −0.465 和 −0.371，均通过信度为 0.05 的显著性检验）。

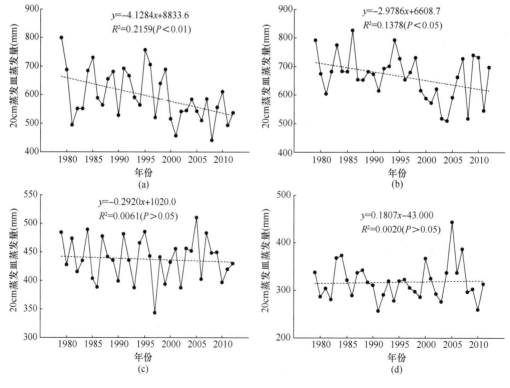

图 1.32　1979 ～ 2012 年色林错流域春季（a）、夏季（b）、秋季（c）和冬季（d）20 cm 蒸发皿蒸发量变化

　　春季 20 cm 蒸发皿蒸发量最大值出现在 1979 年，为 799.1 mm，最小值出现在 2008 年，仅为 439.9 mm。2000 ~ 2012 年多年平均的春季 20 cm 蒸发皿蒸发量（531.7 mm）与 1979 ~ 1999 年多年平均的春季 20 cm 蒸发皿蒸发量（634.9 mm）相差 103.2 mm，说明 2000s 以后，春季 20 cm 蒸发皿蒸发量明显减少。夏季 20 cm 蒸发皿蒸发量在 1994 年以前和 2004 年之后变化均不显著，而 1994 ~ 2004 年，20 cm 蒸发皿蒸发量以 −24.7 mm/a 的速率呈显著减少的趋势（相关系数为 −0.907，通过信度为 0.001 的显著性检验），最小值出现在 2004 年，仅为 509.2 mm，最大值出现在 1986 年，高达 826.7 mm。近 34 年来，秋季和冬季的 20 cm 蒸发皿蒸发量均未呈现出显著的变化趋势。秋季 20 cm 蒸发皿蒸发量最大值为 510.1 mm，出现在 2005 年，与夏季最小值相差无几。冬季多年平均的 20 cm 蒸发皿蒸发量仅为 317.5 mm，与夏季多年平均的 665.0 mm 相差 347.5 mm，最大值为 443.6 mm，出现在 2005 年，最小值仅为 256.3 mm，出现在 1991 年。

参考文献

崔江鹏, 田立德, 刘琴, 等. 2014. 青藏高原中部大气水汽稳定同位素捕捉到印度洋台风 "费林" 信号. 科学通报, 59（35）: 3526-3532.

田立德, 姚檀栋, 文蓉, 等. 2012. 青藏高原西部纳木那尼冰芯同位素记录的气候意义初探. 第四纪研究, 32（1）: 46-52.

徐祥德, 赵天良, Lu C G, 等. 2014. 青藏高原大气水分循环特征. 气象学报, 72（6）: 1079-1095.

姚檀栋, 朴世龙, 沈妙根, 等. 2017. 印度季风与西风相互作用在现代青藏高原产生连锁式环境效应. 中国科学院院刊, 32（9）: 976-984.

郑景云, 卞娟娟, 葛全胜, 等. 2013. 1981 ~ 2010 年中国气候区划. 科学通报, 58（30）: 3088-3099.

Chen Y, Yang K, He J, et al. 2011. Improving land surface temperature modeling for dry land of China. Journal of Geophysical Research, 116, D20104, doi: 10.1029/2011jd015921.

Dansgaard W. 1964. Stable isotopes in precipitation. Tellus, 16（4）: 436-468.

Gao J, Masson-Delmotte V, Risi C, et al. 2013. What controls precipitation $\delta^{18}O$ in the southern Tibetan Plateau at seasonal and intra-seasonal scales? A case study at Lhasa and Nyalam. Tellus B, 65（1）: 1-14.

He J, Yang K. 2011. China Meteorological Forcing Dataset. Lanzhou, China: Cold and Arid Regions Science Data Center.

Kurita N, Yamada H. 2008. The role of local moisture recycling evaluated using stable isotope data from over the middle of the Tibetan Plateau during the Monsoon Season. Journal of Hydrometeorology, 9（4）: 760-775.

Ma N, Szilagyi J, Niu G Y, et al. 2016. Evaporation variability of Nam Co Lake in the Tibetan Plateau and its role in recent rapid lake expansion. Journal of Hydrology, 537: 27-35.

Sun S, Chen B, Shao Q, et al. 2017. Modeling evapotranspiration over China's landmass from 1979 to 2012 using multiple land surface models: Evaluations and analyses. Journal of Hydrometeorology, 18（4）:

1185-1203.

Tian L, Yao T, MacClune K, et al. 2007. Stable isotopic variations in west China: A consideration of moisture sources. Journal of Geophysical Research: Atmospheres, 112, D10112, doi: 10.1029/2006ID007718.

Tian L, Yao T, Sun W, et al. 2001. Relationship between δD and δ^{18}O in precipitation on north and south of the Tibetan Plateau and moisture recycling. Science in China Series D: Earth Sciences, 44(9): 789-796.

Wu G, Duan A, Liu Y, et al. 2015. Tibetan Plateau climate dynamics: Recent research progress and outlook. National Science Review, 2: 100-116.

Yamada H, Uyeda H. 2006. Transition of the rainfall characteristics related to the moistening of the land surface over the central Tibetan Plateau during the Summer of 1998. Monthly Weather Review, 134(11): 3230-3247.

Yang M, Yao T, Wang H, et al. 2006. Estimating the criterion for determining water vapour sources of summer precipitation on the northern Tibetan Plateau. Hydrological Processes, 20(3): 505-513.

Yao T, Masson-Delmotte V, Gao J, et al. 2013. A review of climatic controls on δ^{18}O in precipitation over the Tibetan Plateau: Observations and simulations. Reviews of Geophysics, 51(4): 525-548.

Ye D, Wu G. 1998. The role of the heat source of the Tibetan Plateau in the general circulation. Meteorology and Atmospheric Physics, 67: 181-198.

Zhang T, Zhang Y, Guo Y, et al. 2019. Controls of stable isotopes in precipitation on the central Tibetan Plateau: A seasonal perspective. Quaternary International, 513: 66-79.

Zhou J, Wang L, Zhang Y, et al. 2015. Exploring the water storage changes in the largest lake（Selin Co） over the Tibetan Plateau during 2003～2012 from a basin-wide hydrological modeling. Water Resources Research, 51(10): 8060-8086.

（执笔人：马　宁、张寅生、王坤鑫、张　腾）

第 2 章

大气边界层特征及地气相互作用

本章导读：江湖源地区位于藏北高原的羌塘草原，其大部分地区属于高海拔的无人区，地广人稀，长期以来由于条件的限制，缺乏长期连续的气象观测研究，而正是过去一些大气科学试验的开展，才使得在这一地区的气象研究积累了部分珍贵的观测数据，从而为江湖源地区的科学发展提供了有力的气象支撑。色林错是江湖源地区的关键部分，研究江湖源地区的大气边界层特征，有助于了解色林错地区的大气特征。本章主要介绍近些年来国内外学者，特别是我国学者在青藏高原江湖源地区大气边界层结构特征、平流层与对流层物质交换、湖气相互作用以及陆气相互作用的观测和模拟等方面的研究进展。

关键词：大气边界层，结构特征，物质交换，地气相互作用，参数化，陆面过程

大气边界层通常是指受到地面直接影响的、与人类活动关系最为密切的底层大气。发生在大气边界层内的湍流传输过程是进行地气之间能量和物质交换的主要手段。青藏高原是世界上面积最大、海拔最高的高原，其在全球自由大气范围内构成了一个特殊的边界层，已有研究表明，青藏高原大气边界层不仅影响高原局地的大气环流特征，而且会导致高原东部乃至下游地区的大雨暴雨等灾害性天气（Li et al.，2018，2017，2014）。因此，对于高原大气边界层的深入理解有助于更清楚地认识亚洲乃至世界的天气和气候变化（Boos and Kuang，2010）。过去 30 年间，许多大型的综合性观测试验在青藏高原相继开展实施，这些实验揭示了高原大气边界层的重要特征（Ma et al.，2009；Xu et al.，2002；Yanai et al.，1992；Yang et al.，2004）。例如，青藏高原上的对流边界层较周围平原地区边界层发展更为深厚（Zuo et al.，2005；李茂善等，2004），其为研究青藏高原下垫面地气相互作用、能量和水分循环过程以及大气环流特征提供了大量的事实依据，具有十分重要的意义。

2.1 江湖源地区大气边界层特征

2.1.1 色林错湖区大气边界层高度

热力特性是判断和区分大气边界层性质的主要指标之一，所以，分析大气位温垂直分布状态对研究大气边界层高度极其重要。根据 2017 年 7 月色林错湖区获得的无线电探空数据，我们计算得到湖畔大气边界层的位温廓线。对 7 月 4 日这天大气边界层不同时刻位温廓线变化进行分析（图 2.1）发现，08：00 位温在 500 m 高度以下基本保持不变，并没有出现低层由稳定边界层控制的现象；到 12：00，位温在地表附近 100 m 高度以内相对较小，而 100 m 以上 500 m 以下的高空位温值基本保持不变，这种现象一直持续到日落，这可能是由于白天色林错湖畔来自湖面的风力较大，白天近地层温度较低，位温出现分层，边界层高度较低。到北京时间 23：00，湖陆风减小，风力对位温的影响减弱，在湍流作用下，位温在大气边界层内充分混合，地表附近由于

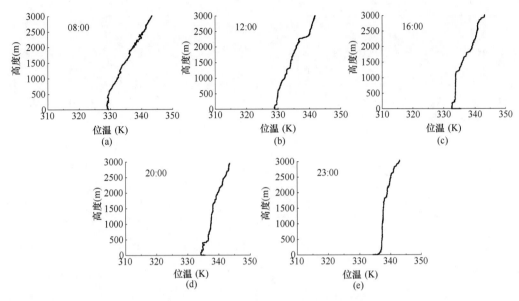

图 2.1　2017 年 7 月 4 日不同时刻位温随高度变化的垂直廓线（纵坐标每刻度 500m）

冷却作用出现逆温层，逆温层以上形成较高的残余层。此外，冷湖效应也是造成色林错湖区对流边界层形成和发展受到抑制的原因之一。

2.1.2　藏北高原大气边界层结构特征

1. 稳定边界层结构特征

利用 CAMP/Tibet 2002 年 8 月试验期的观测资料进行分析，得到藏北高原那曲地区稳定边界层的位温和比湿的垂直分布（图 2.2）。从图 2.2 中可以看出，位温在近地层 42 m 附近形成逆温突变，这主要是因为那曲地区的晚上经常有蒸发现象发生，稳定边界层顶分别在 430 m（阴天 8 月 17 日）、460 m（雨天 8 月 18 日）、530 m（晴天 8 月 19 日）。比湿总趋势是随高度降低，晴天湍流交换强烈，比湿较阴天低。稳定边界层风速和风向的垂直分布显示，无论晴天、阴天还是雨天，风速风向的变化趋势基本一致，风速在低层随高度增大，100 m 处达到最大，之后，风速逐渐降低，到 400 m 处达到最小值，然后又逐渐增大，800 m 处达到第二个最大值，之后又逐渐降低，900 m以上又逐渐增大。风向在 400 m 以下以东南风为主，然后顺时针连续转到西南风，在600 m 以上以西南偏西风为主。

2. 对流边界层结构特征

藏北高原对流边界层中，混合层位温随高度基本不变，晴天对流边界层位温在1400 m 以下基本不变，顶盖逆温层在 1400 ～ 2200 m，中心在 1800 m，因此，可知对流混合层高度可达 1800 m。晴天比湿在 1300 m 以下基本不变，阴天和雨天在 900 m以下基本不变，并且阴天比湿在各高度上都高于晴天，湿度的垂直混合比较充分，比

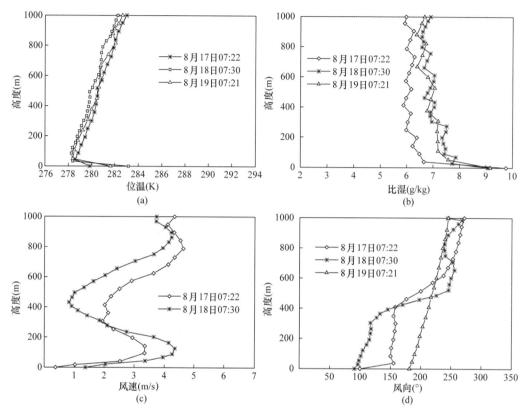

图 2.2　藏北高原那曲地区稳定边界层位温、比湿、风速和风向垂直分布（李茂善等，2004）

湿随高度变化较小。风速的变化趋势是，在 500 m 以下逐渐增大，然后 500～900 m 随高度升高而降低，900～1200 m 又随高度增大，1400～1800 m 基本不变，1800～2200 m 又逐渐降低，2200 m 以上变化无规律。风向在雨天一直以西南风为主，晴天在 900 m 以下以西风为主，900 m 以上以西南风为主，阴天在 800 m 以下以东南风偏东风为主，800～900 m 风向连续突变到西南风，900 m 以上以西南风为主（图 2.3）。

通过以上对藏北高原那曲地区的大气边界层分析，可以看到，那曲地区在 13：00～14：00 对流边界层发展最旺盛，高度达到最大，高度一般在 1200～1800 m，高于一般平原地区的边界层高度，这主要是藏北高原那曲地区海拔高，靠近高原顶部日照强、日变化大而引起的（李茂善等，2004）。

3. 干季雨季大气边界层结构的不同特征

对流混合层高度一般以顶盖逆温确定，夜间稳定边界层高度以近地面逆温层顶确定。4 月的藏北高原处于干季，地面为枯萎的高原草甸覆盖，8 月为雨季，地面湿润，多阴雨天气，地面生长约 5 cm 高的牧草。2004 年 4 月和 8 月那曲的无线电探空观测显示，在干季的藏北高原，清晨对流混合层很浅，日出时由于有覆盖在混合层上的夜间稳定边界层存在，混合层发展缓慢，厚度逐渐增加；中午，因为没有覆盖在混合层上

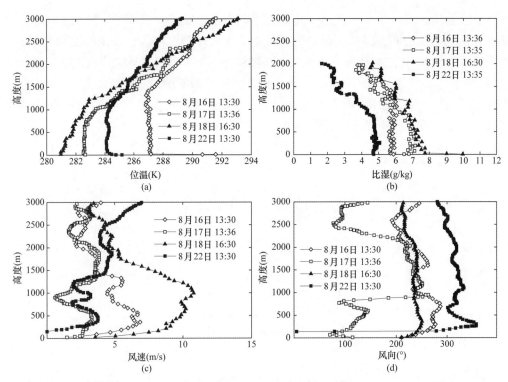

图 2.3　藏北高原那曲地区对流边界层位温、比湿、风速和风向的垂直分布（李茂善等，2004）

的稳定层，所以湍流混合向上发展，使混合层厚度迅速增加，当湍流向上传输达到残余层顶部的覆盖逆温时，遇到对垂直运动的阻力，于是混合层增长率迅速下降。因此，混合层厚度在午后大部分时间内稳定少变，而混合层最终厚度大不相同，这取决于天气条件和中尺度气流。

在雨季，清晨对流混合层同样很浅，日出时由于地面加热较弱且夜间稳定层的存在，混合层发展缓慢，厚度逐渐增加。午前，因为没有覆盖在混合层上的稳定层，所以热泡急剧向上穿透，使混合层厚度迅速增加，但由于地面感热通量较弱，热泡上升速度和高度都比干季时低，混合层厚度较干季混合层厚度小。午后，当热泡达到残余层顶部的覆盖逆温时，再一次遇到对垂直运动的阻力，于是混合层增长率迅速下降。选取干季和雨季每天白天 14：00 的探空资料做平均，分析可知，干季边界层最大平均高度 3580 m，雨季最大平均高度 2194 m。

综合以上分析，藏北高原雨季边界层高度明显低于干季边界层高度，主要是干季热通量大，湍流变化强，对流旺盛，从而使得干季边界层高度高。而且，雨季时空气中水汽含量较大，抑制了边界层的发展（李茂善等，2011）。

2.1.3　藏北高原大气边界层内温湿风压变化规律

温度是表征大气冷暖程度的物理量，由图 2.4 可以看出，随着探空气球高度的上升，温度基本上直线下降，到达一定高度后，温度出现一个极小值，随后温度开始上升。按大气温度的垂直结构，可以把大气圈分为对流层、平流层、中间层和热层。对流层顶的气压大约为 200 hPa，对流层顶高度夏季高于冬季，在赤道附近 15～20 km，中纬度地区平均高度为 8～12 km。再往上，温度的降低渐趋缓慢或向上稍有增加，当温度递减率减小到 2 K/km 或更小时的最低高度就规定为对流层顶。根据探测结果推算后可知，夏季藏北高原地区温度递减率为 0.87 K/100 m，这比平原的温度递减率大；对流层顶高度为 12.25 km，低于赤道和低纬度地区；对流层顶的气压为 100.1 hPa，偏小于 200 hPa 的正常值。

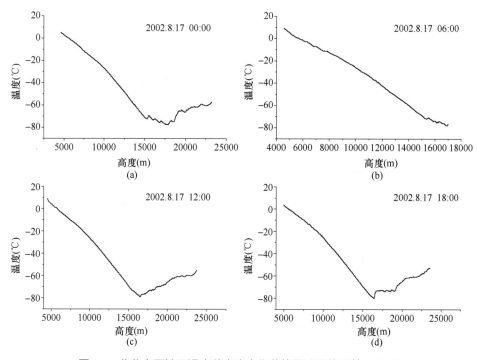

图 2.4　藏北高原地区温度随高度变化曲线图（马伟强等，2005）

在一定的温度和压强下，水汽的摩尔分数和饱和水汽的摩尔分数之比，称为相对湿度。相对湿度代表了空气接近饱和状态的程度，是用来推算其他湿度参量的基础。夏季青藏高原上空是一个高湿区，与冬季有所不同，高湿中心具有范围广、湿度大，而且相当深厚的特点。夏季高空相对湿度的分布与比湿稍有不同，500 hPa 以下，最大相对湿度区与高湿区并不一致，而在 400 hPa 以上才达到吻合。夏季高原是一个热源，因此这里的对流很强，在午后常常伴有对流天气出现，辐合上升具有的增湿作用是高原上空高湿形成的原因之一。夏季高原上的湿度分布受环流制约的现象更为明显，季风环流圈稳定地向高原输送水汽，在上空形成高湿中心。根据探空资料所示，就藏北江湖源地区来说，总的趋势是，随着高度的上升，相对湿度先增大，然后逐渐减小。地面的相对湿度很大，一般都在 35% 以上；夜间更高，可以达到约 70%。

在无线电探空资料上可以明显地看出，随着高度的增加，气压值按指数减少（图 2.5）。在 80 km 以下，大气压和高度关系的普遍公式，即压高公式可以很好地说明探空资料的情况，藏北高原大气压随高度的变化情况，即随着高度上升，大气压呈现很有规律的曲线变化。

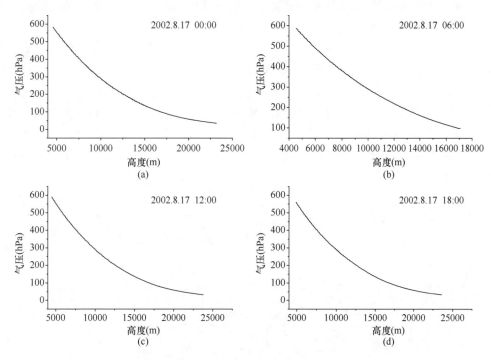

图 2.5　藏北高原地区气压随高度变化曲线图（马伟强等，2005）

依据探空资料所示，随着高度增加，风速一直在增大，对流层内基本上是偏西风，而在 16 km 以上，风向转为偏东风，这一结果与环流场相对应，平流层由于不均匀加热驱动了一个极地到极地的平均热力直接径向环流，其上升是在夏半球，而强烈的下沉气流则位于冬半球的极地区域，由这一径向质量流动引起的加热维持了观测温度与辐射平衡温度之间的差异，于是季节性辐射强迫作用在夏半球产生了纬向东风气流，这也是藏北江湖源地区在高度 16 km 以上是偏东风的原因之一。

2.1.4　青藏高原大气边界层与平流层－对流层的物质交换

青藏高原由于其极高的海拔、较低的空气密度和强太阳辐射，被认为是平流层和对流层物质交换的主要区域（Fu et al.，2006），而双对流层顶现象对于高原上空的物质交换起着重要的作用（Anel et al.，2007；Randel et al.，2007）。Chen 等（2011）观测研究发现，高原上空的双对流层顶发生在冬季的频率较高，这种现象与冬季副热带西风急流附近的对流层顶折叠有关（图 2.6）；夏季随着西风带北移，双对流层顶变为单对流层顶。该发现以前在青藏高原南部地区几乎没有过报道，其对于青藏高原上空特殊天气事件的深入认识研究做出了贡献。此后，夏昕等（2016）进一步研究发现，青藏高原上空由春至夏迅速发展的强大热源是引起上述对流层顶变化特征的主要原因，其发展主要由强烈的对流凝结潜热导致，此外，由春季至夏季，随着青藏高原地区对流层顶与等熵面剧烈相交分布的形成，南亚高压也逐步控制青藏高原上空，从而证实了青藏高原影响夏季东亚地区形成独特气候格局的事实，说明在这种影响过程中，平流层－对流层相互作用过程不可忽视。同样在热带到中纬度地区的转折处，也存在平流层和对流层空气的强烈交换（许平平等，2015）。在污染物的传输过程中，平流层和对流层的物质交换作用同样不可忽视（Lin et al.，2016；Priyadarshi et al.，2014）。特别是臭氧等气体在青藏高原以及周边地区的传输（Wang et al.，2015b；Xu et al.，2014）主要发生在冬季和春季（Yin et al.，2017），夏季和季风季节很少发生（Ojha et al.，2017）。与此同时，研究发现，对流层折叠现象引起的极高位势涡度还可能会导致韩国出现降雪事件（Kim et al.，2013）。

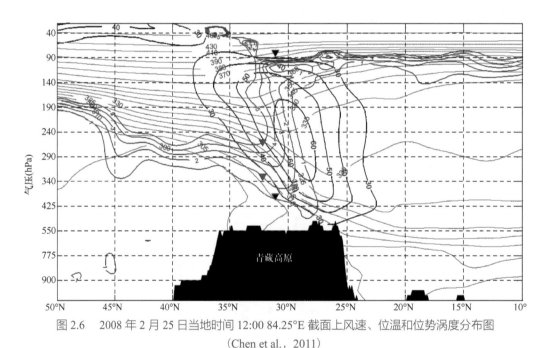

图 2.6　2008 年 2 月 25 日当地时间 12:00 84.25°E 截面上风速、位温和位势涡度分布图
（Chen et al.，2011）

关于平流层和对流层物质交换与大气边界层高度的关系的研究一直以来相对较少，其中雷达探测技术是进行对流层顶观测的手段之一（Jiang et al.，2017）。青藏高原海拔分布在 3000 ～ 8844 m，而大气边界层顶甚至可以达到海拔 9000 m，与对流层高度十分接近，这就更容易使高原上空产生物质的交换。Chen 等（2013）基于高分辨率的探空观测，对比不同加强观测期的观测结果，发现青藏高原中西部地区极高的大气边界层发生在冬季，而且此时高空大气不稳定，更加容易产生对流层折叠现象，从而有利于湍流混合发展，位温和水汽含量充分混合。2008 年 2 月 25 日是一个典型的晴天，分

析极高大气边界层的详细结构发现,早晨地面附近会出现一个 500 m 左右的稳定边界层,其上是高度为 1.7 km 的残余层。随着日出净辐射迅速增加,地表加热,13:00,混合层充分发展已经取代上午的稳定边界层和残余层,到 17:00,对流边界层高度达到海拔 9.5 km,同时由于湍流作用,水汽和风速在边界层内充分混合(图 2.7)。水汽含量在混合层内随着高度的升高,有微弱减少的趋势,这种现象是地面的蒸发所致。一些相关研究发现,青藏高原冬季所观测到的极高边界层和平流层对流层交换事件,同样可以通过模拟手段来实现(van Peet et al.,2018;Yamazaki and Peltier,2014)。

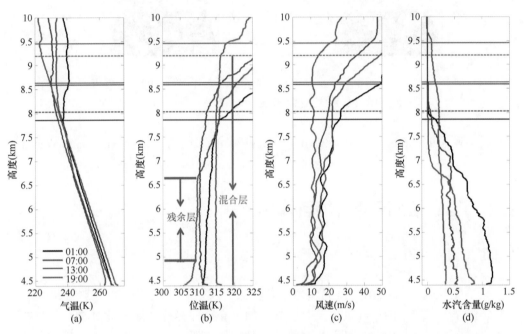

图 2.7　2008 年 2 月 25 日气温、位温、风速和水汽含量探空垂直廓线(Chen et al.,2013)

青藏高原的大地形和深厚的边界层造成了青藏高原是平流层向对流层传输的全球热点区域(Škerlak et al.,2014;Yuchechen et al.,2016),图 2.8 给出了夏季和冬季对流层折叠,西风急流与大气边界层变化的关系,从图 2.8 中可以看到,西风急流位于高原上空,对流层折叠处于西风急流下方。在冬季,平流层入侵导致对流层折叠现象高发,从而使上对流层空气不稳定,易于大气边界层的发展。在夏季,当西风带北移变弱,平流层入侵事件减少,不利于边界层向上发展。在青藏高原及其周边地区近地层的臭氧含量研究中,大量研究证实,高的地形加上深厚边界层使得平流层物质能够输送到边界层(Rotach et al.,2015;Zhao et al.,2017;de Wekker and Kossmann,2015),平流层对流层向下的传输以及较高大气边界层内的混合作用导致冬春季节地表附近臭氧浓度高于夏季(Ma et al.,2014;Ganbat and Baik,2015;Xu et al.,2018)。由此可见,冬季平流层入侵,对流层折叠引发的高空大气不稳定会造成边界层顶向下的夹卷作用,同时,地表加热导致的湍流混合向上发展,与高空向下的夹卷作用共同促进大气边界

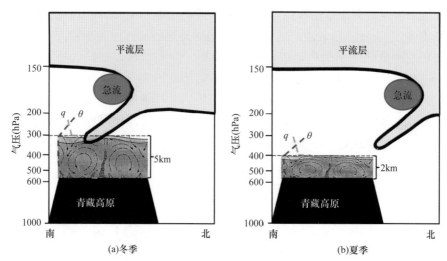

图 2.8　夏季和冬季边界层折叠，西风急流与大气边界层的变化（Chen et al.，2013）

层发展深厚（Itoh and Narazaki，2016；Solanki et al.，2016；Raveh-Rubin and Wernli，2016）。

2.2　江湖源地区地气相互作用

2.2.1　湖 – 气相互作用

　　湖泊是气候系统的重要组成部分，其较低的反照率、较小的动力学粗糙度、较大的热传导率、较高的热容量以及对可见光的可穿透性等特性都使得湖泊表面水热通量传输交换过程及其内部热量混合过程与陆地间存在明显差异。作为气候变化的敏感指示器，高原湖泊大部分呈现出水位增高、面积扩大和水量增涨的态势，而少部分湖泊则呈现出相反的变化特征（Zhang et al.，2011，2013；万玮等，2014；张国庆等，2013；朱立平等，2010）。在气候变暖的背景下，高海拔湖泊水量水资源的变化不仅受冰川、冻土和降雨变化的影响，而且与湖泊表面蒸发量的变化密切相关。因此，对湖 – 气界面水热传输交换过程研究将有助于准确估算高原湖泊的水面蒸发，有效评估气候变暖条件下高海拔湖泊水资源的变化。

　　湖泊蒸发又被称作潜在蒸发，是大气中水汽的重要来源。湖泊较低的反照率、对可见光的可穿透性以及较高的热容量等特性，使得湖泊表面的水热传输交换过程与陆地表面明显不同。湖泊较大的热量存储会引起湖表温度、潜热（蒸发）和感热通量的日变化和季节变化的相位移动，进而影响区域水分和能量循环（Long et al.，2007）。湖泊也可以通过湖陆风循环和改变局地降雨等过程来影响局地气候（Xiao et al.，2013）。伴随着天气和气候模型分辨率的逐步提高，对湖 – 气之间水热传输交换过程研究将有助于改善湖泊区域气候模型的模拟精度，加深理解青藏高原的湖泊过程及其在气候变暖条件下的水热响应与贡献（Blanken et al.，2011；Gao et al.，2009；Haginoya et al.，2009；Jin et al.，2010；Lee et al.，2014；Li et al.，2015）。然而，由于青藏高原高海拔湖泊湖 – 气水热通量观测的匮乏及传输交换过程精确模拟的迫切需要，高海拔湖泊湖 – 气相互作用过程观测和模拟研究成为高原水循环水量平衡研究的热点问题，湖 – 气水热传输交换过程也成为理解湖泊水资源变化及其水热效应的关键。

青藏高原有数以万计的湖泊，主要通过湖 – 气间水热传输交换过程来影响其上空大气。湖泊与陆地之间较大的热量差异会诱发湖陆风循环，并进一步影响局地降水（Gerken et al.，2014）。湖泊较大的热量存储会引起空气温度、潜热通量（蒸发）和感热通量的相位移动，进而影响区域水分和能量循环（Long et al.，2007）。湖泊表面的感热通量、潜热通量及水中热量存储是湖泊能量平衡的重要组成部分（Verburg and Antenucci，2010），构成了湖泊流域尺度的天气气候过程的重要物质和能量来源。青藏高原湖泊的数量总计超过 32000 个，其中面积大于 1 km^2 的湖泊超过 1070 个，而余下 96% 的湖泊面积都小于 1 km^2（Zhang et al.，2014）。湖面蒸发不仅与湖泊表面状况（水温、冰覆盖状况、冰覆盖时间等）密切相关，而且受湖泊所处环境和大气状况的影响（暖干气流、冷湿气流、云覆盖状况等引发的空气温度、湿度、风速和辐射等气象要素的变化）（Blanken et al.，2003，2011；Spence et al.，2011）。湖泊的面积、大小、深度等变化会造成湖泊水分热量传输交换的明显差异，进而对湖泊表面蒸发及区域能量平衡产生重要影响。因此，青藏高原不同大小湖泊水热传输交换过程的差异性研究将有助于量化青藏高原不同大小湖泊对区域水分循环和能量平衡的影响，从而为区域气候模型的精确模拟提供参考。

湖泊湖 – 气水热传输交换过程是指湖表净辐射能量在湖中热量存储、湖表感热和潜热通量之间的能量再分配过程，其中，湖中热量存储也可以通过湖表温度来影响湖 – 气间水分和热量传递。湖 – 气水热通量不仅直接与风速、净辐射通量、湖 – 气间温度梯度及水汽压梯度等相关联，而且不同地区、不同大小湖泊其水热通量的决定因素也不相同（Lee et al.，2014；Li et al.，2015；Liu et al.，2009；Lofgren et al.，2011；Spence et al.，2011；Zhou et al.，2013；刘辉志等，2014）。湖泊所处环境的大气状况及湖面粗糙度变化也会对湖 – 气通量模型模拟结果产生影响。湖 – 气水热通量特征参数是湖 – 气通量传输交换过程模拟的重要内容。湖 – 气界面特征参数化方案的发展推动了湖 – 气通量模型的发展，以水面动力学粗糙度的发展为例，Charnock（1955）首先结合表面应力和重力作用来描述较大风浪条件下的水面粗糙度；Businger 等（1971）通过分子黏性力和摩擦速度之间的关系来描述风速较小的平滑流动；然后，Smith（1988）通过粗糙流动和平滑流动的线性组合来描述通常情况下的水面动力学粗糙度；再后来，人们发现由水体面积和深度不同引发的波浪高度和波浪周期的差异以及水生植物也会影响水体表面动力学粗糙度的估算（Ataktürk and Katsaros，1999；Gao et al.，2012，2009；Xiao et al.，2013）。伴随着水 – 气通量参数化方案的发展，人们发展了许多不同的水 – 气能量通量传输交换模型：Liu-Katsaros-Businger 模型、Hydrodynamic Multi-layers 模型（Foken，1984）、Clayson Flux 模型、Bourassa-Vincent-

Wood 模型（Bourassa et al.，1999）、Chou/Shie Flux 模型（Chou et al.，2003）、COARE（coupled ocean-atmosphere response experiment）模型（Fairall et al.，2003，1996）、总体传输模型（Verburg and Antenucci，2010）等。研究表明，湖 – 气模型的通量估算结果会随着波浪、阵性对流、盐度以及粗糙度长度和湍流交换系数等参数化方案的不同而显示出较为明显的差异（Brunke et al.，2002）。由于青藏高原严酷的自然环境条件与较高的野外观测实验费用，以及湖泊表面强风、大浪、冬季冰层覆盖和冰层推移作用的影响，青藏高原高海拔湖泊湖 – 气能量通量的观测和模型模拟研究依旧十分匮乏。

伴随着湖 – 气通量模型的发展，湖 – 气通量的参数化方案及其相关模型在水 – 气能量通量的卫星遥感估算中也获得了广泛的应用。Lofgren 和 Zhu（2000）基于 NOAA / AVHRR 卫星数据和站点气象数据估算了湖泊感热通量、潜热通量和总热通量的空间分布和季节变化特征，并发现湖泊 – 陆地间的平流交换作用。Chou 等（2003）基于 SSM/I 的表面风速和表面空气湿度数据以及 NCEP-NCAR 海表温度和 2 m 高度空气温度数据得到了海洋表面通量数据集。Singh 等（2005）基于卫星遥感资料，计算得到了海洋表面月平均的潜热通量。考虑到青藏高原湖泊观测数据的匮乏，卫星遥感资料和气象驱动数据的引入将为青藏高原湖 – 气能量通量的时空分布研究注入新的活力。

伴随着国外能量通量观测研究的快速发展，国内外的科学家基于湖泊野外调查和湖泊过程模拟逐步开展了中国高海拔湖泊的研究工作并取得了非常丰硕的研究成果。王君波等（2009）基于纳木错的 3 次综合考察得到了纳木错的水深分布特征（王君波等，2009）；吕雅琼等（2008）基于天气预报模式（WRF）发现纳木错的冷湖效应推迟了对流边界层出现的时间；Xu 等（2009）利用总体传输系数与风速的统计关系得到了羊卓雍错 19 世纪 60 年代以来感热通量和潜热通量的年际变化趋势；Haginoya 等（2009）使用类似的方法发现纳木错地区湖面的蒸发是陆地蒸发的两倍多并且湖泊会影响局地对流活动；Zhou 等（2013）基于蒸发皿的蒸发资料估算了纳木错流域非结冰期（5 ～ 10 月）的水量不平衡特征，并依此推断纳木错湖底存在水体泄漏。然而，以上涉及青藏高原湖泊蒸发量的结果往往依赖于常规气象观测资料的模型模拟或蒸发皿观测，而模型模拟和蒸发皿观测因参数化方案及观测环境的差异与湖泊实际蒸发仍有出入。因此，研究高海拔湖泊水热通量传输交换过程的异同，发展能够精确估算高海拔湖泊蒸发量的模型是当前湖泊研究中一个亟须解决的问题。

伴随着精度较高的湖面通量直接观测方法——涡动相关方法的应用，人们对湖 – 气界面能量通量交换过程以及湖泊能量平衡特征有了更进一步的认识。基于纳木错小湖涡动相关观测实验，Biermann 等（2014）利用印痕分析方法得到了湖泊和草地下垫面能量通量的不同交换特征，并发现湖表温度是湖 – 气通量模拟的关键要素。刘辉志等（2014）基于 2012 涡动相关观测得到了洱海湖 – 气通量的变化特征，并发现湖气温差和水汽压差分别是感热通量和潜热通量的主要控制因子。Li 等（2015）基于鄂陵湖非结冰期的涡动相关观测分析了湖面的能量平衡，发现湖面大气持续呈现不稳定状态，并发现干冷空气团可以引发水中热量存储的急剧减少和感热通量与潜热通量的显著增加。

Wang 等（2015a）基于纳木错小湖的观测资料发现，窄湖对湖面动力学粗糙度的影响以及自由对流对湖-气通量模拟的重要性。然而，青藏高原数以万计的湖泊的水热通量的空间分布到底如何变化？青藏高原大湖和小湖水热通量传输交换过程之间到底存在多大的差异？这些问题都有待我们进一步研究和探索。

　　基于此，在国内外学者工作的基础之上，依托第二次青藏高原综合科学考察实验，我们在青藏高原最大的湖泊色林错湖畔开展了短期的野外观测实验，观测站点的位置以及观测仪器如图 2.9 所示。观测站点的坐标为 31°43′57″N，88°52′12″E。观测的变量包括近地层的基本气象要素（风速、风向、气温、湿度、气压、降水、地表温度、土壤温度和土壤含水量观测等）和近地层湍流通量观测（动量通量、感热通量、潜热通量和二氧化碳通量）。观测的仪器型号如下：风速风向传感器（Windsonic）、气温湿度传感器（HMP155A）、气压传感器（CS106）、辐射四分量（CNR-4）、雨量筒（RG3-M）、地表温度（SI111）、土壤温湿度传感器（93640Hydra）、湍流通量观测（CAST3 和 CE150）。

(a)　　　　　　　　　　　　　　　　　　(b)

图 2.9　色林错观测点位置示意图（a）以及观测仪器（b）

　　观测时段为 2017 年 6 月 29 日～ 7 月 6 日。图 2.10 显示的是色林错湖畔草地下垫面在观测时段的辐射四分量及净辐射通量的变化。其中，向下短波辐射的最高值可以达到 1100 W/m²，且由于云的存在，辐射在日变化过程中存在明显的波动。向上短波辐射与向下短波辐射的比值为地表反照率，选取 10：00 ～ 17：00 观测时段的结果得到该草地下垫面的反照率为 0.21 左右。平均的向下长波辐射值为 317 W/m²，而平均的向上长波辐射的数值为 378 W/m²。净辐射通量与向下短波辐射通量的变化较为一致。图 2.11 显示的是色林错湖滨草地涡动相关观测的湍流通量（感热通量和潜热通量）及风向变化。首先，该地区的风向变化以东风和西风为主，存在一个日循环变化。该草地下垫面的感热通量与潜热通量具有较为一致的日变化特征规律，潜热通量的平均值（60 W/m²）要明显高于感热通量（19 W/m²），波文比大约为 0.31。由于观测时段观测仪器距离湖泊水体下垫面较远，该涡动观测结果很难用于对色林错湖-气水热通量的交换过程进行分析。

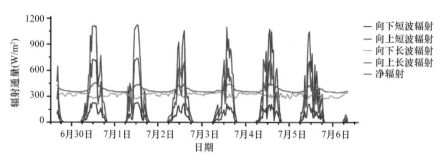

图 2.10　色林错湖滨草地观测的辐射通量

X 轴时间：2017 年 6 月 29 日 12：00 ～ 7 月 6 日 12：00

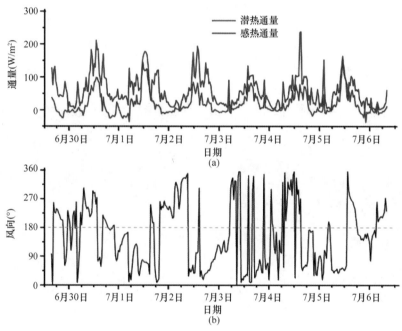

图 2.11　色林错湖滨观测的感热、潜热通量以及风向

X 轴时间：2017 年 6 月 29 日 12：00 ～ 7 月 6 日 12：00

为了更好地研究湖－气间的水热通量交换规律，我们需要在靠近湖边的区域进行湖泊野外观测实验，同时应该加强湖泊水体温度梯度观测，获得湖泊水体中热量存储的第一手资料，从而为色林错湖泊的能量平衡特征规律的研究奠定基础。

2.2.2　陆气相互作用及其地表参数化

　　虽然陆气之间的物质和能量交换在原则上是由能量和物质守恒方程控制的，但在能量和物质守恒方程发生的作用中陆面性质起了主导作用。陆面过程参数化方案的核心就是把陆气间的物质和能量交换物理过程用数学形式表现出来，所以估算出描述地表性质的参数成为陆面过程研究的首要任务。在地表能量收支研究中，这些参数对大气环流和气候模式研究非常必要，会对区域性天气和气候产生影响（Pielke et al.，1998）。

1. 动量、热量总体输送系数

总体输送系数表征湍流输送强度，是计算不同下垫面地表与大气之间物质和能量交换的关键参数，在大气环流和气候学研究中，其也是计算地表热源强度最重要的参数之一。

利用地面观测资料直接计算动量、热量总体输送系数的方法主要有 3 种：分别是廊线 – 通量法（总体输送法）、涡动相关法和常规资料参数化法（经验函数法）。其中，廊线 – 通量法是利用 2 层以上的风速、气温平均量的梯度资料来计算湍流通量；涡动相关法基于湍流脉动相关法测量而得，最为准确，但对观测仪器的精度和性能要求较高；常规资料参数化法是利用风速、气压或地形高度等参数的拟合分段函数，精度不高，而且不同拟合函数的结果差别较大，其应用少，故不做介绍。

（1）总体输送法

计算地表动量通量和感热通量的函数可以表现为

$$\tau = \rho C_{\mathrm{d}} V_{10}^2 \tag{2-1}$$

$$H_{\mathrm{s}} = \rho C_{\mathrm{p}} C_{\mathrm{h}} (T_{\mathrm{s}} - T_{\mathrm{a}}) V_{10} \tag{2-2}$$

湍流通量和特征尺度有如下关系：

$$\text{地表动量}\quad \tau = \rho u_*^2 \tag{2-3}$$

$$\text{地面感热}\quad H_{\mathrm{s}} = -\rho C_{\mathrm{p}} u_* \theta_* \tag{2-4}$$

根据奥布霍夫相似性理论，应用量纲分析的原理，得到近地面层无量纲化风速和温度的梯度遵守如下规律，其被称为微分形式的通量廓线关系：

$$\frac{\kappa z}{u_*} \frac{\partial u}{\partial z} = \varphi_{\mathrm{m}}(\varsigma) \tag{2-5}$$

$$\frac{\kappa z}{\theta_*} \frac{\partial \theta}{\partial z} = \varphi_{\mathrm{h}}(\varsigma) \tag{2-6}$$

摩擦风速：θ_* 为湍流温度尺度 $\left(\theta_* = \dfrac{H}{\rho C_{\mathrm{p}}}\right)$；$\kappa$ 为 Karman 常数（$\kappa = 0.4$）；z 为观测高度；$[\varphi_{\mathrm{m}}(\varsigma)、\varphi_{\mathrm{h}}(\varsigma)]$ 为风、温通用相似函数，$\varsigma = Z/L$。

对式（2-5）和式（2-6）进行积分，以求得平均风速表达式。

$$C_{\mathrm{d}} = \left(\frac{u_*}{u}\right)^2 = \kappa^2 \left\{ \ln\left(\frac{z_{\mathrm{m}}}{z_{0\mathrm{m}}}\right) - \left[\psi_{\mathrm{m}}\left(\frac{z_{0\mathrm{m}}}{L}, \frac{z_{\mathrm{m}}}{L}\right)\right]^2 \right\}^{-1} \tag{2-7}$$

$$C_{\mathrm{h}} = \frac{u_*}{u}\frac{\theta_*}{\Delta\theta} = \frac{\kappa^2}{Pr_0} \left\{ \left[\ln\left(\frac{z_{\mathrm{m}}}{z_{0\mathrm{m}}}\right) - \psi_{\mathrm{m}}\left(\frac{z_{0\mathrm{m}}}{L}, \frac{z_{\mathrm{m}}}{L}\right)\right] \left[\ln\left(\frac{z_{\mathrm{m}}}{z_{0\mathrm{h}}}\right) - \psi_{\mathrm{h}}\left(\frac{z_{0\mathrm{h}}}{L}, \frac{z_{\mathrm{h}}}{L}\right)\right] \right\}^{-1} \tag{2-8}$$

P_{r} 是 Prandtl 数：

$$P_r = \begin{cases} 0.95, & (\varsigma < 0) \\ 1, & (\varsigma \geqslant 0) \end{cases} \tag{2-9}$$

式中，$\psi_m\left(\dfrac{z_{0m}}{L},\dfrac{z_m}{L}\right)$ 为动力学稳定度修正函数；$\psi_h\left(\dfrac{z_{0h}}{L},\dfrac{z_h}{L}\right)$ 为热力学稳定度修正函数。

根据 Paulson 的数学积分公式和 Högström 普适函数，稳定边界层的相似性普适函数项可表示为

$$\psi_m\left(\dfrac{z_{0m}}{L},\dfrac{z_m}{L}\right) = -5.3\left(Z_m - Z_{0m}\right)/L \tag{2-10}$$

$$\psi_h\left(\dfrac{z_{0h}}{L},\dfrac{z_h}{L}\right) = -8.0\left(Z_h - Z_{0h}\right)/L \tag{2-11}$$

对于不稳定边界层，相似性普适函数可表示为

$$\psi_m\left(\dfrac{z_{0m}}{L},\dfrac{z_m}{L}\right) = 2\ln\left(\dfrac{1+x}{1+x_0}\right) + \ln\left(\dfrac{1+x^2}{1+x_0^2}\right) - 2\tan^{-1}x + 2\tan^{-1}x_0 \tag{2-12}$$

$$\psi_h\left(\dfrac{z_{0h}}{L},\dfrac{z_h}{L}\right) = 2\ln\left(\dfrac{1+y}{1+y_0}\right) \tag{2-13}$$

式中，$x = \left(1 - 16\dfrac{z_m}{L}\right)^{\frac{1}{4}}$；$x_0 = \left(1 - 19\dfrac{z_{0m}}{L}\right)^{\frac{1}{4}}$；$y = \left(1 - 11.6\dfrac{z_h}{L}\right)^{\frac{1}{2}}$；$y_0 = \left(1 - 11.6\dfrac{z_{0h}}{L}\right)^{\frac{1}{2}}$；$Z_{0m}$ 和 Z_{0h} 分别为地面风速、热量的粗糙高度，一般认为 $Z_{0m} = Z_{0h}$；Z_m 和 Z_h 分别为仪器测风和测温高度；L 为莫宁奥布霍夫长度。

（2）涡动相关法

$$C_d = \dfrac{\tau}{\rho V_{10}^2} = (u_* / v_{10})^2 = \dfrac{\left[(-\overline{u'w'})^2 + (-\overline{v'w'})^2\right]^{\frac{1}{2}}}{V_{10}^2} \tag{2-14}$$

$$C_h = \dfrac{H_s}{\rho C_p (T_s - T_a) V_{10}^2} = \dfrac{\overline{w'\theta'}}{V_{10}(T_s - T_a)} \tag{2-15}$$

式中，u、v 和 w 分别为超声风速仪所测得的三维风速瞬时值；$\overline{u}$、$\overline{v}$ 和 $\overline{w}$ 为三维风速平均值；θ 和 ρ 分别为位温和空气密度，由同步实测气压和温度求取；C_p 为定压比热；T_a、T_s 和 V_{10} 分别为冠层上 2m 处空气温度、冠层表面空气温度和 10m 处风速。

由于涡动相关法可直接测量湍流通量，众多研究也表明，使用该方法计算总体输送系数相对准确，且往往以该计算方法结果为参照，来验证其他方法计算结果的准确性。

2. 动力学粗糙度

（1）独立法

把式 (2-5) 从地表到参考高度积分，得到式 (2-16)：

$$u = \frac{u_*}{k} \ln\left(\frac{z}{z_{0m}}\right) - \psi_m\left(\frac{z_{0m}}{L}, \frac{z_m}{L}\right) \tag{2-16}$$

式中，$\psi_m\left(\frac{z_{0m}}{L}, \frac{z_m}{L}\right)$ 为相应稳定度修正函数。在中性条件下，$\psi_m\left(\frac{z_{0m}}{L}, \frac{z_m}{L}\right) = \psi_h\left(\frac{z_{0h}}{L}, \frac{z_h}{L}\right) = 0$。

这样可以推导出在近中性条件下动力学粗糙度：

$$Z_{0m} = Z e^{-\frac{\kappa U}{u_*}} \tag{2-18}$$

热力学粗糙度：

$$Z_{0h} = Z e^{-\frac{\kappa(T_a - T_s)}{T_*}} \tag{2-19}$$

由观测数据求出 U 和 u_*，通过最小二乘法确定，即可求出动力学粗糙度和热力学粗糙度。

（2）最大频率分布法

把式 (2-5) 从地表到参考高度积分，得到式 (2-20)：

$$U = \frac{u_*}{k} \ln\left(\frac{Z}{z_{0m}}\right) - \psi_m\left(\frac{z_{0m}}{L}, \frac{z_m}{L}\right) \tag{2-20}$$

$$\ln Z_{0m} = \ln Z - \psi_m\left(\frac{z_{0m}}{L}, \frac{z_m}{L}\right) - \frac{kU}{u_*} \tag{2-21}$$

$\psi_m\left(\frac{z_{0m}}{L}, \frac{z_m}{L}\right)$ 见式 (2-17)，给定观测值 u_* (m/s)、风速 U，可得 $\ln(z_{0m})$，然后可以根据 $\ln(z_{0m})$ 的出现频率求得 (Yang et al.，2008)。

采用独立法计算的动力学粗糙度是利用近中性条件下观测资料进行计算，舍弃了大量稳定和不稳定大气层结下的数据，造成有效样本过少，采用非线性拟合计算空气动力学粗糙度不准确，现在的研究多采用最大频率分布法计算求得动力学粗糙度。

国内外其他学者对在高原实施不同的观测试验（如 QXMPEX，TIPEX）资料得到的结果比较发现，青藏高原海拔高，观测站点下垫面的不均匀性和复杂性，加之不同探测技术及计算方法的差异，导致对高原同一地区近地层湍流输送计算结果产生不同程度的影响，结果差异比较大。例如，在纳木错高寒草甸，Wang 和 Ma（2011）基于 1 年（缺 5 月和 6 月）观测数据，使用总体输送法计算而得的 C_d、C_h 比 Ding 等（2017）利用连续 28 个月涡动观测数据求得的结果小 1 个量级（表 2.1）。实际上，如果在数值模式应用这些近地层湍流输送参数，还应考虑与高原大地形尺度相适应的湍流作用，则推算出的地表粗糙度还会比用中性层结时近地层风速确定出的值大许多，于是包含地形效应的地面总体输送系数也会随之明显增大。

表 2.1 青藏高原各地区动量和热量总体输送系数及动力学粗糙度

	地点	Z_0(cm)	C_d(10^{-3})	C_h(10^{-3})	计算方法
Wang 和 Ma(2011)	纳木错草甸	2.87	0.57	0.79	总体输送法
Ding 等（2017）	纳木错草甸	1.0	2.91	1.96	涡动相关法
Wang 等（2016）	纳木错草甸	2.2	3.8	2.2	涡动相关法
马耀明等（2000）	那曲草甸（夏季）	—	2.61（稳定层结）	1.02（稳定层结）	
		—	2.97（不稳定层结）	3.80（不稳定层结）	
	安多草甸（夏季）	—	2.77（稳定层结）	1.52（稳定）	涡动相关法
		—	3.13（不稳定层结）	3.89（不稳定）	
刘辉志和洪钟祥（2000）	改则稀疏短草	—	2.31	2.15	涡动相关法
李家伦等（1999）	改则稀疏短草	2.63	2.31	2.15	总体输送法
李国平等（2000）	改则稀疏短草	2.72	4.83	6.58	总体输送法
李国平等（2002）	那曲稀疏短草	3.54	4.99	6.73	总体输送法
李国平等（2002）	那曲稀疏短草	2.97	6.26	5.94	总体输送法

3. 热传输附加阻尼 κB^{-1}

热传输附加阻尼 κB^{-1} 是对地表和大气垂直热量交换研究中的重要参数之一，也是陆面过程模式与地表通量遥感估算模型的重要变量之一。κB^{-1} 不能通过观测直接获得，需要利用观测资料通过一系列计算得到。一般可表示为 $\kappa B^{-1}=\ln\dfrac{z_{0m}}{z_{0h}}$ 。

早期参数化方案一般是根据实验结果与粗糙雷诺数 Re 建立简单的关系，后来有学者将 κB^{-1} 与其他常规气象参数建立关系（Kanda et al.，2007），如风速、温度、摩擦速度等，Yang 等（2007）因在（半）干旱稀疏植被下垫面取得较好的结果，近几年其结果常在青藏高原研究中被广泛推荐使用。

κB^{-1} 在不同的下垫面有着很大的差异，许多科学家也做出了大量研究工作：Ma 等（2002，2008）在藏北高原安多和 NPAM 两个站点（草地）的研究发现，热输送附加阻尼并不是一个固定值，其具有较明显的日变化；Yang 等（2008）在安多稀疏短草和 Wang 等（2016）在纳木错高寒草甸也发现同样的变化特征（图 2.12～图 2.14）。总体来说，κB^{-1} 在一日之中有中午大、早晚小的日变化趋势。

2.2.3 陆面过程的重要性

青藏高原以其独特的地理位置而成为全球显著的陆气相互作用区域，陆面物理过程在全球地表能量收支和水循环方面起重要作用，不仅影响高空大气环流形势，长期

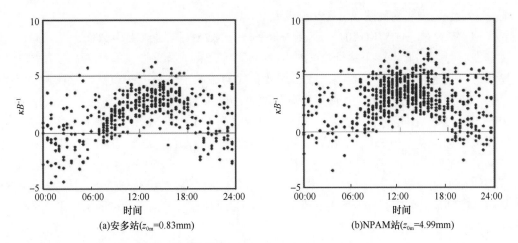

图 2.12　藏北高原安多和 NPAM 站点 κB^{-1} 日变化（Yang et al.，2008）

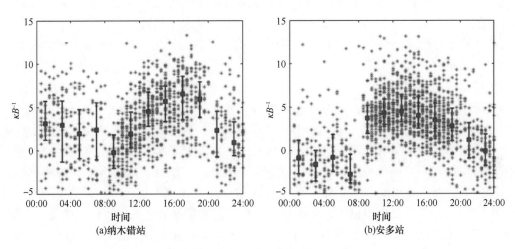

图 2.13　纳木错和安多 κB^{-1} 日变化（Wang et al.，2016）

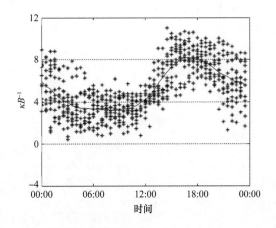

图 2.14　纳木错高寒草甸 κB^{-1} 日变化（Wang et al.，2016）

而言，还会造成气候反馈效应（Roesch et al.，2001）。

Ma W Q 和 Ma Y M（2016）基于 WRF 选用 NOAH 陆面过程参数化方案，对夏季风暴发时青藏高原不同下垫面之上的地表热通量开展了敏感性试验研究，发现模拟的夏季地表热通量日变化与观测一致，调整模式初始的土壤湿度和植被覆盖比例至实测值时，模式模拟的地表感热通量和潜热通量的结果最好。彭雯和高艳红（2011）利用 WRF 选择 NOAH 陆面过程参数化方案，对青藏高原东北部冻融过程中的地表热通量进行模拟研究，发现模式能够较合理地模拟出高原东北部降水、地表感热和潜热通量的空间分布状况。Gao 等（2004）利用简单的生物圈模型（SiB2）研究了季风期西藏短草草地的地表能量平衡各分量、有效辐射温度和土壤湿度，发现低估净辐射时，模型将会相当程度地高估感热和土壤热通量，且模拟的地表温度在白天（夜间）更高（更低），而土壤湿度模拟较为合理。

CoLM（common land model）是综合现有多种模型的优点而发展出的新一代通用陆面过程模式，利用全球不同气候带不同下垫面类型上的大量野外观测结果对该模式进行验证，发现 CoLM 模式对典型下垫面，如俄罗斯草原、巴西亚马孙热带雨林等的陆气相互作用有较好的模拟能力（Dai，2002）。CoLM 作为通用的陆面过程模式，在高海拔复杂地形区，如青藏高原地区仍有较好的应用前景。研究指出，CoLM 模式能够较好地模拟出高原西部地区的陆面过程特征，高原西部地表感热通量占主要地位，潜热通量较小，湿季中地表潜热通量不可忽略（王澄海和师锐，2007）。李燕等（2012）利用 CoLM 模式对青藏高原 3 个不同下垫面观测站开展单点数值模拟试验，优化了模式中的土壤饱和导水率和土壤孔隙度，发现模式可以较好地模拟出 3 个测站的地表热通量的日变化和季节变化趋势，调整模式中的土壤分层方案后，土壤湿度和地表潜热通量的模拟性能有显著提高。罗斯琼等（2008）基于 CoLM 模式对青藏高原 BJ 站 2002～2004 年开展单点数值模拟试验，发现 CoLM 模式能够较好地模拟出该地区的能量分配，但模拟的冬季地表能量平衡各分量存在一定的偏差，CoLM 模式模拟的浅层土壤温度较好，深层存在明显偏差，模拟的土壤湿度偏小。也有学者对 CoLM 模式的高原适用性进行了研究，发现 CoLM 模式在高原（安多站、MS3478 站）地表能量平衡各分量的模拟中，模拟的净辐射、地表感热通量效果较好，模拟的地表潜热通量值偏大，认为将 CoLM 模式应用于青藏高原地区还有待进一步改进（辛羽飞等，2006），而罗立辉等（2013）则认为 CoLM 模式对地表温度的模拟在合理范围内，模拟的地表潜热和感热通量与气象站观测值之间具有较强的相关性，认为 CoLM 模式在高原上的模拟结果是可靠的。

参考文献

李国平, 段廷扬, 巩远发. 2000. 青藏高原西部地区的总体输送系数和地面通量. 科学通报, 45(8): 865-869.

李国平, 赵邦杰, 卢敬华. 2002. 青藏高原总体输送系数的特征. 气象学报, 60(1): 60-67.

李家伦, 洪钟祥, 罗卫东, 等. 1999. 青藏高原改则地区近地层通量观测研究. 大气科学, 23(2): 142-151.

李茂善, 马耀明, 胡泽勇, 等. 2004. 藏北那曲地区大气边界层特征分析. 高原气象, 23(5): 728-732.

李茂善, 马耀明, 马伟强. 2011. 藏北高原地区干、雨季大气边界层结构的不同特征. 冰川冻土, 33(1): 72-79.

李燕, 刘新, 李伟平. 2012. 青藏高原地区不同下垫面陆面过程的数值模拟研究. 高原气象, 31(3): 581-591.

刘辉志, 冯健武, 孙绩华, 等. 2014. 洱海湖气界面水汽和二氧化碳通量交换特征. 中国科学, 44(11): 2527-2539.

刘辉志, 洪钟祥. 2000. 青藏高原改则地区近地层湍流特征. 大气科学, 24(5): 289-300.

吕雅琼, 马耀明, 李茂善, 等. 2008. 青藏高原纳木错湖区大气边界层结构分析. 高原气象, 27(6): 1205-1210.

罗立辉, 张耀南, 周剑, 等. 2013. 基于WRF驱动的CLM模型对青藏高原地区陆面过程模拟研究. 冰川冻土, 35(3): 553-564.

罗斯琼, 吕世华, 张宇, 等. 2008. CoLM模式对青藏高原中部BJ站陆面过程的数值模拟. 高原气象, 27(2): 259-271.

马伟强, 戴有学, 马耀明, 等. 2005. 利用无线电探空资料分析藏北高原地区边界层及其空间结构特征. 干旱区资源与环境, 19(3): 40-46.

马耀明, 冢本修, 吴晓鸣, 等. 2000. 下垫面近地层能量输送及微气象特征. 大气科学, 24(5): 715-722.

彭雯, 高艳红. 2011. 青藏高原融冻过程中能量和水分循环的模拟研究. 冰川冻土, 33(2): 364-373.

万玮, 肖鹏峰, 冯学智, 等. 2014. 卫星遥感监测近30年来青藏高原湖泊变化. 科学通报, 59(8): 701-714.

王澄海, 师锐. 2007. 青藏高原西部陆面过程特征的模拟分析, 冰川冻土, 29(1): 73-81.

王君波, 朱立平, Gerhard D G, 等. 2009. 西藏纳木错水深分布及现代湖沼学特征初步分析. 湖泊科学, 21(1): 128-134.

夏昕, 任荣彩, 吴国雄, 等. 2016. 青藏高原周边对流层顶的时空分布、热力成因及动力效应分析. 气象学报, 74(4): 525-541.

辛羽飞, 卞林根, 张雪红. 2006. CoLM模式在西北干旱区和青藏高原区的适用性研究. 高原气象, 25(4): 567-574.

许平平, 田文寿, 张健恺, 等. 2015. 春季青藏高原西北侧一次平流层臭氧向对流层传输的模拟研究. 气象学报, 73(3): 529-545.

张国庆, Xie H, 姚檀栋, 等. 2013. 基于ICESat和Landsat的中国十大湖泊水量平衡估算. 科学通报, 58(26): 2664-2678.

朱立平, 谢曼平, 吴艳红. 2010. 西藏纳木错1971~2004年湖泊面积变化及其原因的定量分析. 科学通报, 55(18): 1789-1798.

Anel J A, Antuna J C, de la Torre L, et al. 2007. Global statistics of multiple tropopauses from the IGRA database. Geophysical Research Letters, 34(6): L06709.

Ataktürk S S, Katsaros K B. 1999. Wind stress and surface waves observed on lake Washington. Journal of Physical Oceanography, 29(4): 633-650.

Biermann T, Babel W, Ma W Q, et al. 2014. Turbulent flux observations and modelling over a shallow lake and a wet grassland in the Nam Co basin, Tibetan Plateau. Theoretical and Applied Climatology, 116 (1-2): 301-316.

Blanken P D, Rouse W R, Schertzer W M. 2003. Enhancement of evaporation from a large northern lake by the entrainment of warm, dry air. Journal of Hydrometeorology, 4(4): 680-693.

Blanken P D, Spence C, Hedstrom N, et al. 2011. Evaporation from Lake Superior: 1 Physical controls and processes. Journal of Great Lakes Research, 37(4): 707-716.

Boos W R, Kuang Z M. 2010. Dominant control of the South Asian monsoon by orographic insulation versus plateau heating. Nature, 463(7278): 218-U102.

Bourassa M A, Vincent D G, Wood W L. 1999. A flux parameterization including the effects of capillary waves and sea state. Journal of the Atmospheric Sciences, 56(9): 1123-1139.

Brunke M A, Zeng X, Anderson S. 2002. Uncertainties in sea surface turbulent flux algorithms and data sets. Journal of Geophysical Research: Oceans, 107(C10): 31-41.

Businger J A, Wyngaard J C, Izumi Y, et al. 1971. Flux-profile relationship in the atmospheric surface layer. Journal of the Atmospheric Sciences, 28: 181-189.

Charnock H. 1955. Wind stress on a water surface. Quarterly Journal of the Royal Meteorological Society, 81(350): 639-640.

Chen X, Anel J A, Su Z, et al. 2013. The deep atmospheric boundary layer and its significance to the stratosphere and troposphere exchange over the Tibetan Plateau. PLoS One, 8(2): e56909.

Chen X L, Ma Y M, Kelder H, et al. 2011. On the behaviour of the tropopause folding events over the Tibetan Plateau. Atmospheric Chemistry and Physics, 11(10): 5113-5122.

Chou S H, Nelkin E, Ardizzone J, et al. 2003. Surface turbulent heat and momentum fluxes over global oceans based on the goddard satellite retrievals, version 2 (GSSTF2). Journal of Climate, 16(20): 3256-3273.

Dai Y. 2002. The common land model (CLM). Bulletin of the American Meteorological Society, 84(8): 1013-1023.

de Wekker S, Kossmann M. 2015. Convective boundary layer heights over mountainous terrain—A review of concepts. Frontiers in Earth Science, 3(76): e56909.

Ding Z, Ma Y, Wen Z, et al. 2017. A comparison between energy transfer and atmospheric turbulent exchanges over alpine meadow and banana plantation. Theoretical and Applied Climatology, 129: 59-76.

Fairall C W, Bradley E F, Hare J E, et al. 2003. Bulk parameterization of air-sea fluxes: Updates and verification for the COARE algorithm. Journal of Climate, 16(4): 571-591.

Fairall C W, Bradley E F, Rogers D P, et al. 1996. Bulk parameterization of air-sea fluxes for tropical ocean-global atmosphere coupled-ocean atmosphere response experiment. Journal of Geophysical Research: Oceans, 101(C2): 3747-3764.

Foken T. 1984. The parimiterisation of the energy exchange across the air-sea interface. Dynamics of

Atmospheres and Oceans, 8: 297-305.

Fu R, Hu Y L, Wright J S, et al. 2006. Short circuit of water vapor and polluted air to the global stratosphere by convective transport over the Tibetan Plateau. Proceedings of National Academy of Sciences of USA, 103(15): 5664-5669.

Ganbat G, Baik J J. 2015. Local circulations in and around the Ulaanbaatar, Mongolia, metropolitan area. Meteorology & Atmospheric Physics, 127(4): 393-406.

Gao Z, Chae N, Kim J, et al. 2004. Modeling of surface energy partitioning, surface temperature, and soil wetness in the Tibetan prairie using the Simple Biosphere Model 2 (SiB2). Journal of Geophysical Research Atmospheres, 109(D6): D06102.

Gao Z, Wang L, Bi X, et al. 2012. A simple extension of "An alternative approach to sea surface aerodynamic roughness" by Zhiqiu Gao, Qing Wang, and Shouping Wang. Journal of Geophysical Research: Atmospheres, 117(D16).

Gao Z, Wang Q, Zhou M. 2009. Wave-dependence of friction velocity, roughness length, and drag coefficient over coastal and open water surfaces by using three databases. Advances in Atmospheric Sciences, 26(5): 887-894.

Gerken T, Biermann T, Babel W, et al. 2014. A modelling investigation into lake-breeze development and convection triggering in the Nam Co Lake basin, Tibetan Plateau. Theoretical and Applied Climatology, 117(1-2): 149-167.

Haginoya S, Fujii H, Kuwagata T, et al. 2009. Air-lake interaction features found in heat and water exchanges over nam co on the Tibetan Plateau. Scientific Online Letters on the Atmosphere, 5: 72-175.

Itoh H, Narazaki Y. 2016. Fast descent routes from within or near the stratosphere to the surface at Fukuoka, Japan, studied using [7]Be measurements and trajectory calculations. Atmospheric Chemistry & Physics, 16(10): 6241-6261.

Jiang X, Wang D, Xu J, et al. 2017. Characteristics of observed tropopause height derived from L-band sounder over the Tibetan Plateau and surrounding areas Asia-Pacific. Journal of Atmospheric Sciences, 53(1): 1-10.

Jin J, Miller N L, Schlegel N. 2010. Sensitivity study of four land surface schemes in the WRF model. Advances in Meteorology, 1-11.

Kanda M, Kanega M, Kawai T, et al. 2007. Roughness lengths for momentum and heat derivedfrom outdoor urban scale models. Journal of Applied Meteorology & Climatology, 46: 1067-1079.

Kim J, Min K-H, Kim K-E, et al. 2013. A case study of mesoscale snowfall development associated with tropopause folding. Atmosphere, 23(3): 331-346.

Lee X, Liu S D, Xiao W, et al. 2014. The taihu eddy flux network: An observational program on energy, water, and greenhouse gas fluxes of a large freshwater lake. Bulletin of the American Meteorological Society, 95(10): 1583-1594.

Li L, Zhang R H, Wen M. 2017. Genesis of southwest vortices and its relation to Tibetan Plateau vortices. Quarterly Journal of the Royal Meteorological Society, 143(707): 2556-2566.

Li L, Zhang R H, Wen M, et al. 2014. Effect of the atmospheric heat source on the development and eastward movement of the Tibetan Plateau vortices. Tellus A: Dynamic Meteorology and Oceanography, 66(1): 24451.

Li L, Zhang R H, Wen M, et al. 2018. Effect of the atmospheric quasi-biweekly oscillation on the vortices moving off the Tibetan Plateau. Climate Dynamics, 50(3-4): 1193-1207.

Li Z, Lyu S, Ao Y, et al. 2015. Long-term energy flux and radiation balance observations over Lake Ngoring, Tibetan Plateau. Atmospheric Research, 155(10): 13-25.

Lin M, Zhang Z S, Su L, et al. 2016. Resolving the impact of stratosphere-to-troposphere transport on the sulfur cycle and surface ozone over the Tibetan Plateau using a cosmogenic 35S tracer. Journal of Geophysical Research: Atmospheres, 121(1): 439-456.

Liu H, Zhang Y, Liu S, et al. 2009. Eddy covariance measurements of surface energy budget and evaporation in a cool season over southern open water in Mississippi. Journal of Geophysical Research: Atmospheres, 114(D4): D04110.

Lofgren B M, Hunter T S, Wilbarger J. 2011. Effects of using air temperature as a proxy for potential evapotranspiration in climate change scenarios of Great Lakes basin hydrology. Journal of Great Lakes Research, 37(4): 744-752.

Lofgren B M, Zhu Y. 2000. Surface energy fluxes on the great lakes based on satellite-observed surface temperatures 1992 to 1995. Journal of Great Lakes Research, 26(3): 305-314.

Long Z, Perrie W, Gyakum J, et al. 2007. Northern lake impacts on local seasonal climate. Journal of Hydrometeorology, 8(4): 881-896.

Ma J, Lin W L, Zhang X D, et al. 2014. Influence of air mass downward transport on the variability of surface ozone at Xianggelila Regional Atmosphere Background Station, southwest China. Atmospheric Chemistry & Physics, 14(11): 5311-5325.

Ma W Q, Ma Y M. 2016. Modeling the influence of land surface flux on the regional climate of the Tibetan Plateau. Theoretical and Applied Climatology, 125(1-2): 45-52.

Ma Y, Menenti M, Feddes R. 2008. Analysis of the land surface heterogeneity and its impact on atmospheric variables and the aerodynamic and thermodynamic roughness lengths. Journal of Geophysical Research, 113: D08113.

Ma Y, Tsukamoto O J W, Wang J, et al. 2002. Analysis of aerodynamic and thermodynamic parameters on the grassy marshland surface of Tibetan Plateau. Progress in Natural ence: Materials International, 12(1): 36-40.

Ma Y, Wang Y, Wu R, et al. 2009. Recent advances on the study of atmosphere-land interaction observations on the Tibetan Plateau. Hydrology and Earth System Sciences, 13(7): 1103-1111.

Ojha N, Pozzer A, Akritidis D, et al. 2017. Secondary ozone peaks in the troposphere over the Himalayas. Atmospheric Chemistry and Physics, 17(11): 6743-6757.

Pielke R A, Avissar R, Raupach M, et al. 1998. Denning Interactions between the atmosphere and terrestrial ecosystems: Influence on weather and climate. Global Change Biology, (4): 461-475.

Priyadarshi A. 2014. Cosmogenic 35S measurements in the Tibetan Plateau to quantify glacier snowmelt. Journal of Geophysical Research: Atmospheres, 119(7): 4125-4135.

Randel W J, Seidel D J, Pan L L. 2007. Observational characteristics of double tropopauses. Journal of Geophysical Research, 112(D7): D07309.

Raveh R S, Wernli H. 2016. Large scale wind and precipitation extremes in the Mediterranean: Dynamical aspects of five selected cyclone events. Quarterly Journal of the Royal Meteorological Society, 142(701): 3097-3114.

Roesch A, Wild M, Gilgen H, et al. 2001. A new snow cover fraction parametrization for the ECHAM4 GCM. Climate Dynamics, 17(12): 933-946.

Rotach M W, Gohm A, Lang M, et al. 2015. On the vertical exchange of heat, mass and momentum over complex, mountainous terrain. Frontiers in Earth Science, 3(76): 1-14.

Singh R, Joshi P C, Kishtawal C M. 2005. A new technique for estimation of surface latent heat fluxes using satellite-based observations. Monthly Weather Review, 133(9): 2692-2710.

Škerlak B, Sprenger M, Wernli H. 2014. A global climatology of stratosphere–troposphere exchange using the ERA-Interim data set from 1979 to 2011. Atmospheric Chemistry and Physics, 14(2): 913-937.

Smith S D. 1988. Coefficients for sea surface wind stress, heat flux, and wind profiles as a function of wind speed and temperature. Journal of Geophysical Research: Oceans, 93(C12): 15467-15472.

Solanki R, Singh N, Kumar N V P K, et al. 2016. Time variability of surface-layer characteristics over a mountain ridge in the central himalayas during the spring season. Boundary-Layer Meteorology, 158(3): 453-471.

Spence C, Blanken P D, Hedstrom N, et al. 2011. Evaporation from lake superior: 2: Spatial distribution and variability. Journal of Great Lakes Research, 37(4): 717-724.

van Peet J C A, van der A R J, Kelder H M, et al. 2018. Simultaneous assimilation of ozone profiles from multiple UV-VIS satellite instruments. Atmospheric Chemistry and Physics, 18(3): 1685-1704.

Verburg P, Antenucci J P. 2010. Persistent unstable atmospheric boundary layer enhances sensible and latent heat loss in a tropical great lake: Lake Tanganyika. Journal of Geophysical Research, 115(D11109).

Wang B, Ma Y, Chen X, et al. 2015a. Observation and simulation of lake-air heat and water transfer processes in a high-altitude shallow lake on the Tibetan Plateau. Journal of Geophysical Research: Atmospheres, 120(24): 12327-12344.

Wang Q Y, Gao R S, Cao J J, et al. 2015b. Observations of high level of ozone at Qinghai Lake basin in the northeastern Qinghai-Tibetan Plateau, western China. Journal of Atmospheric Chemistry, 72(1): 19-26.

Wang S, Ma Y. 2011. Characteristics of land–atmosphere interaction parameters over the Tibetan Plateau. Journal of Hydrology, 12: 702-708.

Wang Y, Xu X, Liu H, et al. 2016. Analysis of land surface parameters and turbulence characteristics over the Tibetan Plateau and surrounding region. Journal of Geophysical Research: Atmospheres, 121: 9540-9560.

Xiao W, Liu S, Wang W, et al. 2013. Transfer coefficients of momentum, heat and water vapour in the atmospheric surface layer of a large freshwater lake. Boundary-Layer Meteorol, 148(3): 479-494.

Xu J, Yu S, Liu J, et al. 2009. The implication of heat and water balance changes in a lake basin on the Tibetan Plateau. Hydrological Research Letters, 3: 1-5.

Xu X, Gao P, Zhang X. 2014. Global multiple tropopause features derived from COSMIC radio occultation data during 2007 to 2012. Journal of Geophysical Research: Atmospheres, 119(14): 8515-8534.

Xu X, Zhang H, Lin W, et al. 2018. First simultaneous measurements of peroxyacetyl nitrate (PAN) and ozone at Nam Co in the central Tibetan Plateau: Impacts from the PBL evolution and transport processes. Atmospheric Chemistry and Physics, 18(7): 5199-5217.

Xu X D, Zhou M Y, Chen J Y, et al. 2002. A comprehensive physical pattern of land-air dynamic and thermal structure on the Qinghai-Xizang Plateau. Science in China(Earth Science), 45(7): 577-594.

Yamazaki Y H, Peltier W R. 2014. Spatiotemporal development of irreversible mixing in midlatitude baroclinic wave life cycles: Morphology, energetics, and nonisentropic mixing activity. Journal of Geophysical Research: Atmospheres, 119(7): 3663-3686.

Yanai M H, Li C F, Song Z S. 1992. Seasonal heating of the Tibetan Plateau and its effects on the evolution of the Asian Summer Monsoon. Journal of the Meteorological Society of Japan, 70(1b): 319-351.

Yang K. 2004. The daytime evolution of the atmospheric boundary layer and convection over the Tibetan Plateau: Observations and simulations. Journal of the Meteorological Society of Japan, 82(6): 1777-1792.

Yang K, Koike T, Ishikawa H, et al. 2008. Turbulent flux transfer over bare-soil surfaces: Characteristics and parameterization. Journal of Applied Meteorology & Climatology, 47(1): 276-290.

Yang K, Watanabe T, Koike T. 2007. Auto-calibration system developed to assimilate AMSR-E data into a land surface mode for estimating soil moisture and the surface energy budget. Journal of the Meteorological Society of Japan, 85: 229-242.

Yin X. 2017. Surface ozone at Nam Co in the inland Tibetan Plateau: variation, synthesis comparison and regional representativeness. Atmospheric Chemistry and Physics, 17(18): 11293-11311.

Yuchechen A E, Canziani P O, Bischoff S A. 2016. Stratosphere/troposphere joint variability in southern South America as estimated from a principal components analysis. Meteorology & Atmospheric Physics, 129(3): 1-25.

Zhang G, Xie H, Kang S, et al. 2011. Monitoring lake level changes on the Tibetan Plateau using ICESat altimetry data (2003–2009). Remote Sensing of Environment, 115(7): 1733-1742.

Zhang G, Yao T, Xie H, et al. 2013. Increased mass over the Tibetan Plateau: From lakes or glaciers? Geophysical Research Letters, 40(10): 2125-2130.

Zhang G, Yao T, Xie H, et al. 2014. Lakes' state and abundance across the Tibetan Plateau. Chinese Science Bulletin, 59(24): 3010-3021.

Zhao Y, Mao W Q, Zhang K Q, et al. 2017. Climatic variations in the boundary layer height of arid and semiarid areas in East Asia and North Africa. Journal of the Meteorological Society of Japan, 95(3): 181-197.

Zhou S, Kang S, Chen F, et al. 2013. Water balance observations reveal signigicant subsurface water seepage from Lake Nam Co, south-central Tibetan Plateau. Journal of Hydrology, 491: 89-99.

Zuo H C, Hu Y Q, Li D L, et al. 2005. Seasonal transition and its boundary layer characteristics in Anduo area of Tibetan Plateau. Progress in Natural Science, 15(3): 239-245.

（执笔人：马伟强、赖　悦、韩熠哲、马耀明、胡泽勇）

第 3 章

现代湖泊学特征

本章导读：现代湖泊学特征是区域湖泊的基本属性，也是开展湖泊综合观测与研究的重要基础。色林错地区湖泊分布众多，类型多样，是西藏最大的内陆湖泊水系，其中色林错是西藏面积最大的湖泊。该区湖泊已有的考察基础较为薄弱，本章根据实地调查数据并结合遥感卫星资料，对区域内的色林错、多尔索洞错、赤布张错、达则错、格仁错、错鄂、兹格塘错和江错 8 个主要湖泊进行了研究，重点研究湖泊的面积、水深和水量调查、水质参数测量以及水化学特征分析等，为全面认识该区湖泊的基本特征及湖泊保护政策的制定提供科学基础，为深入开展相关研究及区域生态屏障建设提供数据基础和科学保障。

关键词：色林错，水深，水量，水质，水化学

3.1 区域湖泊概况

青藏高原由于受高原隆起的影响，区内近似东西向的深大断裂谷发育，在构造谷底的低洼处多有纵向延伸的湖泊带分布，湖泊长轴与区域构造线方向相吻合，说明湖盆的形成明显受区域断裂构造线的控制。在海拔 4500～5000 m 的藏北高原上，尤其是唐古拉山与冈底斯山-念青唐古拉山之间的宽广地带，湖泊呈带状分布（王苏民和窦鸿身，1998）。水系内部高原面保持得比较完整，但低山、丘陵仍然纵横交织，连绵起伏，构成数以百计的相互不连通的湖盆。每个湖盆都是一个向心水系，起伏小，河流切割作用弱，湖泊几乎是一切河流的归宿（《中国河湖大典》编纂委员会，2014）。班公—怒江构造带位于西藏中部，自西向东沿班公错、改则、东巧、丁青和类乌齐一线分布，长约 1500 km，是北面羌塘地体和南面拉萨地体在晚侏罗世–早白垩世碰撞后的地缝合线（Girardeau et al.，1984）。色林错地区的湖泊坐落在班公—怒江构造带控制的构造断陷盆地内（图 3.1），从成因上讲，该区湖泊多为班公—怒江构造带控制的断陷盆地或次一级拗陷盆地内的构造断陷湖泊。

中国气候区划新方案（郑景云等，2013）依据申扎站 1981～2010 年数据，将该区划为高原亚寒带羌塘高原半干旱气候区（HIIC2），主要参数如下：$\geqslant 10\,℃$ 日数 15 天，1 月气温 $-9.4\,℃$，7 月气温 $10.0\,℃$，年干燥度 2.6，年降水量 325 mm。实际上由于该区纬度跨度大，地形起伏，该区北部和高海拔地区的气候要比气候区划显示的数据严酷得多。

水文上，色林错地区位于藏北羌塘高原内陆河湖水系的东侧，是西藏最大的内陆湖泊水系，也是西藏重要的湖泊分布区。色林错最大入湖河流扎加藏布和多尔索洞错-赤布张错的上游还是中华水塔各拉丹冬附近水系的组成部分。区内较大的湖泊有色林错及其周边湖泊和多尔索洞错-赤布张错及周边分布的多个中小型湖泊，如达则错、其香错、兹格塘错、江错、巴木错等，以及重要的内流河扎根藏布、扎加藏布等。

该区湖泊多为封闭湖泊。但是色林错流域由色林错和一系列过水湖泊，如格仁错、吴如错、恰规错、错鄂、孜桂错和木纠错等组成。过水湖的存在起到了调蓄的作用，使得色林错湖面波动平缓。

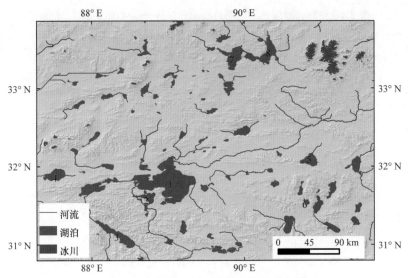

图 3.1　色林错及其周边地区湖泊分布图

1. 色林错；2. 错鄂；3. 格仁错；4. 达则错；5. 兹格塘错；6. 江错；7. 多尔索洞错；8. 赤布张错

　　湖水的矿化度是揭示流域自然环境和地球化学特征的重要标志之一，同时它又指示出湖泊所处的演化阶段，还直接影响或制约着湖内的物理、化学和生物过程，关系到湖泊资源的开发利用途径。因而，湖水矿化度高低综合反映了湖泊的特征，是进行湖泊分类的重要指标。根据《中国湖泊志》（王苏民和窦鸿身，1998），湖泊按盐度的划分标准划分为：淡水湖，湖水矿化度 ≤ 1 g/L；微（半）咸水湖，湖水矿化度 1～35 g/L；咸水湖，湖水矿化度 35～50 g/L；盐湖或卤水湖，湖水矿化度 ≥ 50 g/L。

　　根据第一次青藏高原综合科学考察已经获取的资料，该区较大湖泊中，盐湖有 2 个，其香错和达尔沃错温（苦水湖）；有 4 个咸水湖，多尔索洞错、达则错、兹格塘错和东恰错；6 个淡水湖，错鄂（申扎）、错鄂（那曲）、格仁错、令戈错、吴如错和拔度错；其余大部分为微咸水湖，塞布错、江错、色林错、巴木错、瀑赛尔错、达如错和果根错（表 3.1）。可以看出，过水湖都为淡水湖，这是由其较短的水力滞留时间决定的。令戈错和拔度错为冰川融水补给湖泊，湖水较淡。

　　在第一次青藏高原综合科学考察中，老一辈科学家在极其艰苦的条件下，揭开了该区域湖泊的神秘面纱。例如，第一次科考时，色林错湖泊面积为 1640 km²，是西藏第二大湖泊。这次科考发现，色林错湖泊面积已达 2389 km²，跃居西藏面积第一大湖泊。这些变化不仅是景观上的变化，也对当地人民的生活带来影响。这些湖泊为什么会有这么大的变化？未来怎样变化？再次大规模科学考察有助于对基础数据的查缺补漏和更新，从而回答这些科学问题。本次科学考察综合利用了遥感和 GIS 技术、无人船测量技术，通过将实地测量与室内遥感数据分析相结合、人工测量与无人自动测量相结合，实现对高原湖泊更广、更深层次的考察，获得湖泊的面积、水量、水质等数据，分析湖泊变化的规律和原因，为研究亚洲水塔的水资源演化规律做出重要贡献。本次科学考察湖泊的主要范围如图 3.1 所示。实地考察湖泊 20 个（表 3.1）。实测湖泊中，全面

表 3.1　色林错地区已考察湖泊的部分参数（据《中国湖泊志》）

湖泊名称	矿化度（g/L）	pH	湖泊类型	面积（km²）	高程（m）
达尔沃错温（苦水湖）	136.2	7	盐湖	36.8	4958
其香错	63.455	10.17		149	4610
多尔索洞错	48.19	8.39	咸水湖	400	4921
达则错	40.61	9.6		245	4459
东恰错	36.38	8.3		46.7	4616
兹格塘错	35.9	10.1		191	4561
塞布错	28.35	9.6	微咸水湖	62.7	4516
乃日平错	29.609	9.9		67	4520
江错	25.67	9.5		36	4598
色林错	18.27～18.81	9.4～9.7		1628	4530
巴木错	16.63～16.69	9.4～9.8		191	4555
瀑赛尔错	12.45	10.2		18.3	4586
达如错	6.93	8.3		54.2	4682
果根错	1.99	—	淡水湖	29	4659
错鄂（申扎）	0.516	7		61.3	4515
错鄂（那曲）	0.52	7		269	4561
令戈错	0.99	8.5		95.6	5051
吴如错	0.413	—		343	4548
格仁错	0.261	9.9		476	4650
拔度错	0.24	—		59.5	4750

测深湖泊 8 个、湖泊剖面水质测量 8 个、湖岸测量湖泊水质 15 个。

3.2　色林错湖泊水文水质状况

　　色林错位于素有"藏北大湖区"之称的羌塘高原南部，是班公—怒江大断裂带内最大的构造湖。色林错流域总面积达 45530 km²，是西藏最大的内陆湖水系，流域内众多河流和湖泊互相串连，组成了一个封闭的内陆湖泊群，色林错处于这个封闭流域的最低处，是水流汇集中心（关志华等，1984）。色林错湖面海拔 4550 m，湖东南保存多条完整的古湖岸砂堤，最高一级高出现在湖面约 100 m。研究表明，在末次泛湖期，色林错流域的这些湖泊都串连在一起，形成羌塘古大湖（李炳元，2000；郑绵平等，2006；赵希涛等，2011）。

　　由于近年来的水位持续上涨，色林错在 2005 年就超过纳木错成为西藏面积最大的湖泊（万玮等，2010），而 2010 年色林错湖泊面积达到 2324 km^2（孟恺等，2012；杜鹃等，2014）。气温上升导致的冰川消融和流域内降水量的增加是造成色林错湖面快速上涨的主要原因（边多等，2010）。研究显示，2000～2010 年是色林错面积增加最快的时期，湖面面积平均每年增加 54 km^2（林乃峰等，2012），湖面平均每年上升 0.82 m（孟恺等，2012）。

　　色林错水位的急剧上涨与面积扩张淹没了湖边大量的优质草场，对当地畜牧业和牧民生活造成了巨大的影响，引起了各方的广泛关注。除了政府部门的高度重视外，色林错面积和水量变化幅度、速率、空间差异及其原因成为学术界研究的热点，也是藏北湖泊面积扩大、水量增加的代表性案例，近十几年来发表了大量的研究论文，对于深入认识湖泊这一重大变化现象提供了新的视角（杨日红等，2003；邵兆刚等，2007；万玮等，2010；边多等，2010；孟恺等，2012；林乃峰等，2012；黄卫东等，2012；杜鹃等，2014；Yang et al.，2017）。

　　相对于比较容易借助遥感影像进行的湖面变化研究，对色林错本身的湖泊考察与研究却比较缺乏。这一方面可能是因为色林错流域组成十分复杂，其流域水文特征比较难于厘清；另一方面，作为高原深水大湖，湖上考察作业也比较困难。1979 年 8 月，中国科学院青藏高原综合科学考察队对色林错湖泊的水文状况进行了比较详细的考察，获得了重要的数据，但考察区域仅限于近岸水域（关志华等，1984）。1997 年和 1998 年夏天，陈毅峰等（2001）对色林错的水文特征、水深及湖盆形态进行了考察，加深了对色林错的认识，然而色林错全湖水下地形分布、深水区湖水性质、现代湖水离子组成及垂直变化等仍然是空白，这大大限制了对色林错及其流域的整体深入研究。

　　色林错主要依靠地表径流和大气降水补给，流域内河系发达，河网密度较大，常年或季节性直接汇入色林错的主要河流有扎加藏布、扎根藏布、阿里藏布和波曲藏布。其中，发源于唐古拉山的扎加藏布全长 409 km，是西藏最长的内陆河，源头有现代冰川发育。而扎根藏布发源于南部冈底斯山，流域内也有现代冰川发育，因此冰川融水是色林错重要的补给来源（关志华等，1984；杜鹃等，2014）。色林错位于高原亚寒带季风半干旱气候区，年平均气温 0.8～1.0 ℃，年降水量 290～321 mm，降水年内分配不均匀，约 90% 集中于 6～9 月（关志华等，1984；顾兆炎等，1993；达桑，2011）。

　　鉴于近期色林错湖泊面积和水位的重大变化及引发的各方面的关注，在色林错开展全面湖泊水文监测、近代气候变化以及长时间尺度环境变化研究已刻不容缓，而对色林错进行现代湖泊状况的考察是进行以上研究的基础。考察队分别于 2014 年 8 月、2016 年 7 月和 2017 年 6 月对色林错开展了 3 次综合考察，并于 2017 年 3 月对结冰期的色林错进行了简单考察，基于以上野外考察获取的第一手资料，本节对色林错全湖水深分布特征、现代水体剖面理化性质及离子含量组成等内容进行全面分析，为在色林错开展相关研究提供基础数据和科学参考。

　　色林错湖泊测深利用美国劳伦斯（LOWRANCE）测深仪完成，湖泊水量计算根据水深数据和经纬度坐标点，利用 ArcGIS 和 Surfer 软件完成。湖水理化性质测量利用美国 YSI 公司生产的 EXO2 型多参数水质监测仪，该仪器可同时测量温度、pH、电导率、溶解氧、叶绿素等参数以及水深。考察工作共测量了不同湖区的多个水质剖面，其中最大水深 46.1 m，最浅剖面 19.3 m，研究中用到的水质测量点位置及编号如图 3.2 所示。湖水透明度用塞氏盘（Φ=20 cm）测量。此外，用 2.5 L 有机玻璃采水样器在湖中采集湖水样，用离子色谱仪 IC（Dionex ICS2000 和 Dionex ICS2500 型分别测试阳离子和阴离子）检测主要阴阳离子的浓度，其中 HCO_3^- 浓度根据离子平衡原理，利用其他离子的浓度估算而得出。由于色林错湖水电导率较高，离子测试前对水样稀释 200 倍之后再进样，样品测试过程中用不同浓度的标样保证测试精度，离子测试在中国科学院青藏高原研究所拉萨部实验室完成。

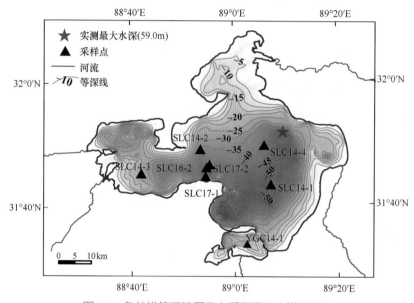

图 3.2　色林错等深线图及水质测量和水样采集点

3.2.1　水深分布及水量

色林错湖泊形状整体上较不规则，北部最大河流扎加藏布注入的区域为水深很浅、面积较大的湖湾，水深只有 10 m 左右；西部是一个相对独立的小湖区，最深处可达 35 m；南部小湖区是由于湖面上升而与色林错相连通的雅根错，水深约 20 m，该湖区仍相对独立，通过较浅的窄水道与大湖区相连；主湖区位于整个湖泊的东半部分，水下地形较为平坦，最深处约为 59 m，位于东部主湖区的东北部，湖泊东岸及东南岸地形平缓，坡度不大，而南岸及西南岸由于有高出湖面较多的半岛分布，水下坡度较大，反映了构造湖的特征（图 3.2）。利用实测水深数据并结合影像图进行计算，首次得出现今色林错湖泊水量约为 558.38×10^8 m^3，该水量数据包含南部雅根错，由于雅根错已和色林错主湖区连为一体，因此本书中将其视为色林错的一部分。测深数据及由此计算的水量数据为研究色林错流域以及藏北区域湖泊水量平衡及其与气候变化的关系提供重要参考。

由以上考察数据可见，尽管色林错湖面上升较快导致面积增加而成为西藏面积最大的湖泊，但由于湖泊整体水深较小，因而其 2016 年的总水量只相当于纳木错 2004 年水量的 2/3（朱立平等，2010）。因此，从湖泊储水量角度来看，纳木错仍是西藏第一大湖。色林错位于北纬 30° 附近构造原因形成的一系列大湖区的中间，这些湖泊大都比较深，从目前已有的数据来看，位于同一地堑中的当惹雍错和许如错最大水深都超过 220 m，塔若错最大水深为 135 m，纳木错最大水深为 99 m，扎日南木错为 72 m，相比之下，色林错最大水深只有 59 m，由于其面积巨大，平均水深更小，其湖盆形状更接近于"浅碟"形，因而在湖面上升的情况下湖泊面积更容易快速扩大。大部分湖区边缘等深线非常平缓也显示了这一特点（图 3.2），特别是北部湖区，这可能与最大入湖河流扎加藏布的冲积作用有关，对色林错面积变化的动态研究显示该区域是面积增加最多的地方（杨日红等，2003；万玮等，2010；边多等，2010；杜鹃等，2014）。

3.2.2　湖水理化性质

湖水理化性质具有空间差异及季节变化，特别是反映湖水热力学特征的温度剖面，是用于湖泊热力分类的基本指标。湖水的主要离子含量则反映了湖泊的水化学类型，是认识湖泊类型的一个重要参数。

1. 水质剖面

湖水水质剖面是反映一个湖泊现代水体特征的基本指标。图 3.3 显示了一个位于色林错主湖区深水区的水质剖面 SLC14-1 的主要参数，于 2014 年 8 月 6 日 14:05 测量，深度为 46.1m。由此水质剖面可见，色林错湖水电导率（SpC）约为 14000 μS/cm，换算盐度为 7.8 g/L，属于半咸水湖。湖泊水体温度在 8 月上旬存在稳定的分层现象，表层温度 14.7 ℃，湖上层温度约 14 ℃，温跃层出现在深度 23 ～ 30.6 m，水温从 13.5 ℃下降为 5.0 ℃，温跃层温度梯度为 1.1 ℃/m，远比纳木错夏季温跃层内的温度梯度大（平均约 0.3 ℃/m）（Wang et al.，2009）；温跃层以下水温仍维持缓慢降低的趋势，剖面最底部温度约为 3.2 ℃。湖水 pH 为 9.2 ～ 9.8，整体上变化不大，只在温跃层附近 pH 稍有增加。溶解氧（DO）在湖上层约为 5.8 mg/L，下层最高处约为 7.0 mg/L。叶绿素 a 在湖上层约为 3.5 μg/L，随水深变大增加至 7 μg/L，而在剖面的最底部可达 37 μg/L。在湖水温度分层作用下，电导率、pH、叶绿素 a、溶解氧等水质参数在温跃层深度也发生相应变化。湖下层溶解氧、叶绿素 a 均比湖上层高。

利用透明度盘在光线良好的天气情况下测定，色林错深水区透明度为 3 ～ 3.5 m，这在高原深水大湖中是较浅的，可能反映了色林错湖水中溶解有机物或者悬浮颗粒物较多，从而影响湖水透明度，另外，色林错整体水深较浅可能也是影响其透明度的一个因素。在结冰期（2017 年 3 月 12 日，冰厚 18 cm）测量的湖水透明度为 5.5 m，测量位置水深分别为 28 m 和 39 m（位置见图 3.2 中 SLC17-1 和 SLC17-2），比夏季时明显增加，说明在结冰期没有外来补给，湖水中颗粒物沉降并且冬季水温低，生物活动降低，从

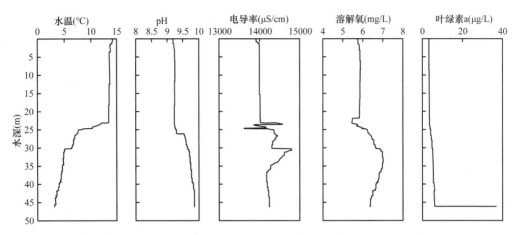

图 3.3　色林错深水区水质剖面（SLC14-1，2014 年 8 月 6 日，14：05）

而使透明度增加。

考察中所测量的水质剖面覆盖了色林错不同湖区，剖面深度为 19.3～46.1 m，包括南部相对独立的雅根错（图 3.4），可以对湖泊水温剖面的空间差异进行初步对比。结果显示，在夏季水温剖面中（7～8 月），除位于南部相对独立的小湖雅根错（图 3.4，YGC14-1 剖面）表层水温为 15 ℃外，其他剖面表层水温基本在 14℃ 左右，没有空间上的差别。YGC14-1 水温剖面上下一致，说明湖水在热力学上仍处于混合状态，这可能是因为此处水深较浅不足以形成水温分层的现象。除此之外的 6 个不同水深的剖面都显示了明显的分层现象，其温跃层深度稍有差异。位于西部湖区水深 23.8 m 的剖面刚刚出现温跃层（图 3.4，SLC14-3 剖面），温跃层深度在 20 m 左右，说明 7～8 月色林错湖水在水深超过 20 m 的地方就能形成热力学分层现象。其余 5 个测量点温跃层出现的深度稍有差异，主湖区水深最大，温跃层深度约为 23 m（图 3.4，SLC14-1 剖面），是所有剖面中最深的，其余几个测点相差不大。纳木错夏季水温剖面显示，在水深超过 40 m 的地方才能形成分层现象，而其温跃层内温度梯度也比色林错小（Wang et al.，2009），这可能与纳木错水深较大、湖水透明度较高有关（夏季可达 8～16 m，刘翀等，2017），色林错湖水透明度较差，不利于热量向下传递，从而更容易形成湖水分层。

结冰期时，色林错整个水体的水温保持一致，处于热力学混合状态，水温为 1 ℃ 左右（图 3.4，SLC17-2 剖面），可见色林错湖水温度变化在一年之内可分为春季混合期（湖冰消融后）、夏季稳定分层期、秋季混合期（结冰之前）以及冬季结冰期，每年有两个混合期，因此色林错在湖泊热力学分类中属于双混合型湖泊（dimictic lake），与纳木错属于同一类型的湖泊（黄磊等，2015）。

2. 湖水主要离子组成

2014 年考察时在所有水质剖面测量位置处采集湖水样（图 3.2），其中主湖区 SLC14-1 处每隔 5 m 深度采样至 47 m 水深。共分析测试了 25 个水样，结果显示，色林错湖水中主要阳离子的平均浓度大小顺序为 $Na^+>K^+>Mg^{2+}>Ca^{2+}$，其平均浓度分别

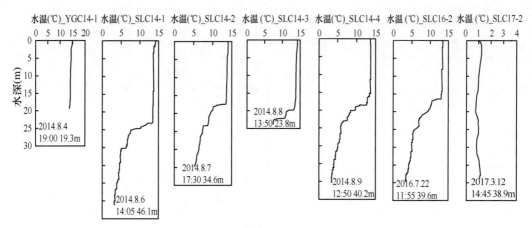

图 3.4　色林错不同水温剖面对比

图中已标出测量时间及剖面深度

为 3299.86 mg/L、356.36 mg/L、292.39 mg/ L 和 43.84 mg/L；而主要阴离子顺序为 SO_4^{2-} > HCO_3^->Cl^-，其平均浓度分别为 4052.44 mg/L、2415.96 mg/L 和 1942.53 mg/L，可见 Na^+ 和 SO_4^{2-} 是占主要优势的离子，分别占阳离子和阴离子总量的 82.7% 和 48.2%，据此计算湖水平均总溶解固体（TDS）为 11202.38 mg/L，变化范围为 10937.27 ～ 11593.26 mg/L，可见色林错不同位置以及不同深度处的湖水离子含量相差不大（表 3.2）。

表 3.2　色林错湖水主要离子组成特征　　　　　　　　　　　　（单位：mg/L）

统计量	Na^+	K^+	Mg^{2+}	Ca^{2+}	Cl^-	SO_4^{2-}	HCO_3^-	TDS
最小值	3213.16	328.69	263.81	31.98	1867.37	3921.45	2024.86	10937.27
最大值	3413.33	398.34	321.18	51.55	2021.33	4197.92	2597.88	11593.26
平均值	3299.86	356.36	292.39	43.84	1942.53	4052.44	2415.96	11202.38

　　图 3.5 显示了位于深水区的湖水离子含量剖面（其中 Ca^{2+} 数据在 5 m 和 15 m 深度处为异常值，在本图中剔除），可见反映总离子含量的 TDS 在 25 m 水深开始有明显增加的趋势，这与现场测量的电导率（图 3.3）一致。但不同深度处各离子变化情况并不完全一致，其中阳离子 Na^+ 和 K^+ 含量变化与 TDS 较为相似，而阴离子中 Cl^- 与 TDS 变化的相关性最高，总体上主要离子含量都在温跃层附近发生变化，说明湖水中离子含量受湖水的热力学特征影响。

　　由于 Na^+ 占绝对优势，而 Ca^{2+} 非常少，因此 Na^+/（Na^++Ca^{2+}）几乎接近 1，这一比值结合湖水 TDS 通常可用来在 Gibbs 图上判断湖水化学组成的控制因素，与藏北纳木错、当惹雍错一样，色林错湖水化学组成主要受蒸发 – 结晶作用影响（Wang et al.，2010；Qiao et al.，2017）。事实上，青藏高原大部分内流湖泊降水补给较少，蒸发强烈，从而导致湖水中碳酸盐沉淀作用显著，因此其湖水的化学组成主要受蒸发 – 结晶作用控制（李承鼎等，2016）。

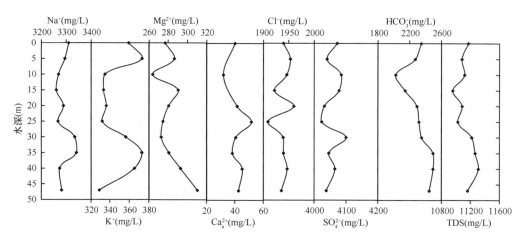

图 3.5　色林错 SLC14-1 剖面主要离子含量变化

3.3　多尔索洞错 – 赤布张错湖泊水文水质

　　多尔索洞错 – 赤布张错是藏北地区两个由宽谷水道沟通的大型湖泊（图 3.6），夏季湖泊面积目前接近 1000 km²。流域范围西起普若岗日冰川，东到各拉丹冬 – 唐古拉山冰川，北缘到祖尔肯乌拉山（可可西里自然保护区），南到唐古拉山南麓。其整体位于青藏高原中部，羌塘高原东缘，是内外流水系的过渡区，但仍属于内流区。行政上，这两个湖泊属于西藏自治区那曲市双湖县和青海省格尔木市管辖，同时，也属于羌塘国家级自然保护区。湖区内降水较少，蒸发强烈，主要从大流域东西两侧接受普若岗日冰川、各拉丹冬冰川群的融水补给。

　　对两个湖泊考察实测发现，多尔索洞错是高盐度湖泊（记载于《中国盐湖志》），

图 3.6　多尔索洞错 – 赤布张错组成的双湖体系及其与各拉丹冬冰川的关系（来自 Google 地图）

而赤布张错是低盐度湖泊。它们在流域水系结构、最大实测水深、水质、离子浓度等存在较大差异。近年来水位上升导致中间连通的水道有 3～5 km 宽，湖水存在部分交换。但这样宽的水道并没有引起两者水质水化学的整体一致性，它们表现出比较强的独立性，可以视为半封闭湖泊，甚至在低水位时期完全分开，因此下面单独介绍两个湖泊。

3.3.1 多尔索洞错

多尔索洞错（33.26°N～33.56°N，89.78°E～89.99°E；4935m a.s.l.），也作吐湖（吐错）、洞错，据称是中国三大盐湖之一，集水区面积 6929.4 km²，位于西藏自治区那曲市双湖县境内东部，北边靠近青海省。湖区位置偏僻，处在青藏高原腹地唐古拉山脉西段，秋冬季节有便道通行，可走汽车（郑喜玉等，2002）。

湖盆为班公—怒江构造带控制下的断陷盆地，出露岩性为侏罗纪–白垩纪灰岩、砂泥岩和古近–新近纪砂砾岩、砂泥岩，流域内被第四纪冲积物、湖积物充填。湖周围有东西向、西北向断层分布，湖岸以坡地、滩地和山石为主。湖区气候恶劣，年均气温约为 –6 ℃，年降水量约为 150 mm（王苏民和窦鸿身，1998）。流域内植被稀疏，属于干旱草原类型，部分河谷地带为典型草原植被，以高山蒿草、干生苔草为常见。

湖区处在西风–季风过渡带，靠近双湖县城，受西风作用比较强。10～11 月湖面盛行西风，而湖面形状构成宽迎风面，加上西岸地势平阔，因此风浪凶猛。一般午时起风，一天中起风时间长，下午风力超过 5 级，对湖上作业威胁很大。

滨湖东西岸广泛分布古湖岸砂堤，地势起伏平缓开阔。《中国湖泊志》记载，东岸可见 4 道古砂堤，其中第 1、第 2 道砂堤长约 8.0 km，距湖岸 100～200 m；第 3、第 4 道砂堤长 1.5 km，距湖岸 800～900 m。湖西岸中部也存在几道大型砂堤，最新一道为弧形垄状，顶部高出湖面 1 m，宽 2～3 m，由粗砾石和粗砂构成。后方为接近干涸的小潟湖，湖床龟裂，距离湖岸约 40 m。现湖面较第四纪高湖面下降约 39.0 m（王苏民和窦鸿身，1998），相对于近年来（2015～2017 年）下降约 53 m，反映了藏北大湖湖面晚更新世以来的巨大波动。实际上，在历史最高水位时期，多尔索洞错东北部与东边的赤布张错西部整个连通在一起，两湖之间半岛仅为部分孤岛；这个东西向特大型湖泊同时连通周围小湖泊，如美日切错、劳日特错等，可能是水道补给关系。

1. 湖泊补给与水深

普若岗日冰原（海拔 6287 m）位于多尔索洞错流域的西北部，是目前该湖最主要的地表水补给来源。夏季从冰盖东南麓汇水形成一条径流，向南流后折向东南，经过一个过水湖，然后进入多尔索洞错西岸狭长水域（图 3.6），全长约 53 km。另一条径流从冰盖南部伸出，向南再向东汇入上述径流。这条水系基本是冰川融水，降水很少，受气候变化波动影响显著。据研究，近 20 年，湖泊水位经历下降后上升，尤其是最近十年，普若岗日冰川融水增加，该湖泊西岸河口地区明显扩张（戴玉凤，2013；闫立娟等，2016）。此外，湖西南岸、北岸还存在 3 条较短河流，湖泊东北角与赤布张错有湖水交换，高水位时存在补给关系。整体而言，该湖水系结构单一，属内陆尾闾咸水湖。本次调查的湖泊面积和海拔与前人文献的比较见表 3.3。

表 3.3　多尔索洞错面积、海拔、矿化度等

资料来源（年限）	湖泊面积（km²）	湖面海拔（m）	矿化度（g/L）	pH
《中国盐湖志》(1980 年)	350	4749	48.19	8.4
《中国湖泊志》(1998 年)	400	4921.0	48.19	8.39
本次科考（2017 年）	445	4935.0	48.2	9.0

注：《中国湖泊志》与《中国盐湖志》在湖泊水化学上用的是同一套数据，即"西藏地质矿产局区测队，1980 年 6 月"，记载于"中国科学院盐湖研究所，1980 年，西藏高原湖泊类型一览表"。而《中国湖泊志》"吐错"下说"据 1960 年调查"，与前者出处年限不一致。《中国盐湖志》所记载的海拔可能存在较大误差，《中国湖泊志》与本次科考结果接近。本次科考的矿化度为底部 60 m 湖水实测值。

　　湖盆形似海豚，长轴呈南北向延伸，长约 30 km，主湖盆东西宽 22.3 km，平均宽 13.5 km（图 3.6）。目前其水位约 4935.0 m，比 1993 年前后上升了 14 m，面积增加了 45 km²。受水量补给的季节变化的影响，湖泊水位有年周期变化，一般 11 月～翌年 5 月为低水位，6～10 月为高水位。湖泊等深线分布如图 3.7 所示，最大实测水深点为 68.7 m（33.36°N，89.87°E），深水湖盆位于中央区域，相对平坦，平均水深为 60 m。作为断陷盆地，从深湖盆向周边过渡差异较大，在部分岩石湖岸仍然保持较大水深，南部尾部小湖盆水深相对较浅。

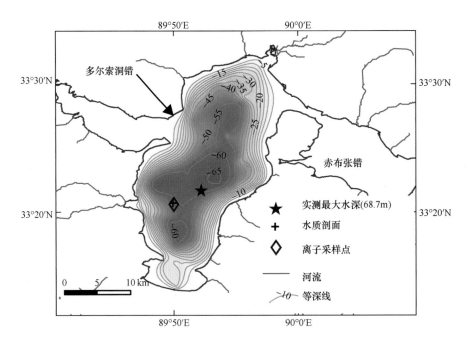

图 3.7　多尔索洞错等深线分布图

2. 湖泊水化学特征

水文水化学上，多尔索洞错是一个水域广阔的大型内陆尾闾咸水湖，水化学类型为硫酸盐型硫酸钠亚型，湖水中 K^+ 含量较高，可开发利用（郑喜玉等，2002）。湖水矿化度总体较高，表层约为 10 g/L，属于咸水湖范围，底部为 48.2 g/L，接近盐湖阈值（50 g/L），平均值比此前《中国盐湖志》记载的 48.19 g/L 要低，意味着湖水近 20 年来发生淡化。这与湖泊面积扩张、水位上升正好对应，说明陆源补给带来的湖泊水量净增加导致湖水矿化度略微降低。

实际上一个湖泊的矿化度不仅存在时空变化，还存在垂向变化。理论上可以绘制三维坐标矿化度图，其指标受到物质来源、水量平衡等影响，处于动态变化中。湖中心水样（每隔 5 m）实测显示各种离子随水深差异显著（图 3.8）。

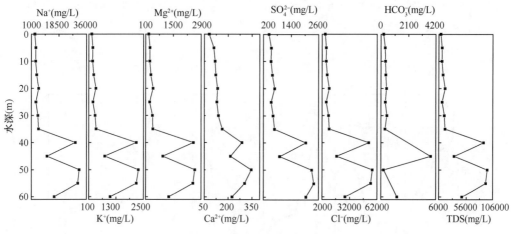

图 3.8　多尔索洞错离子组成

1) 所有离子均显示下高上低的垂直分层变化，其中 Na^+、K^+、Mg^{2+}、Ca^{2+}、SO_4^{2-}、Cl^- 以及 TDS 垂直变化基本一致：35～60 m 为高值，在 45 m 附近出现低谷，呈双峰变化；0～35 m 为低值，变化很小，略递减。HCO_3^- 在 35m 以上湖水变化与其他离子基本一致，但在下部水层中变化几乎相反，在 45m 处为峰值。

通常在淡水湖与盐湖中，Ca^{2+}、CO_3^{2-} 会有显著的转变，随着矿化度升高，阳离子中 Na^+、K^+、Mg^{2+} 超过 Ca^{2+}，而阴离子中 SO_4^{2-}、Cl^- 超过 CO_3^{2-}、HCO_3^-（参见《西藏河流与湖泊》）。Na^+ 是含量最大的阳离子，在 3160.9～28868.0 mg/L 之间；Cl^- 是含量最大的阴离子，在 5528.8～56714.2 mg/L 之间；K^+、SO_4^{2-} 次之。综上，这是一个介于咸水湖与盐湖之间的过渡型湖泊，是硫酸钠亚型同时偏向氯化物型的湖泊。

2) 矿化度呈垂直突变，下高上低，变化范围在 10～92 g/L，表明该湖泊水化学垂向上从表层微咸水转变到底部卤水，呈现截然相反的水化学分层。35 m 处是水化学跃变层（盐跃层）。表层湖水矿化度较低，向下略微增加；在 35～40 m 快速增加，湖水咸化，最高达到 92.0 g/L（55 m）；向底部又快速下降，即从表层微咸水湖到下层盐湖，再到底部咸水湖。而《中国盐湖志》记载该湖矿化度为 48.19 g/L，为盐湖；《中国湖泊志》记载为咸水湖。TDS 含量同矿化度变化。以 60 m 水深处阴阳离子绝对含量与其他资料对比表如下（表 3.4）。

表 3.4　多尔索洞错湖水离子组成　　　　　　　　（单位：mg/L）

资料来源	Na^+	K^+	Ca^{2+}	Mg^{2+}	Cl^-	SO_4^{2-}	CO_3^{2-}	HCO_3^-
《中国盐湖志》	15400.0	1128.0	241.9	462.6	29199.9	1429.0	70.5	259.6
本书	15572.0	1050.8	225.0	1277.2	26881.7	2041.4	—	1203.4

注：表中本书水化学成分为 60m 水深所采水样测定结果。

3. 垂直水温特征与湖泊水质

在湖中心实测了一个水质剖面（2016 年 10 月底），湖水各项参数随水深变化如图 3.9 所示。多尔索洞错水质曲线变化各不一样，上下分层变化明显，存在跃变。

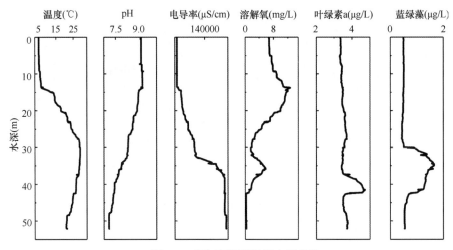

图 3.9　多尔索洞错常规水质参数

1）据第一次科考，青藏高原很多湖泊夏季水温垂直变化均为正温层分布，一般向下递减，在 15～20 m 快速下降，即温跃层（关志华等，1984）。湖面水温超过 10 ℃，湖底在 5 ℃以下。但多尔索洞错是上部水温低、下部水温高。其分段如下，即低温水层：0～14 m 水温在 5 ℃，层内向下略微升高；温跃层（快速与平缓）：14～15 m 骤然增加到 13.6 ℃，温度梯度（升温率）为 7 ℃/m，15～30 m 平稳上升到 29.0 ℃，温度梯度为 1.1 ℃/m；高温水层：30～37.5 m 保持在 28 ℃以上；降温水层：37.5 m 至湖底，缓慢下降到 21 ℃，保持稳定。

这种水温垂直变化类似第一次科考发现的错尼（双湖），呈现出 "S" 形特殊变化，但上部还不一样。这种逆温层表明湖体深处存在热液供应，如热泉出露。有趣的是，高温层位于深湖体中层，向底部反而降温，这至少排除了测点底部地热加热效应。因此，热泉位置可能就在 30～37.5 m 这一深度的沿岸带或湖床上，高温层温差最小，可能是由于热液不断汇入导致水平湖水热交换（参考《西藏河流与湖泊》第 208 页）。这也进一步解释了图 3.9 中盐跃层的存在，35 m 以下是离子浓度陡然增加的水层，对应高温水层，卤水状态。全湖处于非稳定温度层结构状态，尤其中间水层最不稳定。这样，该湖夏季水温可以划分为 3 层：0～14 m 是活动水层（湖上层），14～35 m 是突变层（中间层），35 m 至湖底为停滞层（湖下层）。但综合水质、水化学来看，水温分层会导致湖体不稳定，存在垂直混合，进而引起矿化度等指标垂直均匀化。上述 3 个水层，水温升高，一般密度降低，而盐度增加，又导致密度增加，存在相互抵消，因此可能最终平衡 3 个水层的密度差异，很可能导致稳定的垂直结构。不过前提是盐度向下增加带来的密度增加率大于水温升高引起的密度递减率，这样水体才会稳定。实测结果证实这样的设想，即存在悬殊的盐跃层。

从区域地质看，多尔索洞错与错尼几乎分布在同一纬度，都在藏北内流区，属于断层构造。另外，东边的赤布张错流域北岸遗留不少火山岩，岩性为基性、超基性岩，包括死火山口。这些研究表明，该地区地质时期构造活跃，不排除仍子遗少数裂隙，导致加热的地下热液补给湖泊。作为比照，同期调查的赤布张错水温垂直分布就符合正温层规律，而该湖盆属于拗陷盆地。

2）湖水 pH 表层为 9.0，15 m 以下递减到 7.1，偏向酸性，表明热液含有大量酸性离子。电导率与盐度、矿化度呈正相关，分为 3 层：湖上层 15 m 接近 20000 μS/cm，15～37.5 m 缓慢增加，后快速提升，为 230000 μS/cm，向下保持稳定，属典型盐湖。溶解氧基本是从上到下减少，但在 10～20 m、32.5～37.5 m 出现两个峰值区，尤其 10～20 m 含量反而增加，正好与叶绿素 a、蓝绿藻在 40 m、30～40 m 的峰值对应。这种底层水高值（deep chlorophyll maxima, DCM）现象，常发生于具有温度分层的贫营养型湖泊中。蓝藻细菌是造成 DCM 现象的主要原因之一。贫营养型湖水中特殊的种属形状，如丝状蓝藻浮力降低，适合在底部生活，躲避了上层浮游动物的掠食。该现象在藏东南然乌湖被发现并阐述过（鞠建廷等，2015）。

3.3.2　赤布张错

赤布张错（33.31°N～33.67°N，90.01°E～90.43°E；4941 m a.s.l.），也作米提江占木错，位于青海省与西藏自治区交界处，为格尔木市与那曲地区双湖县、安多县管辖，湖东北段在青海省境内（面积约占 73%），西段在西藏自治区境内（约占 26%）。

该湖位于羌塘高原东部唐古拉山中段偏西，是新近纪以来形成的山间盆地，被北部的祖尔肯乌拉山和中南部的唐古拉山所环抱（海拔 5600～6500 m）（王苏民和窦鸿身，1998）。部分滨湖带有大片砂砾地，分布有多条古湖岸砂堤。地质上，北岸分布有大片新生代火山岩，现在是流水侵蚀残留的平顶山，在日居错东北有火山口（魏君奇等，2004）。湖泊中段的东西两岸为中晚侏罗纪红砂岩、粉砂岩山体，基岩混杂碳酸盐岩

（冯兴贵等，2017）。河流入湖口发育广泛的冲积 – 洪积平原（王苏民和窦鸿身，1998）。湖区属青藏高原中部高寒草原干旱 – 半干旱气候，年均气温 –6.0℃，年降水量约200 mm（王苏民和窦鸿身，1998），主要集中在夏季 6 ～ 8 月，受印度季风影响，冬季寒冷干燥，受西风控制，湖面完全结冰。湖西岸地区植被稀疏，荒漠高原类型，东南岸滨湖是牧场，苔草、蒿草占优势，有零星牧民居住。

2016 年 10 月底考察了该流域，测量了水深、水质，获取了水样。2017 年 7 月初，再次前往该区域，遇到连日暴雨，加上气温快速升高，河流暴涨，道路阻断，未能到达湖区。观察到唐古拉山南麓几条河流（如扎加藏布上游）的夏季状况，水量普遍大，泥沙含量高，浑浊呈土黄色，水流湍急，河流悬浮物多，泥沙粒径比较粗。相对于夏季水文而言，冬季静水环境下沉积物粒度偏细。

1. 湖泊水系

赤布张错，藏语意为"水桥湖"，湖岸线曲折，因形似桥而得名，目前与西边的多尔索洞错连通，属于半封闭湖泊（图 3.10）。《中国湖泊志》记载，"后因湖泊退缩，现已分离。水位 4931.00 m，长 66.0 km，最大宽 16.0 km，平均宽 7.2 km，面积476.8 km²，其中属青海省面积 297.6 km²……集水面积 6137.0 km²，补给系数 11.9。"

新近调查显示，湖泊面积为 538 km²，流域面积为 11236.6 km²，湖面海拔为 4941 m左右。湖水主要依靠周边冰川融水径流补给，入湖河流 7 ～ 8 条，主要有四大入湖河流。

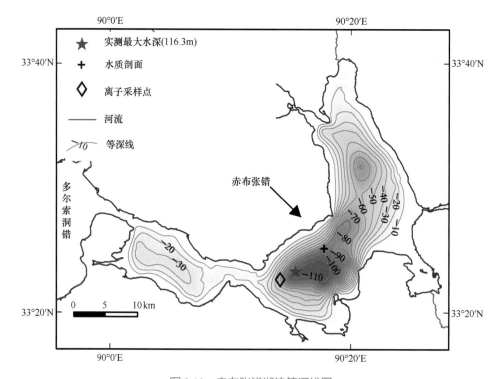

图 3.10　赤布张错湖泊等深线图

北部西北岸、北岸各有一条，并串连沿途小湖；中南部东岸、东南岸各有一条源于冰川的大河。其中，曾松曲从东南岸入湖，长 86.0 km，流域面积 1860.0 km²，主要源于唐古拉山各拉丹冬冰川，冰雪覆盖面积约 92.0 km²；切尔恰曲（切尔藏布）长 60.0 km，流域面积 1150.0 km²，源于正东边的尕恰迪如岗雪山，冰雪覆盖面积 96.0 km²；错纳查曲长 29.0 km，流域面积 248.0 km²，源于唐古拉山（王苏民和窦鸿身，1998）。此外，巴日根曲从北岸西北角入湖，长约 120 km，连接玛巧错、劳日特错、波涛湖等（图 3.6），发源于祖尔肯乌拉山，以地表径流补给为主，缺少冰川发源；曲郎岛日，从正北岸注入，长约 40 km，经过色务乡、日居错，发源于祖尔肯乌拉山南麓一座冰川，冰雪面积约 70 km²。

曾松曲和切尔藏布的夏季水量最大，受冰川融水和山地降水补给。曾松曲与北流的沱沱河、南流的扎加藏布共享同一冰川群发源。最近几十年湖泊面积变化较大，总体呈扩张趋势，主要表现在河口地带（鲁萍丽，2006；邵兆刚等，2007；万玮等，2014；Yan and Zheng，2015；闫立娟等，2016；Zhang et al.，2017）。

2. 湖泊水深

赤布张错是拗陷湖盆，大型深水湖泊，实测最大水深 115 m（2016 年 10 月）。岸线曲折复杂，由深浅不同的 3 个湖盆组成（图 3.10）。

中央深湖盆，SW—NE 走向，湖岸以陡崖为主，边缘水深变化快，正北面、东南面两侧湖床坡度陡。湖盆大部分水深超过 60 m，最深处超过 110 m。在北上角、东南角共存在 3 处突出的断崖，犹如尖嘴，使得等深线密集紧缩，向水下延伸到 90 m 深。尤其北上角陡崖是整个湖泊北部岸线几乎 90° 转折的位置，岸线夹角约 120°。从整体看，南北两岸形成"深谷峡湾"，而西南岸处于较长的缓坡。

北部湖盆，NS 走向，等深线多平行于湖岸，南北竖向，东西两侧平行，坡度较平缓。其中，10～50 m 水深区与中央湖盆连通在一起，但湖盆中心 60～70 m 水深构成哑铃形深沟。所有河口地带都是低于 10 m 的浅湖区，也是湖泊水位波动变化最显著的区域。

西部湖盆几乎是一个独立的湖盆，中间被一个低于 10 m 的水下坡脊分开。整个湖盆呈 NW-SE 倾斜的矩形，坡度变化小，中心为东西向长条形，水深 30 m。毫无疑问，当湖泊水深波动超过 10 m 时，这个湖盆会与主体湖盆分离，成为单独的小湖泊。

3. 湖水理化性质

（1）湖水离子特征

赤布张错是一个典型的高海拔区域大型微咸水湖，根据 2016 年野外水化学测量，矿化度为 8.9 g/L，TDS 为 8.76 g/L。具体离子组成参见表 3.5 和图 3.11。60 m 水深的水样阳离子以 Na⁺、K⁺、Mg²⁺、Ca²⁺ 为主，Na⁺ 含量最大，约 2533.5 mg/L；阴离子以 SO₄²⁻、Cl⁻、HCO₃⁻ 为主，Cl⁻ 含量最大，约 3210.2 mg/L。各离子随水深整体变化不大，但在个别深度出现异常低或高值。例如，在 15 m、45 m 处，阳离子、TDS 普遍出现低值，在 20 m、60 m 处，阴离子 SO₄²⁻、Cl⁻ 出现低值，而 HCO₃⁻ 表现为高值。

表 3.5 　赤布张错湖水离子组成　　　　　　　　　　（单位：mg/L）

	Na$^+$	K$^+$	Ca^{2+}	Mg^{2+}	Cl$^-$	SO$_4^{2-}$	CO$_3^{2-}$	HCO$_3^-$
实测	2533.5	178.0	88.2	207.6	3210.2	306.2	—	2391.5

注：表中本书水化学成分为 60 m 水深所采水样测定结果。

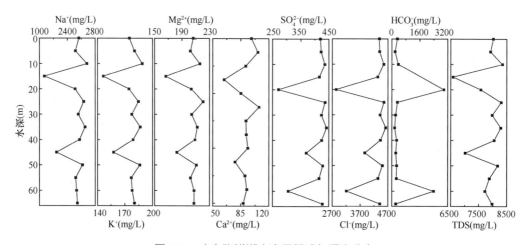

图 3.11 　赤布张错湖水离子组成与垂直分布

通常从淡水湖到微咸水湖中，Ca^{2+}、CO$_3^{2-}$ 可能会占据优势，湖泊的演化中自生盐类化学沉淀不同。在青藏高原，碳酸盐沉积可以普遍发生在中低盐度的湖泊。从离子组成看，其近似旁边的多尔索洞错，但水化学条件还是不同，赤布张错是偏碳酸盐型的湖泊。

（2）湖水垂直温度变化

赤布张错湖中心水温垂直变化明显，从上向下降低。按温度变化，分为湖上层（0～20 m），水温在 5 ℃左右；变化层（20～40 m），温度稳定下降到 3 ℃；湖下层（低温层，40～100 m），水温极其稳定，为 2.9 ℃。湖水夏季分层比较稳定。

（3）湖泊 pH 与电导率（含湖水盐度）

湖水呈碱性，pH 在 9.04～8.96 之间变化，40 m 以下基本稳定，而电导率向下呈升高趋势，表层为 7954.6 μS/cm，表层盐度为 4.3 g/L（图 3.12）。图 3.12 中电导率显示在 20～30 m 快速增加，从 13617 μS/cm 增加到 14200 μS/cm。该湖是低盐度的湖泊，在其中部北岸，分布有红砂岩层，水深大，湖岸沙嘴处，野鸭子多，表明该湖生态条件好。越靠近东岸有越多的淡水补给，估计盐度更低。

（4）溶解氧与藻类指数

溶解氧随着水深增大，逐渐减少，最后稳定，表层为 6.26 mg/L。垂直分异上，该指标与水温的分布近似，20～40 m 变化快。叶绿素 a 和蓝绿藻的垂直分布类似，在上层 85～90 m 基本稳定，带有小幅度变化；但在 90 m、85 m 两者分别突然增加，保持稳定。表层叶绿素 a 与蓝绿藻含量为 3.28 μg/L、0.47 μg/L，底层数值分别为 4.06 μg/L、

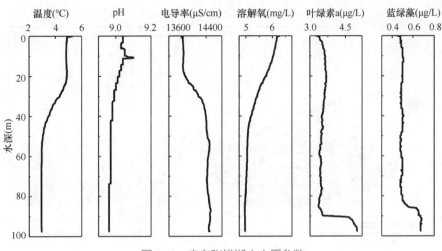

图 3.12　赤布张错湖水水质参数

0.59 μg/L，亦为 DCM 现象。

3.4　其他湖泊水文水质

3.4.1　达则错

达则错又名达克次湖、达格济错、打者错（Dagze Co），位于西藏那曲地区尼玛县的一个断陷盆地内，地理位置：31°49′N ~ 31°59′N，87°22′E ~ 87°39′E，湖面海拔 4459 m（王苏民和窦鸿身，1998）。达则错湖泊流域面积为 12848.7 km² （Lehner et al.，2006），湖水主要依赖西侧入湖河流波仓藏布（又名莫昌藏布）和那若曲的补给（图 3.13），雨季北侧和南侧有季节性降水流入，呈现季节性浑浊现象。湖水全年补给量约为 5.56×10⁸ m³（刘沙沙等，2013）。主要入湖河流波仓藏布发源于巴林岗日雪山（关志华等，1984）。距离达则错 150 km 的申扎站数据（1961 ~ 2016 年）显示，该地区年均降水量 317 mm，降水主要发生在 6 ~ 9 月，占全年降水总量的 89%，7 月和 8 月的平均降水量均超过 90 mm；年均气温 0.17℃，11 月 ~ 次年 4 月月均气温均低于 0 ℃；1 ~ 4 月平均风速最高，超过 4 m/s，在 8 ~ 10 月平均风速达到最小值，约 3 m/s；空气相对湿度变化主要呈现"夏季湿润冬季干燥"的特征，7 ~ 9 月相对湿度最高且超过 60%，12 月 ~ 次年 3 年相对湿度低于 30%。

基于高分 1 号卫星资料，2014 年湖泊面积 311 km²，周长 114 km（Wan et al.，2016）。达则错湖泊平均水深 15.5 m，最大水深 38 m，年蒸发量 2303 mm（刘沙沙等，2013）（图 3.14）。据 2012 ~ 2017 年现场实测，表层湖水盐度为 14.18 ~ 15.68 g/L，盐跃层在 25 ~ 30 m，底部湖水盐度可达 21.38 g/L。表层湖水 pH 变化范围为 9.80 ~ 10.15，pH 的垂直变化并不明显，2012 年 8 月 18 日测量湖水透明度约 6 m。湖泊东西两侧地势开阔，南北侧山体较陡峭，湖泊东侧和南侧有多条古湖岸砂堤分布。湖泊水

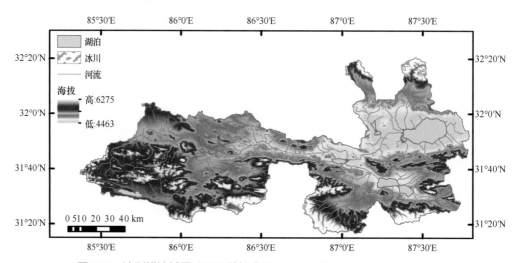

图 3.13　达则错流域图（河网数据来源：https：//hydrosheds.cr.usgs.gov/）

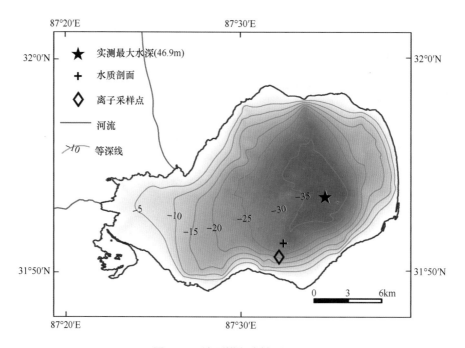

图 3.14　达则错湖底地形图

位观测数据显示达则错水位季节波动在 0.3 ～ 0.7 m（Lei et al.，2019），地质历史时期湖面波动明显，通过古湖岸线的提取，大湖期以来达则错水位下降约 57 m（乔程等，2010），说明达则错对气候变化响应灵敏。

1. 水质参数

达则错湖盆为封闭内流盆地，卤水化学类型为碳酸盐型（郑喜玉等，2002）。湖

水 pH 接近 10，透明度约 6 m（2012 年 8 月 18 日现场测定）。达则错距尼玛县城约
30 km，波仓藏布流经县城，同时 2008 年 9 月动工修建尼玛县波仓藏布水电站（兰雁
和杨浩明，2013），表明人类活动对湖泊水质具有潜在影响。因此，开展达则错水质参
数的调查对于理解气候变化和人类活动对该湖泊的影响十分重要。

　　达则错水质参数的调查主要针对空间尺度利用多参数水质分析仪（美国赛莱默
（Xylem）公司 YSI EXO2 型）对单个点位的水体垂向变化进行多次测量。在 2017 年夏
的第二次青藏高原综合科学考察中，首次利用无人船技术对达则错水质参数的空间变
化开展了调查，主要包括 7 类水质参数：水温、电导率、pH、溶解氧、浊度、叶绿素
a 和蓝绿藻含量等。

（1）水质参数垂向变化

　　2012 年以来通过多次野外调查获取了多个时间点的达则错水质参数。由于不同年
份野外路线并不一致，因此部分年份的数据缺失。同时，野外考察时间也有差异，所
以部分参数（如水温）的绝对值没有可比性。尽管如此，从垂向变化的整体趋势上看
（图 3.15），仍可以获得如下信息：

　　水温：夏季野外考察期间（6 月底～ 8 月中旬），表层湖水温度变化范围为
10.90 ～ 15.31℃；夏季温跃层位于水深 16 ～ 25 m 处，温跃层以下水温变化较小，接
近 4 ℃；

　　盐度：表层湖水盐度在 14.18 ～ 15.68 g/L 之间变化，盐跃层位于水深 25 ～ 30 m 处，
底层湖水盐度可达 21.38 g/L（2012 年 8 月 18 日实测）；

　　溶解氧：达则错底层湖水溶解氧接近 0，是典型的还原环境，由于 2014 年和 2017
年实测的水质剖面深度所限，没有观察到上述现象。但 2012 年和 2016 年水质剖面深
度超过 34 m，可以明显看到水深 32 m 以下溶解氧含量接近 0；

　　pH：已有的水质数据显示，2012 ～ 2017 年达则错湖水呈碱性，pH 变化范围为

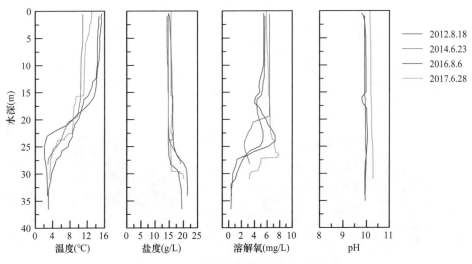

图 3.15　达则错水质参数垂向变化

9.80～10.15，且垂向几乎无变化。

（2）水质参数空间变化

单个点位的水质参数无法反映整个湖泊的水质空间分布特征，也无法讨论水质空间的变化及其影响因素。在达则错水质参数调查中，首次利用全自动水质采样监测无人船系统（MM70），并搭载水质多参数仪（Hach 公司生产的 Hydrolab DS5X 型），在全湖 20 个点位进行原位分析，获取了达则错 7 个水质参数的空间分布特征（图 3.16，浊度数据的空间变化很小，故略去）。

水温：表层湖水温度变化较大，变化幅度超过 2 ℃，范围为 11.70～13.75 ℃；湖泊东南部水温最低，而北部水温最高，空间上水温的变化可能与南部季节性河流的补给有关。

电导率（盐度）：表层湖水电导率变化不明显，范围为 23990～24390 µS/cm；达则错表层湖水盐度约为 15 g/L，属于低盐度湖（hyposaline）（Hammer，1986）；由于电导率和盐度只在高盐度时是非线性的（Kalff et al.，2011），因此可以认为电导率和盐度在空间上的变化基本一致。

pH：表层湖水 pH 的变化范围为 9.49～9.63，水体偏碱性，考虑到 pH 传感器的参数（精度：±0.2 个单位；分辨率：0.01 个单位），pH 空间变化较小，南侧季节性河流的输入对湖水 pH 有一定影响。

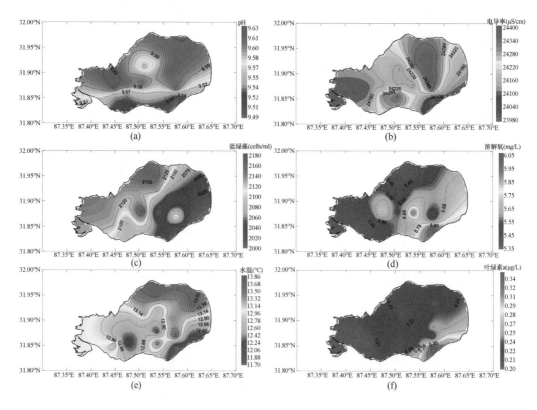

图 3.16　达则错水质参数空间变化（测量时间：2017 年 6 月 28 日）

蓝绿藻细胞密度：达则错蓝绿藻平均细胞密度约为 2000 cells/ml；从空间分布看，达则错东南角蓝绿藻含量偏低，湖泊北部和西部蓝绿藻的含量略高。

叶绿素 a：叶绿素 a 含量在 0.20 ~ 0.35 μg/L 变化，与蓝绿藻变化并不一致，湖泊南侧入湖河流处，叶绿素 a 含量明显偏高。

溶解氧：溶解氧浓度与藻类的生长密切相关，同时也与湖水温度有关；藻类进行光合作用产生氧气，为上层水体提供溶解氧；温度对溶解氧的影响表现为：湖水溶解氧随温度的增加而下降（Kalff et al.，2011）。对比溶解氧、蓝绿藻和水温的空间变化特征，前两者变化并不一致，而温度变化与溶解氧相似，在水温较低区域水体更富氧。

2. 离子浓度特征

达则错阳离子以 Na^+ 为主，湖水中主要阳离子浓度的排序为 $Na^+>K^+>Mg^{2+}$，其中 Na^+ 约占总阳离子的 90%，Ca^{2+} 含量非常低，本次并没有测出，这和已发表的数据基本一致（Lin et al.，2017；刘沙沙等，2013）（图 3.17）。阴离子以 HCO_3^- 为主，阴离子浓度排序为 $HCO_3^->NO_3^->Cl^-$，SO_4^{2-} 没有测出。基于阴阳离子浓度计算得到的表层湖水总矿化度为 22194.13 mg/L。

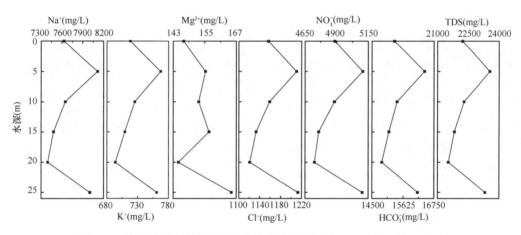

图 3.17　达则错垂向剖面离子浓度变化（采样时间：2017 年 6 月 26 日）

3. 湖泊的热力学状况

2012 年 8 月以来，在达则错开展了长期、连续、高分辨率的湖水温度原位监测（图 3.18）。监测点位于湖底地形相对平缓且接近最大水深处（31°51′40.30″N，87°33′30.62″E），水深 37.3 m。温度计在水深 11 m 及以上每隔 1 m 处，在 11 ~ 23 m 每隔 2 m 处，在 23 m 及以下每隔 3 m 处放置，共 18 个温度计。温度计于 2012 年 8 月 18 日放置，于 2012 年 8 月 19 日 00：00 开始记录水温，数据采集频率设置为每小时 1 次；于 2013 年 8 月 29 日读取数据并重新放回湖中继续进行监测，此后的数据采集频率改为每小时 2 次。由于达则错表层湖水冬季会结冰，因此达则错最接近湖泊表层的第一

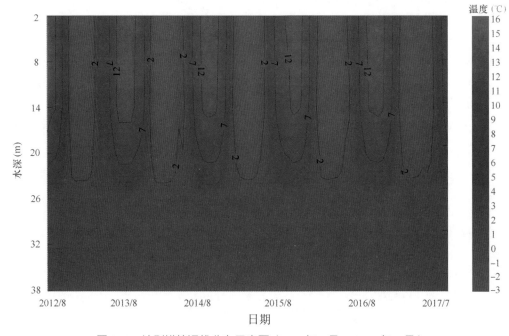

图 3.18　达则错等温线分布示意图（2012 年 8 月～ 2017 年 7 月）

个温度计在水深 2 ～ 4 m 处，以保证温度计不被冬季结冰和春季冰消而带来的湖水活动影响。

　　水温监测结果显示达则错是半对流湖泊（meromictic lake），利用湖泊模型 Lake Analyzer 进　步确认达则错不完全混合是由湖水盐度梯度所致（王明达等，2014），且基于分型理论的 R/S 分析可知，达则错水温结构在未来仍将保持这一趋势（肖宇等，2015）。

3.4.2　格仁错

　　格仁错（30°57′N ～ 31°19′N，88°3′E ～ 88°34′E）又名加仁错，在申扎县城以西 10 km 处，地跨申扎、尼玛两县，位于冈底斯山北坡断陷盆地内。湖区处于高原亚寒带羌塘半干旱气候区，根据流域内申扎站资料，该区域常年低温寒冷，年平均气温 –0.3℃左右，多年平均降水量约为 290.9 mm，90% 以上的降水发生在 6 ～ 9 月，雨热同期，降水的年内分布很不均匀，年蒸发量约为 2167.1 mm。

　　格仁错属于色林错水系，是色林错流域西南部最上游的湖泊。湖水主要依靠东南岸入湖的申扎藏布、西南岸入湖的巴汝藏布补给，出流经西北部加虾藏布注入孜桂错，再流经吴如错、恰规错最终汇入色林错。申扎藏布发源于冈底斯山拨布日山，该河自河源开始称为准布藏布，流经申扎县城附近时改称申扎藏布，后汇集了多条源于拨布日山西侧冰川的河流，从格仁错的东南部注入湖泊。该河河谷宽 2 ～ 3 km，沼泽湿地广布，水草丰茂。巴汝藏布是格仁错的第二大入湖河流，发源于冈底斯山强拉潘日山的北麓，大致从南向北汇入。格仁错滨湖东、西两侧高山对峙，东侧有多条古湖岸砂堤分布，两岸有诸多源于冰川的小型河流，在湖源两岸发育了较多冲积扇，水量较大的河流挟带大量砂石物质入湖，冲积扇延伸至水下，在边缘地带形成类似大陆坡状水下结构。

　　根据 2017 年实测数据来看，格仁错湖面海拔 4654 m，比 1976 年 7 月《中国湖泊志》记载的湖面海拔 4650 m 高出 4 m，说明近 40 年以来格仁错湖面有所上升，这可能与降水的增加和冰川的消融有关。湖区呈北西—南东向长条状延伸，最大长度 60 km，最大宽约 13 km，面积 475.9 km²。根据水深数据，格仁错可以分为两个湖盆，上游（东南部）湖盆可达 74 m 水深，下游（西北部）湖盆只有约 40 m 水深，中间较窄的区域形成了一个典型的鞍部，水深不到 25 m（图 3.19）。

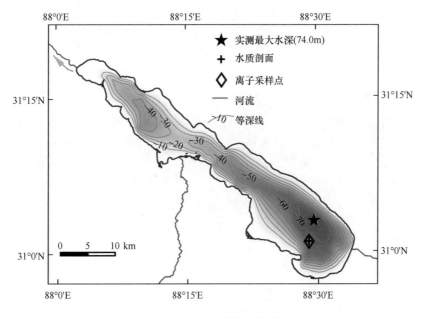

图 3.19　格仁错等深线图

　　在格仁错东南部湖盆较深区域的夏季（7 月）水质剖面中（图 3.20），可以看出表层水温在 10.3 ℃左右，在 12～17 m 水深的位置出现了温跃层，此段温度从 10 ℃降至 7 ℃左右，温跃层以下水温仍然存在缓慢降低趋势，剖面底部温度稳定在 4.5 ℃左右。湖水 pH 为 9.05～9.08，垂直剖面上变化非常小，只在温跃层和 50 m 以下有所波动。这与 1976 年 7 月所测 pH 为 9 并没有太大差异。溶解氧在湖上层约为 6.4 mg/L，在温跃层附近增加至 6.63 mg/L，随后随着深度增加而递减。叶绿素 a 在湖上层约为 3.56 μg/L，蓝绿藻表层含量约为 0.47 μg/L。叶绿素 a 和蓝绿藻在整个剖面的变化很小。湖水表层电导率为 376.5 μS/cm，平均电导率为 329.29 μS/cm，属碳酸盐型内陆吞吐淡水湖泊。这可能与周边大量冰川融水的输入有关。此外，在格仁错测得的最大透明度约为 7m。

在格仁错东南部深水区水质剖面中，除了温度在 12～17 m 显示出明显的温跃层以外，其他指标的垂直变化并不显著，仅在温跃层以及 50 m 水深以下有所波动。

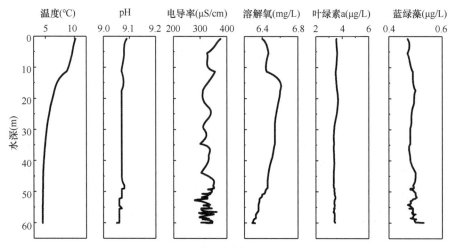

图 3.20　格仁错水质剖面特征

格仁错湖水离子含量分析结果显示（图 3.21），湖水中主要阳离子中平均浓度大小顺序为 $Na^+>Ca^{2+}>Mg^{2+}>K^+$，其平均浓度分别为 30.37 mg/L、20.3 mg/L、12.59 mg/L 和 4.74 mg/L；而主要阴离子顺序为 $HCO_3^->NO_3^->Cl^-$，其平均浓度分别为 164.7 mg/L、33.76 mg/L 和 7.96 mg/L，可见 Na^+ 和 HCO_3^- 是占主要优势的离子，分别占阳离子和阴离子总量的 44.7% 和 79.8%，据此计算湖水平均 TDS 为 194.74 mg/L，变化范围为 183.21～233.90 mg/L。格仁错水样垂直剖面中 $\delta^{18}O$ 的变化范围是 –10.52‰～ –10.49‰，δD 的变化范围是 –94.93‰～ –94.21‰。从湖水表面至湖底 $\delta^{18}O$ 和 δD 都有逐渐变负的趋势。

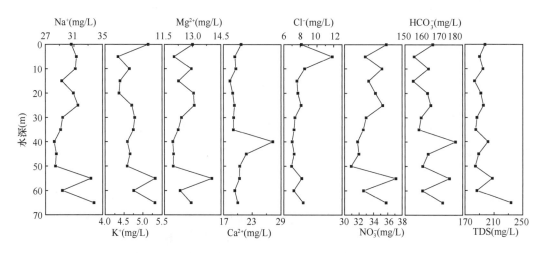

图 3.21　格仁错离子组成剖面变化

3.4.3　错鄂

　　错鄂位于 31°25′N ～ 31°42′N，88°32′E ～ 88°50′E，地处西藏申扎县境内，色林错西南隅，两湖通过阿里藏布相连，分水岭垭口距离仅 1 km。错鄂长 28.5 km，最大宽度16.7 km，最窄处不足 1 km，部分湖区具有河道性质。其水位 4561 m，高出毗邻的色林错 21 m，最大深度 39.7 m，水面面积 269.0 km²，岸线曲折，湖内有较多岛屿分布，其中较大的有玛尔拥岛、色多岗前岛和卓巴卡布岛。流域集水面积 6338.0 km²，补给系数 23.6。湖水主要依靠东南岸的他玛藏布和西岸的普种藏布进行补给，其中他玛藏布又称永珠藏布、曲俄藏布，入湖口发育有较为典型的冲积扇，面积 60 ～ 70 km²。每年雨季当错鄂水位上涨时，湖水经西北岸的阿里藏布流入色林错，是色林错主要的补给源之一。

　　错鄂实测最大水深为 39.7 m，位于较小的西部湖盆区。从图 3.22 中可以看出，以主湖区东部湖盆中心位置水下地形较平缓，整个湖泊沿岸较陡，而东南部沿岸湖盆地势较缓，是由于补给河流他玛藏布形成了水下冲积扇。

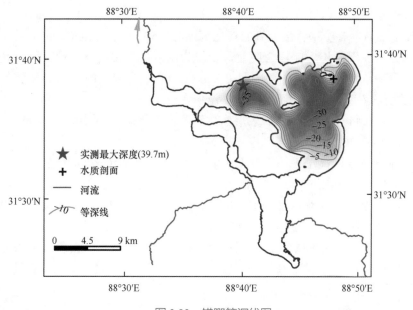

图 3.22　错鄂等深线图

　　错鄂实测透明度为 7.5 ～ 8.5 m，表现为随水深而增加，如水深 19.7 m 处的透明度为 7.5 m，水深 29.7 m 处的透明度为 8.5 m。与 1979 年第一次青藏高原科学考察结果（透明度 11.5 m）相比，透明度表现为明显的下降趋势。

　　夏季测得错鄂水体垂直温度为 8 ～ 12 ℃，测量点处水深 22.4 m（图 3.23）。结果表明，错鄂有显著的分层现象，温跃层位于水下 10 ～ 16 m 处，温跃层温度梯度在 10 ～ 11 m

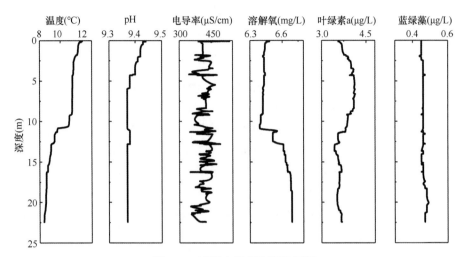

图 3.23   错鄂水质参数垂直剖面

最大，达到 1.46 ℃/m，平均温度梯度为 0.35 ℃/m。变温层（0～10 m）、均温层（16～22.4 m）水温分别介于 10.8～12.1 ℃和 8.4～8.8 ℃。

水柱整体酸碱度（pH）在 9.37～9.44，垂直分布均匀，但从表层向底层酸碱度有向中性轻微偏移的现象，并在 6 m 以下保持稳定。电导率为 342.4～535.6 μS/cm，垂直剖面上波动显著。整个水体溶解氧的变化范围为 6.39～6.69 mg/L，分布非常均匀。溶解氧垂直分布受温跃层影响较为明显，表现为温跃层处出现氧跃层，同时底层溶解氧含量高于表层，但是变化绝对量不足 0.3 mg/L。垂直方向上叶绿素 a 含量在 3.43～4.13 μg/L 波动，浓度表现为变温层高于均温层，其中在 4～8 m 为最高值。水体蓝藻含量较低，只有 0.44～0.49 μg/L。表层水体氧同位素比值 $\delta^{18}O$ 均值为 –6.3‰，氢同位素比值 δD 均值为 –70.52‰。

错鄂湖水中主要阳离子平均浓度大小顺序为 $Mg^{2+}>Na^+>Ca^{2+}>K^+$，各离子平均浓度分别为 38.31 mg/L、30.52 mg/L、12.81 mg/L 和 5.23 mg/L；主要阴离子顺序为 $HCO_3^->NO_3^->Cl^->SO_4^{2-}$，各离子平均浓度分别为 278 mg/L、28.29 mg/L、7.47 mg/L 和 0.29 mg/L。可见，Mg^{2+}、Na^+ 和 HCO_3^- 是占主要优势的离子，分别占阳离子和阴离子总量的 79.2% 和 88.5%，水化学类型属重碳酸盐与碳酸盐型，镁组，Ⅰ型水。据各离子浓度计算得出错鄂湖水矿化度为 401mg/L，属于淡水湖。由于其属于吞吐湖，湖水交换较为频繁，所以较色林错表现出明显的淡化。

3.4.4　兹格塘错

兹格塘错又名孜格丹错（Zigetang Co），位于唐古拉山南坡山间盆地内。地理位置：32°00′N～32°09′N，90°44′E～90°57′E，湖面海拔 4561 m（王苏民和窦鸿身，1998）。目前行政区划属西藏那曲地区安多县。基于高分一号卫星资料，2014 年湖泊面积为 238 km²，周长 83.7 km（Wan et al.，2016）。距离兹格塘错约 90 km 的安多站近 50

年（1966～2016 年）的记录显示，兹格塘错年均降水量为 445 mm，降水主要发生在
6～9 月，约占全年降水总量的 85%，7 月和 8 月月均降水均超过 100 mm；年均气温
−2.49℃，全年有 7 个月（10 月～次年 4 年）月均温低于 0℃，最冷月为 1 月，月均温
低于 −14℃；全年平均风速约 4 m/s，2～4 月平均风速最大；7～9 月气候潮湿，平均
相对湿度接近 70%；区域平均蒸发量为 792～1112 mm（张宏亮等，2009）。

　　兹格塘错湖水的补给主要为地表径流（图 3.24），流域内没有现代冰川分布，湖泊
主要受到地表径流的补给，水量平衡主要受控于降水和蒸发。流域内有 4 条主要补给
河流，其中以柴荣藏布最长（张宏亮等，2014）。流域面积约为 3430 km²，湖泊补给系
数为 17.3。湖泊不同方位均有入湖河流的补给，包括北部的柴荣藏布、西部的加荣曲、
东部的曲那曲以及南部的本土尔曲、布如曲，其中南部入湖河流流经强玛镇。

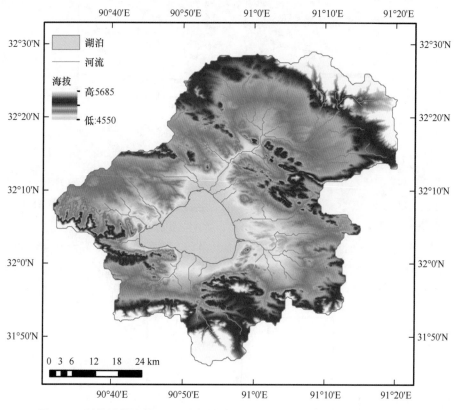

图 3.24　兹格塘错流域图（河网数据来源：https://hydrosheds.cr.usgs.gov/）

　　湖泊最大水深 38.9 m（关志华等，1984）。据 2013 年和 2017 年现场测定，表层湖
水盐度为 13.50～14.95 g/L，表层湖水 pH 约为 10，水体透明度为 3 m（2017 年 7 月 8
日测定）。

1. 湖泊水质参数垂向变化

　　兹格塘错水质参数的调查主要利用多参数水质分析仪（美国赛莱默公司 YSI EXO2

型）对单点位水体垂向变化进行测量，于 2013 年和 2017 年对兹格塘错水质参数开展调查，测点位置如图 3.25 所示。

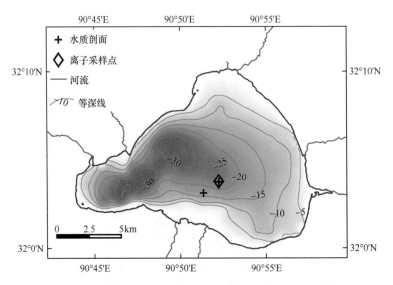

图 3.25 兹格塘错湖底地形图（来源：基于 Jin 等（2016）重新绘制）

获取了如下水质参数垂向变化特征（图 3.26）。

水温：表层水体温度在 12.6 ～ 13.5℃，两次测量的水质剖面温跃层深度略有差异，2013 年在水深 13 m 以下温度快速下降，2017 年温跃层在水深 11 ～ 20 m 处，11 m 处以下水温快速下降，20 m 以下水温接近 4℃，水体温度趋于一致。

盐度：李万春和李世杰（2001）的测量结果显示，兹格塘错表层湖水盐度约 40.5 g/L，垂直剖面上具有一定盐度梯度（约 2 g/L）；2013 年和 2017 年现场实测的数据与前人的结果差异较大，表层湖水盐度为 13.50 ～ 14.95 g/L 且垂向上盐度没有明显变化。相比

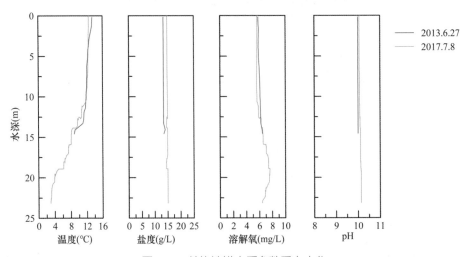

图 3.26 兹格塘错水质参数垂向变化

前人测量结果，近几年兹格塘错盐度明显降低，首先，该湖面积逐渐增大，相比《中国湖泊志》提到的 191.4 km²，2014 年已达到 238 km²，增加 24.35%。其次，受不同地表径流补给等影响，湖水盐度空间上可能存在明显差异，江错水质参数数据支持这一推测。最后，兹格塘错被认为是半对流湖泊（meromictic lake），深水区的下层水体不与上层水体发生交换，因此在湖面面积增大的情况下，水量增加导致盐度降低的幅度更大。

溶解氧：表层湖水溶解氧含量为 5.71 ～ 5.87 g/L，与前人的结果相近，但已报道兹格塘错也属于半对流湖泊（李万春和李世杰，2001），底层湖水溶解氧接近 0，是典型的还原环境；由于 2013 年和 2017 年水质剖面的深度都不超过 23 m，因此并没有捕捉到"溶解氧逐渐降低并接近 0"的现象。

pH：湖水 pH 约为 10 且垂向上没有变化。

2. 离子浓度特征

兹格塘错属于重碳酸盐性咸水湖，阳离子以 Na^+ 为主，湖水中主要阳离子浓度的排序为 $Na^+ > K^+ > Mg^{2+} > Ca^{2+}$，其中 Na^+ 约占总阳离子的 90%。主要阴离子以 HCO_3^- 和 NO_3^- 为主，占阴离子总量的 90% 以上，阴离子浓度排序为 $HCO_3^- > NO_3^- > Cl^-$。基于阴阳离子浓度计算得到的表层湖水总矿化度为 23790.21 mg/L（图 3.27）。

3.4.5　江错

江错（Jiang Co），位于西藏那曲地区班戈县东北约 80 km，北拉镇以北约 15 km，念青唐古拉山北部山间盆地内，地理位置：31°30′N ～ 31°35′N，90°46′E ～ 90°52′E，湖面海拔 4598 m（王苏民和窦鸿身，1998）（图 3.28）。目前行政区划属班戈县所辖。基于高分 1 号卫星资料，2014 年湖泊面积为 40.5 km²，周长 31 km（Wan et al.，2016）。江错流域面积为 343.9 km²（Lehner et al.，2006），湖泊没有出口，为封闭湖泊。主要入

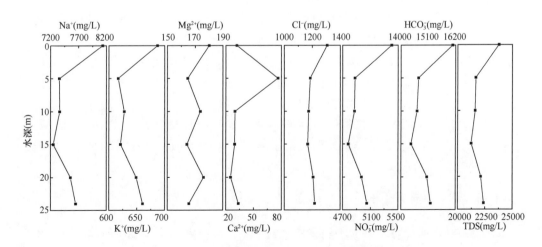

图 3.27　兹格塘错垂向剖面离子浓度变化

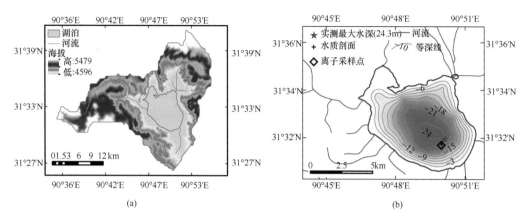

图 3.28　江错流域（a）以及湖底地形（b）图（河网数据来源：https://hydrosheds.cr.usgs.gov/）

湖河流有 3 条，包括湖泊东北侧溪流的汇入，溪水来自流域内湖泊错贡的补给；湖泊西侧有若干冲沟，考察发现，没有降水时冲沟内干涸，冲沟内多磨圆分选很差的石块，因此认为冲沟仅在降水后有水流汇入江错；南部有一条水流很小的小溪，据观察，没有降水的时候仍然有小股水流汇入江错，其水源可能为地下水。江错附近西岸、南岸和东北角各有 2 户、3 户和约 8 户牧民，牧民以放牧为主，对湖泊生态和环境影响很小（朱二雷，2017）。

　　距江错最近的气象站为班戈站（直线距离 80 km）。气象站数据显示，该地区年均降水量 317 mm，年均气温 –0.75℃。降水集中在 6～9 月，其中 7 月和 8 月降水量均超过 80 mm。10 月～次年 4 月的月均气温均低于 0℃，最冷月 1 月的月均温度达到 –11℃以下。冬春季节平均风速最大，2 月和 3 月平均风速均超过 5 m/s，夏季平均风速最小，8 月的平均风速低于 3 m/s。空气相对湿度的年内变化较大，波动范围为 27%～66%。

　　2017 年夏，首次利用无人船技术（ME40 无人船 + 南方测绘 SDE-28S 测深仪）对江错水下地形进行测量。江错湖盆只有一个沉积中心，湖盆形状相对规则，野外测量数据显示湖中最大水深 24～25 m，近湖岸坡度较陡。

　　江错属于强度碳酸盐亚型微咸水湖（王苏民和窦鸿身，1998），表层湖水 pH 为9.3，盐度 14.1 g/L(2013 年 6 月 30 日现场测定)，湖水透明度大于 6 m。利用多参数水质分析仪（美国赛莱默公司 YSI EXO2 型）对单个点位的水体垂向变化进行多次测量。在 2017 年夏季的第二次青藏高原综合科学考察中，利用无人船技术对江错水质参数的空间变化展开调查，包括 7 类水质参数：水温、电导率、pH、溶解氧、浊度、叶绿素 a 和蓝绿藻含量等。

1. 水质参数垂向变化

　　2013 年以来通过对江错水质参数开展调查，已获得 2013 年、2016 年和 2017 年该湖泊水质参数的垂向变化（图 3.29）。

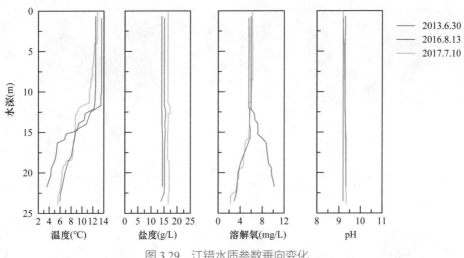

图 3.29　江错水质参数垂向变化

水温：由于三次考察的时间不同（6 月底～8 月中旬），温度的垂向变化略有差异，从整体趋势上看，温跃层位于 12.5～15 m，温跃层以上温度变化不明显，幅度不超过 2℃，水深 20 m 以下水温 4～6℃。

盐度：表层湖水盐度的变化范围是 14.10～16.44 g/L，垂向上没有明显变化，不存在盐跃层。

溶解氧：在水深 12.5 m 以上，3 次野外测量的溶解氧含量在垂向上变化一致，范围是 5.58～6.23 mg/L；该层位以下，2013 年测得的结果不同于其他两年。通常情况下，溶解氧饱和度随着温度的下降而上升。在贫营养、温度垂直分层湖泊中（如江错），细菌氧化耗氧不强，可以出现底层溶解氧比表层高的现象。2013 年比其他两年溶解氧浓度高的可能原因如下：① 2013 年底层水体温度比 2016 年和 2017 年低；②推测近年来陆源有机物输入的增加并沉降到湖下层，导致 2016 年和 2017 年湖下层细菌呼吸作用增强，消耗氧气，溶解氧含量降低。

pH：江错表层湖水 pH 变化范围为 9.19～9.29，垂向上无变化。

2. 水质空间分异

利用无人船技术对江错的水质参数进行空间范围的测定。无人船为全自动水质采样监测船（MM70），通过携带多参数水质参数仪（美国 Hach 公司生产的 Hydrolab DS5X 型，配备 7 个水质参数探头）对湖泊不同点位水质进行测定，包括：水温、pH、溶解氧、浊度、电导率、叶绿素 a 及蓝绿藻含量。图 3.30 是江错水质参数的空间变化，水质参数的空间变化表现如下。

水温：江错表层湖水的温度变化范围为 10.61～14.83 ℃，对于面积只有 40 km² 的湖泊，该湖泊水温的水平空间差异明显，整体趋势表现为：从西向东，水温逐渐降低，可能原因为西侧湖盆地形更为平缓，水的比热容大，夏季太阳辐射强，水深较浅的区域温度较高；面积大的湖泊，水温的空间差异可能受到风的影响，但江错湖面面积较小，

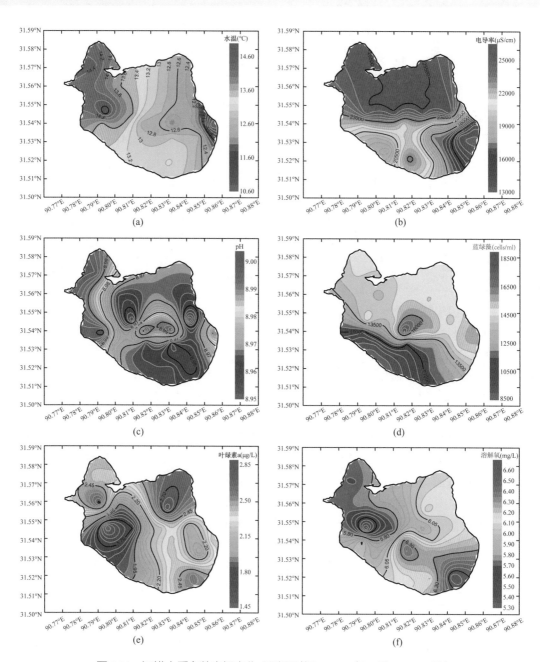

图 3.30　江错水质参数空间变化（测量时间：2017 年 7 月 9 ～ 10 日）

其影响有限。

　　电导率：江错电导率变化范围为 13632 ～ 25382 μS/cm，东南部水体的电导率明显低于北部水体，由于江错的主要入湖河流在东北侧和西侧，因此入湖河流对电导率空间变化的影响很小；目前推测东南部水体较低的电导率可能是受到地下水补给的影响。

pH：水体 pH 空间差异很小，变化范围是 8.96 ～ 9.00。

蓝绿藻含量：江错蓝绿藻含量范围为 9163 ～ 18332 cells/ml，平均含量为 13389 cells/ml，大约是达则错的 6 倍。

叶绿素 a：叶绿素 a 变化与蓝绿藻相似，范围为 1.45 ～ 2.85 μg/L，平均含量为 2.16 μg/L。

溶解氧：溶解氧的饱和度主要受到水温控制，水温升高，水体中的溶解氧降低。

3. 离子浓度特征

江错阳离子以 Na$^+$ 为主，湖水中主要阳离子浓度的排序为 Na$^+$> Mg^{2+}>K$^+$ >Ca^{2+}，其中 Na$^+$ 占总阳离子的 70% 以上。阴离子以 NO$_3^-$ 和 HCO$_3^-$ 为主，占阴离子总量的 90% 以上，阴离子浓度排序为 NO$_3^-$>HCO$_3^-$>Cl$^-$，SO$_4^{2-}$ 含量很低，为 0 ～ 15 mg/L。基于阴阳离子浓度计算得到的表层湖水总矿化度为 27382.30 mg/L（图 3.31）。

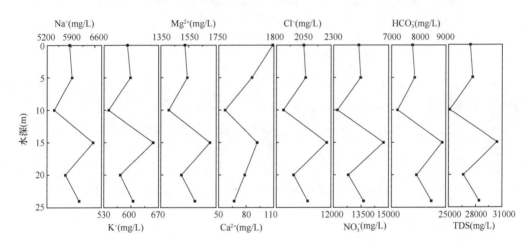

图 3.31　江错垂向剖面离子浓度变化（采样时间：2017 年 6 月 26 日）

4. 湖泊的热力学状况

2015 年 7 月以来在江错开展了长期、连续、高分辨率的湖水温度原位监测。监测点位于湖底地形相对平缓且接近最大水深处（31°51′40.30″N，87°33′30.62″E），水深 24.5 m。共放置 12 个温度计，最接近湖面的温度计处于水深 2.5 m 处，自上而下第二个温度计位于 3.5 m 水深处，下面 10 个温度计间隔为 2 m。温度计于 2015 年 7 月 19 日放置，于当日开始记录水温，数据采集频率设置为每小时 1 次；于 2016 年 8 月 13 日读取数据并重新放回湖中继续监测。由于江错表层湖水冬季会结冰，因此最接近湖泊表层的第一个温度计在水深 2 ～ 3 m 处，以保证温度计不被冬季结冰和春季冰消带来的湖水活动影响。水温监测结果显示江错是双季对流混合型湖泊（dimictic lake）（图 3.32）。

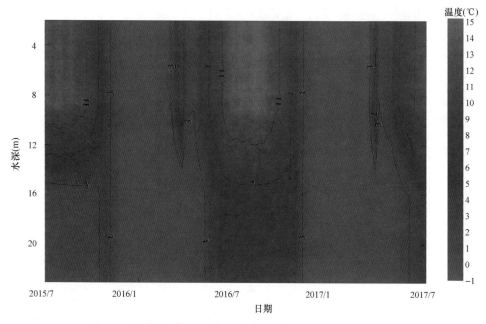

图3.32　江错等温线分布示意图（2015年7月～2017年7月）

参考文献

边多,边巴次仁,拉巴,等.2010.1975～2008年西藏色林错湖面变化对气候变化的响应.地理学报,65(3):313-319.

陈毅峰,陈自明,何德奎,等.2001.藏北色林错流域的水文特征.湖泊科学,13(1):21-28.

达桑.2011.近50年西藏色林错流域气温和降水的变化趋势.西藏科技,(1):42-45.

戴玉凤.2013.近十年青藏高原典型湖泊水量变化及其对气候变化的响应.北京:中国科学院大学硕士学位论文.

杜鹃,杨太保,何毅.2014.1990～2011年色林错流域湖泊－冰川变化对气候的响应.干旱区资源与环境,28(12):88-93.

冯兴贵,郑崔勇,刘博明,等.2017.藏北赤布张错地区中－晚侏罗世砂岩地球化学特征与构造背景探讨.甘肃冶金,9(1):40-44.

顾兆炎,刘嘉麒,袁宝印,等.1993.12000年来青藏高原季风变化——色林错沉积物地球化学的证据.科学通报,38(1):61-64.

关志华,陈传友,区裕雄,等.1984.西藏河流与湖泊.北京:科学出版社.

黄磊,王君波,朱立平,等.2015.纳木错水温变化及热力学分层特征初步研究.湖泊科学,27(4):711-718.

黄卫东,廖静娟,沈国状.2012.近40年西藏那曲南部湖泊变化及其成因探讨.国土资源遥感,3:122-128.

鞠建廷,朱立平,黄磊,等.2015.基于监测的藏东南然乌湖现代过程:湖泊对冰川融水的响应程度.科学通报,60:16-26.

拉巴,拉巴卓玛,陈涛.2011.基于MODIS影像的西藏典型内陆湖泊变化研究及成因分析.气象与环境科学，34(3)：37-40.

李炳元．2000．青藏高原大湖期．地理学报，55(2)：174-182.

李承鼎，康世昌，刘勇勤，等．2016．西藏湖泊水体中主要离子分布特征及其对区域气候变化的响应．
　　湖泊科学，28(4)：743-754.

李万春，李世杰．2001．青藏高原腹地半混合型湖泊的发现及其意义．中国科学：地球科学，31：
　　269-272.

林乃峰，沈渭寿，张慧，等．2012．近 35a 西藏那曲地区湖泊动态遥感与气候因素关联度分析．生态与
　　农村环境学报，28(3)：231-237.

刘翀，朱立平，王君波，等．2017．基于 MODIS 的青藏高原湖泊透明度遥感反演．地理科学进展，
　　36(5)：597-609.

刘沙沙，贾沁贤，刘喜方，等．2013．西藏达则错盐湖沉积背景与有机沉积结构．生态学报，33：
　　5785-5793.

鲁萍丽．2006．青海可可西里地区湖泊变化的遥感研究．北京：中国地质大学硕士学位论文．

兰雁，杨浩明．2013．西藏尼玛县水电站蓄水安全评价．河南水利与南水北调，(2)：7-8.

孟恺，石许华，王二七，等．2012．青藏高原中部色林错近 10 年来湖面急剧上涨与冰川消融．科学通
　　报，57(7)：571-579.

乔程，骆剑承，盛永伟，等．2010．青藏高原湖泊古今变化的遥感分析——以达则错为例．湖泊科学，
　　22：98-102.

邵兆刚，朱大岗，孟宪刚，等．2007．青藏高原近 25 年来主要湖泊变迁的特征．地质通报，26(12)：
　　1633-1645.

万玮，肖鹏峰，冯学智，等．2010．近 30 年来青藏高原羌塘地区东南部湖泊变化遥感分析．湖泊科学，
　　22(6)：874-881.

万玮，肖鹏峰，冯学智，等．2014．卫星遥感监测近 30 年来青藏高原湖泊变化．科学通报，8(8)：
　　701-714.

王明达，侯居峙，类延斌．2014．青藏高原不同类型湖泊温度季节性变化及其分类．科学通报，59：
　　3095-3103.

王苏民，窦鸿身．1998．中国湖泊志．北京：科学出版社．

魏君奇，王建雄，牛志军．2004．羌塘赤布张错地区新生代火山岩研究．沉积与特提斯地质，24(2)：
　　16-21.

肖宇，谢淑云，王明达，等．2015．青藏高原班公错与达则错水温时间序列分形特征．地质科技情报，
　　34：200-206.

闫立娟，郑绵平，魏乐军．2016．近 40 年来青藏高原湖泊变迁及其对气候变化的响应．地学前缘，
　　23(4)：310-323.

杨日红，于学政，李玉龙．2003．西藏色林错湖面增长遥感信息动态分析．国土资源遥感，15(2)：64-67.

张宏亮，李世杰，于守兵，等．2009．青藏高原全新世环境变化的兹格塘错元素地球化学沉积记录．山
　　地学报，27：248-256.

张宏亮，刘青利，李世杰，等．2014．青藏高原兹格塘错沉积物介形虫壳体同位素．山地学报，32：
　　373-379.

赵希涛，赵元艺，郑绵平，等．2011．班戈错晚第四纪湖泊发育、湖面变化与藏北高原东南部末次大湖

期湖泊演化 . 地球学报 , 32（1）: 13-26.

郑景云 , 卞娟娟 , 葛全胜 , 等 . 2013. 1981—2010 年中国气候区划 . 科学通报 , 58: 3088-3099.

郑绵平 , 袁鹤然 , 赵希涛 , 等 . 2006. 青藏高原第四纪泛湖期与古气候 . 地质学报 , 80（2）: 169-180.

郑喜玉 , 张明刚 , 徐昶 , 等 . 2002. 中国盐湖志 . 北京 : 科学出版社 .

朱二雷 . 2017. 青藏高原中部江错纹层沉积物记录的晚全新世气候变化 . 武汉 : 中国地质大学硕士学位论文 .

朱立平 , 谢曼平 , 吴艳红 . 2010. 西藏纳木错 1971—2004 年湖泊面积变化及其原因的定量分析 . 科学通报 , 55（18）: 1789-1798.

《中国河湖大典》编纂委员会 . 2014. 中国河湖大典（西南诸河卷）. 北京 : 中国水利水电出版社 .

Kalff J, 古滨河 , 刘正文 , 等 . 2011. 湖沼学 : 内陆水生态系统 . 北京 : 高等教育出版社 .

Girardeau J, Marcoux J, Allegre C J, et al. 1984. Tectonic environment and geodynamic significance of the Neo-Cimmerian Donqiao ophiolite, Bangong-Nujiang suture zone, Tibet. Nature, 307: 27-31.

Hammer U T. 1986. Saline lake ecosystems of the world (Vol.59). Springer Science & Business Media.

Jin C, Nther F G, Li S, et al. 2016. Reduced early Holocene moisture availability inferred from D values of sedimentary n-alkanes in Zigetang Co, Central Tibetan Plateau. Holocene, 26: 556-566.

Lehner B, Verdin K , Jarvis A. 2006. HydroSHEDS technical documentation, version 1.0. World Wildlife Fund US, Washington, DC, 1-27.

Lei Y, Zhu Y, Wang B, et al. 2019. Extreme lake level changes on the Tibetan Plateau associated with the 2015/2016 El Niño. Geophysical Research Letters, 46: 5889-5898.

Lin Q, Xu L, Hou J, et al. 2017. Responses of trophic structure and zooplankton community to salinity and temperature in Tibetan lakes: Implication for the effect of climate warming. Water Research, 124: 618-629.

Qiao B J, Zhu L P, Wang J B, et al. 2017. Estimation of lakes water storage and their changes on the northwestern Tibetan Plateau based on bathymetric and Landsat data and driving force analyses. Quaternary International, 454: 56-67.

Wan W, Long D, Hong Y, et al. 2016. A lake data set for the Tibetan Plateau from the 1960s, 2005, and 2014. Scientific, 3: 160039.

Wang J B, Zhu L P, Daut G, et al. 2009. Investigation of bathymetry and water quality of Lake Nam Co, the largest lake on the central Tibetan Plateau, China. Limnology, 10（2）: 149-158.

Wang, J., Zhu, L., Wang, Y., Ju, J., Xie, M., Daut, G., 2010. Comparisons between the chemical compositions of lake water, inflowing river water, and lake sediment in Nam Co, central Tibetan Plateau, China and their controlling mechanisms. Journal of Great Lakes Research 36, 587-595.

Yan L J, Zheng M P. 2015. The response of lake variations to climate change in the past forty years: A case study of the northeastern Tibetan Plateau and adjacent areas, China. Quaternary International, 371: 31-48.

Yang R M, Zhu L P, Wang J B, et al. 2017. Spatiotemporal variations in volume of closed lakes on the Tibetan Plateau and their climatic responses from 1976 to 2013. Climatic Change, 140（3-4）: 621-633.

Zhang G Q, Yao T D, Shum C K, et al. 2017. Lake volume and groundwater storage variations in Tibetan Plateau's endorheic basin. Geophysical Research Letters, 44: 5550-5560.

（执笔人：王君波、鞠建廷、王明达、陈　浩、许　腾、开金磊）

第 4 章

湖泊面积水量与理化参数变化

本章导读：湖泊面积水量、湖水理化性质是湖泊最基本的特征。20 世纪 80 ～ 90 年代以来，青藏高原大部分湖泊先后出现的退缩与扩张现象，已经引起广泛的关注。对色林错地区湖泊面积水量变化的测量与估算，是气候变化背景下地区水资源基本状况、水循环过程研究、地 – 气能量交换研究的重要基础。湖水理化性质是地区水环境的重要表征。1973 ～ 1976 年第一次青藏高原科学考察在色林错地区部分湖泊开展过湖水理化参数测量工作，但目前已公开的资料显示，对该地区湖水理化性质的最新调查较为缺乏。本章主要介绍基于实测、遥感、模型对色林错地区湖泊面积水量变化特征，以及湖水理化性质基本状况及其变化特征的最新研究进展。

关键词：面积，水量，理化性质，水环境，遥感

4.1　湖泊面积水量变化

青藏高原分布着全球海拔最高、面积最大、数量最多的湖泊群（Ma et al.，2011），其湖面面积超过 4.9 万 km^2。因青藏高原特殊的地理环境及水文环境，其湖泊尤其是封闭湖泊对气候变化反应敏感（Qin et al.，1998）。在全球变暖的背景下，青藏高原升温现象尤其明显（Liu and Chen，2000）。气温升高导致青藏高原冰冻圈和水圈系统的改变，如冰川退缩、积雪融化、冻土面积减少等（Kang et al.，2010；Yang et al.，2011），从而影响了其下游的湖泊状态。因此，青藏高原的湖泊面积和水量变化及其对气候的响应和影响备受关注。

湖泊面积变化是对气候变化的最直接响应。遥感技术的发展以及大量遥感影像产品的出现，极大地提高了湖泊面积动态变化的监测精度和周期。湖泊面积与水位变化均是由水量变化引起的。一方面，由于湖盆形态不同，同样的水量变化在不同的湖盆产生不同的面积改变，因此单一的湖面面积变化可能掩盖其对气候变化的响应程度。另一方面，湖泊的水量变化决定了其吸收或放出热量的数量，是量化湖泊对气候变化发生反馈的重要前提。因此，在了解湖泊面积变化如何响应气候变化的同时，获取湖泊水量变化是深刻认识青藏高原地表过程响应和影响区域气候变化的关键。

4.1.1　内陆封闭湖泊面积水量变化概况

封闭湖泊汇集了整个流域的降水、地表和地下径流补给，敏感地反映了气候变化对水循环的影响。青藏高原的大多数湖泊分布在内流区，属于封闭湖泊，为开展湖泊变化及其与气候的相互作用研究提供了良好的条件。对于面积较小的湖泊，其面积和水量常常受局地降水或其他补给的影响，而面积较大的湖泊，其面积和水量变化往往是一个时期气候变化所引起的水量平衡变化的结果。以 2013 年面积大于 50 km^2 的 114 个封闭湖泊为研究对象（图 4.1），进行水量变化分析。其中，106 个湖泊分布在青藏高原内流区、8 个湖泊分布在青藏高原外流区。

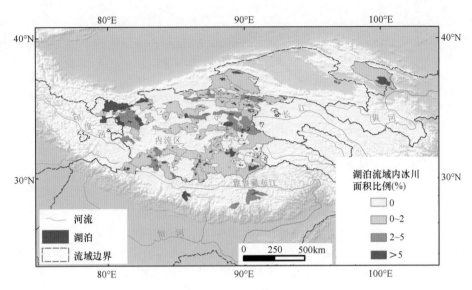

图 4.1　青藏高原面积 50 km² 以上内陆封闭湖泊的分布情况

1. 研究方法

利用 ArcGIS10.0 软件，首先将 SRTM DEM 投影设置为阿尔伯斯等积投影，保证其水平与垂直方向上坐标单位一致以及水平方向上面积不变，然后提取 SRTM 数据指示的湖面面积 (A_{SRTM})，并计算该海拔以上每升高 i m 处对应的面积 A_i (i=1，2，3，…)，利用式 (4-1) 计算 SRTM 对应湖面面积 (A_{SRTM}) 与湖面海拔升高后达到新的湖面面积 (A_i) 之间的体积 V_i'，并通过一系列 V_i' 与 A_i 数据建立它们之间的回归方程式 (4-2)，由此可以计算湖泊达到某一面积时，其体积相对于 SRTM 提取的湖面面积时的增加量。需要指出的是，当 SRTM 数据指示的湖面以下一定范围内湖岸地形坡度保持不变时，该回归方程可以用来计算湖面下降到 SRTM 数据指示的湖面面积以下的湖泊水量变化。因此，当计算湖泊在两个不同时刻之间 (t_m–t_n) 水量的变化量 $\Delta V_{m, n}$（图 4.2）时，仅需获得湖泊在 t_m、t_n 时刻的湖面面积 A_m、A_n，然后代入式 (4-3) 即可。

$$V_i' = V_{i-1}' + (A_i + A_{i-1} + \sqrt{A_i \times A_{i-1}})/3 \tag{4-1}$$

$$V_i' = F(A_i) \tag{4-2}$$

$$\Delta V_{m, n} = V_m' - V_n' = F(A_m) - F(A_n) \tag{4-3}$$

式中，A_i 为高于 SRTM 指示的湖面高程 i m 的湖面面积，i=1，2，3，…；A_0=A_{SRTM}；V_i' 为 SRTM 指示高程时面积和高于其 i m 时面积之间的湖泊水量变化；$\Delta V_{m, n}$ 为由时间 t_m 到 t_n 时的湖泊水量变化。

以 Landsat OLI 2013 年的数据为基准，对其他年份数据，即 MSS1976\TM1990\ETM2000\TM2005 进行配准，并将影像设置为阿尔伯斯等积投影。选用多波段运算方法 Normalized Difference Water Index（NDWI）初步提取水体信息，然后通过目视解译做

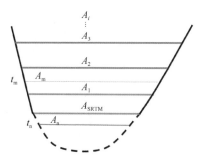

图 4.2　湖泊由一个面积状态变化为另一个状态时的湖水体积变化示意图

实线和虚线代表由 SRTM DEM 提取的水面以上和以下的坡度

进一步修正，最后统计 1976 年、1990 年、2000 年、2005 年、2013 年的湖泊面积。将以上五期湖泊面积代入式 (4-3)，进而获得 1976～1990 年、1990～2000 年、2000～2005 年、2005～2013 年四期的湖泊水量变化。

2. 内陆封闭湖泊面积水量变化特征

青藏高原湖泊面积和水量变化具有显著的时空特征。从整个青藏高原上看面积大于 50 km^2 的封闭湖泊 1976～1990 年湖泊面积萎缩，水量下降；1990～2013 年湖泊面积扩张，水量上升（图 4.3）。

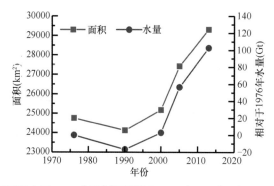

图 4.3　青藏高原面积大于 50 km^2 的封闭湖泊面积和水量（相对于 1976 年）变化曲线

从湖泊面积变化上看，1976～2013 年这些湖泊面积从 24756.844 km^2 增加到 29317.000 km^2，共增加 4560.156 km^2。具体来讲，1976～1990 年，湖泊面积净变化 −633.890 km^2；1990～2000 年，面积净增加 1060.494 km^2；2000～2005 年及 2005～2013 年，湖泊面积净增加量分别为 2250.129 km^2 和 1883.422 km^2。从湖泊水量变化量上看，1976～2013 年，这些湖泊的水量共净增加 102.64 Gt。然而，各个阶段湖泊水量变化并不相同。1976～1990 年，湖泊水量净变化 −16.84 Gt，但 78 个湖泊水量减少，共减少水量 24.8 Gt，36 个湖泊水量增加，水量仅增加 7.96 Gt；1990～2000 年，水量净增加 19.75 Gt，其中水量减少的湖泊下降到 39 个，其余湖泊水量增加；

2000 ～ 2005 年及 2005 ～ 2013 年，湖泊水量净增加量分别为 53.65 Gt 和 46.08 Gt。可以看出，1976 ～ 1990 年，湖泊总水量减少；1990 ～ 2000 年，湖泊总水量略有增加，由 1976 ～ 1990 年的负平衡转为正平衡；2000 ～ 2013 年，湖泊水量快速增加，占 1976 ～ 2013 年总净增量的 97%。从湖泊年均水量变化量上看，1976 ～ 2013 年，这些湖泊的年均水量变化量为 2.77 Gt/a。1976 ～ 1990 年及 1990 ～ 2000 年湖泊年均水量变化量分别为 –1.2 Gt/a 和 1.98 Gt/a，低于 1976 ～ 2013 年平均水平；2000 ～ 2005 年及 2005 ～ 2013 年两个阶段的湖泊年均水量变化量分别为 10.73 Gt/a 和 5.76 Gt/a，达到 1976 ～ 2013 年均水平的近 4 倍和 2 倍。可见，1976 ～ 2000 年，虽然湖泊水量变化完成由负平衡向正平衡的转变，但湖泊水量波动较慢；2000 ～ 2013 年，湖泊水量迅速上升，尤其是 2000 ～ 2005 年，其年均水量变化量处于 1976 ～ 2013 年均水量变化量的峰值。

青藏高原湖泊面积和水量变化具有显著的空间差异。图 4.4 展示了湖泊水量在 1976 ～ 2013 年及 1976 ～ 1990 年、1990 ～ 2000 年、2000 ～ 2005 年、2005 ～ 2013 年均水量变化量。从整个研究时段湖泊年均水量变化量上看，青藏高原湖泊水量变化量在空间上呈现内流区增多、外流区减少的特征。在内流区内部，其年均水量变化量呈现东部多、西部少的特点，内流区东部湖泊水量变化量约占整个内流区总变化量的 80%。青海湖及南部外流区湖泊水量减少，其中，青海湖在过去近 40 年共减少 5.28 Gt，占湖泊总减少水量的 33.5%；南部外流区湖泊水量共减少 7.97 Gt，占湖泊总减少水量的 50.5%。从不同时间段上看，青藏高原湖泊水量变化也有着明显的区域分布特征。1976 ～ 1990 年，除内流区东南部湖泊水量增加外，其他地区湖泊水量均减少；并且，内陆区东北部及藏南外流区湖泊水量减少明显快于其他地区。1990 ～ 2000 年，内流区东北部湖泊、青海湖等水量依然减少，其他地区湖泊水量均增加；2000 ～ 2005 年及 2005 ～ 2013 年，内流区湖泊及青海湖水量增加，且内流区东部湖泊水量增加明显快于西部，藏南湖泊水量减少。

青藏高原湖泊变化趋势可分为三大类型，且各类型具有明显的分区（图 4.5）。具体表现为：A 型 – 由缓升向急升转变型，湖泊面积和水量在 1976 ～ 1990 年和 1990 ～ 2000 年缓慢上升，2000 ～ 2005 年和 2005 ～ 2013 年，尤其是 2000 ～ 2005 年快速上升，该类型湖泊主要分布在内流区东北部（A 区）。B 型 – 先下降后快速上升型，有两种亚型，即 B1、B2 型。B1 型湖泊面积和水量在 1976 ～ 1990 年下降、1990 ～ 2000 年缓慢上升、2000 年后快速上升，主要分布在内流区中西部，覆盖范围较广（B1 区）；B2 型湖泊面积和水量在 1976 ～ 1990 年和 1990 ～ 2000 年下降，2000 年后湖泊面积和水量快速上升，主要分布在内流区东北部（B2 区）。C 型 – 波动下降型，湖泊面积和水量呈现波动下降趋势，分布在青藏高原南部外流区（C 区）。

4.1.2　色林错及其周边地区湖泊面积水量变化

对色林错及其周边地区大于 10 km² 的 61 个湖泊（表 4.1）进行遥感影像解译，湖泊

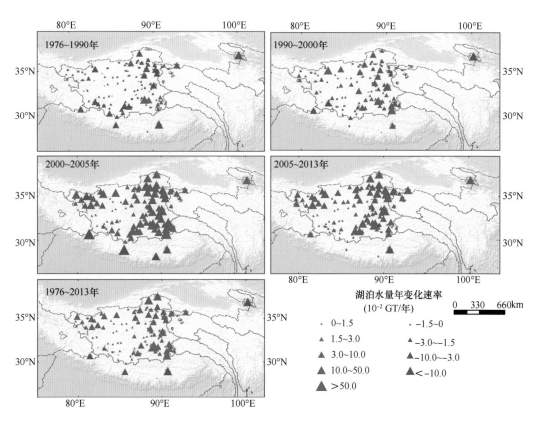

图 4.4　青藏高原湖泊在 1976 ～ 1990 年、1990 ～ 2000 年、2000 ～ 2005 年、2005 ～ 2013 年
和 1976 ～ 2013 年 5 个时段年均水量变化量

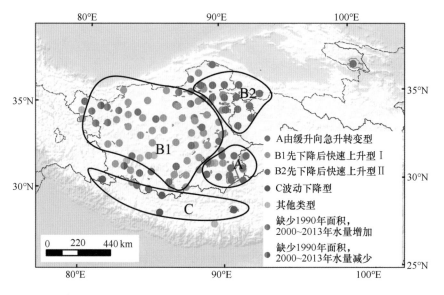

图 4.5　青藏高原湖泊水量变化类型（引自 Yang et al.，2017）

表 4.1　色林错及其周边地区面积大于 10km^2（2017 年）湖泊详细信息

序号	名称	经度	纬度	海拔（m）	湖泊面积（km^2）
1	色林错	88°59′33.86″E	31°48′01.98″N	4530	2389.467
2	多尔索洞错 – 赤布张错	90°04′10.78″E	33°26′08.59″N	4921	1084.862
3	格仁错	88°20′39.05″E	31°07′21.47″N	4650	481.3343
4	吴如错	87°59′57.08″E	31°42′57.38″N	4548	354.3801
5	达则错	87°31′05.34″E	31°53′34.98″N	4459	324.2706
6	错鄂（申扎）	88°43′22.41″E	31°35′12.26″N	4561	266.5167
7	巴木错	90°34′58.87″E	31°15′49.14″N	4555	243.1034
8	兹格塘错	90°51′54.32″E	32°04′36.12″N	4561	241.1262
9	错那	91°28′27.37″E	32°00′53.71″N	4588	230.9979
10	仁错贡玛 – 仁错约玛	89°43′02.06″E	30°56′00.49″N	4650	200.5229
11	其香错	89°58′42.17″E	32°26′57.91″N	4610	186.9606
12	蓬错	90°58′06.53″E	31°30′16.56″N	4522	174.1673
13	雅根错	89°47′53.70″E	33°00′42.70″N	4866	159.0129
14	懂错	91°09′35.28″E	31°42′32.22″N	4544	148.9253
15	崩错	91°09′45.18″E	31°13′07.50″N	4664	144.2175
16	达尔沃错温 – 阿木错	88°42′04.61″E	33°29′42.29″N	4965	119.6629
17	果忙错	89°12′08.35″E	31°13′05.45″N	4629	113.0643
18	才多茶卡	89°02′09.91″E	33°09′58.76″N	4822	105.0479
19	郭加林湖	88°41′06.29″E	32°00′22.10″N	—	101.9492
20	鄂雅错琼	88°42′04.39″E	32°59′03.91″N	4817	101.2912
21	美日切错	89°43′11.97″E	33°38′13.86″N	4946	98.35793
22	诺尔玛错	88°01′49.33″E	32°22′17.06″N	4695	97.04199
23	赛布错	88°13′08.81″E	32°00′13.14″N	4516	95.05696
24	乃日平错	91°27′59.63″E	31°17′58.57″N	5420	89.2342
25	恰规错	88°15′13.96″E	31°49′13.14″N	4547	88.91343
26	班戈错	89°30′32.93″E	31°44′34.98″N	4520	85.78473
27	拔度错	87°49′38.38″E	32°47′29.49″N	4750	83.51889
28	错鄂（那曲）	91°30′19.27″E	31°28′17.44″N	4515	81.78812
29	朋彦错	88°12′06.21″E	32°53′57.52″N	4722	76.7463
30	木纠错	89°00′06.83″E	31°03′18.14″N	4668	75.20016
31	孜桂错	87°54′09.45″E	31°22′28.86″N	4645	74.39115
32	达如错	90°44′35.17″E	31°42′06.77″N	4682	69.56478
33	东恰错	90°24′14.98″E	31°46′35.26″N	4616	68.25633

续表

序号	名称	经度	纬度	海拔（m）	湖泊面积（km²）
34	昂达尔错	89°34′34.06″E	32°42′29.00″N	4861	66.36846
35	果根错	89°11′29.46″E	32°24′14.25″N	4659	56.84683
36	孔孔茶卡	88°06′32.91″E	33°09′40.54″N	4775	51.04593
37	甲热布错	87°46′41.48″E	32°11′56.03″N	4635	50.88944
38	申错	90°29′05.15″E	31°00′26.74″N	4735	47.43001
39	恰岗错	88°23′28.87″E	33°13′28.74″N	—	46.12429
40	纳江错	88°41′32.31″E	32°19′02.56″N	4606	45.48656
41	玖如错	89°55′28.12″E	31°00′18.57″N	4678	40.61209
42	江错	90°49′04.36″E	31°32′42.78″N	4598	39.9427
43	普嘎错	89°33′04.89″E	31°06′32.20″N	4783	38.48096
44	肖茶卡	87°46′02.27″E	33°04′07.90″N	4795	38.14265
45	徐果错	90°20′27.41″E	31°56′58.60″N	4595	35.02685
46	毕洛错	88°50′29.34″E	32°53′47.91″N	4810	32.88152
47	瀑赛尔错	89°27′14.87″E	32°20′19.57″N	4586	32.77495
48	扎木错玛琼	89°41′48.43″E	33°09′16.94″N	4885	30.07178
49	北雷错	88°26′21.05″E	32°54′07.13″N	4813	28.62777
50	纳卡错	89°47′29.69″E	31°51′29.37″N	4534	29.40853
51	姜拆错	90°27′33.54″E	32°09′29.89″N	4664	27.27909
52	洋纳朋错	89°46′06.98″E	32°20′00.09″N	4620	15.44202
53	无名湖 1	88°32′35.64″E	32°42′13.18″N	—	15.35746
54	无名湖 2	89°27′48.90″E	32°51′35.07″N	—	14.25154
55	时补错	88°43′28.31″E	31°23′16.07″N	4570	13.92599
56	无名湖 3	90°02′09.71″E	31°54′51.80″N	—	13.2889
57	尕阿错	88°57′29.85″E	32°12′37.09″N	—	12.88472
58	切如错	90°58′26.17″E	31°40′48.41″N	—	11.47008
59	赞宗错	89°36′26.36″E	32°14′34.62″N	4520	11.40736
60	无名湖 4	87°53′00.80″E	31°55′54.33″N	—	11.19097
61	无名湖 5	88°34′55.16″E	33°38′46.64″N	—	10.21403

注：1）湖泊的经纬度以湖泊中心位置代表；2）湖泊海拔参考《中国湖泊志》；3）湖泊面积为 2017 年遥感影像解译结果。

总面积超过 9000 km²，占青藏高原湖泊总面积的 1/5。对该区域湖泊 1976～1990 年、1990～2000 年、2000～2005 年、2005～2013 年、2013～2017 年五期的面积和水量变化分析发现，1976～2017 年面积不断扩张，水量持续增长（图 4.6）。具体来讲，1976 ～ 1990 年，湖泊面积和水量分别增加 4.81 km² 和 2.259 Gt，年均增加量分别为 0.343 km²/a 和 0.161 Gt/a，湖泊扩张缓慢；1990 ～ 2000 年，湖泊面积和水量分别增加 365.828 km² 和 6.950 Gt，年均增加量分别为 36.583 km²/a 和 0.965 Gt/a，湖泊扩张速度加快；2000 ～ 2005 年，湖泊面积和水量分别增加 669.004 km² 和 19.285 Gt，年均增加量分别为 133.801 km²/a 和 3.857 Gt/a，湖泊扩张速度达到顶峰；2005 ～ 2013 年，湖泊面积和水量分别增加 614.719 km² 和 20.433 Gt，年均增加量分别为 76.840 km²/a 和 2.554 Gt/a，湖泊扩张速度略有减缓；2013 ～ 2017 年，湖泊面积和水量分别增加 36.060 km² 和 1.868 Gt，年均增加量分别为 9.015 km²/a 和 0.467 Gt/a，湖泊扩张速度大幅减缓。

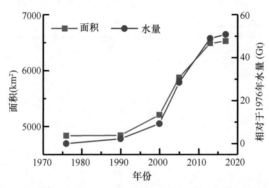

图 4.6　色林错及其周边湖泊 1976 ～ 2017 年面积和水量（相对于 1976 年）变化曲线

4.1.3　典型湖泊面积与水量变化

为了分析湖泊变化的空间特征，重点对色林错及其周边地区典型湖泊（色林错、多尔索洞错 - 赤布张错、达则错以及兹格塘错）进行了分析。

1. 色林错面积和水量变化

作为西藏内陆湖区面积最大的湖泊，色林错的变化备受关注。通过解译 Landsat 遥感影像，获取了色林错 1972 年、1976 年、1986 年、2000 年、2001 年、2002 年、2005 年、2007 年、2009 年、2011 年、2013 年和 2017 年共 12 期湖泊面积（图 4.7）。结合实地水深测深，计算了湖泊水量（2014 年水量为 55.844 Gt），并结合面积获得了湖泊水量变化量（图 4.8）。

从湖泊面积和水量变化曲线（图 4.8）可以看出，1972 ～ 2017 年湖泊明显扩张，水量增加，面积和水量分别增加 710.51 km² 和 24.901 Gt，年均增加量分别为 15.64 km²/a 和 0.425 Gt/a。具体来讲，1972 ～ 2000 年湖泊扩张较缓，面积和水量年均增加量分别为 9.124 km²/a 和 0.368 Gt/a；2000 ～ 2005 年湖泊快速扩张，面积和水量年均增加量分别为 60.69 km²/a 和 1.576 Gt/a；然而，2005 ～ 2017 年，湖泊处于平缓状态，扩张不明显。

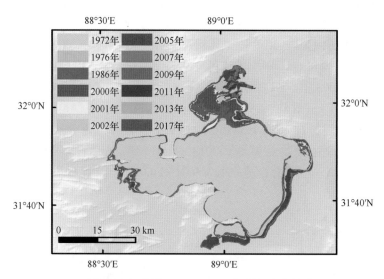

图 4.7 色林错 1972 ～ 2017 年面积变化情况

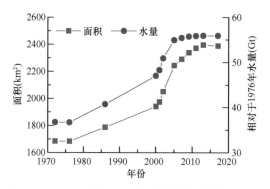

图 4.8 色林错 1972 ～ 2017 年面积及水量变化曲线

2. 多尔索洞错 – 赤布张错面积和水量变化

多尔索洞错 – 赤布张错是青藏高原内陆湖区北部大湖，利用遥感影像和野外测量获取了多尔索洞错 – 赤布张错湖泊面积变化（图 4.9）。从湖泊面积和水量变化曲线（图 4.10）可以看出，1976 ～ 2017 年多尔索洞错 – 赤布张错由缓慢萎缩转为快速扩张，以 1997 年为转折点（基于本次数据处理情况）。具体来讲，1976 ～ 1997 年面积萎缩 –17.06 km^2，水量减少 –0.756 Gt；1997 ～ 2017 年面积扩张 204.90 km^2，水量增加 10.289 Gt。

3. 达则错面积和水量变化

达则错位于色林错西部，利用 Landsat 获取了其 1976 年、1990 年、1993 年、1997 年、2000 年、2003 年、2007 年、2010 年、2013 年和 2017 年面积（图 4.11）。基于野外实地测量的水深，获取了湖泊水量及其各期变化量（图 4.12）。达则错面积和水量呈

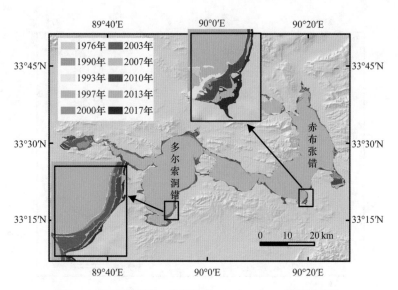

图 4.9　多尔索洞错 – 赤布张错 1976～2017 年面积变化

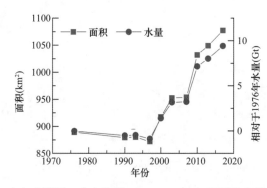

图 4.10　多尔索洞错 – 赤布张错 1976～2017 年面积及水量变化曲线

现先降（1976～1997 年）后升（1997～2017 年）的趋势。具体来讲，1976～1990年，湖泊略有扩张，面积和水量分别增加了 4.738 km² 和 0.162 Gt；1990～1997 年，湖泊快速萎缩，面积和水量分别减少了 –19.277 km² 和 –0.645 Gt，年均变化量分别为 –2.754 km²/a 和 –0.092 Gt/a；1997～2017 年，湖泊快速扩张，面积和水量分别增加了 85.636 km² 和 3.109 Gt，年均变化量分别为 4.282 km²/a 和 0.155 Gt/a。

4. 兹格塘错面积和水量变化

兹格塘错位于色林错东北部，利用 Landsat 获取了其 1976 年、1990 年、1993 年、1997 年、2000、2003 年、2007 年、2010 年、2013 年和 2017 年面积（图 4.13）。基于 SRTM DEM 建立湖岸处体积变化和面积的关系式，结合面积获取湖泊水量变化量（图 4.14）。1976～2017 年，兹格塘错整体呈现匀速扩张趋势，面积和水量分别增加了 45.500 km² 和 1.545 Gt，年均变化量分别为 1.110 km²/a 和 0.038 Gt/a。具体来讲，1976～

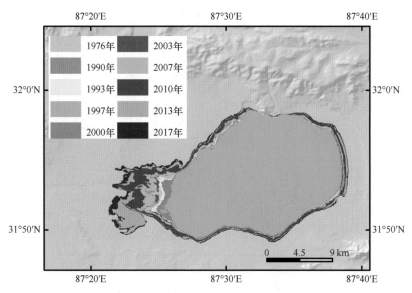

图 4.11　达则错 1976～2017 年面积变化

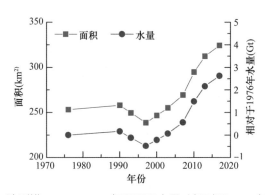

图 4.12　达则错 1976～2017 年面积和水量（相对于 1976 年）变化曲线

1990 年，湖泊扩张速度稍缓；1990～2013 年，湖泊扩张加快；2013～2017 年，湖泊略有萎缩。

4.1.4　湖泊变化对气候的响应

降水是青藏高原湖泊水量最重要的补给源之一，降水量的多少直接影响着湖泊水量的维持、增加与减少。气温可以通过影响冰川、冻土、积雪的融化（Yao et al.，2004；Kang et al.，2010）以及改变蒸发强度（Xie et al.，2015；McVicar et al.，2012）等对湖泊的补给产生间接影响。从整体上讲，降水是引起整个青藏高原湖泊面积扩张和水量增加，尤其是 2000 年后水量快速增加的主导因素。在不同的气温条件下，湖泊流域内有无冰川对湖泊变化具有明显影响，1990 年以前，低温通过抑制融水发生使得湖泊面积萎缩、水量减少；1990～2000 年，气温升高促进了湖泊的扩张；2000 年后，

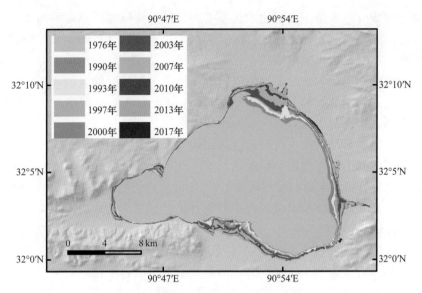

图 4.13　兹格塘错 1976 ～ 2017 年面积变化

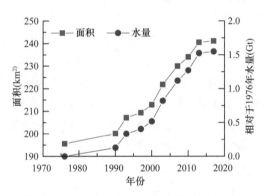

图 4.14　兹格塘错 1976 ～ 2017 年面积和水量（相对于 1976 年）变化曲线

尤其是 2005 ～ 2013 年持续的气温上升可能加强了蒸发，削弱了湖泊面积扩张和水量增加态势（Yang et al.，2017）。然而，在不同的区域，湖泊对气候的响应有明显差异：青藏高原内流区中部和西部地区——湖泊变化受降水和气温影响显著；内流区东北部——受降水影响显著，湖泊对气温变化无明显响应关系；内流区东南部（色林错及其周边地区）——受降水和气温影响显著；外流区——与降水变化无明显关系，对气温变化有明显响应关系。

4.2　水质参数变化

除湖泊面积和水量变化外，湖水的理化性质也会随着气候变化及补给条件的改变而发生改变，精准的水质参数的改变不容易通过遥感影像资料获取，因此，实测水质参数及离子组成分析数据成为对比水质参数变化的重要依据。近期湖泊考察中所使用的多参数水质监测仪一般包括温度、pH、溶解氧、电导率、叶绿素 a 等传感器，离子分析可以获取湖水各类离子组成特征，通过塞氏盘可以获取湖泊的透明度，这些参数可以用于对比湖泊水质参数的变化情况。湖水温度与测量时的气温有关，且湖水垂直剖面温度的变化也受湖水热力分层所处的阶段影响，动态变化幅度较大，因此单点测量的水温数据并不适合进行对比，湖泊水体温度的长期变化一般需要多年水温连续监测数据进行对比才有意义，也可以通过模型模拟的水温及热力学结构特征变化进行对比。青藏高原的湖泊缺乏长期水温观测，第一次青藏高原综合科学考察时由于仪器的限制，一般也只有单点水质剖面测量数据、pH 数据和透明度测量等少数参数，但在大部分湖泊中都对其湖水离子组成进行了分析并据此计算了湖水的矿化度，从而为湖水矿化度对比提供了较好的数据。

为了便于和第一次科考时测量的数据进行对比，以本次考察中测试的所有主要离子含量的总和作为矿化度（矿化度为我国早期水文出版物中常用的术语，其计算方法为所有离子含量的总和），则本次考察所测量的色林错湖水的矿化度平均为 12.4 g/L，变化范围为 12.0 ～ 12.9 g/L。《中国湖泊志》中报道，1979 年 8 月所测湖水矿化度为18.27 ～ 18.81 g/L，尽管测量方法不同可能会带来一定误差，但现今湖水相比 1979 年矿化度已显著降低，这主要是由于近期大量冰雪融水注入色林错从而造成湖水淡化。1979 年 8 月所测湖水透明度为 7.5 ～ 8 m，远远高于本次考察测量的 3 ～ 3.5 m，说明湖水透明度显著降低。湖水 pH 在 1979 年为 9.4 ～ 9.7，1998 年所测为 9.19 ～ 9.66，2014 年所测为 9.2 ～ 9.8，可见湖水 pH 在过去 35 年来变化不大。1979 年所测温度剖面显示在 23 ～ 29 m 是温跃层，这与本次考察结果非常相似，说明湖水的热力学结构特征并未有明显变化，但由于对比数据有限，且测量的剖面可能位于不同水深处，因此色林错过去 35 年湖水热力学特征的变化还需要进一步研究。

1979 年 8 月 7 日实测的错鄂透明度为 11.5 m，矿化度为 516 mg/L，pH 为 7.0，2017 年考察时测量的透明度为 7.5 ～ 8.5 m，矿化度为 434 mg/L（表层水样），pH 为9.52，可见与第一次考察相比，湖水透明度和矿化度都大幅度降低，而 pH 明显升高（但不排除 1979 年所记录的数据 7.0 有误，因为青藏高原大部分湖泊都显示较强的碱性，pH 为 7.0 的中性湖水在近年来实测中的几十个湖泊中尚未出现过）。格仁错此次测量的矿化度为 251 ～ 296 mg/L，其中 3 个表层样品的平均值为 263 mg/L，是一个淡水湖，1976 年 7 月所测矿化度为 261.0 g/L（推测应为 mg/L 的误写），可以认为格仁错的矿化度基本没有变化，这与错鄂和色林错的变化并不一致（表 4.2 中第一次科考数据来源于《中国湖泊志》），这可能与格仁错是一个吞吐湖且受冰川融水补给较多有关。

除色林错流域的这几个湖泊之外，在江湖源考察中还测量了其他湖泊的水质，有些湖泊在第一次科考中也有相应的数据，因此可以对其变化进行对比。这些湖泊包括达则错、赛布错、果根错等（表 4.2），可用于对比的水质参数包括矿化度、透明度和 pH，由表 4.2 可见，这些湖泊的矿化度变化有降低和升高两种趋势，其中达则错由 40.61 g/L 降低为 27.69 g/L（3 个表层样品的平均值）、其香错由 63.27 g/L 降低为

表 4.2　江湖源地区部分湖泊水质参数与第一次科考时的数据对比

湖泊名称	矿化度（g/L）		透明度（m）		pH	
	1976 年	2017 年	1976 年	2017 年	1976 年	2017 年
色林错	18.54	12.45	7.5～8	3～3.5	9.55	9.6
错鄂	0.516	0.434	11.5	8.0	7.0	9.52
格仁错	0.261	0.263	—	6～6.7	9.9	—
达则错	40.61	27.69	7.2	4～7	9.6	10.1
赛布错	28.35	8.29	—	—	9.6	9.65
孓阿错	—	4.43	—	2.8	—	9.68
果根错	1.99	11.14	—	—	—	9.87
瀑赛尔错	12.45	13.95	—	2	—	9.78
其香错	63.27	57.19	1.95 (D=3.9m)	5.5 (D=23.1m)	10.2	10.1
兹格塘错	35.9	29.91	6.7	3.25	10.1	10
达如错	6.93	11.41	—	0.94	8.3	9.3
江错	25.67	31.92	—	2	9.5	9.15
巴木错	16.66	7.51	—	1.9	9.6	9.7

57.19 g/L（两个表层样品的平均值）、兹格塘错由 35.9 g/L 降低为 29.91 g/L（两个表层样品的平均值）、赛布错由 28.35 g/L 降低为 8.29 g/L，降幅最大。多尔索洞错湖水剖面电导率显示了较大的垂向差异，底部水与表层水盐度可差 10 倍左右（见本书第 3 章），这是在其他湖中未曾见到的情况，《中国湖泊志》中记载，该湖 20 世纪 60 年代的考察结果显示其矿化度为 48.19 g/L（未提到是表层水还是剖面平均值，推测表层水的可能性更大）（王苏民和窦鸿身，1998），而本次考察中表层水的矿化度只有 9.9 g/L，若取整个剖面的平均值（剖面深度 65 m，每 5 m 间隔取样，矿化度变化范围为 9.9～95.75 g/L）为 36.3 g/L，可见该湖显示了明显的淡化趋势。

果根错本次测量的矿化度为 11.14 g/L，而第一次考察时的数据为 1.99 g/L，出现了明显的咸化，其数据有待于进一步核实，瀑赛尔错、达如错和江错 3 个湖泊的矿化度都有不同程度的增加，其中达如错增加幅度最大，由 6.93 g/L 增加为 11.41 g/L；江错由 25.67 g/L 增加为 31.92 g/L；瀑赛尔错增加很小。巴木错由于离子测试数据可能有问题，无法根据离子总量确认其矿化度的变化情况，表中给出的 7.51 g/L 是根据多参数测量的电导率换算出的盐度结果，显示了淡化的趋势。由以上对比可见，色林错及其周边湖泊的矿化度变化趋势具有显著的空间分化，湖泊出现了咸化和淡化两种不同的趋势，这与湖泊补给条件及气候变化都有关系。

可用于对比湖泊透明度的数据较少，在全部有可对比数据的湖泊中都出现了透明度降低的趋势，其中其香错是一个例外，其第一次科考时记录数据为 1.95 m，但测量位置水深只有 3.9 m，而本次考察测量点的水深是 23.1 m，获得的透明度是 5.5 m，二者无法进行直接对比。色林错和兹格塘错透明度大约降低为原来的一半，错鄂和达则错大约降低为原来的 2/3，显示了一致的变化趋势。

湖水 pH 整体上显示了略有增加的变化,但变化幅度较小,只有达如错由 8.3 增加到 9.3,增加比较明显。因此,可以认为与第一次考察时相比,湖泊 pH 整体上较为稳定。

对表 4.2 中 13 个湖泊的矿化度变化情况进行了简单的量化分析(图 4.15),可见色林错和达则错矿化度都降低了 1/3 左右,而赛布错降低多达 71%;矿化度增加的湖泊中以达如错(65%)最为典型(果根错 460% 可能有误,数据需进一步核实)。湖泊矿化度的变化受多种因素影响,如气候变化的多个方面(降水、蒸发、温度等)、冰融水补给、冻土融化等,而且也受湖泊本身的特性控制,如湖泊面积、水量大小、盐度水平等,目前仅有的少量数据尚不足以开展湖泊盐度变化与气候变化间的响应关系的研究。

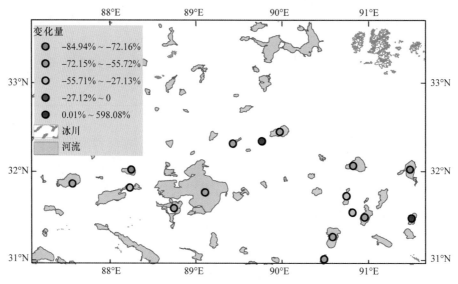

图 4.15　江湖源地区主要湖泊盐度变化情况

4.3　基于遥感反演的色林错地区湖泊透明度时空变化

湖泊透明度通俗而言是指从湖面可以观察到水体中或湖底物体的最大深度。其本质为湖水的光学衰减性,即自然光在湖泊水体传输过程中随着传输距离的增加而导致的辐射强度的衰减。通常认为,湖泊透明度越高,湖泊水体越清澈,反之则越浑浊。

湖泊水体透明度及其变化是湖泊自身水体性质综合影响的表现,是评价湖泊富营养化的一个重要指标。在环境与气候变化背景下,湖泊透明度则蕴含着气候与环境变化信息。湖泊透明度变化主要受湖水中光学组分的影响,包括浮游生物、悬浮颗粒物、有色可溶性有机物(CDOM)以及纯水本身等(Mancino et al.,2009)。因此,透明度作为湖泊水体参数的重要指标,已被广泛应用于很多湖泊环境相关研究之中。

测量水体透明度的最理想方式为测量水体光场衰减参数,然而受到测量条件的限制,目前大部分透明度的测量都是沿用基于人眼直接识别的塞氏盘测量法,通过塞氏盘深度值表征水体的透明度。利用这种方法测量水体透明度时，将塞氏盘水平放入待测水体中，直至其到达"可见"与"不可见"的深度临界值，该深度临界值即为测量点水体的塞氏盘深度（secchi depth，SD）。尽管这种测量方法存在一定的不确定性，但其简易而高效的测量方式使其自 1864 年以来（Secchi，1864），积累了大量历史数据并一直沿用至今，成为目前全球海洋或内陆水体透明度测量的主要参数（Lee et al.，2018）。

　　然而，除少数检测站点可利用实地测量的方法对湖泊透明度进行较长时间序列的监测外，对于青藏高原大部分地区而言，大范围长时间序列透明度数据的获取依然比较困难。尽管从 20 世纪 70 年代起进行的青藏高原考察就已关注一些湖泊的水体透明度问题，但目前为止对整个色林错地区湖泊水体透明度及其变化特征的研究却依然极为缺乏。

　　卫星遥感数据是对大范围多时期地表参数反演的有力手段。湖泊水体的透明度本身就具有显著的光学意义，湖水透明度与光学衰减系数之间存在密切关系，因此也有很多研究利用遥感数据反演湖泊水体透明度，并取得了丰硕的成果。借助遥感手段研究湖泊水体透明度的核心在于准确建立湖泊水体透明度与遥感参数之间的反演关系。目前已有较多研究运用不同的统计模型尝试建立遥感参数与水体透明度之间的反演关系，并选择最优反演模型来研究湖泊水体透明度。尽管这些统计模型取得了较好的反演效果，但纯粹基于统计方法的反演过程并无显著的物理意义，而不同地区影响湖泊水体透明度的因素存在一定差异，致使不同地区水体透明度统计反演模型具有不同的应用范围，尤其将某一地区的反演模型（即使精度很高）直接运用到另一地区，其反演效果也存在很大的不确定性（Fukushima et al.，2016）。

　　近年来，基于物理模型的水体透明度遥感反演研究取得较大进展。此类方法以水体光学辐射传输模型为基础，通过输入相关参数反演得出水体透明度。尽管该模型在整个反演过程中部分参数的获取需要通过经验方法得出，但相对于纯粹的统计模型而言，此类反演方法以水体透明度测量的物理过程为架构，所以其稳定性更大，适用于不同地区水体的透明度遥感反演。因此，本书基于近年相关学者提出的水体透明度机理反演模型（Lee et al.，2015），借助 MODIS 水色遥感产品 MODOCGA 进行青藏高原色林错地区湖泊透明度遥感反演。该模型基于水下能见度的研究，推算得出水体透明度的反演模型 [式 (4-4)]：

$$Z_{sd} = \frac{1}{2.5 Min(Kd)} \ln \left(\frac{|0.14 - Rrs|}{0.013} \right) \tag{4-4}$$

式中，Z_{sd} 为反演得到的透明度 SD 值（m）；$Min(Kd)$ 为可见光波段内垂直衰减系数的最小值，可由遥感数据直接获取的反射率数据得出（Lee et al.，2002）；Rrs 为 $Min(Kd)$ 所对应的波段的遥感反射率。基于该反演模型，可由遥感数据反演得到湖泊水体透明度 SD 值。

　　考虑到上述反演模型部分参数的获取过程仍然基于经验统计，且对于不同地区而言，由大气条件等因素所导致卫星遥感产品精度在不同地区表现出一定的差异，因此本书的研究基于在色林错地区 14 个湖泊实地测量获取的湖泊水体透明度，将其与反演得到的透明度值进行对比，其结果如图 4.16 所示。结果表明，利用上述反演模型，对色林错地区湖泊透明度遥感反演的效果较好，相关系数达到 0.89，所以我们认为利用上述模型对青藏高原色林错地区湖泊透明度进行遥感反演是可行的。

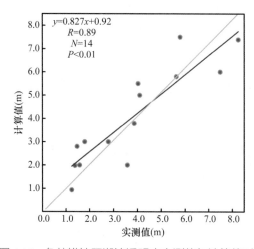

$y=0.827x+0.92$
$R=0.89$
$N=14$
$P<0.01$

图 4.16　色林错地区湖泊透明度实测值与计算值对比

4.3.1　色林错地区湖泊透明度空间分布特征

基于 MODIS 数据与反演模型，得到色林错地区湖泊透明度 2017 年每日数据。其中，将结冰、云、影、遥感影像噪点等因素所导致的质量较差或不可用数据舍弃。取剩余有效数据进行平均，计算得到色林错地区湖泊透明度遥感反演分布图（图 4.17）。结果显示，色林错地区湖泊水体透明度变化幅度很大，大部分湖泊开阔区域水体透明度 SD 值介于 2.0～8.0 m。总体而言，面积较大的湖泊透明度相对较高，面积较小的湖泊透明度相对较低。湖泊透明度分布并未表现出明显的空间分异规律，与湖泊所在经纬度位置并无明显的相关性。对于地理位置相近的湖泊而言，其透明度也可能存在很大的差异，如色林错的透明度最大值在 5.0～6.0 m，而与其相邻的错鄂，透明度则可以高达 10.0 m 左右。

4.3.2　色林错地区湖泊透明度时间变化特征

进一步得到色林错地区湖泊透明度 2000～2017 年每年分布数据，基于该数据，计算该地区湖泊透明度年际变化率，结果如图 4.18 所示。从图 4.18 中可以看出，色林错地区湖泊透明度 2000～2017 年总体呈现出明显的上升或下降两种态势。其中，对于该地区最大的湖泊色林错而言，湖泊透明度自 2000 年以来，总体呈下降趋势，湖泊

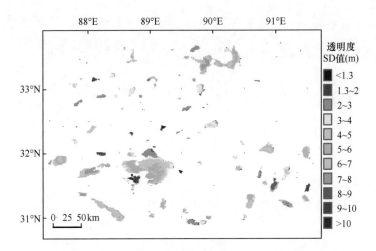

图 4.17　色林错地区湖泊透明度空间变化分布图（2017 年）

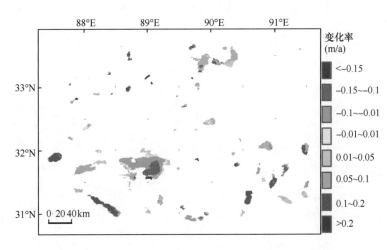

图 4.18　色林错地区湖泊 2000 ～ 2017 年透明度年变化率

大部分区域下降速率介于 –0.01 ～ –0.1 m/a，部分区域透明度下降趋势快于 –0.15 m/a。但对于该地区大部分湖泊而言，其透明度总体呈上升趋势，其上升趋势各不相等，主要介于 0.01 ～ 0.2 m/a。

　　表 4.3 列出了该地区主要湖泊中心开阔区域（取中心 3×3 像元平均值）透明度 2000 ～ 2017 年平均值。可以看出，2000 ～ 2017 年，色林错中心开阔区域水体透明度年均最高值出现在 2002 年，高达 7.4 m，最低值出现在 2014 年，为 5.0 m，总体呈现出明显的下降趋势。而对于上升较快的湖泊，如达则错，其中心湖区透明度在 2000 年为 3.6 m，而 2015 年上升到 7.4 m，呈现出明显的上升趋势。该地区湖泊中心区域透明度上升最快的为才多茶卡，其变化速率为 0.29 m/a。部分湖泊透明度自 2000 年以来并未呈现明显的上升或下降趋势，而是围绕某一数值有较小幅度的波动。

　　箱状图显示了上述 38 个湖泊中心区域透明度 2000 ～ 2017 年总体变化情况

表 4.3　色林错地区主要湖泊 2000～2017 年透明度反演值

编号	湖泊名称	2000年	2001年	2002年	2003年	2004年	2005年	2006年	2007年	2008年	2009年	2010年	2011年	2012年	2013年	2014年	2015年	2016年	2017年	2000～2017年变化率 (m/a)
1	色林错	6.7	6.8	7.4	6.3	6.8	6.8	6.3	5.7	6.0	6.0	6.1	5.9	6.0	6.1	5.0	5.3	5.4	5.1	-0.10
2	赤布张错	4.7	4.6	4.8	4.6	4.9	4.4	5.0	4.8	5.0	4.5	5.5	4.9	4.7	6.4	5.2	6.2	6.0	5.8	0.08
3	多尔索洞错	6.9	5.9	5.6	5.9	7.3	6.5	7.7	6.9	7.3	6.8	7.4	7.1	6.6	7.6	7.4	7.7	7.7	7.0	0.08
4	格仁错	4.9	4.6	5.1	4.8	5.0	5.1	5.3	5.8	5.5	5.9	5.8	5.7	6.0	6.0	6.3	6.7	6.4	6.4	0.11
5	吴如错	6.0	6.3	7.3	6.5	7.0	6.7	7.4	7.4	6.4	7.7	7.6	6.6	6.9	7.2	7.7	8.6	7.4	7.3	0.07
6	达则错	3.6	5.1	4.9	4.9	5.2	4.9	5.0	5.4	5.0	5.4	6.0	5.8	5.8	6.1	6.5	7.4	6.6	6.0	0.14
7	错鄂（申扎）	7.9	8.3	9.1	8.3	8.4	8.9	9.3	9.1	9.5	9.4	9.0	7.8	8.5	9.1	9.0	9.6	9.7	9.6	0.06
8	巴木错	5.4	4.1	4.9	5.1	4.4	4.2	6.7	7.1	4.2	6.0	6.7	5.8	6.1	6.6	6.7	6.7	6.5	6.6	0.13
9	兹格塘错	5.0	5.3	5.2	4.4	5.5	4.5	5.6	5.2	5.4	5.1	5.7	5.5	5.9	6.3	5.4	6.1	6.1	6.6	0.08
10	仁错贡玛	3.2	3.4	3.7	3.1	3.3	3.6	3.8	3.8	3.2	2.8	3.1	2.6	2.3	2.6	2.6	2.4	2.3	2.2	-0.08
11	其香错	4.0	4.4	4.2	3.1	4.8	3.6	4.6	3.8	4.7	3.7	3.5	3.7	3.8	4.4	4.1	5.5	4.3	3.9	0.02
12	错那	3.9	3.7	3.8	3.3	3.8	3.8	4.4	4.4	4.6	4.0	4.4	4.2	4.7	5.0	4.5	5.0	5.2	5.7	0.10
13	蓬错	6.0	6.1	6.6	5.3	5.5	5.5	6.0	6.6	6.3	5.8	7.6	6.0	5.3	7.7	6.5	6.3	8.0	8.6	0.11
14	雅根错	2.2	2.0	2.4	2.5	2.6	2.9	3.2	3.1	3.3	3.2	3.2	3.2	3.6	3.3	3.4	3.6	3.5	3.3	0.08
15	懂错	5.0	5.8	6.6	5.5	6.0	6.0	6.3	4.2	5.8	4.1	3.2	3.7	3.7	4.6	4.1	4.0	4.4	4.3	-0.13
16	崩错	7.6	7.5	8.3	7.1	7.5	6.9	7.4	7.4	8.3	8.0	7.9	7.2	7.7	7.5	7.7	9.1	7.8	7.9	0.03
17	班戈错	2.1	1.7	2.1	2.0	2.0	2.2	2.3	2.0	2.6	2.6	2.0	2.5	2.6	2.6	2.6	2.0	0.8	0.7	-0.02
18	果忙错	4.6	5.0	5.0	4.1	4.2	4.0	5.4	5.3	5.5	5.3	5.5	5.0	5.6	5.5	5.0	5.3	5.1	5.2	0.05
19	达尔沃错温-阿木错	4.8	4.4	3.9	3.2	4.4	3.8	4.1	3.4	4.6	5.3	4.3	4.8	4.4	6.4	5.6	7.1	6.8	5.1	0.14
20	美日切错	2.4	3.0	3.9	5.3	6.3	4.6	2.8	1.9	2.3	2.2	2.6	2.3	2.5	2.3	2.4	2.0	2.3	2.4	-0.12

续表

编号	湖泊名称	2000年	2001年	2002年	2003年	2004年	2005年	2006年	2007年	2008年	2009年	2010年	2011年	2012年	2013年	2014年	2015年	2016年	2017年	2000~2017年变化率(m/a)
21	诺尔玛错	5.4	5.2	6.1	4.7	5.3	4.9	5.4	5.7	6.3	6.1	5.9	5.7	5.4	5.7	4.3	5.8	4.8	4.6	-0.02
22	鄂雅错琼	5.9	5.8	5.6	4.9	5.5	4.4	4.2	4.1	3.7	3.5	3.8	3.5	3.1	3.4	3.4	3.1	3.8	3.6	-0.15
23	乃日平错	4.5	5.3	5.7	4.9	5.3	5.9	5.9	5.3	6.1	6.1	5.4	5.6	5.8	6.3	5.3	6.1	5.5	5.2	0.03
24	赛布错	1.8	2.3	2.5	2.2	2.5	2.3	2.2	1.6	1.7	1.8	1.7	1.5	1.4	1.7	5.6	1.6	1.9	1.7	0.00
25	恰规错	6.8	6.5	7.1	6.7	7.5	7.0	7.5	7.7	7.3	8.2	8.2	6.7	6.8	7.7	8.1	8.4	7.1	6.5	0.04
26	崩则错	—	1.8	2.2	2.8	3.5	3.1	3.4	3.3	3.4	3.2	2.7	2.3	2.3	2.0	2.1	2.1	4.6	5.1	0.05
27	帕度错	2.0	2.1	2.5	2.4	3.1	3.4	3.6	3.0	2.3	2.0	2.0	2.3	2.0	2.2	2.3	2.3	2.2	2.1	-0.03
28	错鄂（那曲）	1.7	1.8	1.9	1.5	1.7	2.1	1.8	1.4	1.6	1.3	1.4	1.3	1.4	1.3	1.3	1.3	1.4	1.4	-0.03
29	木纠错	4.5	4.6	5.6	4.9	5.0	5.2	5.5	4.8	5.1	5.0	5.1	5.3	5.1	5.8	5.2	5.8	5.5	5.4	0.04
30	才多茶卡	2.7	2.6	2.7	3.4	4.0	3.5	4.2	3.8	5.7	5.6	4.7	4.3	6.1	7.2	7.1	8.5	6.5	5.9	0.29
31	朋彦错	2.3	2.5	2.5	2.5	2.4	2.4	2.2	1.9	2.4	2.6	2.5	2.6	3.2	3.1	3.2	3.1	3.0	2.8	0.05
32	东恰错	2.3	2.3	2.4	2.3	2.8	3.2	2.8	2.4	3.2	3.7	4.0	3.8	3.8	4.4	3.3	3.2	4.8	5.3	0.14
33	孜桂错	6.4	6.4	6.9	6.9	6.6	6.8	6.6	7.0	6.7	6.7	6.8	6.9	7.1	7.3	7.2	7.2	7.3	7.3	0.05
34	达如错	2.4	2.6	3.0	2.7	3.1	3.4	3.0	2.6	2.3	2.4	2.3	2.5	2.4	2.3	2.2	2.0	2.2	2.5	-0.04
35	昂孜尔错	2.8	2.8	2.0	1.6	1.8	2.2	3.0	3.3	3.2	3.1	3.2	3.3	3.5	4.1	3.3	4.1	3.9	2.8	0.10
36	果根错	—	2.0	3.3	2.7	4.0	3.2	3.7	2.8	2.0	1.9	2.6	2.4	2.2	2.2	2.2	1.5	1.3	1.2	-0.11
37	申错	2.9	3.0	3.3	3.2	3.5	3.8	4.0	3.6	3.9	3.7	3.1	2.9	2.7	3.5	3.7	3.7	3.5	3.3	0.01
38	甲热布错	3.8	3.7	4.1	3.4	4.2	4.4	5.0	4.6	4.6	4.7	3.5	3.4	2.4	3.5	3.7	3.8	3.5	4.0	-0.03

（图4.19）。从图4.19中可看出，该地区主要湖泊透明度自2000年以来，总体呈上升趋势。进一步细分则经历了2000～2011年先上升后下降，2011～2017年总体上升的两个变化阶段。这些湖泊透明度的平均值与中位值变化趋势基本一致，且二者较为接近。对于大部分湖泊而言，不同湖泊之间的变化幅度基本在3～4 m。对于这38个湖泊透明度每年中最大值与最小值，则表现出两种不同的变化趋势：湖泊透明度最大值变化幅度相对较大，并且与平均值类似，经历了2000～2011年先上升后下降，2011～2017年总体上升的两个变化阶段；而湖泊透明度最小值变化幅度相对较小，且总体上呈下降趋势。

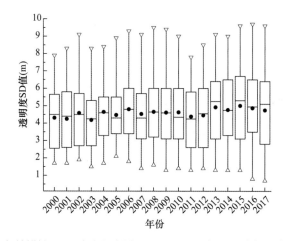

图 4.19　色林错地区 38 个主要湖泊 2000～2017 年透明度年际变化箱状图

对于该地区面积最大的湖泊色林错，图4.20为其中心区域透明度自2000～2017年以来每日变化数值。可以发现，色林错中心开阔区域透明度自2000～2017年以来不仅存在显著的年际变化，也存在较为明显的季节变化，且其季节变化幅度较大，在一年内不同季节可达到4～6 m的变化幅度，而这种年内季节变化幅度，同时会随着年际变化的总体下降而逐渐缩小。

4.3.3　湖泊透明度时间变化与流域温度、降水率的关系

近地面温度、降水是气象要素的重要组成部分，其作为气候变化的重要表征，也深刻地影响着地表覆被的变化。为了进一步探讨气温、降水对色林错地区湖泊水体透明度的影响因素，本书利用流域温度、降水率数据，分析其与湖泊透明度变化的相关性。温度、降水率数据基于中国区域高时空分辨率地面气象要素驱动数据集所获取的气象数据（http://westdc.westgis.ac.cn/data/7a35329c-c53f-4267- aa07-e0037d913a21，数据同化方法，见何杰和阳坤，2011）得到。其中，温度为瞬时近地面（2 m）气温（K），降水率（mm/h）根据3 h平均降水率计算得到。基于ArcGIS流域分析工具，得到湖泊对应的流域边界，提取湖泊所在流域的温度、降水率数据，计算得到流域内逐年平均

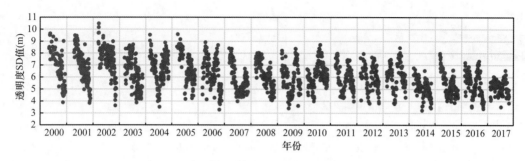

图 4.20　色林错 2000 ～ 2017 年透明度逐日变化

值（2000 ～ 2016 年），并与湖泊透明度年均值进行相关分析。

图 4.21 显示了色林错地区 38 个主要湖泊透明度与流域近地面温度、降水率之间的关系。可以看出，湖泊透明度年变化与流域近地面降水率之间存在较为显著的负相关关系，即湖泊透明度会随着年平均降水率的升高而下降，随着降水率的降低而上升。在所有进行分析的 38 个湖泊之中，有 18 个湖泊透明度年变化与流域近地面降水率之间的相关系数小于 −0.3，基于统计学的一般判断阈值，我们认为这些湖泊的透明度与降水率之间存在负相关性。与此同时，作为该地区面积最大的湖泊色林错，以及色林错北部的鄂雅错琼，其透明度则与流域近地面降水率之间呈现出正相关关系，相关系数在 0.4 上下。而对于其余湖泊，其透明度年际变化与对应的流域降水率年际变化之间的相关系数的绝对值均小于 0.3，未表现出相关性。

对于色林错地区湖泊透明度与流域温度之间的关系，从图 4.21 可以看出，共计 16 个湖泊透明度年际变化值与流域近地面温度之间的相关系数绝对值大于 0.3，呈现出相关关系，而在这些具有相关关系的湖泊中，表现出正相关的有 10 个、负相关的为 6 个，表明温度对于该地区湖泊透明度的影响所呈现出的不同态势。

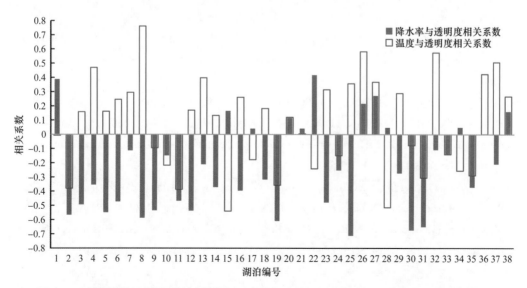

图 4.21　色林错地区主要湖泊透明度年际变化与流域近地面温度、降水率之间的相关系数

参考文献

何杰, 阳坤. 2011. 中国区域高时空分辨率地面气象要素驱动数据集. 兰州: 寒区旱区科学数据中心.

王苏民, 窦鸿身. 1998. 中国湖泊志. 北京: 科学出版社.

Fukushima T, Matsushita B, Oyama Y, et al. 2016. Semi-analytical prediction of Secchi depth using remote-sensing reflectance for lakes with a wide range of turbidity. Hydrobiologia, 780(1): 5-20.

Kang S, Xu Y, You Q, et al. 2010. Review of climate and cryospheric change in the Tibetan Plateau. Environmental Research Letters, 5(1): 015101.

Lee Z P, Arnone R, Boyce D, et al. 2018. Global water clarity: Continuing a century-long monitoring. Eos, 99.

Lee Z P, Carder K L, Arnone R A. 2002. Deriving inherent optical properties from water color: A multiband quasi-analytical algorithm for optically deep waters. Applied Optics, 41(27): 5755-5772.

Lee Z P, Shang S L, Hu C M, et al. 2015. Secchi disk depth: A new theory and mechanistic model for underwater visibility. Remote Sensing of Environment, 169(3): 139-149.

Liu X D, Chen B D. 2000. Climatic warming in the Tibetan Plateau during recent decades. International Journal of Climatology, 20(14): 1729-1742.

Ma R H, Yang G S, Duan H T, et al. 2011. China's lakes at present: Number, area and spatial distribution. Science China Earth Sciences, 54(2): 283-289.

Mancino G, Nolè A, Urbano V, et al. 2009. Assessing water quality by remote sensing in small lakes: The case study of Monticchio lakes in southern Italy. Forest-Biogeosciences and Forestry, 2(1): 154-161.

McVicar T R, Roderick M L, Donohue R J, et al. 2012. Global review and synthesis of trends in observed terrestrial near-surface wind speeds: Implications for evaporation. Journal of Hydrology, 416: 182-205.

Qin B Q, Shi Y F, Yu G. 1998. The reconstruction and interpretations of lake status at 6 ka and 18 ka BP in inland mainland Asia. Chinese Science Bulletin, 143(14): 1145-1157.

Secchi P A. 1864. Relazione delle esperienze fatte a bordo della pontificia pirocorvetta l'Immacolata Concezione per determinare la trasparenza del mare, in Memoria del P. A. Secchi, Nuovo Cimento, 20: 205-237.

Xie H, Zhu X, Yuan D Y. 2015. Pan evaporation modelling and changing attribution analysis on the Tibetan Plateau (1970–2012). Hydrological Processes, 29(9): 2164-2177.

Yang K, Ye B, Zhou D, et al. 2011. Response of hydrological cycle to recent climate changes in the Tibetan Plateau. Climatic Change, 109: 517-534.

Yang R M, Zhu L P, Wang J B, et al. 2017. Spatiotemporal variations in volume of closed lakes on the Tibetan Plateau and their climatic responses from 1976 to 2013. Climatic Change, 140(3-4): 621-633.

Yao T, Wang Y, Liu S, et al. 2004. Recent glacial retreat in High Asia in China and its impact on water resource in Northwest China. Science in China Series D: Earth Sciences, 47(12): 1065-1075.

（执笔人：朱立平、杨瑞敏、王君波、刘　翀）

第 5 章

色林错湖泊水文与水量平衡

本章导读： 近几十年来，色林错是青藏高原湖泊面积扩张最大、水位上涨最快的湖泊，其湖泊面积从 1976 年的 1667 km² 扩张到了 2009 年的 2341 km²，扩张了 45% 左右，伴随着湖泊面积的扩张，其湖泊水位上涨了约 12 m。湖泊面积的扩张不仅会淹没低湖岸带的牧场，而且可能对湖区道路的通行带来影响。同时，湖泊变化改变地 – 气水分与热量的交换。湖泊水量平衡过程研究是定量化分析不同因素（湖面降水、湖面蒸发、冰川融水）对湖泊扩张贡献的根本途径。本章基于第二次青藏科考成果及中国科学院青藏高原研究所地表水文过程课题组前期在色林错流域开展的湖泊水文过程研究，着重介绍了色林错湖泊水文特征及水量平衡变化特征，揭示了色林错近几十年快速扩张的水文学机理。

关键词： 青藏高原，色林错，湖泊扩张，水文观测，水量平衡

5.1 流域水文观测

色林错，曾名奇林错，位于羌塘高原中南部（31°34′N ～ 31°57′N，88°33′E ～ 89°21′E），隶属于那曲地区，距离班戈县约 80 km，是班戈县、申扎县与双湖县的界湖，也是班公湖 – 怒江缝合带上最大的构造湖（杨日红等，2003）。其形状不规则，长轴呈 EW 向延伸，长 77.7 km，最大宽 45.5 km，平均宽 21.0 km（边多等，2010）。

色林错流域面积约为 45530 km²，是西藏最大的内陆湖水系（王苏民和窦鸿身，1998；关志华等，1984）。流域内众多河流湖泊相互连通，组成一个封闭的内陆湖泊群。色林错位于全流域最低洼的地区，是水流汇集的中心。湖水主要依赖地表径流补给，常年或季节性汇入色林错的河流有扎加藏布、扎根藏布、阿里藏布和波曲藏布。西岸入湖的扎根藏布长 355 km，流域面积 16675 km²，是西藏流域面积最大的内流河。扎根藏布源于冈底斯山巴布日冰川北麓，河流大体先向西北流，至吴如错拐向东流，沿途流经格仁错、孜桂错、吴如错、恰规错等一系列湖泊。扎根藏布自河源始称准布藏布，流经申扎县附近改称申扎藏布，在格仁错与吴如错之间又称加虾藏布、私荣藏布，流出恰规错之后称扎根藏布。扎加藏布长 409 km，流域面积 14850 km²，是西藏最长的内流河，源于藏北的冰川山脉唐古拉山、各拉丹冬、吉热格帕峰，河流先向南流，然后折向西流，于色林错的北岸汇入湖体。阿里藏布是错鄂的出水河流，于色林错的西南岸汇入湖体，阿里藏布长 245 km，流域面积 9845 km²。错鄂的汇入河流主要有永珠藏布和普种藏布，永珠藏布发源于新吉附近，上游称他尔玛藏布，流经木纠错，至日阿附近拐向北流入错鄂。普种藏布源于康巴多钦山的北麓，于西南岸汇入错鄂。波曲藏布源于郎钦山的南麓，呈东南向西北流，于色林错的东岸汇入湖体。波曲藏布长 85 km，流域面积 1360 km²（王苏民和窦鸿身，1998；边多等，2010；杜鹃等，2014）。

为了探究色林错湖泊扩张的水文机理，中国科学院青藏高原研究所地表水文过程课题组自 2012 年开始至 2017 年的第二次青藏科考期间，已经在色林错流域建立了完整的水文观测网络（图 5.1）。下面介绍具体的观测内容。

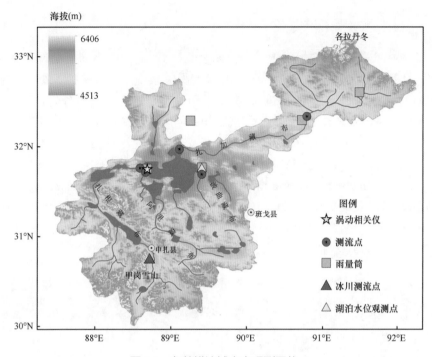

图 5.1　色林错流域水文观测网络

1. 流域降水观测

在色林错流域内设立了两种型号的自计式雨量计共 6 台（图 5.2），包括 3 台 SM3-1 型双翻斗自计式雨量计（上海气象仪器厂，精度为 0.1 mm）分别安装在色林错东岸、色林错西侧小岛上和多玛乡，3 台 T200B 称量式雨量计（Geonor 公司，挪威，精度为 0.1 mm）安装在扎加藏布子流域内的岗尼乡、扎曲乡和多玛乡。SM3-1 型双翻斗自计式雨量计主要用于监测液态降水量，而新增设的 T200B 称量式雨量计可用于观测固态降水量，两种仪器均由蓄电池和太阳能板供电，并且自带数据采集系统。

图 5.2　SM3-1 型双翻斗自计式雨量计（a）以及 T200B 称量式雨量计（b）

2. 湖面水热通量观测

由于湖中心开展观测的困难性，选择在色林错西侧湖中小岛上架设湖面水热通量观测平台（图5.3），观测仪器主体为一套涡度相关系统，具体包括一个三维超声风速仪（CSAT3，Campbell Scientific Inc.，美国）和一个开路红外气体分析仪（Li7500，Li-Cor Inc.，USA），安装高度距离水面为 3.2 m；同时在距离湖面 1.5 m 高度位置安装了一个四分量辐射仪（CNR4，Kipp&Zonen，荷兰）用于观测湖面辐射平衡。观测仪器还包括一套空气温湿观测仪（HMP45C，Vaisala，芬兰，安装高度为 3.0 m）和三个水温传感器（109，Campbell Scientific Inc. 美国；安装深度分别为：0.25 m、0.45 m 和 0.85 m）。观测数据被采集和存储到 CR1000 数据采集器上，观测数据包括高频数据（三维风速、H_2O 和 CO_2 浓度，采集频率为 10 Hz）和低频数据（辐射和水温，采集间隔为 10 min），数采供电方式为 12 V 蓄电池和太阳能板。

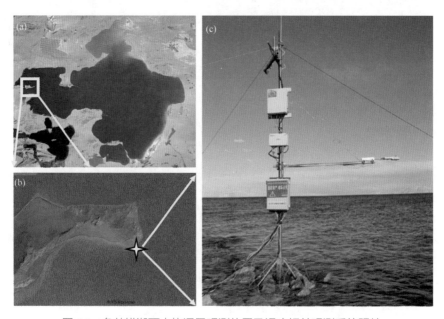

图5.3　色林错湖面水热通量观测位置及涡度相关观测系统照片

3. 径流观测

色林错入湖补给河流主要有扎加藏布、扎根藏布、阿里藏布和波曲藏布，因此选择在这 4 条河流入湖位置分别设立入湖径流观测点（图5.1 和图5.4）。观测仪器主要包括压力式自计水位计（HOBO，Onset Cor，美国，精度为 0.005 m，记录间隔为 2 h）和手持式声学多普勒流速仪（Flowtracer，YSI Inc. 美国，精度为 0.001 m/s）[图5.5(b) 和图5.5(c)]。压力式自计水位计的工作原理为通过压力感应来测量河流水位的变化，具有精度高、安装方便等优点。手持式声学多普勒流速仪主要用于河流流量的测量，图5.5(a) 展示了常用的"部分平均法"测量一个河道断面流量的基本工作原理，"部分平均法"的具体步骤是将一个河流断面分割成很多个小断面，通过测量每个小断面的面积和流速算出每个小断面的流量，最后将所有小的断面流量求和，即可得到整个断面的流量。在同一个河流断面不定期（目的是要获取不同水位的径流数据）地开展流量观测，从而建立流量与水深的关系（Coe and Birkett，2004；Zhou et al.，2013），最后通过自计式水位计观测到的连续水位变化来获得连续的入湖径流资料。

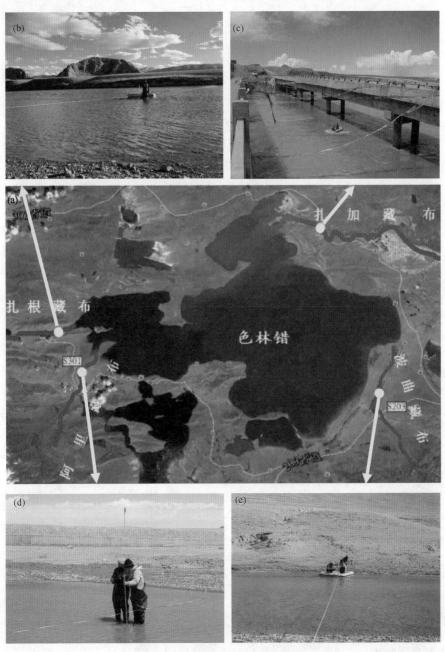

图 5.4　色林错入湖径流观测实景

(a) 测流地点；(b) 扎根藏布；(c) 扎加藏布；(d) 阿里藏布；(e) 波曲藏布

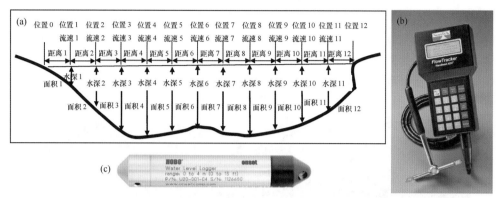

图 5.5　河流径流观测的方法和仪器

(a)"部分平均法"测流原理；(b) 手持式声学多普勒流速仪；(c) 压力式自计水位计

　　色林错湖泊 4 条入湖补给河流中有冰川补给的河流主要有扎加藏布和扎根藏布，由于在扎加藏布流域上游各拉丹冬冰川末端开展冰川融水观测极度困难，因此，选择在扎根藏布补给冰川甲岗雪山开展冰川融水径流观测（图 5.6），在冰川末端架设了自动气象站（HOBO，Onset Cor，美国；记录间隔为 30 min），观测内容包括气温、空气相对湿度、风速、风向和降水量。同时，还在冰川融水河流中安装了压力式自计水位计（HOBO，Onset Cor，美国；记录间隔为 30 min），并利用手持式声学多普勒流速仪（Flowtracer，YSI Inc.，USA）不定期地观测冰川融水径流（图 5.6）。

　　依托第二次青藏科考"江湖源科考"，湖泊水文与气象考察队在扎加藏布湖源区（图 5.1）开展了径流观测（图 5.7），湖源区河道水文断面最深达 2.3 m，平均流速为 2.2 m/s，流量为 147 m^3/s（2017 年 8 月中旬）。

图 5.6　甲岗雪山冰川融水观测

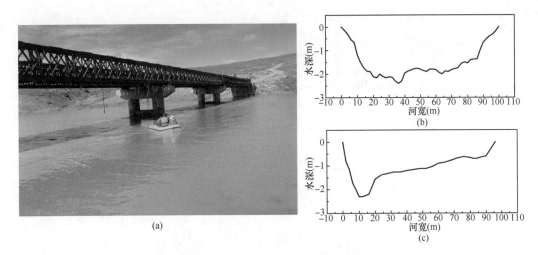

图 5.7　色林错流域扎加藏布河流观测情况

(a) 河源区径流观测；(b) 入湖口河道水文断面；(c) 源区河道水文断面

4. 湖泊水位观测

在色林错湖西岸湖边和东岸湖边（图 5.1）安装了压力式自计水位计（HOBO，Onset Cor，美国；记录间隔为 2 h）连续观测色林错湖泊水位变化。

5.2　径流的形成及其对湖泊补给作用

5.2.1　色林错降水

图 5.8 给出了 3 个双翻斗自计式雨量计观测站（色林错东岸、色林错西岸岛上、色林错北岸多玛乡）2013 年 5 月～ 2014 年 10 月降水量特征，可以看出，3 个站点降水事件发生频率较高且多发生在 7 ～ 8 月，2013 年岛上、色林错东岸及色林错北岸降水量分别为 288.2 mm、268.1 mm 和 295.8 mm；2014 年岛上、色林错东岸及色林错北岸降水量分别为 272 mm、272.6 mm 和 274.3 mm。2013 年湖泊不同位置 3 个站点降水量呈现出空间不均一性，而 2014 年三者降水量基本一致。尽管如此，3 个站点在降水事件强度和持续时间上也有明显的差异（Guo et al.，2016；郭燕红，2016）。

由于色林错流域水文气象资料极端匮乏，虽然已经建立了基于站点的流域降水观测网络，但在降水空间分布特征上仍然欠缺，卫星降水产品给获取流域空间降水特征提供了可能。对于 TRMM 和 GPM 两种卫星遥感降水评估而言，在日降水尺度上，GPM 与地面观测降水的相关性均高于 TRMM（图 5.9 和图 5.10）。GPM 与地面观测降水的相关系数最大可达 0.56，而 TRMM 最大只有 0.40，尤其在湖泊岸边，TRMM 与地面观测降水的相关系数只有 0.14。累计降水量、相对误差以及均方根误差 3 种统计指标表明，在高海拔、寒冷条件下，GPM 卫星降水产品比 TRMM 具有更高的观

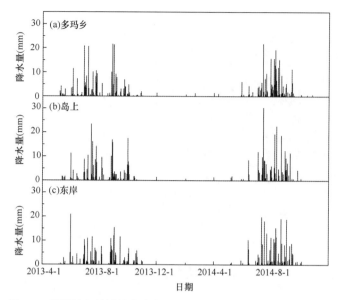

图 5.8 观测的色林错降水变化（Guo et al.，2016；郭燕红，2016）

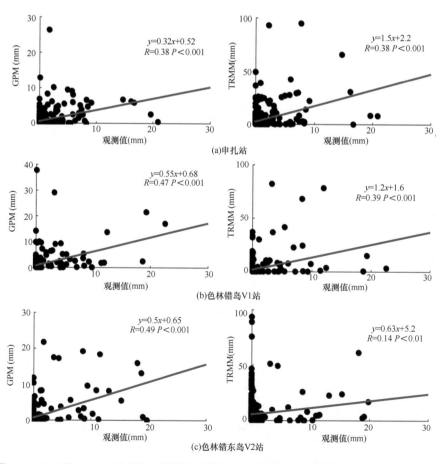

(a)申扎站

(b)色林错岛V1站

(c)色林错东岛V2站

图 5.9 GPM 及 TRMM 的日降水数据与地面站点逐日观测降水的对比（余坤伦等，2018）

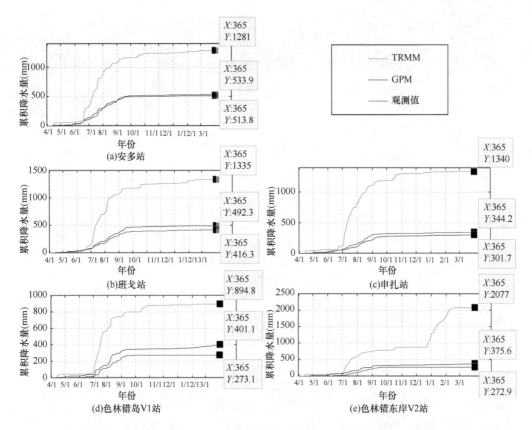

图 5.10　色林错流域不同站点地面观测、GPM 和 TRMM 的日降水量累积曲线
（余坤伦等，2018）

测精度。2014 年 4 月～ 2015 年 3 月一年间 GPM 累计降水误差只有 –42.486 mm ～ 128.042 mm，而 TRMM 累计降水是地面观测值的 2.4 ～ 7.6 倍。两种产品对强降水事件的探测性能都有不足，对弱降水事件有较高的准确性，但是相比而言，GPM 对弱降水事件的探测能力明显优于 TRMM，而且能够以更低的误差估测降水量，TRMM 则过高地估测了降水量（余坤伦等，2018）。

为了进一步揭示卫星降水资料在不同时间尺度下的准确性，GPM 在不同时间尺度（3 天、5 天、7 天、15 天）下的降水数据如图 5.11 所示，结果发现，当时间尺度增大时，GPM 与站点观测数据之间的相关系数明显增大，这是因为逐日的卫星降水误差在更长时间尺度下被抵消，也表明卫星遥感降水在观测逐周甚至逐月降水时具有更好的精度（余坤伦等，2018）。

5.2.2　入湖径流特征

根据对四条入湖河流多次流量观测，建立如图 5.12 所示的流量–水深关系线，再结合每条河流安装的压力式自计水位计观测的河流水位变化的连续观测结果，

图 5.11　不同时间尺度（1 天、3 天、5 天、7 天和 15 天累积）GPM 与站点降水的对比
（余坤伦等，2018）

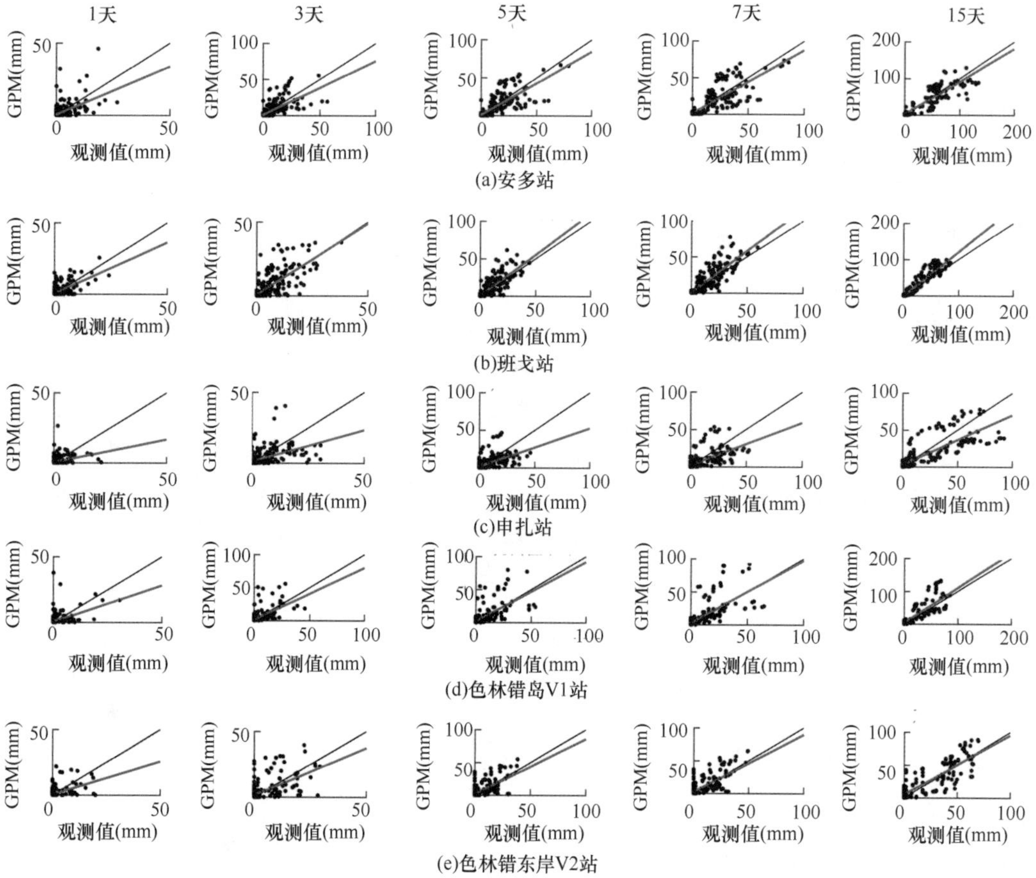

最终得到了 2013 年 5 ～ 10 月四条入湖河流的入湖径流变化（郭燕红，2016）。

根据图 5.13 可见，四条河流入湖径流季节变化不一致，扎加藏布径流形成与季节变化由降水事件决定，5 ～ 6 月，降水开始增加，扎加藏布径流量略微增加，7 ～ 8 月，降水量迅速上升，扎加藏布径流量达到最大，即 430 m³/s，8 月以后随着降水减少，扎加藏布径流量又快速回落（郭燕红，2016）。

扎根藏布径流形成和变化与降水关系不大，当 7 ～ 8 月降水最大的时候，扎根藏布径流量并无显著上升，而是 10 月初降水不是最大的时候，径流量达到最大，即 64 m³/s，这是由于扎根藏布上游格仁错、吴如错、恰规错等过水湖泊对其径流变化有显著的调节作用（Ding et al.，2018；郭燕红，2016）。

阿里藏布径流形成和变化与降水关系较为明显，当降水增加时，径流量随之增大，而降水减少时，径流量明显回落，与扎根藏布季节变化相似，阿里藏布径流量 9 ～ 10 月较大（最大流量为 10.8 m³/s），而不是降水最大的 7 ～ 8 月，这也是由于阿里藏布上游过水湖木纠错、错鄂对径流的调节作用（Ding et al.，2018；郭燕红，2016）。

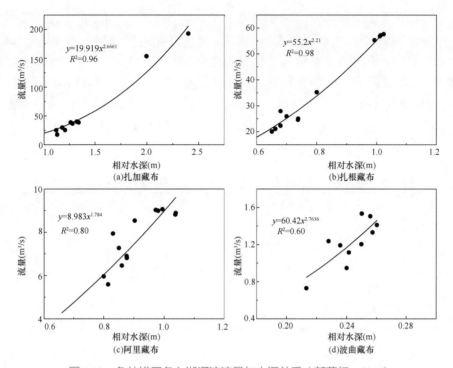

图 5.12　色林错四条入湖河流流量与水深关系（郭燕红，2016）

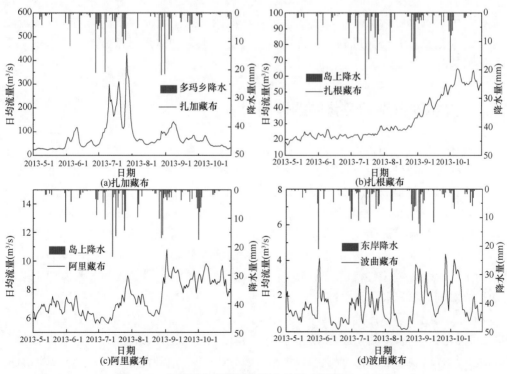

图 5.13　色林错入湖径流与降水关系（郭燕红，2016）

波曲藏布是四条补给河流中流量最小的河流，最大流量仅有 4.3 m³/s，其径流形成和变化与降水事件相关性较大，波曲藏布径流并无明显的季节变化规律（郭燕红，2016）。

由表 5.1 可看出，四条补给河流在观测期间（2013 年 5 ～ 10 月）流入色林错的水量高达 18.87×10⁸ m³，其中扎加藏布补给量最大，达 12.51×10⁸ m³，占总补给量的 66.3%，而扎根藏布补给量也达 4.98×10⁸ m³，占总补给量 26.4%，阿里藏布和波曲藏布对湖泊的补给贡献较小，仅有 1.15×10⁸ m³ 和 0.23×10⁸ m³，可见观测期间色林错入湖径流主要来自扎加藏布和扎根藏布补给（郭燕红，2016）。

表 5.1　色林错入湖径流量及其所占比例（2013 年 5 ～ 10 月）（郭燕红，2016）

河流	径流量（10⁸ m³）	百分比（%）
波曲藏布	0.23	1.2
阿里藏布	1.15	6.1
扎根藏布	4.98	26.4
扎加藏布	12.51	66.3
合计	18.87	

第一次青藏高原科考期间，老一辈科学家在环境极其恶劣的色林错无人区观测得到扎加藏布年均入湖流量为 27 m³/s（关志华等，1984），为认识色林错补给河流的水文特征提供了重要的参考。而 2012 年至第二次青藏高原科考期间，在先进的自动观测设备和便利的后勤补给的支持下，获取了色林错湖四条入湖河流宝贵的、连续的径流观测资料，为探究入湖径流机制及变化提供了可能，也为色林错国家公园建设提供了重要的数据基础。

5.2.3　过水湖在湖泊变化中的作用

色林错湖泊的河道入流主要来自扎加藏布、扎根藏布、阿里藏布和波曲藏布。色林错流域的过水湖泊主要分布在扎根藏布和阿里藏布（图 5.14），其中扎根藏布的过水湖面积约占其流域面积的 8%，阿里藏布的过水湖面积约占其流域面积的 8.5%。Ding 等（2018）利用增加水库模块的 HBV 水文模型，模拟了 1981 ～ 2012 年扎根藏布和阿里藏布的入湖径流量。图 5.15 中实线为实际的多年平均月径流过程，虚线为没有过水湖后流域的月径流过程。通过过水湖对河道径流的滞留和消峰作用，扎根藏布和阿里藏布的出口径流过程平缓，峰值出现在降水最大值后的两个月。因为过水湖对上游河流的滞留影响，部分水分会通过蒸发、下渗的方式损失掉。

图 5.16 给出了不同情景模式下色林错湖泊水量变化情况。实点蓝线是色林错湖在 1980 ～ 2012 年实际水量的变化情况；红色线和绿色线分别代表的是没有过水湖和冰川影响后的色林错湖水量变化过程。1980 ～ 1990 年，色林错湖泊增长较缓，总共增加量约为 5.3 Gt，但 20 世纪 90 年代以后，色林错湖扩张迅速，数十年间就增加了 22 Gt。

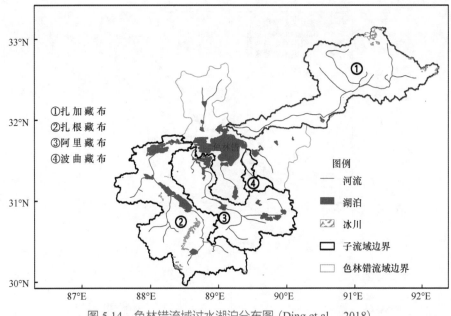

图 5.14　色林错流域过水湖泊分布图（Ding et al.，2018）

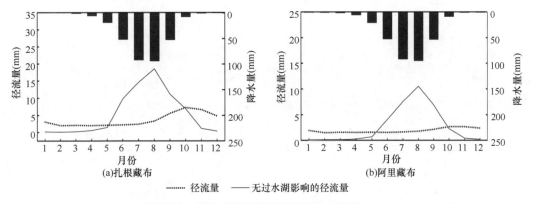

图 5.15　色林错流域有湖和没湖的河流径流过程对比图（Ding et al.，2018）

如果没有冰川融水的贡献，湖泊水量会减少 8%。但如果没有过水湖的蓄水滞留作用，色林错湖泊水量的增长会更加明显，约为实际增长的 120%，2012 年湖泊水量增加量会达到 26.5 Gt。综上可见，相比冰川融水，过水湖的蓄水滞留作用对色林错扩张的影响更大（Ding et al.，2018）。

5.2.4　入湖径流变化

图 5.17 给出了基于分布式 VIC 模型模拟的色林错四条入湖流量与观察结果的对比（Tong et al.，2016），由观测结果可知，扎加藏布是色林错最主要的补给河流（超过了 60%）。图 5.17(a) 展示 2012 ～ 2013 年对扎加藏布径流的模拟和观测结果的验

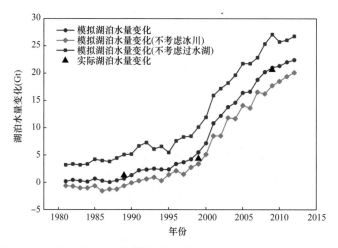

图 5.16   不同情景下色林错湖泊的水量变化情况（Ding et al.，2018）

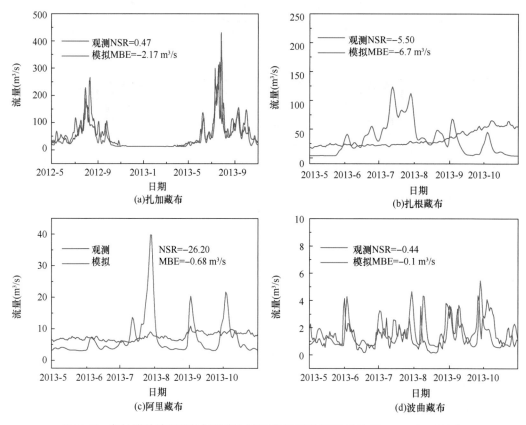

图 5.17   色林错补给河流扎加藏布径流观测与模拟结果对比（Tong et al.，2016）

证，可见在资料稀缺的色林错流域，扎加藏布径流的模拟结果比较可信（纳什系数 NSE=0.47）。而扎根藏布、阿里藏布季节变化模拟结果比较差，5.2.3 节已经解释了这 两条河上游有湖泊对其径流季节变化进行调节，导致其季节变化失真，然而在年尺度

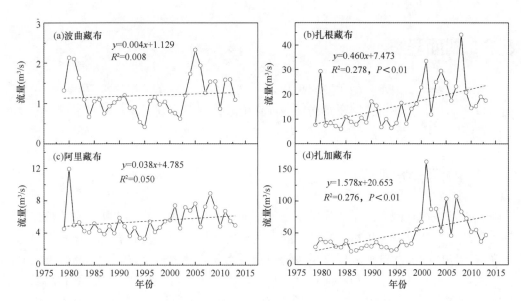

图 5.18　色林错四条入湖河流径流变化（1979～2013 年）（Tong et al.，2016）

上径流结果还是比较可信的。波曲藏布其模拟效果也不好，然而其在入湖径流补给中比例太小，因而对总入湖径流计算影响很小。

由图 5.18 可知，1979 年以来，四条入湖河流均呈现上升趋势，其中占入湖径流比例较小的波曲藏布和阿里藏布入湖径流变化趋势不显著，而占入湖径流比例较大的扎根藏布和扎加藏布入湖径流呈显著的上升趋势（Tong et al.，2016）。

5.2.5　径流对湖泊补给作用

表 5.2 统计了 VIC 模型模拟的 1979～2013 年多年平均的入湖径流量（Tong et al.，2016），可以发现，多年平均入湖流量为 22.6×10^8 m³，其中扎加藏布的补给量为 15.5×10^8 m³，占到了总入湖流量的 68.6%，扎根藏布、阿里藏布、波曲藏布对湖泊的补给量分别为 5.0×10^8 m³（22.0%）、1.7×10^8 m³（7.7%）、0.4×10^8 m³（1.7%），模拟的四条入湖河流对色林错的补给比例与前面部分的观测结果一致。而且，冰川融水在入湖径流中的比例比较小，约为 9%。

表 5.2　色林错多年平均（1979～2013 年）入湖径流统计（Tong et al.，2016）

河流	总径流量（10^8 m³）	百分比（%）	非冰川径流（10^8 m³）	百分比（%）	冰川融水（10^8 m³）	百分比（%）
扎加藏布	15.5	68.6	14.0	90.3	1.5	9.7
扎根藏布	5.0	22.0	4.5	89.8	0.5	10.2
阿里藏布	1.7	7.7	1.7	99.0	0.02	1.0
波曲藏布	0.4	1.7	0.4	100	0	0
共计	22.6		20.6	91	2.02	9

5.3 湖面蒸发

湖面蒸发是湖泊水分的主要支出项，不仅是湖泊水循环过程的重要环节，也是湖泊水量平衡和能量平衡的重要组成部分。精确量化湖面蒸发不仅对湖泊水量平衡计算和水资源管理具有重要意义，也对气候变化背景下湖泊水位预测具有相当的指导作用。

5.3.1 湖面蒸发观测

湖面蒸发的观测方法主要有基于点尺度的器测折算法、波文比能量平衡法、空气动力学法、涡动相关法和基于面尺度的大孔径闪烁仪法。传统的器测折算法主要是通过观测蒸发皿的蒸发量乘上折算系数近似获得水面蒸发量，该方法简单易行。然而，折算系数在不同气候区域和时间尺度下误差较大（崔龙等，2012；杜占德和周辑泽，1996；闵骞和刘影，2006；时兴合等，2010），且 20 m^2 蒸发池并不能代替天然湖泊（王积强，1994）。

波文比能量平衡法被普遍认为是一种可以比较精确计算湖泊蒸发的方法，其优势是可以同时获得湖面的感热通量和潜热通量，该方法相对简单易懂，结果也相对精确可靠，因此通常被其他方法作为标准来对比（Lenters et al.，2005；Rosenberry et al.，2007）。但是波文比能量平衡法是建立在假设热量和水汽湍流扩散系数相等的前提下，且早晨和傍晚波文比误差较大（Terzi and Keskin，2010）。同时，能量平衡中需要计算湖泊储热变化，但湖泊储热观测和计算都非常困难（Stannard and Rosenberry，1991；Blanken et al.，2000）。

空气动力学法建立在 Monin-Obukhov 相似理论基础上，利用风、温、湿梯度数据来计算近地层湍流通量，空气动力学法物理概念明确，理论成熟，在计算湍流通量时无需观测净辐射和湖泊储热项，利用慢速传感器测得风、温、湿梯度资料即可计算通量。但是，在应用空气动力学法时，选用不同高度差的两组数据计算结果会有差异；同时，该方法中普适函数的解析多是采用经验公式，但目前还存在争议，而且在微风、低湿环境中该方法使用受到限制（Stull，1988）。

大孔径闪烁仪（LAS）是近年兴起的一种新的通量观测仪，与涡度相关技术相比，大孔径闪烁仪可以测量 200m 至 10km 范围内的感热通量和潜热通量（卢俐等，2005）。然而，大孔径闪烁仪造价昂贵，且技术要求和专业性太强，目前应用大孔径闪烁仪观测陆面湍流通量的研究较多（Guyot et al.，2009；Savage，2009；马迪等，2010），而对于水面湍流通量的观测还很少（McGloin et al.，2014）。

涡动相关法是基于高频传感器测定大气中湍流运动而产生的风速及其他物理量（水汽、二氧化碳、温度）的脉动，进而计算两者之间的协方差来获取物质和能量通量，其优点是能通过测量各属性的湍流脉动值直接测量湍流通量，它不是建立在经验关系基础之上，也不是从其他气象参量推论而来，而是一种直接测量湍流通量的方法，不受平流条件的限制。因而，涡动相关法是目前最精确也是最常用的一种观测通量的方法（Allen and Tasumi，2005；Tanny et al.，2008；Spank and Bernhofer，2008；Wang et al.，2014）。由于青藏高原环境恶劣，且涡动相关法观测较强的专业性，目前涡动相关法仅在青藏高原的青海湖（Li et al.，2016）、鄂陵湖（Li et al.，2015）、洱海（Liu et al.，2014）、色林错（Guo et al.，2016）以及纳木错小湖（Wang et al.，2015）开展观测。

　　基于色林错湖面涡度相关观测结果（Guo et al.，2016），图 5.19 给出了 2014 年 4 月 26 日～9 月 26 日色林错湖面通量源区范围以确定通量观测的代表性。图 5.19（b）展示了涡度相关通量塔观测点处风玫瑰图，可以看出，观测点处多以西南风和东北风为主。图 5.20 给出了色林错湖面涡度相关系统在西南和东北风向的通量源区示意图，可见在西南和东北方向上湖面通量累积贡献 90% 分别距离观测点 225 m 和 254 m。结合图 5.19 卫星影像可见，观测点西南和东北方向在该距离上均为水面，因此湖面涡度相关系统所观测的通量范围基本上都来自湖面。

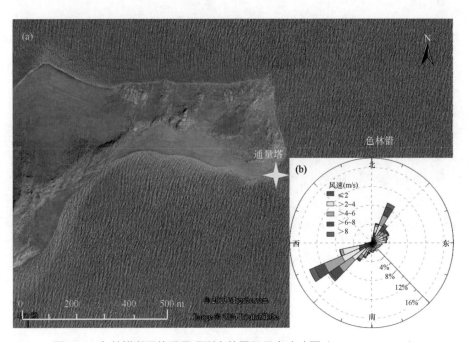

图 5.19　色林错湖面热通量观测点位置及风向玫瑰图（Guo et al.，2016）

　　图 5.21 展示了 2014 年 4 月 26 日～9 月 26 日色林错湖面水热通量的季节变化，可以看出潜热通量（λE）季节变化与净辐射明显不同，潜热通量在 6～8 月比较小，而在 5 月和 9 月比较大。观测期间潜热通量的变化范围为 31.3～161.2 W/m²，平均值为 77.7 W/m²。感热通量（H）季节变化也与净辐射不同，感热通量最小出现在 6 月，最大出现在 9 月。观测期间感热通量的变化范围为 –36.9～59.0 W/m²，平均值为 10.6 W/m²。波文比（$H/\lambda E$）是表征湖面能量分配的重要指标，从色林错观测期间湖面波文比的变化可以看到，波文比在 6 月比较小，而在 8 月比较大，变化范围为 –0.38～0.67，平均值

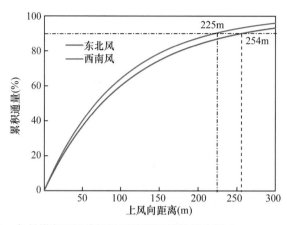

图 5.20　色林错湖面涡度相关系统累积通量示意图（Guo et al., 2016）

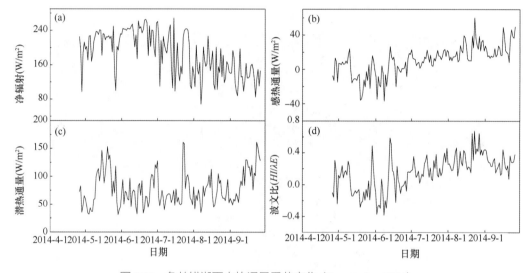

图 5.21　色林错湖面水热通量季节变化（Guo et al., 2016）

为 0.14，意味着湖 – 气之间能量交换主要通过潜热交换。2014 年 4 月 26 日～ 9 月 26 日观测期间，色林错湖面蒸发在 5 月和 9 月比较大，而在 6 ～ 8 月比较小，该期间色林错湖面日均蒸发量为 2.7 mm/d，累积湖面蒸发量为 417.0 mm（Guo et al., 2016）。

色林错湖面水热通量日变化如图 5.22 所示，感热通量呈现明显的日变化规律，最大值出现在早晨（08：00 ～ 10：00），最小值出现在下午（18：00 ～ 20：00），而且感热通量日变化规律与净辐射明显不同，其日最大值较净辐射提前 4 ～ 6 h。对湖面温差分析，可以看出感热通量的日变化过程主要是由湖面与大气的温差引起的。潜热通量日变化过程与感热通量相反，潜热通量最大值出现在下午（16：00 ～ 20：00），最小值出现在早晨（08：00 ～ 10：00），而且潜热通量日变化规律也与净辐射明显不同，潜热通量日最大值较净辐射延迟 2 ～ 6 h。潜热通量的日变化过程主要由湖面饱和差和风速变化引起（Guo et al., 2016）。

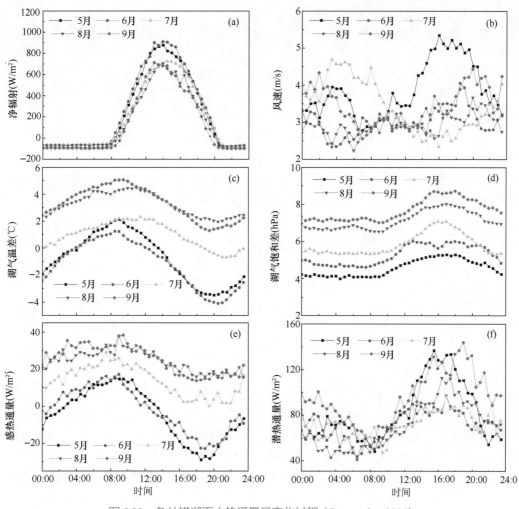

图 5.22　色林错湖面水热通量日变化过程（Guo et al.，2016）

5.3.2　湖面蒸发模拟

根据理论基础和数据要求，湖面蒸发模型主要分为 5 类：组合类、太阳辐射 – 气温类、道尔顿类、昼长 – 气温类、气温类（Rosenberry et al.，2007；Wang et al.，2014）。组合类模型是基于能量平衡原理和梯度扩散理论的蒸发模型，因此能够全面解释蒸发的物理过程，但此类模型对数据精度要求比较高（Rosenberry et al.，2007；Elsawwaf et al.，2010），所需数据包括净辐射、湖泊储热变化、气温、风速和空气水汽压。组合类模型主要有 Priestley-Taylor 模型、deBruin-Keijman 模型、Penman 模型、Brutsaert-Stricker 模型和 deBruin 模型。

太阳辐射 – 气温类模型是通过太阳辐射和气温的函数乘以经验系数获得蒸发，此类模型所需数据包括太阳辐射、气温。太阳辐射 – 气温类模型主要有 Jensen-Haise 模型、

Makkink 模型和 Stephens-Stewart 模型。

道尔顿类模型是由湖面与特定高度空气水汽饱和差和风速函数乘以质量传输系数计算得到的。

昼长 – 气温类模型是通过昼长和气温的函数的经验公式计算得到的。

气温类蒸发模型是通过气温函数的经验公式计算蒸发，此类模型需要数据最少，然而其计算误差较大，因此很少应用（Elsawwaf et al.，2010）。

Rosenberry 等（2007）利用波文比能量平衡法在北美米勒湖的观测结果验证了 5 类模型的模拟结果，发现组合类模型（Priestley-Taylo 模型、deBruin-Keijman 模型、Penman 模型等）对输入数据要求最高，且其模拟效果最好；而气温类模型需要输入数据少，但其模拟效果最差。Wang 等（2014）利用涡动相关法在太湖的观测结果在月尺度上验证了 5 类模型的模拟效果，同样发现组合类和波文比类模型模拟效果最好，太阳辐射 – 气温类和道尔顿类次之，而气温类模型模拟效果最差。

近几年，基于物理过程的湖泊数值模型越来越多地用于模拟湖泊温度和湖面蒸发（任晓倩等，2014）。Yu 等（2011）利用一层能量平衡模型模拟了 1961～2005 年青藏高原羊卓雍措湖面蒸发，以 20 m^2 蒸发池为验证，表明一层能量平衡模型能够较好地模拟湖面温度和湖面蒸发。Haginoya 等（2009）利用一层能量平衡模型成功模拟了 2006～2008 年纳木错湖面能量平衡。利用物理过程更为复杂 Flake 模型，Lazhu 等（2016）模拟了 1979～2014 年纳木错湖面蒸发。

图 5.23 给出了利用一层能量平衡模型模拟的 2014 年 4 月～2015 年 3 月日尺度湖面蒸发的模拟结果与涡度相关的观测结果对比（Guo et al.，2019），可以发现，尽管日尺度数据波动较大，然而在季节变化上色林错湖面蒸发的模拟结果与观测结果比较一致，两者的相关系数（R^2）和纳什系数（NSE）分别为 0.47 和 0.40，整体而言，色林错湖面蒸发模拟结果可信度比较高。图 5.24 展示了利用改进的彭曼公式模拟的色林错湖泊蒸发与涡度相关的观测结果对比（Zhou et al.，2015），可见改进的彭曼公式也可以较好地模拟色林错湖面蒸发。

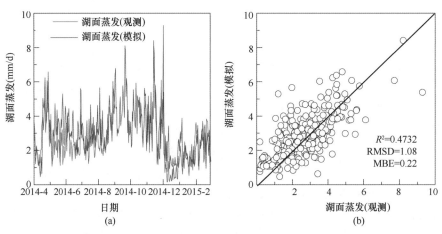

图 5.23　色林错湖面蒸发能量平衡模拟结果与涡度相关观测结果比较（Guo et al.，2019）

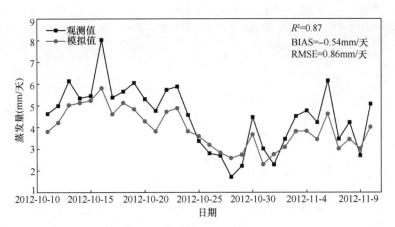

图 5.24　改进的彭曼公式模拟色林错湖面蒸发与涡度相关观测结果比较（Zhou et al.，2015）

5.3.3　湖面蒸发间接反算法

间接反算法包括水量平衡方程（Myrup et al.，1979）、同位素质量守恒方程（Dinçer，1968）和卫星数据反演方法（Lofgren and Zhu，2013）等。其中，卫星数据反演方法是结合地面气象资料和卫星观测的地表温度计算水热通量。水量平衡法是通过观测湖泊的水量收支计算湖泊蒸发量，优点是通过水文数据即可计算湖泊蒸发量，缺点是入湖水量和出湖水量的估算误差会导致蒸发量计算结果的误差。同位素水量平衡法是在水量平衡法的基础上增加同位素的约束条件，其能弥补水量平衡法计算误差大的缺点，提高计算精度，而水量收支各项的同位素组分相对而言比较容易获取，目前该方法得到了较为广泛的应用，如太湖（肖薇等，2017）、青海湖（章新平和姚檀栋，1997）等。

基于湖泊水量–同位素质量平衡模型，我们对色林错湖泊 2013 ～ 2016 年非冻结期（5 ～ 10 月）的蒸发入流比 E/I 的值分别进行了模拟，结果见表 5.3，利用 $\delta^{18}O$ 与 d-excess 计算的 E/I 结果差异不大，表明了结果的有效性。2013 年的结果表明，计算时期内平均 62.9% 的湖水被蒸发掉，37.1% 的湖水留在了湖里，从而导致湖泊的扩张。项目前期研究获取的蒸发量与入湖流量（入湖径流 + 湖面降水）的实测 E/I 的值为59.23%，表明了该计算方法的有效性。其他年份的结果见表 5.3，得出 2013 ～ 2016年非冻结期内（5 ～ 10 月）内流湖蒸发与径流补给的比值平均为 63%（Zhang et al.，2019）。

5.3.4　色林错湖面蒸发变化

图 5.25 给出了利用一层能量平衡模型模拟的 1979 ～ 2013 年色林错湖面蒸发，可见该期间色林错湖面蒸发呈现显著的减少趋势（$P<0.01$），减少速率为 4.0 mm/a。图 5.25 也给出了流域内申扎站风速、水汽压年际变化，可以发现，风速呈显著减弱趋

表 5.3　基于 d-excess 和 $\delta^{18}O$ 计算的 E/I 比率以及二者的平均值（Zhang et al.，2019）

年份	$E/I\_\delta^{18}O$	$E/I\_$d-excess	平均值
2013	0.618	0.592	0.605
2014	0.647	0.600	0.624
2015	0.646	0.591	0.619
2016	0.678	0.665	0.672

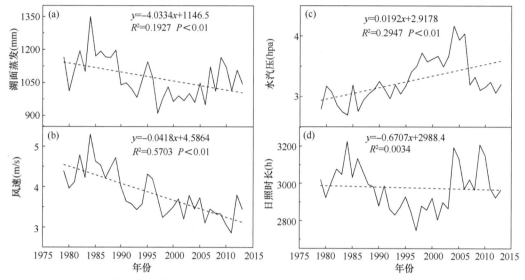

图 5.25　色林错湖面蒸发及气象要素年际变化（1979～2013 年）（Guo et al.，2019）

势（$P<0.01$），减少速率为 0.04（m/s）/a；相反，水汽压呈现显著增加趋势（$P<0.01$），增加速率为 0.02 hPa/a；而日照时长在 1979～2013 年呈现微弱的减少趋势。可见，风速减弱是导致色林错湖面蒸发减少的重要原因，大气湿度的增加导致湖面与大气间饱和差的减弱也在一定程度上抑制了色林错湖面的蒸发（Guo et al.，2019）。

5.4　湖泊水量平衡及其变化

湖泊水量平衡指某一时段内湖泊水量的收支关系，根据入湖水量与出湖水量之差来计算湖中蓄水量的变化。它的收入项为：湖面降水量、地表径流和地下径流入湖水量；支出项为：湖面蒸发量、地表径流和地下径流出湖水量及工农业用水等。湖泊水量平衡计算是区域水量评估和水资源管理的重要基础，也是定量化分析湖泊扩张的根本途径。

色林错是封闭湖泊，给定时间内封闭湖泊水量平衡公式为（Zhou et al.，2013；Zhu et al.，2010）

$$\Delta H=P+R-E \tag{5-1}$$

式中，ΔH 为湖泊水位变化；P 为湖面降水量（mm）；E 为湖面蒸发量（mm）；R 为入湖流量（mm），此处不考虑地下水。

5.4.1 利用同位素计算湖面蒸发对大气降水的贡献

依托于科考所收集的流域内降水的样品，选取其中两个站点，申扎站点与湖岸站点 2013 ～ 2016 年的稳定同位素数据，建立了局地降水线（图 5.26），分别为 $\delta D=8\times\delta^{18}O+7.01$ 和 $\delta D=8.28\times\delta^{18}O+16.12$，可看出湖岸站点的局地降水线的截距远大于申扎站点，与更北部沱沱河的值更为接近，由此可推断该点处降水中局地水循环占有很大的比率，又因湖岸点距离色林错湖泊不到 1 km 的距离，湖泊蒸发水汽对该点的降水影响很大，因此我们利用二元混合模型，计算了湖泊蒸发水汽对当地大气水汽的贡献量，结果表明，2013 ～ 2016 年 6 ～ 9 月湖泊上空大气水汽的 21% ～ 26% 源于湖泊蒸发（表 5.4）（Zhang et al.，2019）。

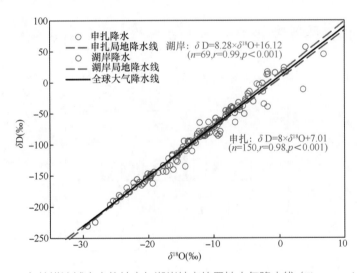

图 5.26 色林错流域内申扎站点与湖岸站点的局地大气降水线（Zhang et al.，2019）

表 5.4 2013 ～ 2016 年 6 ～ 9 月湖泊蒸发水汽对当地大气水汽的贡献率（Zhang et al.，2019）

年份	6 ～ 9 月贡献率（%）
2013	22.8±1.2
2014	26.0±1.8
2015	20.7±4.9
2016	22.2±1.5

5.4.2 基于观测的湖泊水量平衡过程

图 5.27 给出了 2013 年 5 ～ 10 月色林错水量平衡各要素（湖面降水、入湖径流、

湖面蒸发、湖泊水位）的观测结果及色林错湖泊水量平衡。由图 5.27 可见，5～6 月湖面降水和入湖径流量都比较少，湖泊水量变化维持在 0 左右，而湖泊水位基本稳定；7 月湖面降水量增加引起入湖径流的急剧增加，使得湖泊水量变化呈明显的正平衡，湖泊水位上升约 300 mm；8 月初到 8 月中下旬，由于湖面降水的减少和入湖径流的回落，湖泊水量变化又维持在 0 左右，而由于湖面蒸发的增加，湖泊水位变化较为平缓且有略微的下降；8 月底由于湖面降水和入湖径流的小幅增加，湖泊水量变化又变为正平衡，湖泊水位再次缓慢地上升；10 月初湖泊水位达到最大。10 月初到 10 月底降水和入湖径流量都比较小，湖泊水位维持在稳定状态。而且由图 5.27 可以发现，利用观测的湖面降水、入湖径流和湖面蒸发计算得到的湖面水位变化结果与压力式自计水位计观测结果比较吻合。就整个观测期间而言，湖面降水量共为 320.8 mm，入湖径流量共为 793.0 mm，降水和径流对色林错补给共 1113.8 mm，其中径流补给占 71.2%，降水补给占 28.8%，湖面蒸发共 659.8 mm，水量平衡计算得到湖泊水位变化为 453.0 mm，而观测到该时段内湖泊水位变化为 433.7 mm，水量差为 19.3 mm（Guo et al.，2016；郭燕红，2016）。

5.4.3　湖泊水量平衡变化

利用色林错湖面蒸发模拟结果（Guo et al.，2019），结合中国区域地面气象要素

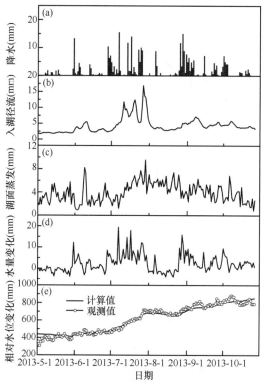

图 5.27　色林错湖泊水量平衡观测结果（Guo et al.，2016；郭燕红，2016）

数据集（CMFD）的湖面降水数据（何杰和阳坤，2011）和径流模拟结果（Tong et al.，2016），表 5.5 给出了 1979～2013 年色林错湖泊水量平衡各要素的统计结果，可以看出，1979～1999 年和 2000～2013 年两个时段内湖面降水、非冰川径流、冰川融水径流对色林错湖泊水量的补给比例分别为 24.6 %、68.0%、7.4% 和 18.5 %、74.7%、6.8%，因此，降水以及与降水相关的陆面径流是色林错湖泊补给的主要成分，占到 90% 以上，而冰川融水径流对色林错湖泊水量的补给只占 7% 左右。1979～1999 年补给到色林错的水量有 94.3% 以蒸发的形式消耗掉，剩余 5.7% 水量留在湖泊内；而 2000～2013 年补给到色林错的水量仅有 54.4% 的以蒸发形式损耗，而 45.6% 的水量留在湖泊内（郭燕红，2016）。

表 5.5　色林错湖泊水量平衡各要素统计 (Guo et al.，2019；郭燕红，2016)

年份	年均补给量 ($10^8 m^3$)			年均消耗 ($10^8 m^3$)	年均水量变化 ($10^8 m^3$)
	湖面降水	非冰川径流	冰川融水径流	蒸发	
1979～1999 年	5.0	13.7	1.5	19.1	1.1
比例（%）	24.6	68.0	7.4	94.3	5.7
2000～2013 年	7.6	30.7	2.8	22.4	18.7
比例（%）	18.5	74.7	6.8	54.4	45.6
1979～2013 年	6.0	20.5	2.0	20.4	8.1
比例（%）	21.1	71.8	7.1	71.3	28.7

就 1979～2013 年整个时段而言，湖面降水、非冰川径流、冰川融水径流对色林错湖泊水量的补给比例分别为 21.1 %、71.8%、7.1%，其中 71.3% 补给的水量以蒸发形式损耗，而 28.7% 的水量留在湖泊内。多年平均（1979～2013 年）色林错湖泊补给量为 $28.5 \times 10^8 m^3$，其中湖面降水、非冰川径流和冰川融水径流补给量分别为 $6.0 \times 10^8 m^3$、$20.5 \times 10^8 m^3$ 和 $2.0 \times 10^8 m^3$，多年平均湖泊蒸发量为 $20.4 \times 10^8 m^3$，年均湖泊水量增加了 $8.2 \times 10^8 m^3$，湖泊水位累积上升了约 14.0 m (Guo et al.，2019；郭燕红，2016)。

由图 5.28 可见，1979～2013 年，色林错湖泊水量变化可以分为 3 个阶段。首先，1979～1995 年，色林错湖面降水（–6.3 mm/a）、湖面蒸发（–6.2 mm/a）均呈下降趋势，非冰川融水呈显著的下降趋势（–26.2 mm/a，$P<0.05$），而冰川融水径流呈显著的上升趋势（3.8 mm/a，$P<0.05$），此期间湖泊水量呈微弱负平衡，此期间湖泊水位略有下降（–0.16 m）。第二阶段为 1996～2006 年，该阶段湖面降水呈微弱上升趋势（1.8 mm/a），湖面蒸发呈下降趋势（–7.2 mm/a），冰川融水径流呈增加趋势（4.3 mm/a），非冰川径流补给呈上升趋势（80.4 mm/a），并导致该阶段湖泊水量显著的正平衡，湖泊水位上升了约 9.9 m。第三阶段为 2007～2013 年，该阶段，湖面降水呈上升趋势（9.7 mm/a），湖面蒸发呈上升趋势（6.7 mm/a），冰川融水径流（–10.4 mm/a）和非冰川径流补给（–105.3 mm/a）均呈下降趋势，该阶段湖泊水量仍为正平衡，然而湖泊扩张趋势有所减缓，该阶段湖泊水位上升了约 4.3 m。而且，图 5.28（f）对比了计算的湖泊水位变

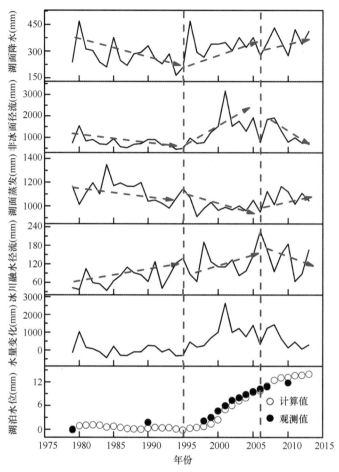

图 5.28　1979～2013 年色林错湖泊水量平衡变化过程分析（Guo et al.，2019；郭燕红，2016）

化结果和观测湖泊水位变化结果（Lei et al.，2013），可以发现，计算结果和观测结果在变化趋势上基本一致，表明水量平衡结果比较可信（Guo et al.，2019；郭燕红，2016）。

5.4.4　色林错湖泊扩张原因定量分析

对比表 5.5 中两个时段，湖泊水量变化量由 1979～1999 年的年均 1.2×10^8 m³ 剧增到了 2000～2013 年的年均 18.8×10^8 m³，非冰川径流补给量的急剧增加（由 1979～1999 年的年均 13.7×10^8 m³ 剧增到了 2000～2013 年的年均 30.7×10^8 m³）是湖泊水量急剧增加的主要原因。对比 1979～1999 年，尽管 2000～2013 年年均湖面降水、冰川融水径流对湖泊水量补给的比例在下降，但是年均湖面降水和冰川融水径流的水量却在增加（湖面降水由 1979～1999 年的年均 5.0×10^8 m³ 增加到了 2000～2013 年的年均 7.6×10^8 m³，冰川融水径流由 1979～1999 年的年均 1.5×10^8 m³ 剧增到了 2000～2013 年的年均 2.8×10^8 m³），因此，湖面降水和冰川融水径流的增加也是引起湖泊水量增加的原因。相比而言，对于湖泊水量补给的损耗，2000～2013 年年均湖面蒸发的比例较 1979～1999 年下降了，但年均的蒸发量却由 1979～1999 年的年均 19.1×10^8 m^3 增加到了 2000～2013 年的年均 22.4×10^8 m^3，因此第二个时段湖面蒸发的略微增加对湖泊水量变化增加起到一些抑制作用，然而与补给量的剧烈增加相比，该作用非常小（Guo et al.，2019；郭燕红，2016）。

图 5.29 给出了 1979～2013 年色林错湖泊水量平衡各分量的年际变化，可见湖面降水呈显著增加趋势（$P<0.05$），增加速率为 2.7396 mm/a；湖面蒸发呈 –4.0334 mm/a 的显著减小趋势（$P<0.01$）。非冰川径流和冰川融水也都呈现显著的增加趋势（$P<0.05$ 和 $P<0.01$），增加速率分别为 19.323 mm/a 和 2.7228 mm/a，而湖泊水量的变化 1979～2013 年呈 28.818 mm/a 的显著增加趋势（$P<0.01$）（郭燕红，2016）。

通过定量分析计算出，1979～2013 年湖面蒸发减少对色林错湖泊扩张的贡献为

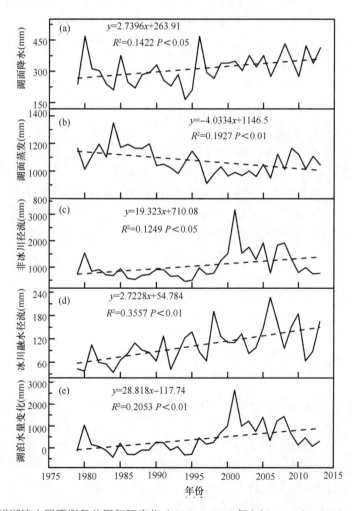

图 5.29 色林错湖泊水量平衡各分量年际变化（1979～2013 年）（Guo et al.，2019；郭燕红，2016）

14.0%，而湖面降水、非冰川径流和冰川融水径流的增加对色林错湖泊扩张的贡献分别为9.5%、67.0%和9.5%。因此，近30年来色林错湖泊扩张的主要原因是由流域内陆面降水产生非冰川径流的增加引起的，而湖面蒸发的减弱也是促进湖泊扩张的重要因素（Guo et al.，2019）。

利用第二次青藏科考成果及前期在色林错流域开展的研究成果，通过系统分析湖泊降水特征、径流形成及其对湖泊的补给作用、湖面蒸发特征与变化，量化了1979～2013年色林错湖泊水量平衡过程。1979～2013年，色林错湖泊水量变化可以分为3个阶段。1979～1995年，色林错湖面降水、湖面蒸发均呈下降趋势，非冰川融水呈下降趋势，而冰川融水径流呈上升趋势，此期间湖泊水量呈微弱的负平衡，湖泊水位略有下降(-0.16 m)。1996～2006年，该阶段湖面降水呈上升趋势，湖面蒸发呈下降趋势，冰川融水径流呈增加趋势，而非冰川径流补给呈上升趋势，并导致该阶段湖泊水量呈显著的正平衡，湖泊水位上升了约9.9 m。2007～2013年，该阶段湖面降水呈上升趋势，湖面蒸发呈上升趋势，冰川融水径流和非冰川径流补给均呈下降趋势，该阶段湖泊水量仍为正平衡，然而湖泊扩张趋势有所减缓，该阶段湖泊水位上升了约4.3 m(Guo et al.，2019；郭燕红，2016)。

就1979～2013年整个时段而言，湖面降水、非冰川径流、冰川融水径流对色林错湖泊水量的补给比例分别为21.1%、71.8%、7.1%，其中71.3%补给的水量以蒸发形式损耗，而28.7%的水量留在湖泊内。多年平均（1979～2013年）色林错湖泊补给量为28.5×10^8 m^3，其中湖面降水、非冰川径流和冰川融水径流补给量分别为6.0×10^8 m^3、20.5×10^8 m^{3}和2.0×10^8 m^3，多年平均湖泊蒸发量为20.4×10^8 m^3，年均湖泊水量增加了8.2×10^8 m^3，湖泊水位累积上升了约14.0 m(Guo et al.，2019；郭燕红，2016)。

本章通过色林错湖泊水量平衡定量分析，量化了1979～2013年湖面蒸发、湖面降水、非冰川径流和冰川融水径流对色林错湖泊扩张的贡献分别为14.0%、9.5%、67.0%和9.5%，揭示了近30年来色林错扩张的水文学机理。因此，近30年来色林错湖泊扩张的主要原因是由流域内陆面降水产生非冰川径流的增加引起的，而湖面蒸发的减弱也是促进湖泊扩张的重要因素（Guo et al.，2019；郭燕红，2016）。

参考文献

边多, 边巴次仁, 拉巴, 等. 2010. 1975～2008年西藏色林错湖面变化对气候变化的响应. 地理学报, 65(3): 313-319.

崔龙, 穆振侠, 陈平, 等. 2012. 艾比湖湖水蒸发量分析. 水资源保护, 28(6): 59-61, 65.

杜鹃, 杨太保, 何毅. 2014. 1990～2011年色林错流域湖泊-冰川变化对气候的响应. 干旱区资源与环境, 28(12): 88-93.

杜占德, 周辑泽. 1996. 南四湖蒸发实验站蒸发器折算系数研究. 湖泊科学, 8(1): 89-93.

关志华, 陈传友, 区裕雄, 等. 1984. 西藏河流与湖泊. 北京: 科学出版社.

郭燕红. 2016. 色林错湖面蒸发对湖泊水量平衡贡献的观测与模拟研究. 北京: 中国科学院大学博士学位论文.

何杰, 阳坤. 2011. 中国区域高时空分辨率地面气象要素驱动数据集. 兰州: 寒区旱区科学数据中心.

卢俐, 刘绍民, 孙敏章, 等. 2005. 大孔径闪烁仪研究区域地表通量的进展. 地球科学进展, 20(9): 932-938.

马迪, 吕世华, 陈晋北, 等. 2010. 大孔径闪烁仪测量戈壁地区感热通量. 高原气象, 29(1): 56-62.

闵骞, 刘影. 2006. 鄱阳湖水面蒸发量的计算与变化趋势分析(1955~2004年). 湖泊科学, 18(5): 452-457.

任晓倩, 李倩, 陈文, 等. 2014. 一个新的湖-气热传输模型及其模拟能力评估. 大气科学, 38(5): 993-1004.

时兴合, 李生辰, 安迪, 等. 2010. 青海湖水面蒸发量变化的研究. 气候与环境研究, 15(6): 787-796.

万玮, 肖鹏峰, 冯学智, 等. 2010. 近30年来青藏高原羌塘地区东南部湖泊变化遥感分析. 湖泊科学, 22(6): 874-881.

王积强. 1994. 天然湖泊蒸发量之测算. 干旱区研究, (02): 52-56.

王苏民, 窦鸿身. 1998. 中国湖泊志. 北京: 科学出版社.

肖薇, 符靖茹, 王伟, 等. 2017. 用稳定同位素方法估算大型浅水湖泊蒸发量——以太湖为例. 湖泊科学, 29(4): 1009-1017.

杨日红, 于学政, 李玉龙. 2003. 西藏色林错湖面增长遥感信息动态分析. 国土资源遥感, (02): 64-67.

余坤仑, 张寅生, 马宁, 等. 2018. GPM和TRMM遥感降水产品在青藏高原中部的适用性评估. 干旱区研究, (06): 1373-1381.

章新平, 姚檀栋. 1997. 利用稳定同位素比率估计湖泊的蒸发. 冰川冻土, 19(2): 67-72.

Allen R G, Tasumi M. 2005. Evaporation from American Falls Reservoir in Idaho via a combination of Bowen ratio and eddy covariance EWRI. Anchorage, Alaska.

Blanken P D, Rouse W R, Culf A D, et al. 2000. Eddy covariance measurements of evaporation from Great Slave Lake, Northwest Territories, Canada. Water Resources Research, 36(4): 1069-1077.

Coe M T, Birkett C M. 2004. Calculation of river discharge and prediction of lake height from satellite radar altimetry: Example for the Lake Chad basin. Water Resources Research, 40(10): 1029-1041.

Dinçer T. 1968. The use of oxygen 18 and deuterium concentrations in the water balance of lakes. Water Resources Research, 4(6): 1289-1306.

Ding J, Zhang Y, Guo Y, et al. 2018. Quantitative comparison of river inflows to a rapidly expanding lake in central Tibetan Plateau. Hydrological Processes, 147(1): 149-163.

Elsawwaf M, Willems P, Pagano A, et al. 2010. Evaporation estimates from Nasser Lake, Egypt, based on three floating station data and Bowen ratio energy budget. Theoretical and Applied Climatology, 100 (3-4): 439-465.

Guo Y, Zhang Y, Ma N, et al. 2016. Quantifying surface energy fluxes and evaporation over a significant expanding endorheic lake in the central Tibetan Plateau. Journal of the Meteorological Society of Japan, 94(5): 453-465.

Guo Y, Zhang Y, Ma N, et al. 2019. Long-term changes in evaporation over Siling Co Lake on the Tibetan and its impact on recent rapid lake expansion. Atmospheric Research, 216: 141-150.

Guyot A, Cohard J M, Anquetin S, et al. 2009. Combined analysis of energy and water balances to estimate latent heat flux of a sudanian small catchment. Journal of Hydrology, 375 (1-2): 227-240.

Haginoya S, Fujii H, Kuwagata T, et al. 2009. Air-lake interaction features found in heat and water exchanges over Nam Co on the Tibetan Plateau. Sola, 5: 172-175.

Lazhu, Yang K, Wang J B, et al. 2016. Quantifying evaporation and its decadal change for Lake Nam Co, central Tibetan Plateau. Journal of Geophysics Research: Atmosphere, 121: 7578-7591.

Lei Y, Yao T, Bird B W, et al. 2013. Coherent lake growth on the central Tibetan Plateau since the 1970s: Characterization and attribution. Journal of Hydrology, 483: 61-67.

Lenters J D, Kratz T K, Bowser C J. 2005. Effects of climate variability on lake evaporation: Results from a long-term energy budget study of Sparkling Lake, northern Wisconsin (USA). Journal of Hydrology, 308 (1-4): 168-195.

Li X Y, Ma Y J, Huang Y M, et al. 2016. Evaporation and surface energy budget over the largest high-altitude saline lake on the Qinghai-Tibet Plateau: Water and energy flux over Qinghai lake. Journal of Geophysical Research: Atmospheres, 121.

Li Z, Lyu S, Ao Y, et al. 2015. Long-term energy flux and radiation balance observations over Lake Ngoring, Tibetan Plateau. Atmospheric Research, 155: 13-25.

Liu H, Feng J, Sun J, et al. 2014. Eddy covariance measurements of water vapor and CO_2 fluxes above the Erhai Lake. Science China Earth Sciences, 58 (3): 317-328.

Lofgren B M, Zhu Y. 2013. Surface energy fluxes on the great lakes based on satellite-observed surface temperatures 1992 to 1995. Journal of Great Lakes Research, 26 (3): 305-314.

McGloin R, McGowan H, McJannet D, et al. 2014. Quantification of surface energy fluxes from a small water body using scintillometry and eddy covariance. Water Resources Research, 50 (1): 494-513.

Meng K, Shi X, Wang E, et al. 2011. High-altitude salt lake elevation changes and glacial ablation in Central Tibet, 2000–2010. Chinese Science Bulletin, 57 (5): 525-534.

Myrup L O, Powell T M, Godden D A, et al. 1979. Climatological estimate of the average monthly energy and water budgets of Lake Tahoe, California-Nevada. Water Resources Research, 15 (6): 1499-1508.

Rosenberry D O, Winter T C, Buso D C, et al. 2007. Comparison of 15 evaporation methods applied to a small mountain lake in the northeastern USA. Journal of Hydrology, 340 (3-4): 149-166.

Savage M J. 2009. Estimation of evaporation using a dual-beam surface layer scintillometer and component energy balance measurements. Agricultural and Forest Meteorology, 149 (3-4): 501-517.

Spank U, Bernhofer C. 2008. Another simple method of spectral correction to obtain robust eddy-covariance results. Boundary-Layer Meteorology, 128 (3): 403-422.

Stannard D I, Rosenberry D O. 1991. A comparison of short-term measurements of lake evaporation using eddy-correlation and energy budget methods. Journal of Hydrology, 122 (14): 15-22.

Stull R B. 1988. An Introduction to Boundary Layer Meteorology. Berlin: Springer.

Tanny J, Cohen S, Assouline S, et al. 2008. Evaporation from a small water reservoir: Direct measurements and estimates. Journal of Hydrology, 351 (1-2): 218-229.

Terzi O, Keskin M E. 2010. Comparison of artificial neural networks and empirical equations to estimate daily pan evaporation. Irrigation and Drainage, 59 (2): 215-225.

Tong K, Su F, Xu B. 2016. Quantifying the contribution of glacier-melt water in the expansion of the largest lake in Tibet. Journal of Geophysical Research: Atmospheres, 121 (19): 11158-11173.

Wang B, Ma Y, Chen X, et al. 2015. Observation and simulation of lake-air heat and water transfer processes in a high-altitude shallow lake on the Tibetan Plateau. Journal of Geophysical Research: Atmospheres, 120 (24): 12327-12344.

Wang W, Xiao W, Cao C, et al. 2014. Temporal and spatial variations in radiation and energy balance across a large freshwater lake in China. Journal of Hydrology, 511: 811-824.

Yu S, Liu J, Xu J, et al. 2011. Evaporation and energy balance estimates over a large inland lake in the Tibet-Himalaya. Environmental Earth Sciences, 64 (4): 1169-1176.

Zhang Y, Yao T, Ma Y. 2011. Climatic changes have led to significant expansion of endorheic lakes in Xizang (Tibet) since 1995. Sciences in Cold and Arid Regions, 3 (6): 463-467.

Zhang T, Zhang Y, Guo Y, et al. 2019. Controls of stable isotopes in precipitation on the central Tibetan Plateau: A seasonal perspective. Quaternary International, 513: 66-79.

Zhou J, Wang L, Zhang Y, et al. 2015. Exploring the water storage changes in the largest lake (Selin Co) over the Tibetan Plateau during 2003～2012 from a basin-wide hydrological modeling. Water Resources Research, 51 (10): 8060-8086.

Zhou S, Kang S, Chen F, et al. 2013. Water balance observations reveal significant subsurface water seepage from Lake Nam Co, south-central Tibetan Plateau. Journal of Hydrology, 491: 89-99.

Zhu L, Xie M, Wu Y. 2010. Quantitative analysis of lake area variations and the influence factors from 1971 to 2004 in the Nam Co basin of the Tibetan Plateau. Chinese Science Bulletin, 55 (13): 1294-1303.

（执笔人：郭燕红、张寅生、丁　杰、张　腾、余坤伦）

第6章

水生浮游生物

本章导读：气候变暖影响了青藏高原湖泊的盐度和温度，继而影响了浮游生物多样性、群落结构和营养结构。随着盐度的上升，湖泊敞水区食物链营养级由三个营养级向两个营养级转变，浮游生物种类多样性下降，浮游动物群落结构由小型枝角类、轮虫和桡足类组成逐渐演替为大型滤食性甲壳类占据绝对优势。温度升高影响了食物链各营养级间的相互作用，影响程度则取决于食物链的长度。在两个营养级的湖泊中，水温的升高促进了食物链的传递效率，导致浮游动物与浮游植物生物量比值高和浮游植物生物量与总磷比值低；相反，在 3 个营养级的湖泊中，水温的升高加剧了捕食者对浮游动物的捕食压力，导致更低的浮游动物与浮游植物生物量比值和更高的浮游植物生物量与总磷比值。

关键词：浮游动物，浮游植物，营养结构，盐度，食物链，温度

6.1 调查湖泊的基本状况

在 2012～2015 年，调查了青藏高原 49 个湖泊的浮游生物，分析了它们的分布特征。其中，盐度小于 0.5 g/L 的淡水（freshwater）湖泊有 13 个：打加芒错、宗雄错、可鲁克湖、齐格错、错鄂（申扎县）、崩错、松木希错、恰规错、班公错、冬给措纳湖、错那、空姆错和夏达错；0.5～3 g/L 的微咸水（subsaline）湖泊有 6 个：沉错、郎错、芦布错、达热布错、昂古错和郭扎错；3～20 g/L 的低盐度（hyposaline）湖泊有 18 个：错鄂（那曲县）、张乃错、达如错、瀑赛尔错、公珠错、昂仁金错、戈芒错、乃日平错、蓬错、兹格塘错、热那错、江错、攸布错、苦海、托素湖、达则错、达瓦错和苏干湖；20～50 g/L 中盐度（mesohaline）湖泊有 6 个：拉果错、洞错、阿翁错、别若则错、其香错和洋纳朋错；超过 50 g/L 的高盐度（hypersaline）湖泊有 6 个：热帮错、多玛错、尕海（德令哈）、小柴旦、尕斯库勒、结则茶卡（图 6.1）。其中，浅水湖泊为芦布错、宗雄错、洞错、热帮错、小柴旦、尕斯库勒、打加芒错、齐格错、达热布错、错锷（那曲县）、

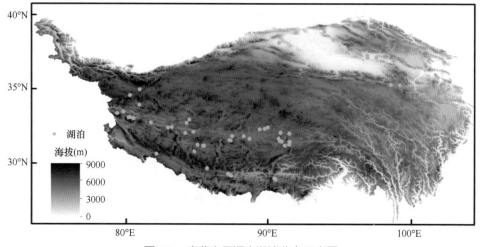

图 6.1 青藏高原调查湖泊分布示意图

别若则错、苏干湖、达瓦错和热那错 14 个。在这些调查的湖泊中，有 13 个湖泊位于本次江河源考察区域，分别是盐度小于 0.5 g/L 的错鄂（申扎县）、崩错、恰规错、错那；盐度为 3～20 g/L 的错锷（那曲县）、达如错、瀑赛尔错、乃日平错、蓬错、兹格塘错、江错、达则错；盐度为 20～50 g/L 的其香错（王苏民和窦鸿身，1998）。

调查湖泊海拔梯度近 2300 m，最高海拔为郭扎错（5085 m）、打加芒错（5069 m）和松木希错（5057 m），最低海拔为苏干湖（2796 m）和尕海（2852 m）。纬度梯度 10°，位于最北边的湖为苏干湖（38°53′N），位于最南边的湖为沉错（28°54′N）；经度梯度 20°，位于最东边的湖为苦海（99°12′E），位于最西边的湖为夏达错（79°21′E）。水面面积最小的湖为宗雄错（6.5 km^2），最大的湖为班公错，70% 调查湖泊水面面积小于 100 km^2。如此大的海拔和纬度梯度导致夏季湖泊表层温度差别比较大，最低水温与最高水温相差近 18℃。

调查湖泊湖水主要阳离子 Na$^+$、K$^+$、Ca^{2+} 和 Mg^{2+} 浓度分别为 0.005～76.95 g/L、0.002～45.24 g/L、0.002～0.625 g/L 和 0.003～4.89 g/L，并基本上以 Na$^+$ 为最主要的阳离子。Na$^+$、K$^+$ 和 Mg^{2+} 浓度与湖泊的盐度呈显著正相关关系，而且 Na$^+$：Ca^{2+}（1～6157）和 Na$^+$：Mg^{2+}（1～1013）随着盐度的升高而上升（图 6.2）。

湖水主要阴离子 HCO$_3^-$/CO$_3^{2-}$、SO$_4^{2-}$ 和 Cl$^-$ 浓度分别为 0.103～17.97 g/L、0.032～64.78 g/L 和 0.003～175 g/L，而且各离子浓度均与盐度呈显著正相关关系，但低盐度湖泊阴离子以 HCO$_3^-$ 或 SO$_4^{2-}$ 为主，高盐度湖泊则以 Cl$^-$ 为主，Cl$^-$：HCO$_3^-$/CO$_3^{2-}$（0.1～261）和 Cl$^-$：SO$_4^{2-}$（0.4～36）均随着盐度的上升而上升（图 6.3）。调查湖泊表层 pH 均比较高（表 6.1），60% 湖泊 pH 超过 9.0。

调查湖泊水体表层总磷和叶绿素 a 浓度分别为 2～249 μg/L 和 0.1～14 μg/L，并且叶绿素 a 与总磷浓度呈显著的正相关关系（图 6.4）。昂仁金错叶绿素 a 浓度最高（14 μg/L），其次为公珠错（8.4 μg/L）、昂古错（5.3 μg/L）和柯鲁克（4.4 μg/L），23 个湖泊叶绿素 a 浓度低于 1 μg/L，如松木希错、错那、崩错、空姆错、冬给措纳湖、沉错、乃日平错、蓬错、兹格塘错、江错、攸布错等，其他 22 个湖泊叶绿素 a 浓度介于 1～3.5 μg/L。总体而言，总磷浓度与湖泊的盐度呈显著的正相关关系，即湖泊的盐度越高，总磷浓度随之上升。

在 22 个盐度低于 7 g/L 的湖泊（班公错、公珠错、冬给措纳湖、崩错、张乃错、戈芒错、沉错、空姆错、朗错、昂仁金错、齐格错、昂古错、错鄂（申扎县）、错鄂（那曲县）、错那、夏达错、打加芒错、芦布错、宗雄错、恰规错、可鲁克湖、郭扎错）有浮游生物食性 / 底栖生物食性的鱼类分布。调查湖泊共鉴定到鱼类 10 种：高原裸裂尻鱼（*Schizopygopsis stoliczkai*）、拉萨裸裂尻鱼（*Schizopygopsis younghusbandi*）、朱氏裸鲤（*Gymnocypris chui*）、纳木错裸鲤（*Gymnocypris namensis*）、青海湖裸鲤（*Gymnocypris przewalskii*）、硬刺裸鲤（*Gymnocypris scleracanthus*）、高原裸鲤（*Gymnocypris waddellii*）、小头高原鱼（*Herzensteinia microcephalus*）、刺突高原鳅（*Triplophysa stewarti*）和细尾高原鳅（*Triplophysa stenura*）。最常见的种类为纳木错裸鲤、高原裸裂尻鱼和刺突高原鳅。在有鱼的湖泊中，鱼的种类数量为 1～5 种。大型无脊椎捕食者，

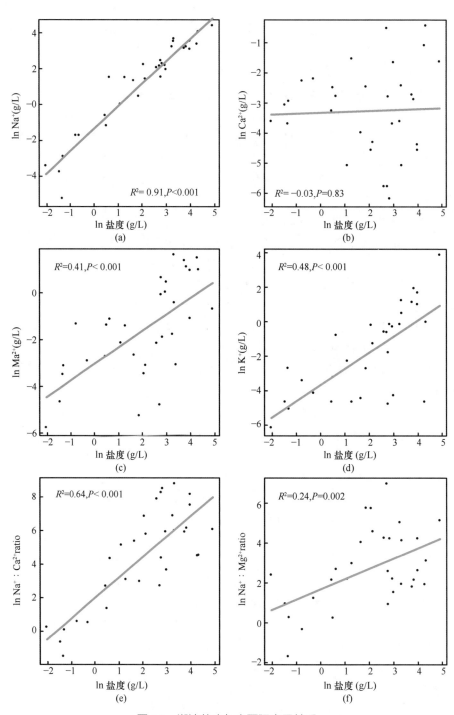

图6.2 湖泊盐度与主要阳离子关系

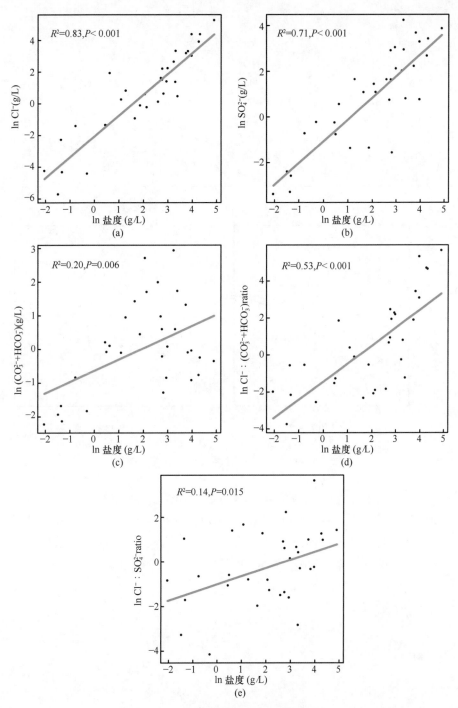

图 6.3　湖泊盐度与主要阴离子的关系

表 6.1　调查湖泊理化特征

项目	平均值	最小值	中值	最大值
海拔（m a.s.l.）	4435	2796	4528	5086
面积（km²）	94.7	6.5	54.2	604
流域面积 / 水面面积	43.4	3.3	29.8	179
盐度（g/L）	14.53	0.13	6.49	147
表层水温（℃）	13.9	2.3	14.3	20.6
底层水温（℃）	10.9	2.8	11.3	18.0
表层 pH	9.2	8.3	9.2	10.5
表层 DO（mg/L）	5.9	4.1	6.0	7.5
底层 DO（mg/L）	5.5	0.1	5.5	9.6

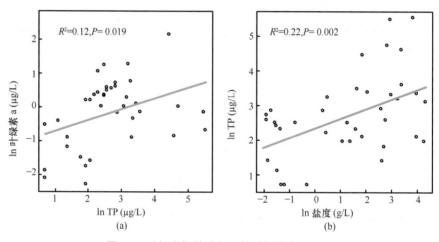

图 6.4　叶绿素与总磷以及总磷与盐度的关系

钩虾在 4 个盐度低于 20 g/L（达热布错、苦海、达如错、松木希错）并且没有鱼分布的湖泊中观察到。肉食性鱼类在青藏高原湖泊中没有分布。因此，在多数盐度小于 20 g/L 的湖泊中，敞水区食物链具有三个营养级，少数只有两个营养级；在盐度大于 20 g/L 的湖泊中，敞水区食物链只有两个营养级。

6.2　浮游植物

6.2.1　种类组成

共检出浮游植物 88 个属 103 个分类单位（包括种、变种、变型和变种变型，下同），隶属于 7 个门。绿藻门的种类数最多，达 29 个属 38 个分类单位；硅藻门的种类数次之，为 27 个属 30 个分类单位；再其次为蓝藻门，为 17 个属 18 个分类单位；其他各门藻类的种类数较少，有 13 个属 13 个分类单位（表 6.2）。

表 6.2　青藏高原湖泊浮游植物名录

门类	中文名称	拉丁文名称
蓝藻门	针晶蓝纤维藻	*Dactylococcopsis rhaphidioides*
	针状蓝纤维藻	*Dactylococcopsis acicularis*
	簇束蓝纤维藻	*Dactylococcopsis fascicularis*
	色球藻 sp1	*Chroococcus* sp1
	色球藻 sp2	*Chroococcus* sp2
	颤藻	*Oscillatoriaceae* sp.
	席藻	*Phormidium* sp.
	鱼腥藻	*Dolichospermum* sp.
	假鱼腥藻	*Pseudanabaena* sp.
	泽丝藻	*Limnothrix* sp.
	茅丝藻	*Cuspidothrix issatschenkoi*
	柱孢藻	*Cylindrospermum* sp.
	浮鞘丝藻	*Planktolyngbya* sp.
	浮丝藻	*Planktothrix* sp.
	粘球藻	*Gloeocapsa* sp.
	聚球藻	*Synechococcus* sp.
	平裂藻	*Merismopedia tenuissima*
	小雪藻	*Snowella* sp.
绿藻门	小球藻	*Chlorella vulgaris*
	三角四角藻	*Tetraëdron trigonum*
	微小四角藻	*Tetraedron minimum*
	双对栅藻	*Scenedesmus bijuba*
	四尾栅藻	*S. quadricauda*
	尖细栅藻	*S. acuminatus*
	栅藻 sp.	*Scenedesmus* sp.
	盘星藻 sp.1	*Pediastrum* sp.
	二角盘星藻	*P. duplex* var. *duplex*
	丝藻 sp.1	*Ulothrix* sp1
	丝藻 sp.2	*Ulothrix* sp2
	转板藻	*Mougeotia* sp.
	纤维藻	*Ankistrodesmus* sp.
	十字藻	*Crucigenia* sp.
	盐藻	*Dunaliella salina*
	单针藻 sp1	*Monoraphidium* sp1
	单针藻 sp2	*Monoraphidium* sp2
	锚藻	*Ankyra* sp.
	鞘藻	*Oedogonium* sp.

门类	中文名称	拉丁文名称
	绿球藻 sp.1	*Chlorococcum* sp1
	绿球藻 sp.2	*Chlorococcum* sp2
	Desmococcus olivaceus	*Desmococcus olivaceus*
	浮球藻	*Planktosphaeria gelotinosa*
	新月鼓藻	*Closterium* sp.
	纺锤藻	*Elakatothrix*
	空星藻	*Coelastrum reticulatum*
	卵囊藻 sp.	*Oocystis* sp.
	湖生卵囊藻	*Oocystis parva*
绿藻门	单生卵囊藻	*Oocystis solitaria*
	胶囊藻	*Gloeocystis* sp.
	胶网藻	*Dictyosphaerium ehrenbergianum*
	肾形藻	*Nephrocytium agardhianum*
	小桩藻	*Characium* sp.
	集星藻	*Actinastrum hantzschii*
	微芒藻	*Micractinium pusillum*
	鼓藻 sp.	*Cosmarium* sp.
	微胞藻	*Microspora* sp.
	葡萄藻	*Botryococcus* sp.
	Discostella	*Discostella* sp.
	小环藻	*Cyclotella* sp.
	具星小环藻	*Cyclotella stelligera*
	冠盘藻	*Stephanodiscus* sp.
	颗粒沟链藻	*Aulacoseira granulata*
	模糊直链藻	*Melosira ambigua*
	针杆藻	*Synedra* sp.
硅藻门	异极藻	*Gomphonema* sp.
	舟形藻 sp1	*Navicula* sp1
	舟形藻 sp2	*Navicula* sp2
	双眉藻	*Amphora* sp.
	桥弯藻	*Cymbella* sp.
	羽纹藻 sp1	*Pinnularia* sp1
	羽纹藻 sp2	*Pinnularia* sp2
	卵形藻	*Cocconeis* sp.

续表

门类	中文名称	拉丁文名称
	马鞍藻	*Campylodiscus clypeus*
	双壁藻	*Diploneis ovalis*
	波缘藻	*Cymatopleura* sp.
	窗纹藻	*Epithemia* sp.
	双菱藻	*Surirella* sp.
	圆筛藻	*Coscinodiscus* sp.
	脆杆藻	*Fragilaria* sp.
硅藻门	星杆藻	*Asterionella* sp.
	布纹藻	*Gyrosigma* sp.
	长刺根管藻	*Rhizosolenia longiseta*
	菱形藻 sp1	*Nitzschia* sp1.
	菱形藻 sp2	*Nitzschia* sp2.
	菱形藻 sp3	*Nitzschia* sp3.
	菱板藻	*Hantzschia* sp.
	曲壳藻	*Achnanthes* sp.
	薄甲藻	*Glenodinium pulvisculus*
甲藻门	纵裂甲藻 sp.	*Desmokontae* sp.
	飞燕角甲藻	*Ceratium hirundinella*
	微小多甲藻	*Perisinium pusillum*
隐藻门	隐藻	*Cryptomonas* sp.
	蓝隐藻	*Chroomonas* sp.
	囊裸藻	*Trachelomonas* sp.
裸藻门	裸藻	*Euglena* sp.
	陀螺藻	*Strombomonas* sp.
	单鞭金藻	*Chromulina* sp.
金藻门	金色藻	*Phaeaster* sp.
	锥囊藻	*Dinobryon* sp.
	鱼鳞藻	*Mallomonas* sp.

6.2.2　浮游植物的丰富度和多样性

从图 6.5 可以看出，单次采样在单个湖泊中采集到的浮游植物种类数并不是很高，并且随着盐度的增加，水体浮游植物的种类数越来越少。尤其是在盐度 20 g/L 以上的湖泊中，浮游植物种类丰富度明显低于低盐度湖泊。

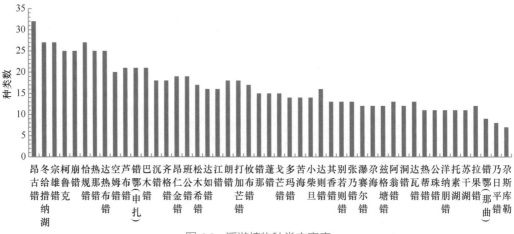

图 6.5　浮游植物种类丰富度

大部分青藏高原湖泊的 α 多样性都比较高（图 6.6）。巴木错等 11 座湖泊的辛普森多样性指数较低，在这些湖泊中随机取样 2 个，采集到同个种类的概率超过了 50%，它们基本都是高盐度的湖泊。和种类丰富度基本一致，青藏高原湖泊浮游植物的辛普森多样性指数也体现出了随盐度升高而降低，随营养盐浓度升高而增加的趋势。

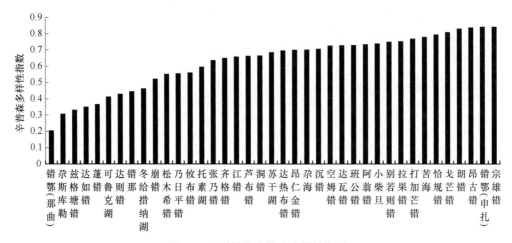

图 6.6　浮游植物辛普森多样性指数

6.2.3　浮游植物群落结构与生物量

生物量是衡量水体营养状态的直接标准。受营养盐缺乏和低温影响，大部分青藏高原湖泊的浮游植物生物量都比较低。本次调查的 47 个湖泊中有 40 个湖泊的浮游植物生物量在 1.5 mg/L 以下，属于贫营养水体。生物量高于贫营养状态的湖泊有：宗雄错、多玛错、尕海、达则错、打加芒错、公珠错和芦布错（图 6.7）。其中，宗雄错、多玛错、尕海的水温都较高（17 ~ 18℃），而达则错、打加芒错、公珠错和芦布错的总磷都达到了富营养水平（Yang et al., 2017）。

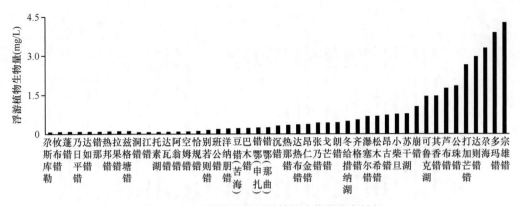

图 6.7　47 个调查湖泊浮游植物生物量分布特征

从浮游植物的门类组成上看，在调查的 47 个湖泊中，有 20 个湖泊的硅藻相对丰度超过了 50%，31 个湖泊中硅藻门是优势度最大的门类（图 6.8）。其中，多玛错的菱形藻和松木希错的 *Discostella* 几乎是两座湖泊的绝对优势种。青藏高原湖泊的硅藻常见优势种属包括：*Discostella*、卵形藻、菱形藻、小环藻、桥弯藻、舟形藻、异极藻、针杆藻、颗粒直链藻、脆杆藻、曲壳藻等。硅藻的耐盐以及适应低温的生存策略使得它们在青藏高原湖泊中具有明显的竞争优势，分布广泛。

蓝藻门是调查的青藏高原湖泊中第二位优势门类，公珠错、其香错、尕斯库勒、错鄂、兹格塘错、蓬错、达如错、错那、热邦错、攸布错、乃日平错等 15 座湖泊的蓝藻相对丰度超过了 50%（图 6.9）。蓝藻门的优势种主要以匹克级蓝藻和丝状蓝藻（浮丝藻）为主。

从细胞大小分布上看，小于 20 μm 的浮游植物是生物量的主要贡献者，其次是大于 45 μm 的浮游植物。有 18 座湖泊的匹克级浮游植物（粒径在 5 μm 以下）是优势种群（图 6.10）。考虑到这个粒径的浮游植物在传统的计数方法下很可能被低估，匹克级

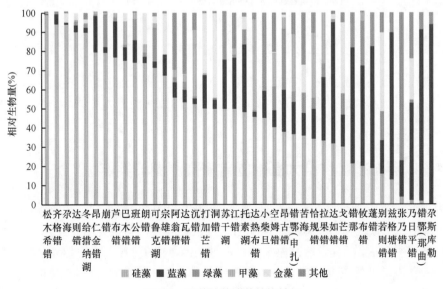

图 6.8　浮游硅藻群落结构特征

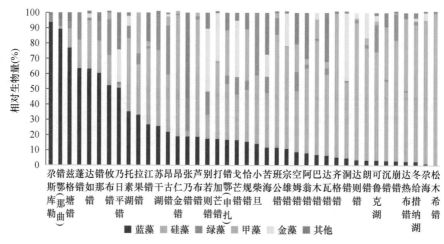

图 6.9　浮游蓝藻群落结构特征

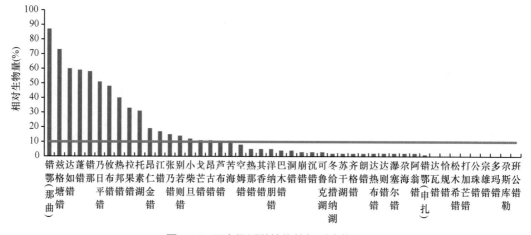

图 6.10　匹克级浮游植物的相对生物量

浮游植物在青藏高原湖泊的贡献还会更大。此外，一些单细胞带鞭毛的金藻种类，其细胞在固定后极易降解，在部分样品中能看到它们脱落的囊壳和鳞片，它们可能在实际计数中被低估。

6.2.4　以浮游植物种群为基础的青藏高原湖泊类群

为了探讨浮游植物是否能反映青藏高原湖泊之间的生境差异，以浮游植物种类组成的间隔距离为依据，对青藏高原的湖泊进行聚类分析，结果如图 6.11 所示。

根据聚类分析，部分青藏高原湖泊可以聚为四个大类。第一类，生物量较高的湖泊，包括昂仁金错、可鲁克湖、芦布错和宗雄错。其特征为：浮游生物丰度相对高（1.3～

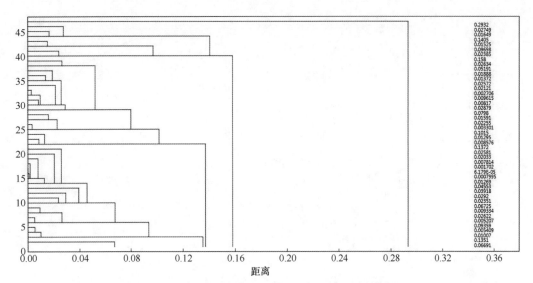

图 6.11　基于浮游植物种类组成的青藏高原湖泊聚类分析

从上到下依次为：达则错、戈芒错、芦布错、张乃错、小柴旦、苏干湖、洋纳朋错、尕海、错鄂（申扎）、可鲁克湖、打加芒错、昂古错、宗雄错、班公错、托素湖、其香错、崩错、齐格错、朗错、别若则错、苦海、昂仁金错、错鄂（那曲）、松木希错、热那错、达热布错、瀑塞尔错、阿翁错、多玛错、乃日平错、巴木错、洞错、恰规错、拉果错、空姆错、冬给措纳湖、江错、沉错、达瓦错、公珠错、错那、兹格塘错、攸布错、热邦错、达如错、蓬错、尕斯库勒

4.2 mg/L），水体盐度较低（<5.5 g/L），水温相对较高（>17℃）。其优势种类以个体较大的硅藻为主。第二类，生物量较低的高盐湖泊，包括拉果错、达瓦错和阿翁错。其特征为：浮游生物生物量很低（0.06～0.09 mg/L），盐度相对较高（20～43 g/L），水温相对较高（>16℃）。其优势种类以小型硅藻为主。第三类和第四类都是生物量中等的湖泊，它们的生物量在 0.02～0.43 mg/L 变化，盐度变化范围为 0.22～6 g/L，总体营养盐水平偏低而水温中等（13～15℃）。第三类以匹克级浮游植物为主要优势种类，包括达如错、兹格塘错、错鄂（那曲）、乃日平错和攸布错 5 座湖泊。第四类以鞭毛藻类为主要优势类群，包括戈芒错（单鞭金藻）、张乃错（囊裸藻）、恰规错（飞燕角甲藻）和空姆错（微小多甲藻）4 座湖泊。鞭毛藻类能够在水体中垂直迁移，有效地避免过度的紫外线伤害。此外，很多鞭毛藻的兼性营养能力使它们能够获取更多的营养来源，在贫营养的水体中更具优势。

6.2.5　青藏高原浮游植物与其他因子的关系

非度量多维尺度分析（NMDS）可以把青藏高原的湖泊归为两个区域。从图 6.12 可以看出，高盐度湖泊聚集在坐标系的右边区域，低盐度湖泊聚集在坐标系的左边区域，说明浮游植物组成在一定程度上可以反映出青藏高原湖泊的主要环境特征。

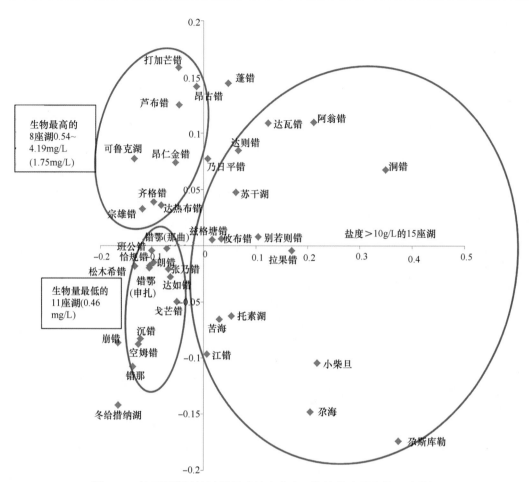

图 6.12　基于浮游植物种类组成的青藏高原湖泊非度量多维尺度分析

6.3　浮游动物

6.3.1　种类组成

在调查的 49 个湖中，共鉴定到浮游动物 56 种，其中轮虫 28 种、枝角类 16 种、桡足类 9 种、无甲类 3 种（表 6.3）。整个地区浮游动物种类比较贫乏，多样性低于低海拔地区。而且，多数种类分布非常零散，只有 19 个种至少分布在 4 个湖泊。

轮虫隶属 13 科 18 属。其中，臂尾轮科是多样性最高的一个科，有 7 种，其次是疣毛轮科，4 种，其他各科只有 1～2 种。在淡水湖泊中，前节晶囊轮虫、螺形龟甲轮虫、热带龟甲轮虫、独角聚花轮虫和端生三肢轮虫分布最为广泛；咸水湖泊常见的轮虫种类则为多齿六腕轮虫和褶皱臂尾轮虫。多数种类是广布种，少数种类仅分布于古北区或全北区，如西藏叶轮虫、爱沙腔轮虫、多齿六腕轮虫、尖削叶轮虫和郝氏皱甲轮虫。共 38 个湖有轮虫分布，其中齐格错种类最多，有 10 种（螺形龟甲轮虫、热带龟甲轮虫、端生三肢轮虫、盘镜轮虫、缺刻镜轮虫、腹棘管轮虫、胶鞘轮虫、方块鬼轮虫、月形腔轮虫和竖琴须足轮虫），其次为打加芒错（螺形龟轮虫、热带龟甲轮虫、端生三肢轮虫、长多肢轮虫、独角聚花轮虫、团状聚花轮虫、梳状疣毛轮虫、前节晶囊轮虫和尖削叶轮虫）和芦布错（热带龟甲轮虫、长三肢轮虫、西藏叶轮虫、尖削叶轮虫、多齿六腕轮虫、盘镜轮虫、月形腔轮虫、方形臂尾轮虫和轮虫属），各为 9 种。

枝角类隶属 3 科 8 属。溞属是多样性最高的一个属，有 9 种，分布在盐度小于 28 g/L 的湖中。其中，西藏溞广泛分布在咸水湖泊中，是典型的高原咸水种类，而淡水湖泊主要为 *D. dentifera* 和盔型溞。在个别浅水淡水湖中，如打加芒错，有 3 种溞属种类分布（盔型溞、蚤状溞和 *D. tenebrosa*）。西藏溞和喜马拉雅溞是青藏高原和喜马拉雅山地区的特有种；盔型溞和长刺溞主要分布于古北区；*D. dentifera* 主要分布于新北区，但本次调查发现其在西藏湖泊中也有分布。盘肠溞科共鉴定到 4 种，均为广布种，其中圆形盘肠溞和笔状龟纹溞在淡水湖泊中比较常见。此外，象鼻溞科的长额象鼻溞和溞科的模糊网纹溞在淡水湖泊中也比较常见。共 36 个湖有枝角类分布，其中，宗雄错（长刺溞、长额象鼻溞、模糊网纹溞、圆形盘肠溞和龟状笔纹溞）、芦布错（长刺溞、模糊网纹溞、圆形盘肠溞、*Coronatella rectangula rectangula*、龟状笔纹溞）和齐格错（模糊网纹溞、拟老年低额溞、圆形盘肠溞、方形尖额溞和龟状笔纹溞）各有 5 种分布。芦布错和宗雄错这两个湖相距不到 3 km，种类组成基本一致。

表 6.3　浮游动物种类组成

门类	1961～1975 年	2012～2015 年
轮虫 Rotifera		
旋轮科 Philodinidae		
旋轮属一种 *Philodina* sp.		+
轮虫属一种 *Rotaria* sp.		+
臂尾轮科 Brachionidae		
褶皱臂尾轮虫 *Branchionus plicatilis plicatilis* Müller，1786	+	+
方形臂尾轮虫 *B. quadridentatus quadridentatus* Hermann，1783	+	+
螺形龟甲轮虫 *Keratella cochlearis cochlearis*（Gosse，1851）	+	
热带龟甲轮虫 *K. tropica*（Apstein，1907）		+
矩形龟甲梨形变种 *K.quadrata* var. *pyriformis* Ahlstrom，1943		+
西藏叶轮虫 *Notholca tibetica* Gong，1983	+	
尖削叶轮虫 *N. acuminata*（Ehrenberg，1832）	+	+
条纹叶轮虫 *N. striata*（Müller，1786）	+	
唇形叶轮虫 *N. labis labis* Gosse，1887	+	
鳞状叶轮虫 *N. squamula*（Müller，1786）	+	
叶状叶轮虫 *N. foliacea*（Ehrenberg，1838）	+	
水轮科 Epiphanidae		
棒状水轮虫 *Epiphanies clavulata*（Ehrenberg，1832）	+	
鞍甲轮科 Lepadellidae		
爱德里亚狭甲轮虫 *Colurella adriatica* Ehrenberg，1831	+	

门类	1961～1975 年	2012～2015 年
无角狭甲轮虫 *C. colurus colurus*（Ehrenberg，1830）	+	
偏斜钩状狭甲轮虫 *C. uncinata deflexa*（Ehrenberg，1834）	+	
卵形鞍甲轮虫 *Lapadella ovalis*（Müller，1786）	+	
盘状鞍甲轮虫 *L. patellapatella*（Müller，1786）	+	
三翼鞍甲轮虫 *L. triptera*（Ehrenberg，1832）	+	
薄片鳞冠轮虫 *Squatinella lamellaris*（Müller，1786）	+	
腹尾轮科 Gastropodidae		
舞跃无柄轮虫 *Ascomorpha saltans* Bartsch，1870	+	
须足轮科 Euchlanidae		
竖琴须足轮虫 *Euchlanislyra Hudson*，*1886*		+
粗趾须足轮虫 *E.oropha* Gosse，1887	+	+
大肚须足轮虫 *E. dilatatadilatata* Ehrenberg，1832	+	
梨状须足轮虫 *E. pyriformis* Gosse，1851	+	
棘管轮科 Mytilinidae		
腹棘管轮虫 *Mytilina ventralis ventralis*（Ehrenberg，1830）	+	+
鬼轮科 Trichotriidae		
方块鬼轮虫 *Trichotria tetractis tetractis*（Ehrenberg，1830）		+
台杯鬼轮虫 *T. pocillum*（Müller，1776）	+	
侧刺伏嘉轮虫 *Wolga spinifera*（Western，1894）	+	
晶囊轮科 Asplanchnidae		
前节晶囊轮虫 *Asplanchna priodonta* Gosse，1850	+	+
腔轮科 Lecanidae		
月形腔轮虫 *Lecane luna*（Müller，1776）	+	+
尖趾腔轮虫 *L. closterocerca*（Schmarda，1859）	+	
梨形腔轮虫 *L. pyriformis*（Daday，1905）	+	
细爪腔轮虫 *L. tenuiseta* Harring，1914	+	
爱沙腔轮虫 *L. elsa* Hauer，1931		+
异尾轮科 Trichocercidae		
长刺异尾轮虫 *Trichocerca longiseta*（Schrank，1802）	+	
沟痕异尾轮虫 *T. sulcata*（Jennings，1894）	+	
鼠异尾轮虫 *T. rattus*（Müller，1776）	+	
纵长异尾轮虫 *T. elongata*（Gosse，1886）	+	
冠饰异尾轮虫 *T. lophoessa*（Gosse，1886）	+	
瓷甲异尾轮虫 *T. porcellus*（Gosse，1851）	+	
尖头异尾轮虫 *T. tigris*（Müller，1786）	+	
腕状异尾轮虫 *T. brachyura*（Gosse，1851）	+	
细长异尾轮虫 *T. gracilis*（Tessin，1890）	+	
二突异尾轮虫 *T. bicristata*（Gosse，1887）	+	
疣毛轮科 Synchaetidae		

门类	1961～1975 年	2012～2015 年
广生多肢轮虫 *Polyarthra vulgaris* Carlin，1943		+
长多肢轮虫 *P.dolichoptera* Idelson，1925		+
梳状疣毛轮虫 *Synchaeta pectinata* Ehrenberg，1832		+
郝氏皱甲轮虫 *Ploesoma hadsoni*（Imhof，1891）		+
三肢轮科 Filiniidae		
端生三肢轮虫 *Filinia terminalis*（Plate，1886）		+
长三肢轮虫 *F. longiseta*（Ehrenberg，1834）		+
六腕轮科 Hexarthridae		
多齿六腕轮虫 *Hexarthra polyodonta polyodonta*（Hauer，1957）	+	+
簇轮科 Flosculariidae		
金鱼藻沼轮虫 *Limnias ceratophylli* Schrank，1803	+	
镜轮科 Testudinellidae		
盘镜轮虫 *Testudinella patina*（Hermann，1783）		+
缺刻镜轮虫 *T. incisa*（Ternetz，1892）		+
柔轮科 Lindiidae		
连锁柔轮虫 *Lindia torulosa* Dujardin，1841	+	
猪吻轮科 Dicranoporidae		
叉吻吻轮虫 *Dicranophorus lutkeni*（Bergendal，1892）	+	
粗壮猪吻轮虫 *D. robustus* Harring & Myers，1928	+	
钩形中吻轮虫 *Encentrum uncinatum*（Milne，1886）	+	
椎轮科 Notommatidae		
小链巨头轮虫 *Cephalodella catellina*（Müller，1786）	+	
尾棘巨头轮虫 *C. sterea*（Gosse，1887）	+	
廋巨头轮虫 *C. tenuior*（Gosse，1886）	+	
发趾巨头轮虫 *C. eva*（Gosse，1887）	+	
小头巨头轮虫 *C. innesi* Myers，1924	+	
细尾椎轮虫 *Notommata silpha*（Gosse，1887）	+	
聚花轮科 Conochilidae		
团状聚花轮虫 *Conochilus hippocrepis*（Schrank，1803）		+
独角聚花轮虫 *C. unicornis* Rousselet，1892		+
胶鞘轮科 Collothecidae		
胶鞘轮虫一种 *Collotheca* sp.		+
枝角类 Cladocera		
仙达溞科 Sididae		
短尾秀体溞 *Diaphanosoma brachyurum*（Liévin，1848）	+	
象鼻溞科 Bosminidae		
长额象鼻溞 *Bosmina longirostris*（O. F. Müller，1776）	+	+
溞科 Daphniidae		
蚤状溞 *Daphnia pulex* Leydig，1860	+	+

门类	1961～1975 年	2012～2015 年
D. dentifera Forbes，1893		+
盔型溞 D. galeata Sars，1864		+
长刺溞 D. longispina（O. F. Müller，1776）	+	+
大型溞 D. magna Straus，1820	+	+
喜马拉雅溞 D. himalaya Manca et al.，2006		+
西藏溞 D. tibetana（Sars，1903）	+	+
D. tenebrosa Sars，1899		+
D. pulicaria Forbes，1893		+
模糊网纹溞 Ceriodaphnia dubia Richard，1894		+
方形网纹溞 C. quadrangula（O. F. Müller，1785）	+	
拟老年低额溞 Simocephalus vetuloides Sars，1899	+	+
平突船卵溞 Scapholeberis mucronata（O. F. Müller，1776）	+	
裸腹溞科 Moinidae		
Moina brachiata（Jurine，1820）	+	
粗毛溞科 Macrothricidae		
宽角粗毛溞 Macrothrix laticornis（Jurine，1820）	+	
刷角粗毛溞 M. hirsuticornis Norman & Brady，1867	+	
盘肠溞科 Chydoridae		
薄片宽尾溞 Eurycercus lamellatus（O. F. Müller，1776）	+	
圆形盘肠溞 Chydorus sphaericus（O. F. Müller，1776）	+	+
龟状笔纹溞 Graptoleberis testudinaria testudinaria（Fischer，1851）	+	+
Coronatella rectangula rectangula（Sars，1862）	+	+
方形尖额溞 Alona quadrangularis（O. F. Müller，1776）		+
肋形尖额溞 A. costata Sars，1862	+	
美丽尖额溞 A. pulchella King，1853	+	
点滴尖额溞 A. guttata Sars，1862	+	
巾帼尖额溞 A. virago Brehm，1935	+	
近亲尖额溞 A. affinis（Leydig，1860）	+	
高原平直溞 Pleuroxus annandalei（Daday，1908）	+	
近岸腹角溞 Anchistrops emarginatus Sars，1862	+	
镰形顶冠溞 Acroperus harpae（Baird，1834）	+	
桡足类 Copepoda		
镖水蚤科 Diaptomidae		
西藏指镖水蚤 Acanthodiaptomus tibetanus（Daday，1908）	+	+
齿突指镖水蚤 Acanthodiaptomus denticornis（Wierzejski，1887）	+	
新月北镖水蚤 Arctodiaptomus stewartianus（Brehm，1965）	+	+
梳刺北镖水蚤 A. altissimus pectinatus Shen & Song，1965	+	+
高原北镖水蚤 A. altissimus altissimus Kiefer，1936		+
咸水北镖水蚤 A. salinas（Daday，1885）	+	+

续表

门类	1961 ~ 1975 年	2012 ~ 2015 年
直刺北镖水蚤 *A. rectispinosus rectispinous*（Kikuchi，1940）	+	
亚洲后镖水蚤 *Metadiaptomus asiaticus*（Ulianin，1875）		+
Phyllodiaptomus blanci（Guerne & Richard，1896）	+	
剑水蚤科 Cyclopidae		
拉达克剑水蚤 *Cyclops ladakanus* Kiefer，1936	+	+
近邻剑水蚤 *C. vicinus vicinus* Uljanin，1875	+	
英勇剑水蚤 *C. strenuus strenuus* Fischer，1851	+	
草绿巨剑水蚤 *Megacyclops viridis viridis*（Jurine，1820）	+	+
长尾长剑水蚤 *Diacyclops longifurcus*（Sheng & Sung，1963）	+	
细刺长剑水蚤 *D. tenuispinalis* Shen & Sung，1963	+	
如愿真剑水蚤 *Eucyclops speratus speratus*（Lilljeborg，1901）		+
锯缘真剑水蚤 *E. serrulatus serrulatus*（Fischer，1851）	+	
大尾真剑水蚤 *E. macruroides macruroides*（Lilljeborg，1901）	+	
无甲类 Anostraca		
卤虫科 Artemiidae		
西藏卤虫 *Artemia tibetana* Abatzopoulos et al.，1998		+
孤雌生殖卤虫 *A. parthenogenetica* Bowen & Sterling，1978		+
盐水卤虫 *A. salina*（Linnaeus，1758）		+

注：“+”表示有分布

　　桡足类隶属 2 科 6 属。北镖水蚤属是多样性最高的一个属，有 5 种，均为古北区种类。咸水北镖水蚤、高原北镖水蚤、新月北镖水蚤和拉达克剑水蚤是典型的高原种类。新月北镖水蚤、高原北镖水蚤和拉达克剑水蚤在淡水湖泊中比较常见，亚洲后镖水蚤和咸水北镖水蚤则在咸水湖泊中比较常见。无甲类只观察到一科 3 种，其中西藏卤虫只分布在西藏地区的盐湖中，而盐水卤虫和孤雌生殖卤虫分布在青海地区盐湖中。西藏卤虫是青藏高原的特有种。

　　中国科学院青藏高原综合科学考察队曾在 20 世纪 70 年代的第一次考察中对西藏地区的浮游动物进行了考察。考察水体包括间歇性水体（水坑、水潭、稻田）、河流、溪流、水沟和湖泊。但是，他们采集的水体对象主要为间歇性水体和溪流，而湖泊甚少，只有 30 个左右。调查湖泊与本次调查相同的只有 4 个：达则错、昂仁金错、朗错和班公错。

　　在 20 世纪调查的湖泊中，只有 19 个湖有轮虫分布，共鉴定到轮虫种类 51 种，种类最多的 3 个科为臂尾轮科（11 种）、异尾轮科（10 种）和鞍甲轮科（7 种）。玛旁雍错种类最多（19 种），其次为本错（16 种）和羊卓雍错（15 种）。对比两次调查，相同种类只有 10 种：前节晶囊轮虫、多齿六腕轮虫、螺形龟甲轮虫、方形臂尾轮虫、褶皱臂尾轮虫、西藏叶轮虫、尖削叶轮虫、月形腔轮虫和粗趾须足轮虫。这两次调查由于重复采样的湖泊不多，因此本次调查结果是对 20 世纪调查结果的一个很好的补充。两次调查在青藏高原湖泊累计鉴定到轮虫 69 种，隶属 21 科 31 属。臂尾轮科（11 种）、异尾轮科（10 种）和鞍甲轮科（7 种）是种类最多的 3 个科；异尾轮属（10 种）、叶轮属（6 种）、腔轮属（5 种）和巨头轮属（5 种）是种类最多的 4 个属。多数种类是广布性种类，只有少数种类仅分布于古北区和全北区（图 6.13）。

　　在 20 世纪调查的湖泊中，共鉴定到枝角类 24 种（蒋燮治等，1983）。对比两次调查，相同种类 9 种：长额象鼻溞、大型溞、长刺溞、西藏溞、蚤状溞、拟老年低额溞、

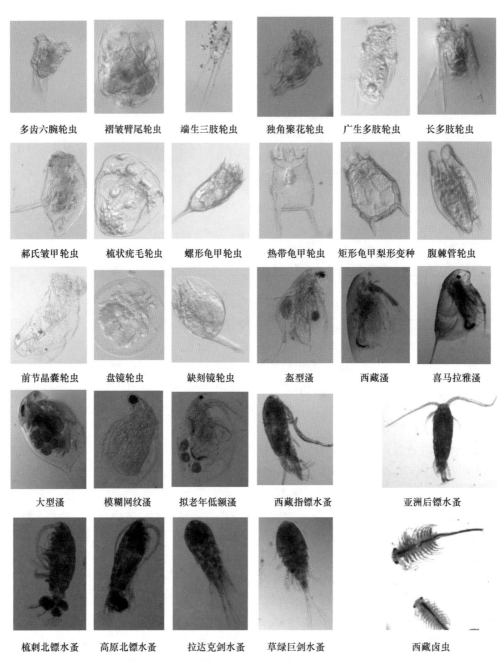

多齿六腕轮虫	褶皱臂尾轮虫	端生三肢轮虫	独角聚花轮虫	广生多肢轮虫	长多肢轮虫
郝氏皱甲轮虫	梳状疣毛轮虫	螺形龟甲轮虫	热带龟甲轮虫	矩形龟甲梨形变种	腹棘管轮虫
前节晶囊轮虫	盘镜轮虫	缺刻镜轮虫	盔型溞	西藏溞	喜马拉雅溞
大型溞	模糊网纹溞	拟老年低额溞	西藏指镖水蚤		亚洲后镖水蚤
梳刺北镖水蚤	高原北镖水蚤	拉达克剑水蚤	草绿巨剑水蚤		西藏卤虫

图 6.13　西藏湖泊部分浮游动物显微镜下图像

圆形盘肠溞、龟状笔纹溞和 *Coronatella rectangula rectangula*。与 20 世纪调查结果相比，本次调查新增的种类 7 种基本上是浮游种类，而且主要来自溞属：喜马拉雅溞、盔型溞、*Daphnia dentifera*、*D. tenebrosa* 和 *D. pulicaria*。两次调查累计鉴定到枝角类 31 种，隶属 6 科 16 属。近 90% 的种类来自于溞科（13 种）和盘肠溞科（13 种）；50% 的种类来自溞属（9 种）和尖额溞属（6 种）。近 1/3 种类仅分布在古北区或全北区，如大型溞、盔型溞、长刺溞、西藏溞、喜马拉雅溞、*D. dentifera*、近岸腹角溞、短尾秀体溞、*Moina brachiata*、高原平直溞和拟老年低额溞。喜马拉雅溞、盔型溞、*D. dentifera*、*D. tenebrosa* 和 *D. pulicaria* 首次在西藏湖泊中发现。其中，*D. dentifera* 分布于沉错、空姆错、崩错和错那 4 个淡水湖中；喜马拉雅溞分布于松木希错和达热布错两个咸水湖；盔型溞分布于打加芒错、错鄂（申扎县）、恰规错和昂古错；*D. tenebrosa* 仅在打加芒错发现；*D. pulicaria* 则分布于冬给措纳湖。

在 20 世纪调查的湖泊中，共鉴定到桡足类 15 种（蒋燮治等，1983）。对比两次调查，相同种类 6 种：西藏指镖水蚤、新月北镖水蚤、梳刺北镖水蚤、咸水北镖水蚤、拉达克剑水蚤和草绿巨剑水蚤；本次调查新增 3 种：高原北镖水蚤、亚洲后镖水蚤和如愿真剑水蚤。两次调查累计鉴定到桡足类 18 种，隶属 2 科 8 属。北镖水蚤属（5 种）、剑水蚤属（3 种）和真剑水蚤属（3 种）是种类多样性最高的 3 个属。不同于枝角类和轮虫，桡足类主要由古北区或青藏高原特有种类组成，广布种类比较少。拉达克剑水蚤、新月北镖水蚤、高原北镖水蚤、长尾长剑水蚤和细刺长剑水蚤是高原特有种类；西藏指镖水蚤、梳刺北镖水蚤、咸水北镖水蚤、直刺北镖水蚤、亚洲后镖水蚤是古北区种类。

综上所述，青藏高原湖泊浮游动物呈现低多样性的特征，种类组成以广布性种类为主，部分种类为古北区种类和高原特有种类。异尾轮属、叶轮属、腔轮属和巨头轮属是轮虫多样性比较高的 4 个属；溞属和尖额溞属是枝角类多样性最高的两个属；北镖水蚤属、剑水蚤属和真剑水蚤属则是桡足类多样性最高的 3 个属。

6.3.2　种类分布与环境因子关系

调查的湖泊涵盖淡水、咸水和盐湖，不同的浮游动物种类盐度耐受范围并不相同，导致了不同盐度类型的湖泊浮游动物种类组成差别比较大（图 6.14）。轮虫在盐度为 0 ～ 46.2 g/L 的湖泊中有分布。典范对应分析（CCA）表明，在选取的环境变量中（温度、盐度、pH、海拔、DO、捕食、Na^+、Ca^{2+}、Mg^{2+}、HCO_3^-、Cl^- 和 SO_4^{2-}），只有盐度和 pH 与轮虫的分布存在显著的相关关系，这两个环境变量共解释了 22% 的方差。在 CCA 排序图中，第一排序轴反映了盐度对轮虫分布的影响，第二排序轴则反映了 pH 对轮虫分布的影响（图 6.15）。皱褶臂尾轮虫和多齿六腕轮虫是仅有的两个咸水轮虫种类，主要分布于盐度高于 3 g/L 的湖泊中，在 CCA 排序图中位于第一排序轴的右侧；淡水种类则位于第一排序轴的左则，并沿着第二排序轴梯度分布。皱褶臂尾轮虫和多齿六腕轮虫仅在 3 个湖，苏干湖、达则错和错鄂（申扎县）同时出现。

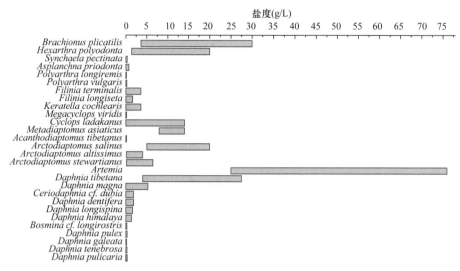

图 6.14　主要浮游动物种类在调查湖泊中的盐度分布范围

　　相对来讲，多齿六腕轮虫主要分布在 pH 相对较高的湖中（达热布错、朗错、芦布错、达如错、昂仁金错、乃日平错、张乃错、郭扎错、江错和苦海）；而皱褶臂尾轮虫分布在 pH 相对较低的湖泊中（攸布错、达瓦错、别若则错、阿翁错、洞错、公珠错、其香错和洋纳朋错）。在盐度低于 3 g/L 的湖泊中，轮虫均为淡水种类，但多数种类，如广生多肢轮虫、长多肢轮虫、聚花轮虫等能耐受的盐度范围非常窄；螺形龟甲轮虫、长三肢轮虫和端生三肢耐受的盐度范围相对较宽，可以出现在低盐度湖泊中 [芦布错、昂古错、错鄂（那曲县）]（图 6.15）。

　　甲壳类动物分布在盐度 0 ～ 76 g/L 范围内，其中，枝角类分布在盐度范围为 0 ～ 27.5 g/L 的湖泊中；桡足类分布在盐度范围为 0 ～ 46 g/L 的湖泊中；无甲类分布在盐度范围为 25 ～ 76 g/L 的湖泊中（图 6.14）。典范对应分析（CCA）表明，在选取的环境变量中（温度、盐度、pH、海拔、DO、捕食、Na^+、Ca^{2+}、Mg^{2+}、HCO_3^-、Cl^-和SO_4^{2-}），只有盐度、捕食、海拔和 pH 与甲壳类动物的分布存在显著的相关关系，这 4 个环境变量共解释了 42% 的方差。在 CCA 排序图中，第一排序轴反映了盐度和捕食对甲壳类动物分布的影响，第二排序轴则反映了 pH 对甲壳类动物分布的影响（图 6.16）。西藏溞、亚洲后镖水蚤和卤虫位在 CCA 排序图中位于第一排序轴的右侧，其他种类则位于第一排序轴的左侧，并沿着第二排序轴排列分布（图 6.16）。在淡水枝角类种类中，只有大型溞相对具有较宽的盐度耐受范围，在盐度超过 5 g/L 的湖泊中也有分布（瀑赛尔错、达如错），其他种类只能分布在盐度低于 3 g/L 的湖泊中。咸水大型枝角类种类西藏溞则广泛分布在盐度 4 ～ 28 g/L 的湖泊中（戈芒错、瀑赛尔错、热那错、别若则错、攸布错、达则错、达瓦错、苏干湖、兹格塘错、蓬错、江错、乃日平错和苦海）。在个别咸水湖中，瀑赛尔错，同时分布有大型溞和西藏溞。在桡足类中，西藏指镖水蚤（齐格错）和草绿巨剑水蚤（宗雄错和齐格错）为纯淡水种类；亚洲后镖水蚤（蓬错、兹格塘错、江错、达瓦错、别若则错）和咸水北镖水蚤（达如错、苦海、

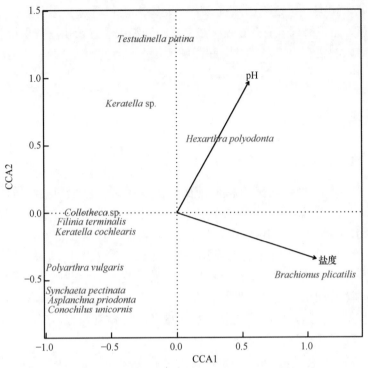

图 6.15　主要轮虫种类与主要环境因子间 CCA 二维排序图

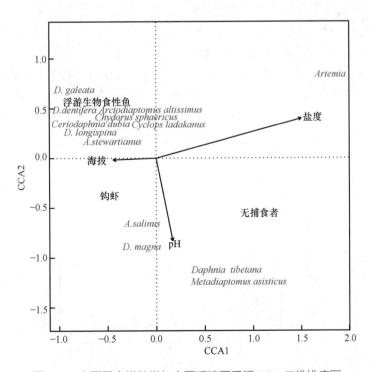

图 6.16　主要甲壳类种类与主要环境因子间 CCA 二维排序图

苏干湖）为咸水种类；拉达克剑水蚤、高原北镖水蚤和新月北镖水蚤在淡水和咸水湖泊中均有分布。无甲类只分布在盐度 >25 g/L 的湖泊中（热帮错、阿翁错、其香错、多玛错、拉果错、洞错、小柴旦、尕海和洋纳朋错）。盐度超过 100 g/L 的湖，没有浮游动物分布。

6.3.3　群落结构

1. 多样性

调查湖泊浮游动物表现出的总体特征是低多样性，每个湖泊浮游动物种类数量为 0～17 种，且多数湖浮游动物种类数量仅为 2～4 种。相对来讲，浅水湖淡水湖泊，如齐格错（17 种）和打加芒错（15 种），种类多样性高于深水淡水湖，如空姆错（11 种）和冬给措纳湖（10 种）；低盐度湖种类多样性高于高盐度湖泊，盐度超过 100 g/L 的湖泊（结则茶卡、尕斯库勒）没有鉴定到浮游动物。多元回归分析表明，盐度是导致调查湖泊间浮游动物种类多样性具有差异的主要因素，而湖泊面积大小、邻近湖泊数量、海拔和温度等因素影响不显著。从区域多样性角度考虑，青藏高原的高海拔是导致其浮游动物多样性远低于低海拔地区的主要因素。但是，在青藏高原内部，尽管调查湖泊间海拔梯度近 2300 m，各湖泊浮游动物多样性与其海拔并不存在显著的相关关系。例如，海拔高度 5069 m 的打加芒错（15 种）的浮游动物种类数明显高于海拔3177 m 的小柴旦（1 种）和 5069 m 的松木希错（4 种）。这种现象的出现主要与青藏高原湖泊间的盐度差别比较大有关。与其他干旱和半干旱地区咸水湖泊研究结果相似，随着盐度的升高，浮游动物多样性呈降低趋势（图 6.17）。

此外，根据湖中是否有捕食者（鱼或钩虾）存在，将调查湖泊分为两类：有捕食者分布的湖泊和没有捕食者分布的湖泊。在有捕食者分布的湖泊中，浮游动物种类数量为 3～17 种；在没有捕食者分布的湖泊中，浮游动物种类数量为 0～5 种。在这两

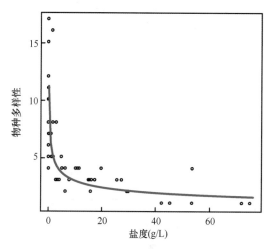

图 6.17　盐度与浮游动物种类多样性的关系

种类型的湖泊中，浮游动物多样性虽然均随着湖泊盐度的升高而下降。但是，浮游动物种类多样性在有鱼或钩虾分布的湖泊中随盐度升高而下降的速率缓于没有鱼或钩虾分布的湖泊（图 6.18）。捕食者的存在有助于减弱盐度对浮游动物多样性的负面影响。

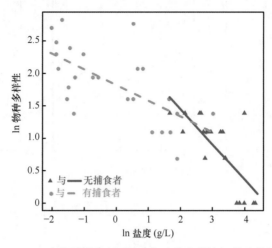

图 6.18　两种类型湖泊中浮游动物种类多样性与盐度的关系

对其他干旱和半干旱地区咸水湖研究发现，在盐度低于 10‰，浮游动物多样性随盐度上升而下降的速率比在盐度高于 10‰时快。然而，在青藏高原盐度低于 10‰的湖泊中，浮游动物多样性随盐度上升而下降的速率小于盐度高于 10‰的湖泊。地中海和欧洲北部的咸水湖泊中，广泛分布着三刺刺鱼等小型广盐性鱼类，随着盐度的上升，这些小型鱼类的优势度逐渐上升，从而导致浮游动物的被捕食压力也随着盐度的上升而上升。但是，在本次调查中，裸鲤、尻鱼、高原鳅和条鳅等鱼类只出现在盐度小于 7 g/L 的湖泊，而大型无脊椎捕食者，钩虾也只是在个别盐度小于 20 g/L 的无鱼分布的湖泊中出现。因此，在青藏高原湖泊中，鱼类对浮游动物的捕食压力并没有随着盐度的上升而增加。在没有捕食者分布的湖泊中，大型浮游动物卤虫或西藏溞占据绝对优势，大型浮游动物对其他浮游动物种类的竞争排斥作用非常强烈；而在有捕食分布的湖泊中，捕食者对大型浮游动物的选择性摄食有效地降低了浮游动物的竞争排斥强度，从而维持相对更高的浮游动物多样性。

2. 群落结构

在有浮游动物分布的 47 个湖中，浮游动物生物量变化范围为 23 ～ 9600 μg/L，最小值在公珠错，最大值在阿翁错。27 个湖浮游动物生物量小于 1 mg/L，其中 7 个湖（公珠错、空姆错、错那、冬给措纳湖、沉错、郭扎错和热那错）浮游动物生物量小于 100 μg/L。多元回归分析表明，浮游动物生物量与湖泊总磷浓度呈正相关关系，但与单位努力渔获量（CUPE）呈负相关关系，总磷和单位努力渔获量这两个变量共解释了 62.8% 的方差（图 6.19）。在同等总磷浓度条件下，低单位努力渔获量湖泊浮游动物生

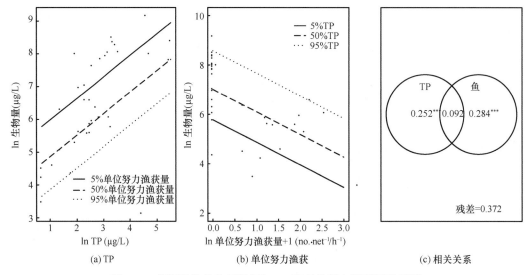

图 6.19　浮游动物生物量及其与 TP 和单位努力渔获量的关系

物量显著高于高单位努力渔获量湖泊；在同等单位努力渔获量条件下，高磷湖泊浮游动物生物量显著高于低磷湖泊。

轮虫相对生物量为 0 ～ 68%；小型枝角类（体长 <1 mm）相对生物量为 0 ～ 77%；大型枝角类（体长 >1 mm）相对生物量为 0 ～ 100%；卤虫相对生物量为 0 ～ 100%。由图 6.20 可见，捕食和盐度是影响浮游动物群落结构的主要因素，这两个变量一共解释了 55.9% 的方差。在有捕食者（鱼或钩虾）分布的湖泊中，浮游动物以轮虫、小型枝角类或桡足类占优势；在没有捕食者分布的湖泊中，大型枝角类或卤虫占据绝对优势。轮虫只在崩错、错那和错鄂（那曲县）3 个湖中成为优势类群，优势种类分别为前节晶囊轮虫、独角聚花轮虫和多齿六腕轮虫。小型枝角类则在宗雄错、芦布错、齐格错、错鄂（申扎县）、可鲁克湖、空姆错和夏达错 7 个湖中成为优势类群，其中，前三个湖优势种类均为模糊网纹溞，错鄂（申扎县）优势种类为盔型溞，可鲁克湖以长额象鼻溞为优势种，后两个湖优势种类则为 *D. dentifera*。在盐度低于 5 g/L，以桡足类为优势类群的湖泊中，优势种类为新月北镖水蚤（崩错、恰规错、冬给措纳湖、班公错、郭扎错和达热布错）或高原北镖水蚤（打加芒错、松木希错、朗错和张乃错），个别湖（昂古错）以拉达克剑水蚤为优势种类；在盐度高于 5 g/L 的湖中，桡足类主要以咸水北镖水蚤（达如错、苦海、托素湖和苏干湖）或拉达克剑水蚤（昂仁金错和公珠错）为优势种类。在没有捕食者分布的情况下，盐度低于 25 g/L 的湖泊浮游动物以西藏溞为优势类群（乃日平错、兹格塘错、蓬错、江错、攸布错、达则错、达瓦错、热那错和瀑赛尔错）；在盐度 25 ～ 28 g/L 的湖泊中，浮游动物以西藏溞或卤虫为优势类群；在盐度高于 28 g/L 的湖泊（其香错、多玛错、洋纳朋错、洞错、阿翁错、拉果错、尕海和小柴旦）以卤虫占绝对优势。

地中海和欧洲北部的咸水湖泊中，广泛分布着三刺刺鱼等小型广盐性鱼类，随着

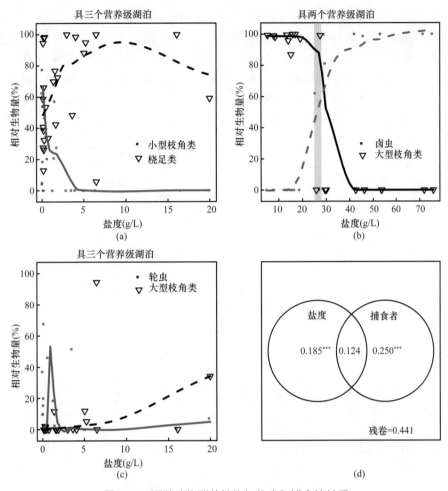

图 6.20　浮游动物群落结构与盐度和捕食的关系

　　盐度的上升，这些小型鱼类的优势度逐渐上升，从而导致浮游动物的被捕食压力也随着盐度的上升而上升。因此，在这些地区，气候变暖将导致浮游动物趋于以小型种类为优势种，并且同种个体也趋于小型化。但是，在青藏高原，浮游动物群落结构对盐度上升的响应呈现相反趋势。随着盐度的上升，浮游动物群落结构反而由小型种类占优势转变为大型浮游动物占绝对优势。在青藏高原湖泊中，鱼类对浮游动物的捕食压力并没有随着盐度的上升而增加，鱼类只出现盐度小于 7 g/L 的湖泊，而大型无脊椎捕食者钩虾也只是在个别盐度小于 20 g/L 的无鱼分布的湖泊中出现。另外，在青藏高原地区分布着咸水大型滤食性浮游动物西藏溞和卤虫，而这些种类对鱼类捕食非常敏感，盐度上升导致鱼类等捕食者从湖泊中消失，从而有助于它们形成优势。

　　大型滤食性枝角类溞属，通常被认为是湖泊敞水区食物链的关键物种，它们在浮游动物群落中的优势度决定了食物链的能量传递效率。溞的滤食能力取决于它的个体大小，而它的个体大小一般认为对捕食和温度比较敏感。在有鱼分布的湖中，溞的体长为 0.58～1.31 mm；在有钩虾分布的湖中，体长为 1.35～1.78 mm；在没有鱼和钩虾分布的湖中，体长则为 1.31 ～ 1.62 mm。多元回归分析表明，溞的体长仅与种类有关，与捕食者存在与否、温度和盐度则无显著的关系。西藏溞、大型溞、喜马拉雅溞和 *D. pulicaria* 是 4 种体长超过 1 mm 的溞，而且大型溞和 *D. pulicaria* 显著大于西藏溞和喜马拉雅溞；在体长小于 1 mm 的盔型溞、长刺溞和 *D. dentifera* 之间大小没有显著差异（图 6.21）。3 种小型种类均分布于有鱼分布的湖中；喜马拉雅溞分布在钩虾分布的湖中；西藏溞和大型溞则在三种类型的湖中都有分布，而且体长在三种类型湖泊间没有显著差异。因此，气候变暖主要通过种类的演替来改变浮游动物群落的大小结构。

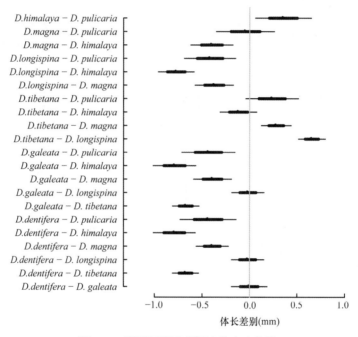

图 6.21　溞属不同种类间个体大小差异

6.3.4　营养级联效应

浮游动物与浮游植物生物量比值和浮游植物生物量与总磷比值是反映食物链营养级间相互作用强度的重要参数。在敞水区食物链具三个营养级的湖（最高营养级为鱼或钩虾）中，浮游动物与浮游植物生物量比值和浮游植物生物量与总磷比值分别为 0.004 ～ 1.77（最低值在公珠错，最大值在苦海）和 0.014 ～ 0.29（最低值在郭扎错，最大值在沉错）；在敞水区食物链只有两个营养级的湖（最高营养级为西藏溞或卤虫）中，浮游动物与浮游植物生物量比值和浮游植物生物量与总磷比值则分别为 1.5 ～ 34.1（最低值在蓬错，最大值在阿翁错）和 0.002 ～ 0.075（最低值在洞错，最大值在江错）。多元回归分析表明，食物链长度和温度是影响湖泊间浮游动物与浮游植物生物量比值和浮游植物生物量与总磷比值变化的重要因素，而盐度和营养盐对这两个比值的影响不显著。在食物链具三个营养级的湖泊中，浮游动物与浮游植物生物量比值随着温度的上升逐渐下降，而浮游植物生物量与总磷比值随着温度的上升而上升；相反，在食物链只有两个营养级的湖泊中，浮游动物与浮游植物生物量比值随着温度的上升而升高，而浮游植物生物量与总磷比值随着温度的上升而下降（图 6.22）。

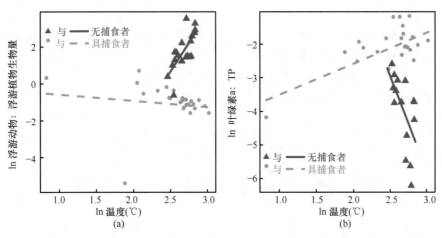

图 6.22　浮游动物与浮游植物生物量比与温度的关系（a）和叶绿素 a 与 TP 比值与温度的关系（b）

温度上升均可对敞水区食物链各个营养级产生影响，但是，各营养级生物对温度的敏感程度不同，导致各营养级对温度变化的响应程度并不是平衡的。Yvon-Durocher 等（2011）通过围隔实验发现升温 4℃对浮游动物组成和生物量并不产生影响，但可使浮游植物群落结构转向以周转速率更快的小个体种类为优势种，浮游植物生物量降低，从而导致更高的浮游动物与浮游植物生物量比值。虽然温度上升可降低浮游植物生物量，但是，在具有三个营养级的食物链中，浮游生物食性鱼类可通过营养级联效应抑制浮游动物对浮游植物的摄食，使得浮游植物具有更高的生物量，从而降低浮游动物与浮游植物生物量的比值，提高浮游植物生物量与总磷的比值。Kratina 等（2012）发现，升温可使浮游植物对下行效应更为敏感。他们认为升温可增强由最高营养级（鱼）到浮游植物的级联效应，使得浮游植物生物量更趋向于受下行效应控制，削弱了上行效应对浮游植物的控制。因此，浮游动物与浮游植物生物量比值及浮游植物生物量与总磷比值对温度变化的响应取决于食物链长度。在只有两个营养级的食物链中，升温一方面会促进浮游动物的生殖与种群生长，另一方面增加浮游动物由于代谢加快而对食物的需求，从而导致浮游动物与浮游植物生物量比值的上升以及浮游植物生物量与总磷比值的下降。在有三个营养级的食物链中，升温促进了最高营养级生物的生长，浮游动物生物量很快就被转移到最高营养级，从而降低了浮游动物与浮游植物生物量比，提高了浮游植物生物量与总磷的比值。

6.3.5　气候变化对青藏高原湖泊生态系统影响的启示

青藏高原气候变暖可改变湖泊水温和盐度，并对湖泊生态系统产生影响。湖泊盐度的上升将降低湖泊生物多样性；生态系统结构简单化，敞水区食物链由三个营养级向两个营养级转变；浮游动物由小型枝角类、轮虫和桡足类组成逐渐演替为大型滤食性枝角类占据优势，随着盐度的继续上升，大型滤食性枝角类又被无甲类所取缔，大型滤食性枝角类（西藏溞）或无甲类（卤虫）成为敞水区食物链中的最高营养级（图 6.23）。湖泊盐度变化对浮游动物多样性的影响强度取决于食物链的长度，两个营养级湖泊受影响的程度比三个营养级湖泊更为强烈。在盐度为 3 ～ 5 g/L 或 25 ～ 28 g/L 的湖泊中，浮游动物种类组成对盐度变化最为敏感。

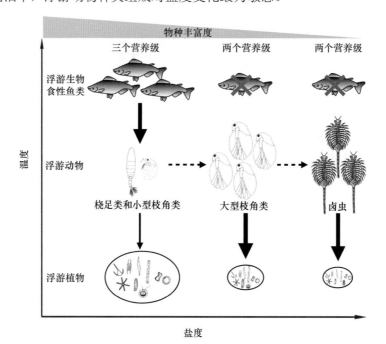

图 6.23　气候变暖对青藏高原湖泊敞水区食物链可能产生的影响示意图

温度上升则对食物链各营养级间的相互作用产生影响，影响作用取决于食物链的长度（图 6.23）。在只有两个营养级的湖泊中，水温的上升促进了食物链的传递效率，导致高的浮游动物与浮游植物生物量比值和低的浮游植物生物量与总磷比值；相反，在有三个营养级的湖泊中，水温的上升加剧了鱼类对浮游动物的捕食压力，导致了更低的浮游动物与浮游植物生物量比值和更高的浮游植物生物量与总磷比值（Lin et al.，2017）。

6.4　枝角类休眠卵

沉积物中枝角类休眠卵分别取自 18 个湖泊（达则错、别若则错、达瓦错、戈芒错、攸布错、打加芒错、宗雄错、张乃错、昂仁金错、昂古错、洞错、巴木错、朗错、恰规错、齐格错、班公错、达热布错、松木希错）的表层底泥和其中 5 个湖泊（达瓦错、别若则错、达则错、戈芒错、攸布错）的柱状底泥，柱状底泥按每 1 cm 分割泥层。表层底泥和分层底泥均经过 600 μm、200 μm 和 35 μm 三种孔径的网筛分离休眠卵后在显微镜下进行种类鉴定并计数。

6.4.1　现生种类与休眠种类

18 个湖泊表层底泥共检出 1454 个枝角类休眠卵，通过卵鞍的大小和形态特征对其进行了初步分类，共鉴定到大型溞、西藏溞、蚤状溞、盔型溞、低额溞、网纹溞 sp1、网纹溞 sp2 和长刺溞 8 个种类。而对 18 个湖泊现生种群调查发现，现生枝角类种类共有 9 种，现生种群中的主要种类在表层沉积物中都能找到其休眠卵（表 6.4 和图 6.24）。不同时期累积的休眠卵构成了枝角类的持久种子库，埋藏在水底的休眠卵库与土壤种子库具有相似的功能。从底泥休眠卵库中萌发的枝角类对现生群落的数量与演替以及多样性的维持有着直接的影响，特别是位于底泥表层 2 ～ 10 cm 中的休眠卵具有较高的活性，容易获得环境条件的直接诱导，分布在较深底泥中的休眠卵因水动力学等过程可迁移到表层，成为现生群落的重要补充来源，维持水体乃至区域种类多样性。尽管在全球气候变暖的趋势下，西藏地区枝角类仍然可通过产生休眠卵的方式，维持相对稳定的群落多样性结构及种群数量。

表 6.4　西藏湖泊现生枝角类种类与表层沉积物休眠卵种类

湖泊	休眠卵种类	现生种类
达则错	西藏溞	西藏溞
别若则错	西藏溞	西藏溞
达瓦错	西藏溞	西藏溞
戈芒错	西藏溞	西藏溞
攸布错	西藏溞	西藏溞
打加芒错	大型溞	盔型溞、*Daphnia* cf. *tenebrosa*
宗雄错	长刺溞	长刺溞、模糊网纹溞、长额象鼻溞
张乃错	西藏溞	无
昂仁金错	大型溞	大型溞
昂古错	西藏溞、大型溞	盔型溞、模糊网纹溞、圆形盘肠溞
洞错	蚤状溞	无
巴木错	西藏溞	西藏溞
朗错	长刺溞	长刺溞
恰规错	盔型溞	盔型溞
齐格错	盔型溞、网纹溞 sp1、网纹溞 sp2、低额溞	模糊网纹溞、圆形盘肠溞
班公错	蚤状溞	长刺溞
达热布错	盔型溞	喜马拉雅溞

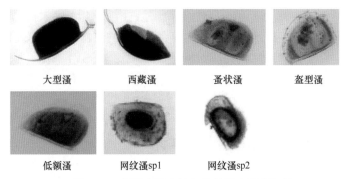

| 大型溞 | 西藏溞 | 蚤状溞 | 盔型溞 |

| 低额溞 | 网纹溞sp1 | 网纹溞sp2 |

图 6.24　表层底泥中枝角类休眠卵显微相片

6.4.2　沉积物休眠卵种类分布特征

在鉴定到的 8 个枝角类休眠卵种类中，西藏溞休眠卵出现频率最高，达到 38.1%（8 个湖泊沉积物中均有发现），为青藏高原广布种；低海拔地区广布的溞属枝角类，大型溞与盔型溞休眠卵出现频率为 14.29%，长刺溞和蚤状溞也达到 9.52%（图 6.25）。西藏溞属咸水种类，在盐度 6 ～ 28 g/L、pH>9 的碱性水体尤为普遍。西藏地区分布的湖泊多为咸水水体，紫外辐射较强，这些环境条件比较适合西藏溞生存，故其在西藏地区分布较广，在多数湖泊中都能采集到西藏溞的休眠卵。大型溞、长刺溞、盔型溞以及蚤状溞在平原及低海拔水体分布较广，本次调查在青藏高原多个湖泊中均有发现，并非稀有种，说明低海拔地区分布的枝角类可以通过休眠卵进行远距离传播，并在青藏高原形成稳定种群。枝角类，特别是异足目（溞科、象鼻溞科、盘肠溞科等）的种类通过有性生殖产生的休眠卵外部由一个被称作卵鞍的几丁质外壳包被，使得休眠卵得到较强的保护，即使停留在鱼的肠道中，跟随鱼类迁徙回到上游水体，这些休眠卵被鱼类排出后仍然具有萌发活性，形成种群。卵鞍上的尾刺、背缘的刺、突起等这些结构也为枝角类以风力、水流、动物以及人类活动为媒介的远距离扩散提供了可能（空间尺度上的连续性）。休眠卵产生后受水流风浪影响，漂浮到沿岸带，并通过卵鞍上的结构附着于鸟类和水生哺乳动物的皮毛上进行远距离传播。低海拔地区广泛分

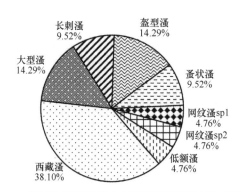

图 6.25　湖泊表层沉积物各枝角类休眠卵种类出现比例

布的盔型溞、大型溞等枝角类能够在青藏高原湖泊中形成稳定种群，这与青藏高原鸟类迁徙有着密不可分的联系。

6.4.3 西藏溞休眠卵长期变化

一般而言，枝角类休眠卵的数量反映其现生种群数量，因而，沉积物中分层保存的休眠卵则反映种群数量的历史变化。柱状沉积物分析来自四个具有西藏溞现生种群分布的湖泊，休眠卵在沉积物中的分布存在明显变化（图 6.26），说明西藏溞种群受环境影响，种群丰度出现大幅度波动。而不同水体中，西藏溞休眠卵丰度变化的趋势也截然不同。在达则错沉积物中，深层西藏溞休眠卵密度较高，之后消失，说明西藏溞在较长的时间排除在现生群落中，同时调查发现，达则错的西藏溞休眠卵在消失的期间，出现无甲类卤虫的休眠卵，由于卤虫栖息于盐度较高的水体（>20 g/L），说明达则错水体环境由低盐度向高盐度转变，并维持相当长时间，而到了近几十至几百年（沉积物表层 3 ～ 4 cm），西藏溞休眠卵再度出现，表明达则错水体盐度降低，再度适合西藏溞生存。戈芒错与攸布错的趋势较为接近，西藏溞休眠卵丰度高峰出现在 45 ～ 50 cm 附近，随后虽然逐渐降低，但始终在分层的沉积物中发现少量休眠卵。

由延长休眠期形成的休眠卵库也称为持久性休眠卵库，其对浮游动物群落多样性保存和长期的进化具有重要意义。当某一种类因环境压力（竞争、捕食、食物限制、低温等）而被排除出水体中的现生群落时，其休眠卵库提供了在下一个合适时机再度

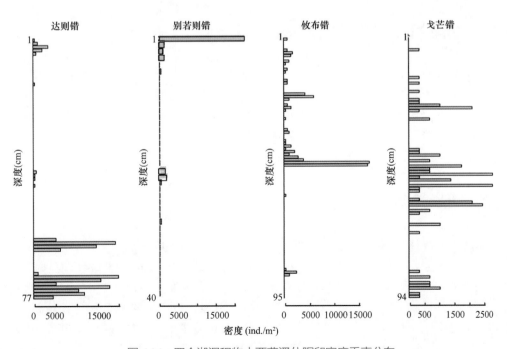

图 6.26　四个湖沉积物中西藏溞休眠卵密度垂直分布

出现的可能性。例如，在水体富营养化过程中，一些大型滤食物性浮游动物因难以利用蓝藻作为食物而消失在水体中，在水体恢复过程中，休眠卵库成为生态系统重建的基础。对于西藏溞而言，水体盐度作为一种环境压力，当水体盐度增加到不适合现生种群存在时，西藏溞就以休眠卵的形式保存于沉积物中，形成卵库。持久性的休眠卵库导致了世代周期重叠，形成了种群的存储机制，这种机制不仅可以延续种群，同时也有利于维护种群遗传多样性。

根据对温带地区的研究，底泥中休眠卵的数量通常为 $10^3 \sim 10^5$ ind./m^2。而西藏溞休眠卵的数量为 $10^2 \sim 10^4$ ind./m^2，相比温带地区枝角类的休眠卵数量低一个数量级。底泥中休眠卵的数量取决于种群数量、产卵、萌发和死亡等过程的速率，而这些过程与水体的环境条件及区域气候相关。温带地区枝角类现生种群密度为 $10 \sim 30$ ind./L，西藏溞种群数量为 $10 \sim 20$ ind./L，西藏溞种群数量与温带地区枝角类相差不大，但休眠卵数量却低一个数量级，可见，西藏溞休眠卵的生产率要低于温带地区，诱导西藏溞形成休眠卵的外部条件不如温带水体强烈。

西藏湖泊枝角类现生种群中的主要种类在表层沉积物中都能找到其休眠卵，与温带地区相似，西藏地区枝角类通过产生休眠卵的方式，维持相对稳定的群落多样性结构及种群数量。沉积物的休眠卵以西藏溞为主要种类，低海拔地区广布的溞属枝角类大型溞和盔型溞休眠卵出现频率也较高，盔型溞，大型溞等枝角类能够在青藏高原湖泊形成稳定种群，这与休眠卵传播有着密不可分的联系。沉积物中分层保存的西藏溞休眠卵则反映种群数量的历史变化与水体环境变化有关（盐度），而西藏溞休眠卵的生产率要低于温带地区，诱导西藏溞形成休眠卵的外部条件不如温带水体强烈。

6.5 西藏溞生物地理学研究

西藏溞采自青藏高原的 11 个湖泊（别若则错、达瓦错、攸布错、达则错、戈芒错、兹格塘错、江错、蓬错、乃日平错、卓羊错和苏干湖），利用 COI 与 12S rRNA 基因序列信息，分析西藏溞种群遗传多样性及遗传结构，构建西藏溞单倍型网络，并根据测量的空间与环境因子信息，分解空间与环境对西藏溞遗传结构的解释变量，最后，根据溞属平均突变速率与西藏大湖期证据，推断西藏溞种群分化与西藏大湖的关系。

6.5.1 西藏溞单倍型分布

在 11 个青藏高原湖泊中一共分析了 322 条 COI 与 12S rRNA 基因序列，其中，片段大小为 678 bp 的 COI 基因包括 97 个多态位点，获得 116 个 COI 单倍型；片段大小为 536 bp 的 12S rRNA 基因包括 25 个多态位点，获得 20 个 12S rRNA 单倍型。对 COI 基因单倍型分析发现，单倍型多样性较高，分支较多，所产生的 116 个单倍型中，只有 17 个共有单倍型，其中只有 1 个单倍型同时存在于 3 个西藏溞种群（图 6.27）。少数几个共有单倍型并不只是分布于相邻种群，而是分布于地理距离相对较远（1300 km）

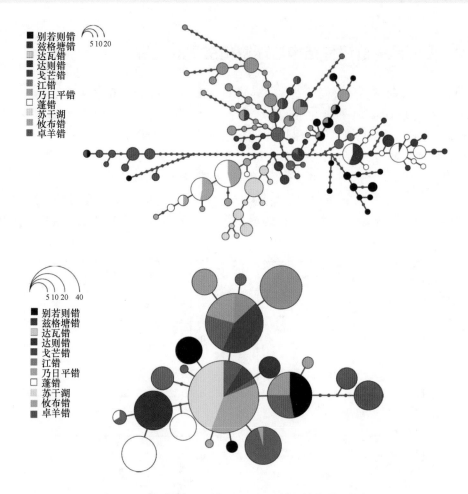

图 6.27　西藏溞 COI 和 12S rRNA 基因单倍型网络图

的两个种群（西藏别若则错与青海卓羊错）。西藏溞共有单倍型较少，相邻种群没有共有单倍型，说明西藏溞各种群间相对独立，种群交流相对较少，但地理距离较远的种群却存在共有单倍型，可见，西藏溞的传播并非通过水系连通，在没有水系直接连通湖泊之间，西藏溞仍可以进行远距离传播，鸟类迁徙成为西藏溞传播的主要途径。

　　西藏溞单倍型多样性最高的种群为西藏西部阿里地区的别若则错（64.3%），单倍型多样性最低的种群为西藏东部地区的乃日平错（23.3%）。11 个西藏溞种群都产生较多的特有单倍型，种群内部单倍型多样性较高，但同一种群产生的单倍型倾向于集束同一分支，说明西藏溞各种群之间缺少较强的基因交流，存在较长时间的隔离分化，每个种群通过长期的隔离，在种群内部积累突变，演化出不同的单倍型，同一种群的不同单倍型集束于同一分支。12S rRNA 基因相比 COI 基因突变速率较低，但单倍型多样性趋势与 COI 基因相似，所产生的 20 个单倍型中，只有 5 个共有单倍型。两个线粒体基因标记都显示，所有单倍型都由同一个的单倍型分化而来，表明西藏地区的特有种西藏溞起源于同一祖先。

6.5.2　西藏溞种群遗传结构与环境和空间的关系

研究显示，西藏溞种群间的遗传差异较大（COI 平均 FST = 0.582；12S 平均 FST = 0.595）。分别将西藏溞种群间的地理距离、经纬度与种群遗传距离关联分析（图 6.28），并经 Mantel 检验，结果显示，西藏溞种群遗传距离与经纬度不存在显著关系，与地理距离存在弱显著关系（p=0.07），地理距离隔离（isolation by distance）机制在西藏溞种群中并不明显，地理隔离并不是西藏溞种群遗传分化的主要原因。

为了进一步分解西藏溞种群遗传结构与空间和环境的关系，我们将 COI 序列获得的遗传距离提取主成分（PCoA）作为应变量，环境信息（湖泊大小、温度、盐度、

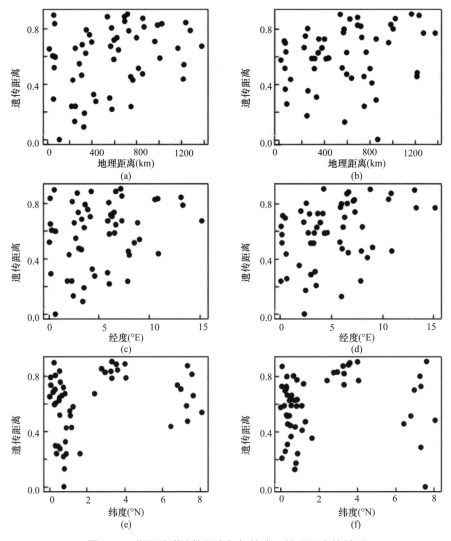

图 6.28　藏溞种群遗传距离与经纬度、地理距离的关系

pH、溶解氧、Chla）与经过 MEM（moran eigenvector maps）转换后的空间信息作为独立变量，进行 RDA 分析。结果显示（表 6.5），两个 MEM 变量（MEM1 和 MEM3）被选入空间模型，对于种群遗传结构的解释变量为 42.3%，考虑到与环境变量的共变性，单纯空间变量对种群遗传结构解释部分为 31.5%，单纯环境变量对种群遗传结构解释的部分为 0，环境和空间都不能解释的部分为 60.8%。对于我们所选的分子标记而言，上述环境因子并未对种群遗传结构进行解释，但空间解释部分超过 30%，这一遗传结构的格局并不是由地理距离隔离机制所主导的。

表 6.5　利用 RDA 分析进行空间与环境因子分解结果

RDA 模型	R^2	R^2_{adj}	p
空间			
全模型	0.592	0.418	0.05
前身选择	0.541	0.426	0.05
dbMEM1	0.312		0.035
dbMEM3	0.229		0.022
环境			
全模型	0.797	0.324	NS
前向选择	0.268	0.085	NS
水面面积 ii	0.166		NS
盐度	0.102		NS
空间 + 环境	0.635	0.392	0.056
空间 / 环境	0.439	0.315	0.047
环境 / 空间	0.094	0	NS
共同解释 a		0.0298	
残差		0.608	

西藏溞单倍型分布也显示，西藏溞可以通过休眠卵的形式，进行远距离传播，从青海中部到西藏西部的阿里地区，地理距离超过 1300 km。然而，西藏溞的远距离扩散并未带来强烈的基因流，种群遗传结构显示，地理距离与遗传距离存在较弱的相关性，相邻湖泊的种群也存在较大的遗传距离，因此，拓殖隔离（isolation by colonization）机制成为西藏溞种群遗传结构分化的可能机制。西藏溞一旦进入新的生境，就可以通过孤雌生殖产生的大量个体，形成较大种群，快速占据水体中的生态位，使得再次经传播进入该水体生境的西藏溞面临竞争压力，新的基因型（克隆）难以在该种群中固定，因此不同种群间形成较大的遗传距离。另外，西藏溞通过有性生殖产生的休眠卵，以卵库的形成保存在沉积物中，休眠卵因水动力学等过程迁移至表层沿岸带，获得萌发诱导，成为现生种群的重要补充。快速的孤雌生殖与休眠卵的补充共同形成了西藏溞的拓殖隔离机制，使得西藏溞在远距离扩散的条件下，种群间依然形成较高的遗传差异。

6.5.3 西藏溞种群分化与西藏大湖关系

根据公式 $\tau = 2mT\mu t$，可以推算种群分化（扩张）的时间。其中，mT 为序列核苷酸数目（12S 为 536 bp，COI 为 678 bp），μ 为线粒体基因每百万代的突变速率，由于没有直接测定西藏溞线粒体基因的突变速率，故选取同属近源种蚤状溞的突变速率（14% ～ 17% 每百万代）带入分析。结果显示（表 6.6），青海种群于 3 万～ 3.7 万年前开始分化，阿里种群于 1.4 万～ 1.7 万年前分化，那曲种群于 1.1 万～ 1.4 万年前分化。基于 Bayesian skyline plot 计算的西藏溞种群扩张也得出相似趋势（图 6.29），西藏溞在2 万～ 3 万年以前经历了快速的种群扩张，种群出现分化。西藏溞分化的时间与西藏最近一次泛湖消失相吻合，过去的研究显示，在距今 2.8 万～ 4 万年前，高原湖面积是现代湖泊数倍乃至数十倍，湖水外溢，河湖串联，水域广阔，形成泛湖。由于湖泊之间有河流连通，西藏溞可以通过水流传播，扩散至各个连通的湖泊，随着距今 2.8 万年以来古气候趋于干燥，泛湖水位开始下降，湖泊水域逐步缩小，湖泊间河流连通消失，泛湖解体，形成多个孤立的湖泊。由于湖泊连通消失，西藏溞在湖泊间的扩散受到阻碍，各湖泊间的西藏溞种群基因流降低，种群间开始相互隔离，通过自身基因突变，积累种群中的单倍型，因此各种群中的特有单倍型较多。另外，西藏溞的种群分化与泛湖解体有关，现存湖泊中的西藏溞都源自泛湖期的种群，故单倍型网络图显示，西藏溞所有单倍型都起源于同一个古老单倍型，正因为气候变化导致泛湖解体，西藏溞才得以进行种群分化。

表 6.6 基于西藏溞 COI 基因与 12S rRNA 基因序列计算的空间扩张参数

估计参数	青海	那曲	尼玛	阿里	基因库
COI					
τ (95% CI)	20.644 (0.945 ～ 40.684)	7.857 (2.064 ～ 37.736)	1.543 (0.340 ～ 12.342)	9.484 (1.061 ～ 109.312)	6.526 (3.974 ～ 11.736)
θ (95% CI)	4.494 (0.238 ～ 8.705)	4.183 (0.001 ～ 9.489)	7.487 (0.040 ～ 18.544)	9.738 (0.131 ～ 16.550)	4.203 (0.001 ～ 13.844)
离差平方和	0.04391	0.01895	0.01522	0.01234	0.00794
P- 值	0.200	0.450	0.230	0.600	0.248
年龄	30881 ～ 37498	11753 ～ 14272	2308 ～ 2803	14187 ～ 17227	9762 ～ 11854
12S					
τ (95% CI)	6.171 (0.000 ～ 25.906)	2.427 (0.677 ～ 3.854)	1.500 (1.008 ～ 3.058)	2.942 (0.334 ～ 6.973)	2.365 (0.984 ～ 3.873)
θ (95% CI)	0.001 (0.000 ～ 2.760)	0.064 (0.001 ～ 1.989)	0.877 (0.001 ～ 2.835)	0.001 (0.000 ～ 2.675)	0.001 (0.000 ～ 1.666)
离差平方和	0.060	0.008	0.001	0.056	0.032
P- 值	0.280	0.370	0.240	0.120	0.04
年龄	19887 ～ 24130	7821 ～ 9490	4834 ～ 5866	9481 ～ 11504	7622 ～ 9248

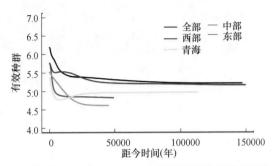

图 6.29　基于 Bayesian skyline plot 计算的西藏溞种群扩张趋势

　　西藏溞单倍型多样性较高，各种群之间缺少较强的基因交流，存在较长时间的隔离分化，每个种群通过长期的隔离积累种群内部突变。少数共有单倍型显示，西藏溞仍可以进行远距离传播，鸟类迁徙或成为西藏溞传播的主要途径。

　　对于我们所选的分子标记而言，上述环境因子并未对种群遗传结构进行解释，但空间解释部分超过 30%，拓殖隔离机制成为西藏溞种群遗传结构分化的可能机制。西藏溞一旦进入新的生境，就可以通过孤雌生殖产生大量个体，形成较大种群，快速占据水体中的生态位，使得再次经传播进入该水体生境的西藏溞面临竞争压力，新的基因型（克隆）难以在该种群中固定，因此不同种群间形成较大的遗传距离。

　　西藏溞分化的时间与西藏最近一次泛湖消失相吻合，气候变化导致泛湖解体，湖泊间河流连通消失，西藏溞各种群间出现隔离、分化。现存湖泊中的西藏溞都源自泛湖期的种群，西藏溞所有单倍型都起源于同一个古老单倍型。

参考文献

蒋燮治, 沈韫芬, 龚循矩. 1983. 西藏水生无脊椎动物. 北京: 科学出版社.

王苏民, 窦鸿身. 1998. 中国湖泊志. 北京: 科学出版社.

Kratina P, Greig H S, Thompson P L, et al. 2012. Warming modifies trophic cascades and eutrophication in experimental freshwater communities. Ecology, 93(6): 1421-1430.

Lin Q Q, Xu L, Hou J Z, et al. 2017. Responses of trophic structure and zooplankton community to salinity and temperature in Tibetan lakes: Implication for the effect of climate warming. Water Research, 124: 618-629.

Yang Y, Hu R, Lin Q Q, et al. 2017. Spatial structure and β-diversity of phytoplankton in Tibetan Plateau lakes: Nestedness or replacement? Hydrobiologia, 808(1): 301-314.

Yvon-Durocher G, Montoya J M, Trimmer M, et al. 2011. Warming alters the size spectrum and shifts the distribution of biomass in freshwater ecosystems. Global Change Biology, 17: 1681-1694.

（执笔人：林秋奇、韩博平、侯居峙、朱立平）

第 7 章

植被类型与植物多样性

本章导读：按照西藏植被区划，色林错西区位于藏北高寒草原、荒漠地区—藏北高寒草原亚地区—南羌塘高寒草原亚区的班戈小区和申扎小区，色林错东区则位于藏东北高山灌丛草甸区—那曲高山草甸亚区的那曲—聂荣小区。尽管历次科学考察报道了该区域草地植被的基本特征，但调查方法不统一，调查结果差异较大，而且缺乏探讨环境变化前提下植被特征变化规律。本章系统探讨了色林错区域植被调查最佳方法，详细介绍了植物群落（物种多样性、组成、生物量等）特征，同时利用科考调查数据初步探讨了植物群落与环境（纬度、经度、海拔梯度、土壤理化性质）之间的关系。

关键词：高寒草原，物种多样性，物种组成，生物量，植被类型

7.1　植被调查方法

在草地生态学研究中，为了了解草地群落的基本特征，通常会对该区域草地群落选取样本，通过对样本的分析来推断总体特征，因此，采用的监测方法是否合理是能否准确反映该群落特征的关键（姜恕，1986；杨利民等，1997；Keith，2010；Güler et al.，2016）。监测方法的基本要素包括最小样方面积、最少样方数以及样方的空间分布，在野外实际监测工作中，人们往往在这些要素之间进行取舍和权衡（陈佐忠和汪诗平，2004；Heywood and Debacker，2007）。例如，是利用较大的取样面积和较少的样方个数，还是利用较小的样方面积和较多的样方个数进行监测？哪一种取样方法更能反映该群落特征？在物种丰富度监测中，样线法和样方法哪种方法更准确？能否利用样线法监测某一个群落的物种丰富度，多长的样线较为合适（即最短样线如何）？由于野外工作的时限性，特别是青藏高原野外环境更为恶劣，如何既能有效获取准确的草地群落特征数据，又能节省人力和物力，是每一位野外工作者必然考虑的问题。一方面，种－面积曲线主要描述的是某一区域内植物物种数量随面积增加而变化的规律，其是确定取样面积大小的有效方法（唐龙等，2005）。但由于物种的空间分布特征与地上生物量的空间分布特征可能是不一致，因此，所需要的最小样方面积会随监测的内容而不同（董鸣，1996；王国杰和汪诗平，2003；Shang，2005）。另一方面，在确定了最小取样面积后，要更准确地了解群落基本特征，最少样方数的确定也同样重要。理论上，所监测指标（如物种丰富度和生物量等）随着样方数的增加，其变异系数会降低，在置信区间 95% 和取样精度 10% 的前提下所需求的样方数即最少样方数（姜恕，1986；董鸣，1996；Keith 2010）。因此，在不增加原始取样数的基础上，可以利用再取样技术，通过不断重复随机取样模拟计算就可以达到判断最少样方数的目的。

我们通过对西藏高原高寒草甸、高寒典型草原、高寒荒漠草原群落植物多样性和地上生物量监测方法的比较研究，探讨：①不同高寒草地群落植物物种丰富度调查的最佳样线长度和面积大小；②不同高寒草地群落植物物种丰富度和地上生物量调查的不同样方面积下最佳样方数量；③确定适宜不同高寒草地类型的群落特征监测方法。

7.1.1　研究方法

对不同高寒草地群落植物物种丰富度和地上生物量进行了详细调查。首先选取地形相对均一的典型群落类型，然后利用下列样线法、样方法、巢式样方法（姜恕，1986；方精云等，2009）分别进行相关指标的监测。

1）样线法：主要用于植物物种丰富度的监测。在选定具有代表性的样地中，将两条带有间隔 1 m 刻度的 100 m 样线按东西、南北方向呈十字交叉状或间隔 40 m 的平行线进行设置，然后从样线一端开始，记录样线上每 1 m 节点上所接触到的所有植物（包括样线的垂直投影所接触到的植物），重复两次。

2）样方法：主要进行植物物种丰富度和地上生物量的监测。首先设置两条相交（如坡地）或平行（如平坦地）的 100 m 样线，每隔 10 m 设置一个样方，共监测 20 个样方，其中高寒草甸的样方面积为 $0.25 m^2 (0.5 m \times 0.5 m)$，而高寒草原和高寒荒漠草原的取样面积为 $1 m^2 (1 m \times 1 m)$。记录每个样方所出现的所有物种，同时分种刈割地上部分，带回实验室在 65 ℃下烘干称量。

3）巢式样方法：主要用于植物物种丰富度和地上生物量的监测。对于高寒草甸而言，从 $0.25 m^2 (0.5 m \times 0.5 m)$ 的小样方开始，随后逐渐成倍扩大样方面积，包括 $0.5 m^2$、$1 m^2$、$2 m^2$、$4 m^2$ 和 $8 m^2$；对于高寒草原和高寒荒漠草原而言，从 $1 m^2 (1 m \times 1 m)$ 开始，分别扩大到 $2 m^2$、$4 m^2$ 和 $8 m^2$。重复两次。记录每个大小的样方内出现的所有物种，并分种刈割地上部分，带回实验室在 65℃下烘干称量。

7.1.2　数据分析

1）样线法：在 Re-sampling Stats for Excel 软件中将样线法测得的 400 个 1 m 线段进行随机排列，对新产生的序列从 1 ～ 400 进行编号，然后在 Excel 中按照等距抽样，抽取 X 个相邻编号的 X m 长的线段的所有组合，统计每个组合内所出现的物种数，然后计算所有 X m 长样线组合中所出现的物种数的平均值，取 1 m、2 m、4 m、8 m、16 m、32 m、64 m、100 m、128 m、200 m、250 m、300 m、350 m、400 m 的样线长度，如样线长度为 4 m 的所有组合的编号为 1 ～ 4、2 ～ 5、3 ～ 6、…，397 ～ 400。最后制作种 – 样线长度曲线，估计最短样线长度（董鸣，1996；任继周，1982）。

2）样方法：利用 Re-sampling Stats for Excel 软件中的 S（混排）程序，先将 20 个样方（每个样方已编号，分别为 1，2，…，20）随机排列，对新产生的排列用 R（取样）程序抽取 $n (1 \leqslant n \leqslant 20)$ 个样方，将抽取的 n 个样方作为一个样本，用 RS（重复取样）程序对这个样本进行 100 次重复取样，得到 100 个 n 个样方的样本。统计每个样本的物种丰富度，求出这 100 个样本的平均物种丰富度和标准误，并对结果做种 – 样方数曲线。类似地，地上生物量则是应用 Re-sampling Stats for Excel 软件中重取样功能在 20 个现有样方数据中随机取 $n (2 \leqslant n \leqslant 20)$ 个值，求出这 n 个数据的平均数 x，

然后对 x 重复计数 1000 次，计算这 1000 个结果的平均值和标准误，最后求出它们的变异系数，做出样方数与变异系数的曲线。

3) 巢式样方法：首先统计各个不同面积的样方中所出现的物种数，然后将 1 与 2 合并，1、2、3 合并，1、2、3、4 合并、1、2、3、4、5 合并，统计合并后的样方的所有物种数，并求出合并后的样方与合并前的巢式样方中等面积的样方的物种数的平均值（图 7.1）。最后对所求的平均值与样方面积的关系做种 – 面积曲线。

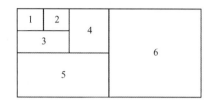

图 7.1　巢式样方法示意图

4) 统计分析：利用 SPSS 软件（16.0 版本）中的最小显著差数法（LSD）进行方差分析，将不同处理的平均数从小到大排列，计算出 LSD0.05 和 LSD0.01，将两两平均数的差数与 LSD0.05 和 LSD0.01 比较，并进行差异显著性检验。

7.1.3　不同方法的结果

1. 物种丰富度取样的最小样线长度、最小取样面积和最少样方数

（1）种 – 样线长度关系

图 7.2 表明，样线法所观测到的物种数随着样线长度的增加而增加，并且样线长度与物种数之间呈对数关系。高寒草甸样线法所观测到的物种数为 22 种，在样线长度为 100 m 和 200 m 时观测到的物种数分别为 15.2 种、19.6 种，分别占 400 m 样线所观测的总物种数的 69% 和 89%；高寒草原的样线法观测到 25 种植物，其中 100 m 和 200 m 的样线长度分别观测到 17.4 种和 21.3 种，占该方法观测总物种数的 70% 和

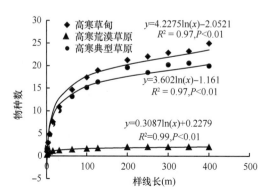

图 7.2　物种丰富度 – 样线长度曲线

85%；而高寒荒漠草原 400 m 样线观测到 2 种物种，在 100 m 和 200 m 长时分别为 1.6 和 2 种，占该方法 400 m 样线观测物种总数的 80% 和 100%。对于所有高寒草地类型而言，200 m 样线法所观测到的物种数显著大于其他样线长度所观测到的物种数（表 7.1）。

表 7.1　不同取样方法所观测物种数间的差异显著性检验

	高寒草甸	高寒典型草原	高寒荒漠草原
样线长（m）			
64	13.2a	14.7a	1.4a
100	15.2b	17.4b	1.6b
128	16.4c	19.0c	1.7c
200	19.6d	21.3d	2d
巢式样方（m²）			
0.25	14a		
0.5	16.75b		
1	20c	15a	2.5a
2	21.75cd	17ab	3.25ab
4	22cd	18.75b	3.5b
8	23d	19.5b	3.5b
样方			
5	20.4a	22.84a	2.87a
6	21.77b	23.85b	2.9a
7	22.02b	24.81c	2.9a
8	23.3c	25.22c	2.96b
9	23.93c	26.22d	2.95b
10	24.77d	26.69d	2.98b

注：凡具有相同标记字母的即为差异不显著，凡具有不同标记字母的即为差异显著。其中，相邻不同标记字母的为差异显著，不相邻的标记字母为差异极显著。

（2）种 – 面积关系

图 7.3 所示，随着取样面积的增加，观测到的物种数也不断增多，并且物种数曲线开始时快速上升，而后水平延伸趋于稳定。高寒草甸采用 8 m² 巢式样方法所观测到的物种数为 23 种，巢式样方在 0.5 m² 和 1 m² 的样方面积下，分别可观测到 16.8 种和 20 种物种，分别为 8 m² 巢式样方观测到的物种总数的 73% 和 87%。高寒草原三种不同监测面积下，8 m² 巢式样方法观测到的物种数为 20 种，而巢式样方在 1 m² 和 2 m² 取样面积下分别观测到 15 种和 17 种，分别占 8 m² 巢式样方观测到物种总数的 75%、85%。高寒荒漠草原采用 8 m² 巢式样方法可观测到 4 种物种，而巢式样方在 1 m² 和 2 m² 时可观测到 2.5 种和 3.3 种，在样方面积达到 4 m² 时可观测到 4 种，分别占巢式样方法观测物种总数的 63%、83%、100%。

对于高寒草甸而言，1 m² 面积大小的样方所观测到的物种数显著大于 0.25 m² 与 0.5 m² 面积所观测到的物种数，但与 2 m² 和 4 m² 所观测到的物种数差异不显著，显著少于 8 m² 大小所观测到的物种数（表 7.1）；对于高寒草原和高寒荒漠草原而言，

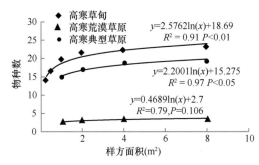

图 7.3　物种丰富度 – 取样面积曲线

当巢式样方面积增加到 2 m² 时，所观测到的物种数随着面积继续增加差异不明显（表 7.1）。

（3）种 – 样方数关系

种 – 样方数曲线最初快速上升，而后近水平延伸（图 7.4）。高寒草甸采用样方法所观测到的物种数为 31 种，样方法在 5 个样方和 10 个样方时，观测到 20.4 种和 24.8 种物种，占 20 个样方法观测物种总数的 66% 和 80%；高寒草原在 20 个样方法监测下观测到的总物种数为 30 种，5 个和 10 个样方的观测到 22.8 种和 26.7 种植物，分别占 20 个样方法观测总物种数的 76% 和 89%。高寒荒漠草原采用 20 个样方法观测到 3 种物种，样方法在 5 个和 10 个时能观测到 2.9 种和 3 种植物，占 20 个样方法观测总数的 97% 和 100%。对于高寒草甸，10 个样方的物种数显著大于其他样方数所观测到的物种数；但对于高寒草原和荒漠草原而言，8 ～ 9 个样方所观测到的物种数与 10 个样方所观测到的物种数差异不显著（表 7.1）。

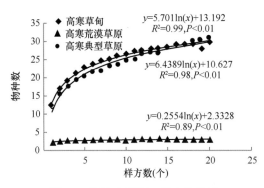

图 7.4　物种丰富度 – 样方数曲线

2. 生物量的最小样方数和最小取样面积

（1）生物量的最小取样面积

对于高寒草甸、高寒草原和高寒荒漠草原而言，不同取样面积下的单位面积地上生物量变异系数的变化均小于 1%（图 7.5），说明随取样面积的增加，地上生物量的变化不大，基本上保持相对稳定。

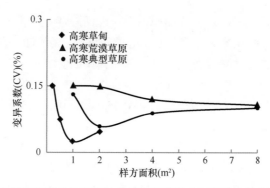

图 7.5　三种植被类型单位面积地上生物量随样方面积增加的变异系数变化

（2）生物量监测最小样方数

图 7.6 是样方数与生物量的变异系数之间的函数关系。在样方数小于 5 时，曲线下降较快，说明天然草地存在着较大的空间异质性。当样方数大于 5 时，曲线下降显著减缓，而当样方数大于 10 时，变异系数的变化不大，均在 2%～5%。

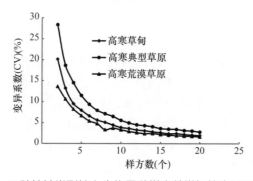

图 7.6　三种植被类型地上生物量随样方数增加的变异系数变化

7.1.4　不同方法的讨论

国内对内蒙古草原及其他草原的取样方法研究较多（任继周，1982；陈佐忠和汪诗平，2004；唐龙，2005），而对青藏高原高寒草地的取样方法研究较少。在草地生态系统研究中，不仅要调查物种丰富度，还要对生产力进行监测。由于时间、空间和人力的约束，选择一种合适的取样方法显得尤为重要（阳含熙和卢泽愚，1981；Heywood and Debacker，2007；Keith，2010；Güler et al.，2016）。研究表明，无论是高寒草甸还是高寒典型草原或高寒荒漠草原，如果利用样线法观测某一个群落的物种丰富度时，至少要利用 200 m 长的样线长度才能观测到 400m 样线所观测到的总物种数的 80% 以上。而如果利用样方法观测某一群落的物种丰富度时，高寒草甸、高寒典型草原和高寒荒漠草原的最小样方面积分别为 1 m^2、1 m^2 和 2 m^2，但对于监测群落地上生物量而言，其最小样方面积分别为 0.25 m^2、1 m^2 和 1 m^2。

采用巢式样方法，不断增加取样面积，不仅能消除样方面积的影响，还能反映不同空间尺度的特征以及与微环境变化的关系（董鸣，1996）。为了减少变异性而增加样方数，当样方数增加到一定数目后继续增加样方数对变异性的影响不大，所以，在实际采样中一般选择曲线变化趋于平缓时的样方数作为最小样方数，这里我们选择 CV 值小于等于5% 时的样方数作为最小样方数（董鸣，1996），因此，由图 7.5 可知，高寒草甸的最小样方数为 9 个，而高寒典型草原和高寒荒漠草原的最小样方数分别为 11 个和 7 个。

值得注意的是，三种方法所观测到的高寒草甸、高寒典型草原和高寒荒漠草原总的物种数分别为 40 种、35 种和 4 种。但由于取样方法的不同以及偶见种的影响，不同取样方法所监测到的物种数不同（王国杰和汪诗平，2003）。例如，400 m 样线长度所观测到的高寒草甸、高寒典型草原、高寒荒漠草原的所有物种数分别只有 22 种、25 种和 2 种，分别占三种方法调查到的总物种数的 55%、71% 和 50%；8 m^2 巢式样方法对高寒草甸、高寒典型草原调查到的总物种数分别为 23 种和 20 种，占 3 种所有方法观测的物种总数的 57.5% 和 57%，而 8 m^2 的巢式样方法对高寒荒漠草原监测到的物种数最多，其中 2 m^2 观测到的物种数为 3.3 种，占所有可能出现物种的 83%。而 20 个样方法监测到高寒草甸和高寒典型草原的物种数最多，分别为 31 种和 30 种，占三种方法观测到总物种数的 78% 和 86%。所以，对物种丰富度的调查，高寒草甸和高寒典型草原至少需要 20 个样方，高寒荒漠草原需要最小面积不小于 2 m^2 的两个样方。由于自然和人为因素对物种丰富度的影响不大，我们对物种丰富度的调查可以选择 5～8 年调查一次（汪诗平等，2001）。由地上生物量与物种数之间的变异关系得出最小样方数为7～11 个，最小样方数应该既能够充分反映植物群落的基本特征，又不会浪费人力、物力，所以选择 10 个样方作为地上生物量的调查方法；而由地上生物量的变异系数可知，在变异系数小于等于 5% 的前提下，高寒草甸的最小取样面积不小于 0.25 m^2，高寒典型草原和高寒荒漠草原的最小取样面积不少于 1 m^2。

物种丰富度随样线长度的增长和取样面积的增大而显著增加，当取样单位增加到一定程度后其增加趋势变缓；样方个数的增加也显著减少取样误差而使物种丰富度和地上生物量趋于一个稳定值。由于样线法只能监测物种丰富度，而样方法可以同时监测物种和植物生物量。所以，建议在野外调查中适宜的取样方法是：生物量的监测方法为高寒草甸采用 10 个 0.25 m^2(0.5 m×0.5 m) 的样方，而高寒典型和高寒荒漠草原采用 10 个 1 m^2(1 m×1 m) 的样方；物种丰富度的监测方法分别为高寒草甸采用 20 个0.25 m^2(0.5 m×0.5 m) 的样方，高寒典型草原采用 20 个 1 m^2(1 m×1 m) 的样方，高寒荒漠草原采用面积不小于 2 m^2 的 2 个样方。

7.2 植物群落特征

7.2.1 主要植被类型

按西藏植被区划，色林错西区位于藏北高寒草原、荒漠地区 – 藏北高寒草原亚地区－南羌塘高寒草原亚区的班戈小区和申扎小区（西藏自治区土地管理局，1994）。色林错东区位于藏东北高山灌丛草甸区－那曲高山草甸亚区的那曲－聂荣小区（西藏自治区土地管理局，1994）。

色林错西区植被为以紫花针茅（*Stipa purpurea* Griseb.）群系为主的高寒草原，其广泛分布于海拔 5100m 以下排水良好的平缓山坡、河流阶地和湖成平原上，构成羌塘自然保护区植被垂直分布的基带，植被发育较好，平均盖度在 30% ～ 40%。在植被组合中，除占有绝对优势的紫花针茅外，在海拔 4600 m 以下的滨湖沙地和湖周覆沙山坡还发育有较喜暖的固沙草 [*Orinus thoroldii* (Stapf ex Hemsl.) Bor] 群落等；在山坡坡麓多碎石的基质上则出现有藏沙蒿（*Artemisia wellbyi* Hemsl. et Pears. ex Deasy）、冻原白蒿（*Artemisia stracheyi* Hook. f. et Thoms. ex C. B. Clarke）、昆仑蒿（*Artemisia nanschanica* Krasch.）、小球花蒿（*Artemisia moorcroftiana* Wall. ex DC）等半灌木组成的草原植物群落；在滨湖山麓还发育有羽柱针茅 [*Stipa subsessiliflora* var. basiplumosa (Munro ex Hook. f.) P. C. Kuo et Y. H. Sun] 群落。植被的垂直分布系列比较简单，在以紫花针茅群落为主的草原带之上，分布有嵩草（*Kobresia* spp.）和羊茅（*Festuca ovina* Linn.）为主的高寒草甸或草甸化草原群落，常在 5100 ～ 5350 m 形成草层低矮、茂密的连续植被。在海拔 5300 m 以上，分布着一些适冰雪的风毛菊属（*Saussurea*）、红景天属（*Rhodiola*）、嵩草属、虎耳草属（*Saxifraga*）、龙胆属（*Gentiana*）等属组成的稀疏不连续的斑状植被，它们可一直生长至 5700 ～ 5900 m 的永久雪线附近。这一区域发育有隐域性的湿地植被，在滨湖及宽谷沙砾地上经常出现由三角草 [*Trikeraia hookeri* (Stapf) Bor]、青藏薹草（*Carex moorcroftii* Falc. ex Boott）组成的河漫滩草甸；在滨湖盐渍化湿地发育有赖草 [*Leymus secalinus* (Georgi) Tzvel.]、细叶西伯利亚蓼（*Polygonum sibiricum* var. thomsonii Meisn. ex Stew.）等组成的盐生草甸；在湖滨、河边等过湿地或积水地发育有藏北嵩草（*Kobresia littledalei* C. B. Clarke）、扁穗草 [*Blysmus compressus* (Linn.) Panz.] 等组成的沼泽草甸或沼泽；在矿化度较低的淡水湖泊则生长着黄花水毛茛 [*Batrachium bungei* var. flavidum (Hand.-Mazz.) L. Liu] 等组成的水生植物群落。区域内灌丛植被较少，在山坡阴湿处有小叶金露梅灌丛。

色林错东区的地带性植被为小嵩草高寒草甸，其广泛分布在波状起伏的山原面上。群落组成中，由于杂类草的优势度显著减小，其外貌呈黄绿色。高山嵩草 / 小嵩草（*Kobresia pygmaea* C. B. Clarke）草甸的分布上限可达海拔 5300 m 左右。在这一带中，某些石砾质较强的山原顶部和草原退化的地方，常发育有点地梅（*Androsocesp*）等组成的垫状植物群落。海拔 5300 m 以上为高山流石坡稀疏植被（高山冰缘）带，由菊科（Compositae）、报春花科（Primulaceae）、十字花科（Cruciferae）等高山和垫状植物组成。该区的湿地主要发育在河漫滩、湖滨以及洪积扇缘潜水溢出带，发育有藏北嵩草（*K. littledalei*）沼泽化草甸，其外貌呈深绿色，群落发育良好。

色林错周边的主要植被类型有高寒草原和沼泽草甸，其他植被类型包括高山嵩草草甸、青藏薹草荒漠化草原和高山冰缘植被。以紫花针茅（*S. purpurea*）为主的高寒草原分布最广，在海拔 4900 m 以下排水良好的山坡、丘陵、河湖阶地和湖成平原，组成大面积的草原群落。4600 m 以下的覆沙地，分布有固沙草 (*O. thoroldii*) 和白草 (*Pennisetum flaccidum* Griseb.) 草原。山脚和湖滨石砾质较强的地段，还分布有藏沙蒿 (*A. wellbyi*) 和羽柱针茅 (*S. subsessiliflora var. basiplumos*) 草原。河滩湖滨湿地，分布有一定面积的藏北嵩草 (*K. littledalei*)、扁穗草 (*B. compressus*) 等组成的沼泽草甸，宽谷覆沙地上，有三角草、芒颖鹅观草 (*Roegneria aristiglumis* Keng et S. L. Chen)、赖草 (*L. secalinus*) 等组成的河漫滩草甸群落。高原带以上，特别是山地阴坡，由高山嵩草、羊茅等组成的高山草甸或高山高原化植被比较发育。海拔 5300 m 以上的高山，有无梗风毛菊 (*Saussurea apus* Maxim.)、红景天 (*Rhodiola* spp.)、虎耳草 (*Saxifraga* spp.) 等植物组成的高山冰缘带。

1. 高寒草原草地类型

高寒草原是以旱生的多年生禾草型丛生草本植物为建群种组成的群落类型 (Miehe et al, 2011；房飞等，2012)。它们是西藏草原的主体，广泛分布于羌塘高原、藏南和阿里地区的干旱宽谷、山麓洪积平原和山坡，从海拔 3200 m 一直到 5300 m 都有分布，是西藏草原中分布最广、面积最大、最有代表性的类型 (Miehe et al., 2011；房飞等，2012；西藏自治区土地管理局，1994)，也是色林错区域面积最大、分布最广、草地群系多样的草地类型。主要草地植被群系有紫花针茅群系、昆仑针茅群系和羽柱针茅群系。

1) 紫花针茅群系：分布于高原面、平缓山坡和湖成平原，群落总盖度一般为 20% ～ 40%，草层高度为 20 cm 左右，最高可达 40 cm [图 7.7(a)]。建群种紫花针茅，常见伴生植物有羽柱针茅 (*S. subsessiliflora* var. *basiplumos*)、昆仑针茅 (*S. roborowskyi*)、沙生针茅 (*S. glareosa.*)、羊茅 (*F. coelestis*)、梭罗草 (*R. thoroldiana*)、鹅观草 (*Roegneria kamoji* Ohwi)、渐尖早熟禾 (*P. attenuata*)、西藏早熟禾 (*P. boreali-tibetica*)、波伐早熟禾 (*P. poiphagorum*)、垂穗披碱草 (*E. nutans*)、固沙草 (*O. thoroldii*)、青藏薹草 (*C. moorcroftii*)、粗壮嵩草 (*K. robusta*)、藏沙蒿 (*A. wellbyi*)、矮沙蒿 [*Artemisia desertorum* var. *foetida* (Jacq. ex DC.) Ling et Y. R. Ling]、光萼青兰 (*D. argunense*)、丛生黄耆 (*A. confertus*)、小叶棘豆 (*O. microphylla*)、弱小火绒草 (*L. pusillum*)、二裂委陵菜 (*P. bifurca*)、青藏狗娃花 (*H. bowerii*)、西藏微孔草 (*Microula tibetica* Benth.)、垫状点地梅 (*A. tapete*)、藓状雪灵芝 (*A. bryophylla*)、垫状金露梅 (*P. fruticosa* var. *pumila*) 等，有时垫状金露梅甚至可形成群落优势成分之一。紫花针茅 (*S. purpurea*) 草地退化后，瑞香狼毒 (*Stellera chamaejasme* Linn.)、青海刺参 (*Morina kokonorica* Hao)、青藏大戟 (*Euphorbia altotibetica* O. Pauls)、披针叶野决明 (*Thermopsis lanceolata* R. Br.) 等毒杂草大量蔓延。

2) 昆仑针茅群系：分布于高原面和平缓山坡，群落总盖度 25% ～ 30%，草层高度 10 ～ 20 cm[图 7.7(b)]。建群种昆仑针茅 (*S. roborowskyi*)，常见伴生植物有紫花针茅 (*S. purpurea*)、羽柱针茅 (*S. subsessiliflora* var. *basiplumos*)、小叶棘豆 [*Oxytropis microphylla* (Pall.) DC.]、青藏狗娃花 [*Heteropappus bowerii* (Hemsl.) Griers.]、二裂委陵菜 (*P.bifurca*)、青甘韭 (*Allium przewalskianum*)、长梗红景天 [*Rhodiola fastigiata*

(a)   (b)

图 7.7　高寒草原景观图

(a) 紫花针茅为建群种的高寒草原景观；(b) 昆仑针茅为建群种的高寒草原景观

(Hook. f. et Thoms.) S. H. Fu]、青海刺参（*M. kokonorica*）、草地早熟禾（*Poa pratensis* Linn)、垫状点地梅（*A. tapete*）和藓状雪灵芝（*A. bryophylla*）等。

3) 羽柱针茅群系：分布于洪积扇和湖滨宽谷。群落总盖度 15%～30%，草层高度 10～20cm。建群种昆仑针茅（*S. basiplumosa*），常见伴生植物有紫花针茅（*S. purpurea*）、昆仑针茅（*S. roborowskyi*）、梭罗草（*R. thoroldiana*）、青藏薹草（*C. moorcroftii*）、粗壮嵩草（*K. robusta*）、青藏狗娃花（*H. bowerii*）、光萼青兰（*D. argunense*）、冻原白蒿（*A. stracheyi*）、藏沙蒿（*A. wellbyi*）、藏荠（*H. tibetica*）、短穗兔耳草（*L. brachystachya*）等。

2. 高寒沼泽草甸草地类型

高寒沼泽草甸草地是青藏高原典型的高寒湿地生态系统（西藏自治区土地管理局，1994；Li et al.，2004；Wang et al.，2007；Yu et al.，2011)，也是色林错区域比较常见的草地类型之一，其面积、分布范围仅次于高寒草原草地类型，主要包括藏北嵩草群系和扁穗草群系，其中藏北嵩草群系是色林错区域分布范围较广、面积较大的沼泽类草地植被。

1) 藏北嵩草群系：分布于湖泊与河流边缘低洼地段。群落所在地常有季节性积水或土壤层较湿，地表常具草丘，丘高 10～30 cm，直径 20～50 cm，草丘覆盖面积占地面面积的 40%～70%（图 7.8）。建群种藏北嵩草（*Kobresia littledalei*）为莎草科密丛生植物，群落盖度 50%～90% 或更大，草层高度因生境不同株高差异明显。常见伴生植物有青藏薹草（*C. moorcroftii*）、喜马拉雅嵩草 [*Kobresia royleana*（Nees）Bocklr.]、扁穗草（*B. compressus*）、华扁穗草（*Blysmus sinocompressus* Tang et Wang）、草地早熟禾（*P. pratensis*）、蕨麻委陵菜（*P. anserina*）、柔小粉报春（*Primula pumilio* Maxim.）、云生毛茛（*Ranunculus nephelogenes* Edgew.）、独一味、海乳草 [*Lamiophlomis rotata*（Benth.）Kudo]、冰岛蓼（*Koenigia islandica* Linn)、西伯利亚蓼（*Polygonum sibiricum* Laxm.）、水麦冬（*Triglochin palustre* Linn.）、展苞灯心草（*Juncus thomsonii* Buchen.）、西藏阿拉善马先蒿 [*Pedicularis alaschanica* subsp. *tibetica*（Maxim.）Tsoong] 等。

图 7.8　藏北嵩草为建群种的沼泽草甸景观

2）扁穗草群系：分布于河漫滩、湖滨或泉水漫溢处，群落所在地的地下水位较高，土壤潮湿。建群种扁穗草（*Blysmus compressus*）为根茎型湿中生植物，群落盖度60%～90%，草层高度约 10 cm。种类组成简单，多为湿中生、湿生或沼生植物类群。常见的伴生植物有赖草（*L. secalinus*）、双柱头蔍草 [*Scirpus distigmaticus*（Kükenth.）Tang et Wang]、青藏薹草（*C. moorcroftii*）、喜马拉雅嵩草（*K. royleana*）、喜马拉雅碱茅（*Puccinellia himalaica* Tzvel.）、西藏早熟禾（*Poa boreali-tibetica* C. Ling）、蕨麻委陵菜（*P. anserina*）、水麦冬（*T. palustre*）、西藏阿拉善马先蒿（*Pedicularis alaschanica* subsp. tibetica）、海乳草（*Glaux maritima* Linn.）、西伯利亚蓼（*P. sibiricum*）、铺散肋柱花 [*Lomatogonium carinthiacum*（Wulf.）Reichb.] 等。

3. 高寒草甸草地类型

高寒草甸草地以高山嵩草为优势种，广泛分布于整个青藏高原陆地表面（杜国祯等，2003；王长庭等，2004；西藏自治区土地管理局，1994；Miehe et al.，2008；Jiang et al.，2003）。色林错区域的高寒草甸草地主要分布于高寒沼泽草地藏北嵩草群系向高寒草原类草地过渡的部分地段，分布相对零散，面积较小，以高山嵩草群系植被为主。

高山嵩草群系：分布于丘陵山地阴坡。群落盖度 60%～90%，建群种高山嵩草（*K. pygmaea*）覆盖度 50%～70%，其多度与盖度均占群落绝对优势，呈单优势群落（图 7.9）。它具有种类丰富、草层低矮、草质优良、耐牧性强的特点。主要的伴生植物有矮嵩草 [*Kobresia humilis*（C. A. Mey. ex Trautv.）Sergiev]、青藏薹草（*C. moorcroftii*）、紫花针茅（*S. purpurea*）、羊茅（*F. coelestis*）、弱小火绒草（*L. pusillum*）、柔小粉报春（P. pumilio）、束花粉报春（*Primula fasciculata* Balf. f. et Ward）、藏玄参（*Oreosolen wattii* Hook. f.）、短穗兔耳草（*L. brachystachya*）、独一味（*L. rotata*）、卷鞘鸢尾（*Iris potaninii* Maxim.）、小叶棘豆 [*Oxytropis microphylla*（Pall.）DC.]、高山唐松草（*Thalictrum alpinum* Linn.）、西伯利亚蓼（*P. sibiricum*）、珠芽蓼（*P. viviparum*）等。

图 7.9　高山嵩草为建群种的高寒草甸景观

4. 高寒荒漠草地类型

色林错区域部分地段也有高寒荒漠草地植被类型零星分布，尽管其分布面积较小，且分散分布，但其植被群系较为多样，主要有固沙草群系、白草群系、藏沙蒿群系、垫状驼绒藜群系和青藏薹草群系等（西藏自治区土地管理局，1994）。

1) 固沙草群系：分布于山麓洪积扇、湖滨阶地和台地。群落盖度 25% ~ 40%，草层高度 20 ~ 30 cm，最高可达 45 cm。建群种固沙草（*O. thoroldii*），常见伴生植物有紫花针茅（*S. purpurea*）、昆仑针茅（*S. roborowskyi*）、冻原白蒿（*A. stracheyi*）、藏沙蒿（*A. wellbyi*）、二裂委陵菜（*P. bifurca*）、劲直黄耆（*A. rigidulus*）、瑞香狼毒（*S. chamaejasme*）、菊叶香藜（*Chenopodium foetidum* Schrad.）、单翅猪毛菜（*Salsola monoptera* Bunge）等。

2) 白草群系：分布于湖盆外缘洪积扇和山麓地带。适沙能力不及固沙草，因此在海拔较高的覆沙处常常被固沙草代替。群落总盖度 30% ~ 40%，草层高度 15 ~ 25 cm。群落建群种为白草（*Pennisetum flaccidum* Griseb.），常见伴生植物有固沙草（*O. thoroldii*）、劲直黄耆（*A. rigidulus*）、瑞香狼毒（*S. chamaejasme*）、二裂委陵菜（*P. bifurca*）、青藏狗娃花（*H. boweri*）、马先蒿（*Pedicularis* spp.）、鸢尾（*Iris* spp.）、风毛菊（*Saussurea* spp.）等。

3) 藏沙蒿群系：分布于湖盆外缘和河流高阶地。群落盖度 25% ~ 40%，局部达 60%，草层高度 20 cm 左右 [图 7.10(a)]。群落建群种为藏沙蒿（*A. wellbyi*），伴生植物比较多，常见物种有固沙草（*O. thoroldii*）、紫花针茅（*S. purpurea*）、昆仑针茅（*S. roborowskyi*）、白草（*P. flaccidum*）、二裂委陵菜（*P. bifurca*）、劲直黄耆（*A. rigidulus*）、瑞香狼毒（*S. chamaejasme*）、梭罗草（*R. thoroldiana*）、鹅观草（*R. kamoji*）、渐尖早熟禾（*P. attenuat*）、藏北早熟禾（*P. boreali-tibetica*）、草地早熟禾（*P. pratensi*）、垂穗披碱草（*E. nutans*）、粗壮嵩草（*K. robusta*）、甘青青兰（*D. tanguticum*）、小叶棘豆（*O. microphylla*）、弱小火绒草（*L. pusillum*）、青藏狗娃花（*H. bowerii*）、青藏薹草（*C.*

(a)　　　　　　　　　　　　　　　　　　　　(b)

图 7.10　高寒荒漠景观图

(a) 藏沙蒿为建群种的高寒荒漠景观；(b) 垫状驼绒藜为建群种的高寒荒漠景观

moorcroftii)、长梗红景天 (*R. fastigiata*)、青甘韭 (*A. przewalskianum*)、青海刺参 (*M. kokonorica*)、青藏大戟 (*E. altotibetica*) 等。

4) 垫状驼绒藜群系：分布于湖岸高阶地、平缓山坡和坡麓。群落盖度 20% ～ 25%，草层高度 10 ～ 15 cm[图 7.10 (b)]。建群种为垫状驼绒藜 [*Ceratoides compacta* (Losinsk.) C. P. Tsien et C. G. Ma]，群落物种组成相对简单，常见伴生植物有紫花针茅 (*S. purpurea*)、羽柱针茅 (*S. subsessiliflora* var. *basiplumosa*)、草地早熟禾 (*P. pratensi*)、垂穗披碱草 (*E. nutans*)、粗壮嵩草 (*K. robusta*)、弱小火绒草 (*L. pusillum*) 等。

5) 青藏薹草群系：分布于湖岸高阶地、平缓山坡和坡麓。群落盖度 20% ～ 25%，草层高度 10 ～ 15 cm。建群种青藏薹草 (*C. moorcroftii*) 占绝对优势，群落物种组成相对简单，常见伴生植物有紫花针茅 (*S. purpurea*)、羽柱针茅 (*S. subsessiliflora* var. *basiplumosa*)、梭罗草 (*R. thoroldiana*)、草地早熟禾 (*P. pratensi*)、垂穗披碱草 (*E. nutans*)、粗壮嵩草 (*K. robusta*)、弱小火绒草 (*L. pusillum*)、燥原荠 [*Ptilotrichum canescens* (DC.) C. A. Mey.]、藏虫实 (*Corispermum tibeticum* Iljin)、垫状驼绒藜 (*C. compacta*) 等。

7.2.2　调查区域 A 基本情况分析

调查区域 A 位于 90.52°E，31.37°N，海拔 4609 m，地势平坦，主要景观为高寒草原。在该区域内随机布置了 10 个 1 m×1 m 的样方（图 7.11），用剪刀剪取每个样方内的所有地上部分生物量，并分物种装入牛皮纸袋，随机挖取 3 个直径为 6 cm、深度为 30 cm 的土壤样品，并将土壤样品分层（0 ～ 10 cm、10 ～ 20 cm、20 ～ 30 cm）后分别装入牛皮纸袋，用以测量土壤分层根系生物量和进行土壤养分分析。将所有样方中出现的植物种作为该群落的物种丰富度，利用网格针刺法观测植物物种的高度和盖度。利用样方法测得的各个物种的相对生物量指标求出 Shannon-Wiener 指数、均一度指数。

图 7.11　高寒草原草地景观图（a）和取样现场图（b）

（1）土壤特性

调查区域 A 的土壤总碳量为 4.89%，其中无机碳含量为 1.29%，有机碳含量为 3.60%，分别占土壤总碳量的 26% 和 74%；在土壤有机碳中，有效有机碳含量为 2.79 g/kg，而无效有机碳含量为 33.21 g/kg；土壤总氮含量为 2.33 g/kg，其中有效氮含量仅为 0.13 g/kg；土壤钾总量为 11.40 g/kg，其中有效钾含量为 0.09 g/kg；土壤总磷含量为 0.37 g/kg，其中有效磷含量为 0.003 g/kg。各样方间土壤养分含量的差异较小（表 7.2）。

表 7.2　调查区域 A 土壤养分分析结果

样方	总碳量 (%)	无机碳 (%)	有机碳 (%)	有效有机碳 (g/kg)	无效有机碳 (g/kg)	总氮 (g/kg)	有效氮 (mg/kg)	钾总量 (g/kg)	有效钾 (mg/kg)	磷总量 (g/kg)	有效磷 (mg/kg)
样方 1	4.80	1.37	3.43	2.82	31.49	2.41	121.13	11.28	85.69	0.36	3.19
样方 2	4.82	1.44	3.39	2.88	30.99	2.34	117.58	11.00	84.83	0.41	3.13
样方 3	5.04	1.36	3.68	2.79	34.04	2.35	128.43	11.49	83.93	0.35	3.03
样方 4	4.86	1.41	3.45	2.91	31.58	2.25	127.51	11.80	86.81	0.36	3.24
样方 5	4.92	1.26	3.67	2.93	33.76	2.23	137.12	11.35	85.77	0.33	3.22
样方 6	4.93	1.33	3.60	2.73	33.28	2.27	126.71	11.15	84.48	0.36	3.15
样方 7	4.84	1.10	3.74	2.73	34.64	2.19	118.83	11.16	84.78	0.37	3.01
样方 8	4.97	1.30	3.67	2.84	33.83	2.43	137.32	11.28	86.30	0.40	3.22
样方 9	4.91	1.27	3.64	2.74	33.62	2.41	118.38	11.93	90.16	0.37	3.27
样方 10	4.86	1.11	3.75	2.57	34.90	2.42	134.62	11.61	84.94	0.38	3.05
平均	4.89	1.29	3.60	2.79	33.21	2.33	126.76	11.40	85.77	0.37	3.15
SD	0.07	0.11	0.13	0.11	1.37	0.09	7.70	0.30	1.77	0.02	0.09

（2）物种多样性和物种组成

调查区域 A 内物种丰富度相对较低，每平方米平均仅发现 6.8(±1.4) 种物种，最高能发现 9 种物种，最低为 5 种物种。该区域物种均一度为 0.56（±0.12），香农 - 维纳多样性指数为 1.30（±0.32）（表 7.3）。物种包括紫花针茅（*S. purpurea*）、藓状雪灵芝（*A. bryophylla*）、藏北早熟禾（*P. boreali-tibetica*）、狼毒（*S. chamaejasme*）、青藏薹草（*C. moorcroftii*）、丛生蝇子草（*S. caespitella*）、木根香青（*A. xylorhiza*）以及青藏狗娃花（*H. bowerii*）等（表 7.4），其中紫花针茅的地上生物量为 6.6 g/m²，而青藏狗娃花仅 0.04 g/m²（表 7.4）。

表 7.3　调查区域 A 各样方内群落地下、地上生物量；物种数量、频度、优势度、
香农 - 维纳多样性指数和均一度

样方	地下生物量 （g/m²）	地上生物量 （g/m²）	物种数量	频度	优势度	香农 - 维纳多 样性指数	均一度
样方 1	330.86	12.48	6	10	0.5449	0.9678	0.4387
样方 2	575.02	17.69	8	13	0.316	1.567	0.5991
样方 3	444.09	12.92	8	10	0.2981	1.529	0.5769
样方 4	300.78	6.12	5	5	0.3332	1.313	0.7438
样方 5	123.85	12.81	9	9	0.2575	1.65	0.5787
样方 6	567.94	11.10	8	7	0.2301	1.728	0.7037
样方 7	585.63	14.58	6	12	0.6134	0.8673	0.3968
样方 8	249.47	10.42	7	6	0.3699	1.356	0.5546
样方 9	454.71	50.05	6	46	0.5877	0.8585	0.3933
样方 10	341.47	9.61	5	7	0.3939	1.198	0.663
平均	397.38	15.78	6.80	12.50	0.39	1.30	0.56
SD	154.61	12.43	1.40	12.05	0.14	0.32	0.12

（3）生物量

调查区域 A 内不同植物物种的生物量和频度差异较大。地上生物量从大到小分别为紫花针茅（*S. purpurea*）、藓状雪灵芝（*A. bryophylla*）、瑞香狼毒（*S. chamaejasme*）、藏北早熟禾（*P. boreali-tibetica*）、青藏薹草（*C. moorcroftii*）、丛生蝇子草（*S. caespitella*、木根香青（*A. xylorhiza*）、弱小火绒草（*L. pusillum*）、卷鞘鸢尾（*I. potaninii*）、西藏微孔草（*M. tibetica*）、碎米蕨叶马先（*P. cheilanthifolia*）、高原唐松草（*T. cultratum*）以及青藏狗娃花，该区域各种植物出现的频率也差异显著，其中紫花针茅、藏北早熟禾、青藏薹草出现的频率为最高，所有样方内均发现这几种植物，但弱小火绒草、西藏微孔草以及青藏狗娃花仅出现在一个样方内（表 7.4）。

该区域群落生物量差异也较大。在所有群落中地上生物量最大可达 50 g/m²，但最小仅为 6 g/m²，群落平均地上生物量为 16 g/m²。地下生物量最大为 586 g/m²，最小为 124 g/m²，平均为 398 g/m²，但最大、最小地下生物量相对应的群落并非是出现最大、最小地上生物量的群落样方。地下生物量大多集中在地下 0 ～ 10 cm 的土壤层内，地下 20 ～ 30 cm 内的地下生物量最少（图 7.12）。

表 7.4 调查区域 A 内不同植物物种在不同样方内的地上生物量和出现的频度

中文名	学名	样方 1	样方 2	样方 3	样方 4	样方 5	样方 6	样方 7	样方 8	样方 9	样方 10	平均生物量 (g/m²)	频度
紫花针茅	*Stipa purpurea* Griseb.	9.01	9.34	6.36	3.64	2.77	4.33	11.3	5.95	7.7	5.58	6.60	10
藓状雪灵芝	*Arenaria bryophylla* Fernald	0	1.76	0	0	5.49	1.54	0	0.93	37.5	0	4.72	5
瑞香狼毒	*Stellera chamaejasme* Linn.	0	1.2	1.01	1.43	1.41	0.73	0.34	0.83	1.9	1.83	1.07	9
藏北早熟禾	*Poa boreali-tibetica* C. Ling	1.57	0.48	1.83	0.75	0.94	0.52	1.22	0.65	0.75	0.84	0.96	10
青藏薹草	*Carex moorcroftii* Falc. ex Boott	0.16	1.67	1.6	0.3	1	0.86	0.33	0.14	1.29	0.32	0.77	10
丛生蝇子草	*Silene caespitella* Williams	0.93	0.96	1.49	0	0.43	0.5	0	1.64	0.91	0	0.69	7
木根香青	*Anaphalis xylorhiza* Sch.-Bip. ex Hook. f.	0.4	1.67	0.32	0	0.08	0	0	0	0	0	0.25	4
弱小火绒草	*Leontopodium pusillum* (Beauv.) Hand.-Mazz.	0	0	0	0	0	2.31	0	0	0	0	0.23	1
矮生嵩草	*Kobresia humilis* (C. A. Mey. ex Trautv.) Sergiev	0	0	0	0	0	0	0	0.28	0	1.04	0.13	3
卷鞘鸢尾	*Iris potaninii* Maxim	0	0	0	0	0.61	0	0.58	0	0	0	0.12	2
西藏微孔草	*Microula tibetica* Benth.	0	0	0	0	0	0	0.81	0	0	0	0.08	1
碎米蕨叶马先蒿	*Pedicularis cheilanthifolia* Schrenk	0	0.61	0.11	0	0	0	0	0	0	0	0.07	2
高原唐松草	*Thalictrum cultratum* Wall.	0	0	0.2	0	0.08	0.31	0	0	0	0	0.06	3
青藏狗娃花	*Heteropappus bowerii* (Hemsl.) Griers.	0.41	0	0	0	0	0	0	0	0	0	0.04	1

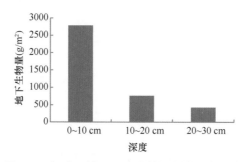

图 7-12　调查区域 A 不同土壤深度地下生物量

7.2.3　调查区域 B 基本情况分析

调查区域 B 位于 89.58°E，31.62°N，海拔 4596 m，地势平坦，主要景观为高寒草原。在该区域内随机布置了 8 个 1 m×1 m 的样方。利用剪刀剪取每个样方内的所有地上部分生物量，并分物种装入牛皮纸袋，随机挖取 3 个直径为 6 cm、深度为 30 cm 的土壤样品，并将土壤样品分层（0 ～ 10 cm、10 ～ 20 cm、20 ～ 30 cm）后分别装入牛皮纸袋，用以测量土壤分层根系生物量和土壤养分分析。将所有样方中出现的植物种作为该群落的物种丰富度，利用网格针刺法观测植物物种的高度和盖度。利用样方法测得的各个物种的相对生物量指标求出香农 - 维纳多样性指数、均一度指数。

（1）土壤特性

调查区域 B 的土壤总碳量为 4.72%，其中无机碳含量为 1.42%，有机碳含量为 3.29%，分别占土壤总碳量的 30% 和 70%；在土壤有机碳中，有效有机碳含量为 3.23 g/kg，而无效有机碳含量为 29.72 g/kg；土壤总氮含量为 2.97 g/kg，其中有效氮含量仅为 0.16 g/kg；土壤钾总量为 10.70 g/kg，其中有效钾含量为 0.1 g/kg；土壤总磷含量为 0.48 g/kg，其中有效磷含量为 0.004 g/kg。各样方间土壤养分含量的差异较小（表 7.5）。

表 7.5　调查区域 B 土壤养分分析结果

样方	总碳量 (%)	无机碳 (%)	有机碳 (%)	有效有机碳 (g/kg)	无效有机碳 (g/kg)	总氮 (g/kg)	有效氮 (mg/kg)	钾总量 (g/kg)	有效钾 (mg/kg)	磷总量 (g/kg)	有效磷 (mg/kg)
样方 1	4.52	1.26	3.26	3.22	29.41	3.05	162.27	10.95	100.40	0.47	4.12
样方 2	4.62	1.44	3.18	3.19	28.62	3.00	158.76	10.27	103.74	0.46	4.02
样方 3	4.89	1.64	3.25	3.26	29.23	3.09	170.49	11.43	102.73	0.50	4.04
样方 4	4.86	1.40	3.46	3.24	31.33	3.03	161.16	10.92	106.73	0.48	4.10
样方 5	4.73	1.47	3.26	3.27	29.30	2.98	173.15	10.56	104.52	0.51	4.01
样方 6	4.72	1.39	3.33	3.31	30.02	3.10	157.70	10.27	106.02	0.44	4.13
样方 7	4.70	1.38	3.33	3.17	30.10	2.82	159.42	10.42	104.96	0.52	4.12
样方 8	4.69	1.40	3.29	3.16	29.71	2.68	175.46	10.82	102.16	0.48	4.22
平均	4.72	1.42	3.29	3.23	29.72	2.97	164.80	10.70	103.91	0.48	4.10
SD	0.12	0.11	0.08	0.05	0.81	0.15	7.08	0.40	2.09	0.03	0.07

(2) 物种多样性和物种组成

调查区域 B 内物种丰富度相对较高，每平方米平均发现 11.5 种物种，最高能发现 16 种物种，最低为 9 种物种。该区域物种均一度为 0.34，香农 - 维纳多样性指数为 1.29（表 7.6）。物种包括紫花针茅（*S. purpurea*）、沙生针茅（*S. glareosa*）、弱小火绒草（*L. pusillum*）、藏北早熟禾（*P. boreali-tibetica*）、白花枝子花（*D. heterophyllum*）、昆仑蒿（*A. nanschanica*）、瑞香狼毒（*S. chamaejasme*）、青藏薹草（*C. moorcroftii*）、蓝白龙胆（*Gentiana leucomelaena* Maxim.）、小叶棘豆（*O. microphylla*）、西藏风毛菊（*Saussurea tibetica* C. Winkl.）、长鞭红景天（*R. fastigiata*）、藏波罗花（*I. younghusbandii*）等（表 7.6）。

表 7.6　调查区域 B 各样方内群落地下、地上生物量；物种数量、频度、优势度、香农 - 维纳多样性指数和均一度

样方	地下生物量（g/m²）	地上生物量（g/m²）	物种数量	频度	优势度	香农 - 维纳多样性指数	均一度
样方 1	460.01	34.78	11.00	31.00	0.22	1.80	0.55
样方 2	392.78	26.37	12.00	22.00	0.18	1.93	0.57
样方 3	244.16	76.93	11.00	70.00	0.50	1.20	0.30
样方 4	1818.83	60.28	10.00	55.00	0.68	0.82	0.23
样方 5	707.71	119.14	12.00	114.00	0.70	0.80	0.19
样方 6	1652.51	165.47	16.00	96.00	0.31	1.59	0.31
样方 7	424.63	94.97	9.00	91.00	0.51	1.14	0.35
样方 8	332.63	54.76	11.00	50.00	0.47	1.06	0.26
平均	754.16	79.09	11.50	66.13	0.45	1.29	0.34
SD	621.77	46.31	2.07	32.48	0.19	0.43	0.14

(3) 生物量

调查区域 B 内不同植物物种的生物量和频度差异较大。地上生物量从大到小分别为弱小火绒草（*L. pusillum*）、沙生针茅（*S. glareosa*）、小叶棘豆（*O. microphylla*）、紫花针茅（*S. purpurea*）、青藏薹草（*C. moorcroftii*）、蓝白龙胆（*Gentiana leucomelaena* Maxim.）、瑞香狼毒（*S. chamaejasme*）、藏北早熟禾（*P. boreali-tibetica*）、白花枝子花（*D. heterophyllum*）、藏波罗花（*I. younghusbandii*）、长鞭红景天（*R. fastigiata*）、西藏风毛菊（*Saussurea tibetica* C. Winkl.）、昆仑蒿（*A. nanschanica*），其中弱小火绒草的地上生物量为 25.64 g/m²，而昆仑蒿仅 0.02 g/m²（表 7.7）。

该区域各种植物出现的频度也差异显著，其中紫花针茅出现的频率最高，所有样方内均发现这个物种，但长鞭红景天、藏波罗花以及昆仑蒿仅出现在一个样方内（表 7.7）。

表 7.7　调查区域 B 内不同植物物种在不同样方内的地上生物量和出现的频度

中文名	学名	样方 1	样方 2	样方 3	样方 4	样方 5	样方 6	样方 7	样方 8	平均生物量 (g/m^2)	频度
瑞香狼毒	*Stellera chamaejasme* Linn.	0.00	0.40	0.81	0.83	0.52	0.14	0.54	0.19	0.43	7
沙生针茅	*Stipa glareosa* P. Smirn.	2.41	0.00	2.65	0.00	0.00	7.73	66.42	34.24	14.18	5
白花枝子花	*Dracocephalum heterophyllum* Benth	0.00	0.40	0.00	0.00	1.65	0.00	0.00	0.00	0.26	2
昆仑蒿	*Artemisia nanschanica* Krasch.	0.00	0.00	0.00	0.00	0.00	0.00	0.00	0.19	0.02	1
蓝白龙胆	*Gentiana leucomelaena* Maxim.	0.00	3.19	0.00	0.83	0.52	1.64	0.00	0.00	0.77	4
紫花针茅	*Stipa purpurea* Griseb.	12.57	8.16	6.80	2.74	5.85	0.14	1.38	0.04	4.71	8
小叶棘豆	*Oxytropis microphylla* (Pall.) DC.	0.00	3.36	53.43	2.32	1.40	12.49	6.33	15.10	11.80	7
西藏风毛菊	*Saussurea tibetica* C. Winkl.	0.19	0.00	0.00	0.12	0.00	0.00	0.00	0.00	0.04	2
长鞭红景天	*Rhodiola fastigiata* (Hook. f. et Thoms.) S. H. Fu	0.00	0.00	0.00	0.83	0.00	0.00	0.00	0.00	0.10	1
二裂委陵菜	*Potentilla bifurca* Linn.	0.00	0.40	0.00	0.00	0.00	0.00	7.72	0.00	1.02	2
矮生嵩草	*Kobresia humilis* (C. A. Mey. ex Trautv.) Sergiev	0.20	0.00	0.00	0.00	1.08	0.00	0.00	0.95	0.28	3
青藏薹草	*Carex moorcroftii* Falc. ex Boott	9.20	3.12	6.09	0.81	2.78	0.27	2.65	0.00	3.12	7
高山唐松草	*Thalictrum alpinum* Linn.	0.00	0.00	0.00	0.00	4.19	1.22	0.00	1.68	0.89	3
藏北早熟禾	*Poa boreali-tibetica* C. Ling	0.47	0.08	0.66	0.13	0.52	0.67	0.00	0.00	0.32	6
弱小火绒草	*Leontopodium pusillum* (Beauv.) Hand.-Mazz.	0.00	4.88	0.00	49.35	99.06	51.80	0.00	0.00	25.64	4
双花委陵菜	*Potentilla biflora* Willd. ex Schlecht.	2.18	0.08	0.00	0.00	0.00	1.11	0.00	0.00	0.42	3
藏沙蒿	*Artemisia wellbyi* Hemsl. et Pears. ex Deasy	0.00	0.00	0.00	0.00	0.00	1.23	4.32	0.75	0.79	3
垂穗披碱草	*Elymus atratus* (Nevski) Hand.-Mazz.	0.00	0.40	1.57	0.00	1.06	0.47	5.57	0.01	1.14	6
西藏微孔草	*Microula tibetica* Benth.	0.00	0.00	0.66	0.00	0.52	3.23	0.00	0.94	0.67	4
寒源茅	*Aphragmus tibeticus* O. E. Schulz	0.00	0.00	0.66	0.00	0.00	0.00	0.04	0.00	0.09	2
半卧狗娃花	*Heteropappus semiprostratus* Griers.	3.50	0.00	0.00	0.00	0.00	1.22	0.00	0.00	0.59	2
白叶蒿	*Artemisia leucophylla* (Turcz. ex Bess.) C. B. Clarke	1.29	1.90	2.80	2.32	0.00	18.97	0.00	0.68	3.50	6
马先蒿	*Pedicularis* spp.	0.00	0.00	0.80	0.00	0.00	0.14	0.00	0.00	0.12	2
早熟禾 2	*Poa* spp.	1.27	0.00	0.00	0.00	0.00	0.00	0.00	0.00	0.16	1
藏波罗花	*Incarvillea younghusbandii* Sprague	1.50	0.00	0.00	0.00	0.00	0.00	0.00	0.00	0.19	1

　　该区域群落生物量差异也较大。在所有群落中地上生物量最大可达 166 g/m²，但最小仅为 26 g/m²，群落平均地上生物量为 79 g/m²。地下生物量最大为 1818 g/m²，最小为 244 g/m²，平均为 754 g/m²，但最大、最小地下生物量相对应的群落并非是出现最大、最小地上生物量群落的样方。地下生物量大多集中在地下 0 ～ 10cm 的土壤层内，地下 20 ～ 30 cm 的地下生物量最少（图 7.13）。

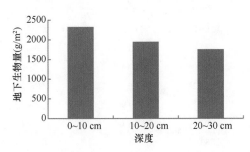

图 7.13　调查区域 B 不同土壤深度地下生物量

7.2.4　调查区域 C 基本情况分析

　　调查区域 C 位于 89.43°E，31.61°N，海拔 4654 m，地势平坦，主要景观为高寒 – 草甸草原。在该区域内随机布置了 10 个 1×1 m 的样方。利用剪刀剪取每个样方内的所有地上部分生物量，并分物种装入牛皮纸袋，随机挖取 3 个直径为 6 cm、深度为 30 cm 的土壤样品，并将土壤样品分层（0 ～ 10 cm、10 ～ 20 cm、20 ～ 30 cm）后分别装入牛皮纸袋，用以测量土壤分层根系生物量。将所有样方中出现的植物种作为该群落的物种丰富度，而利用网格针刺法观测植物物种的高度和盖度。利用样方法测得的各个物种的相对生物量指标求出香农 - 维纳多样性指数、均一度指数。

（1）物种多样性和物种组成

　　调查区域 C 内物种丰富度相对较高，每平方米平均发现 10.7 种物种，最高能发现 12 种物种，最低为 9 种物种。该区域物种均一度为 0.63，香农 - 维纳多样性指数为 1.88（表 7.8）。物种包括垫状点地梅（*A. tapete*）、白叶蒿（*A. leucophylla*）、弱小火绒草（*L. pusillum*）、镰荚棘豆（*Oxytropis falcata* Bunge）、肉果草（*L. tibetica*）、密丛棘豆（*Oxytropis densa* Benth. ex Bunge）、紫花针茅（*S. purpurea*）、西南无心菜（*Arenaria forrestii*）、青藏薹草（*C. moorcroftii*）、长鞭红景天（*R. fastigiata*）、藏北早熟禾（*P. boreali-tibetica*）、西藏肉叶荠（*Braya tibetica* Hook. f. et Thoms.）、二裂委陵菜（*P. bifurca*）、白花枝子花（*D. heterophyllum*）、矮假龙胆 [*Gentianella pygmaea* (Regel et Schmalh.) H. Smith]、微孔草 [*Microula sikkimensis* (Clarke) Hemsl.]、川藏风毛菊（*Saussurea stoliczkae* C. B. Clarke）等（表 7.9）。

表 7.8　调查区域 C 各样方内群落地下、地上生物量；物种数量、频度、优势度、
香农 - 维纳多样性指数和均一度

样方	地下生物量 (g/m²)	地上生物量 (g/m²)	物种数量	频度	优势度	香农 - 维纳多样性指数	均一度
样方 1	266.48	88.93	10.00	83.00	0.26	1.61	0.50
样方 2	181.98	65.22	10.00	59.00	0.15	2.04	0.77
样方 3	356.17	152.18	12.00	147.00	0.36	1.52	0.38
样方 4	408.16	130.67	10.00	127.00	0.20	1.86	0.64
样方 5	236.58	95.87	11.00	92.00	0.20	1.88	0.59
样方 6	462.76	42.63	12.00	39.00	0.19	1.90	0.56
样方 7	557.65	54.06	11.00	39.00	0.22	1.91	0.62
样方 8	4679.58	46.28	11.00	41.00	0.15	2.09	0.73
样方 9	5755.88	71.79	9.00	68.00	0.17	1.95	0.78
样方 10	369.17	90.44	11.00	86.00	0.18	2.02	0.69
平均	1327.44	83.81	10.70	78.10	0.21	1.88	0.63
SD	2068.89	35.85	0.95	37.00	0.06	0.18	0.12

（2）生物量

调查区域 C 内不同植物物种的生物量和频度差异较大。地上生物量从大到小分别为垫状点地梅（*A. tapete*）、白叶蒿（*A. leucophylla*）、弱小火绒草（*L. pusillum*）、镰荚棘豆（*Oxytropis falcata* Bunge）、肉果草（*L. tibetica*）、密丛棘豆（*Oxytropis densa* Benth. ex Bunge）、紫花针茅（*S. purpurea*）、西南无心菜（*Arenaria forrestii*）、青藏薹草（*C. moorcroftii*）、长鞭红景天（*R. fastigiata*）、藏北早熟禾（*P. boreali-tibetica*）、西藏肉叶荠（*Braya tibetica* Hook. f. et Thoms.）、二裂委陵菜（*P. bifurca*）、白花枝子花（*D. heterophyllum*）、矮假龙胆 [*Gentianella pygmaea*（Regel ct Schmalh.）H. Smith]、微孔草 [*Microula sikkimensis*（Clarke）Hemsl.]、川藏风毛菊（*Saussurea stoliczkae* C. B. Clarke），其中垫状点地梅地上生物量为 15.53 g/m²，而川藏风毛菊仅 0.01 g/m²（表 7.9）。

该区域各种植物出现的频度也差异显著，其中镰荚棘豆、紫花针茅、青藏薹草藏北早熟禾出现的频率最高，所有样方内均发现这些物种，但矮假龙胆、微孔草、川藏风毛菊仅出现在一个样方内（表 7.9）。

该区域群落生物量差异也较大。在所有群落中地上生物量最大可达 152 g/m²，但最小仅为 43 g/m²，群落平均地上生物量为 84 g/m²。地下生物量最大为 5756 g/m²，最小为 182 g/m²，平均为 1327 g/m²，但最大、最小地下生物量相对应的群落并非是出现最大、最小地上生物量群落的样方。地下生物量大多集中在地下 0～10 cm 的土壤层内，地下 20～30 cm 内的地下生物量最少（图 7.14）。

7.2.5　色林错区域土壤总体评价

色林错区域主要以高寒草原为主，主要分布于湖盆区，以高山草原土为主，成土

表 7.9 调查区域 C 内不同植物种在不同样方内的地上生物量和出现的频度

中文名	学名	样方 1	样方 2	样方 3	样方 4	样方 5	样方 6	样方 7	样方 8	样方 9	样方 10	平均生物量 (g/m²)	频度
垫状点地梅	*Androsace tapete* Maxim.	0.00	0.00	86.58	42.49	0.00	0.00	2.08	0.00	17.64	6.49	15.53	5
白叶蒿	*Artemisia leucophylla* (Turcz. ex Bess.) C. B. Clarke	5.88	12.64	22.51	26.00	30.41	14.31	18.88	8.25	0.00	16.25	15.51	9
弱小火绒草	*Leontopodium pusillum* (Beauv.) Hand.-Mazz.	29.29	7.73	7.86	25.72	21.19	3.37	0.00	0.00	6.20	9.18	11.05	8
镰荚棘豆	*Oxytropis falcata* Bunge	32.40	11.62	13.18	7.13	3.46	7.96	3.43	6.90	12.27	10.33	10.87	10
肉果草	*Lancea tibetica* Hook. f. et Thoms.	0.00	0.00	0.00	0.00	0.00	100.07	0.00	0.00	0.00	0.00	10.01	1
密丛棘豆	*Oxytropis densa* Benth. ex Bunge	7.83	13.52	1.48	11.00	19.51	0.11	2.16	0.00	8.17	3.18	6.70	9
紫花针茅	*Stipa purpurea* Griseb.	6.29	4.46	4.39	3.48	5.15	5.13	7.34	10.43	5.07	4.47	5.62	10
西南无心菜	*Arenaria forrestii*	0.00	0.00	5.52	0.00	0.00	0.00	1.85	0.00	15.71	29.50	5.26	4
青藏薹草	*Carex moorcroftii* Falc. ex Boott	1.89	6.86	4.26	5.42	5.01	5.56	0.99	8.47	3.29	3.92	4.57	10
长鞭红景天	*Rhodiola fastigiata* (Hook. f. et Thoms.) S. H. Fu	3.96	4.61	3.22	5.28	4.34	3.06	3.35	3.44	0.00	3.80	3.51	9
藏北早熟禾	*Poa boreali-tibetica* C. Ling	0.32	0.66	1.18	1.93	2.02	1.13	1.15	1.87	1.61	1.14	1.30	10
西藏肉叶荠	*Braya tibetica* Hook. f. et Thoms.	0.93	1.97	1.10	0.00	1.58	0.55	1.94	0.00	0.00	0.00	0.81	6
二裂委陵菜	*Potentilla bifurca* Linn.	0.00	0.00	0.00	2.22	2.28	0.00	0.00	1.32	0.00	2.18	0.80	4
白花枝子花	*Dracocephalum heterophyllum* Benth	0.00	1.15	0.00	0.00	0.00	0.14	0.00	1.42	1.83	0.00	0.45	4
管状长花马先蒿	*Pedicularis longiflora* var. *tubiformis* (Klotz.) Tsoong	0.00	0.00	0.90	0.00	0.92	0.00	0.00	1.43	0.00	0.00	0.33	3
拉萨长果婆婆纳	*Veronica ciliata* subsp. *cephaloides* (Pennell) Hong	0.00	0.00	0.00	0.00	0.00	0.00	1.89	1.33	0.00	0.00	0.32	2
矮假龙胆	*Gentianella pygmaea* (Regel et Schmalh.) H. Smith	0.00	0.00	0.00	0.00	0.00	0.00	0.00	1.42	0.00	0.00	0.14	1
微孔草	*Microula sikkimensis* (Clarke) Hemsl.	0.00	0.00	0.00	0.00	0.00	0.24	0.00	0.00	0.00	0.00	0.02	1
川藏风毛菊	*Saussurea stoliczkae* C. B. Clarke	0.14	0.00	0.00	0.00	0.00	0.00	0.00	0.00	0.00	0.00	0.01	1

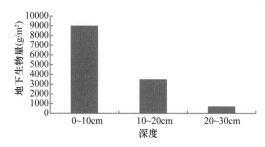

图 7.14　调查区域 C 不同土壤深度地下生物量

母质为洪积冲积物、湖积物、残坡积物和风积物等。土壤质地粗糙、疏松，结构性差，多为砂砾质、粗砾质或沙壤质，各种成土过程弱，土层薄。土层厚度平均为 30 cm 左右，土壤有机质含量低，矿化程度高。土壤总碳含量平均为 4.8 %，其中无机碳约 1.3%，有机碳约 3.5 %[图 7.15(a)]，分别占土壤总碳的 28 % 和 72 %。土壤氮、磷、钾含量分别为 2.6 g/kg、0.4 g/kg 和 11.1 g/kg[图 7.15(b)]。

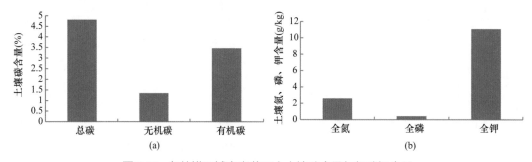

图 7.15　色林错区域高寒草原土土壤碳含量与氮磷钾含量

（1）样方内总体植物多样性

　　色林错的高寒草原植物组成成分相对单一。在调查过程中，在样方内发现平均约 9.5 种物种 /m²（图 7.16），最多可发现 16 种物种 /m²，最少者仅 5 种物种 /m²。优势物种以禾本科针茅属植物为主，莎草科薹草属和菊科蒿属的寒旱生物种比较常见。这些物种在高寒干旱和放牧（或野生植食动物采食）的生境条件下，形成了适应其环境条件的生物－形态特征。例如，大多数禾本科植物常以丛生型、根茎型为主，多年生杂类草则通常形成基叶或匍匐状，灌木类植物生长缓慢且大多矮化。多数植物叶片与生长在温性生境下的同类物种相比较小，且通常叶片卷曲，气孔下陷，具有机械组织和保护组织发达，密被茸毛，根系较地上部位发达等特征。

　　色林错区域高寒草原上的优势植物种为紫花针茅，另外，羽状针茅和昆仑针茅也很常见。其他物种，如藏北早熟禾、羊茅状早熟禾、固沙草、青藏薹草、藏沙蒿、藏白蒿等也比较常见（图 7.17）。多年生杂类草主要以伴生种的形式存在，主要是委陵菜属、紫菀属、风毛菊属、蒿属、棘豆属、点地梅属、马先蒿属等植物，其中钉柱委陵菜、二裂委陵菜、多裂委陵菜、弱小火绒草、菱软紫菀、阿尔泰狗娃花、藏西风毛菊、冰川棘豆、茎直黄耆、垫状点地梅等较为常见。

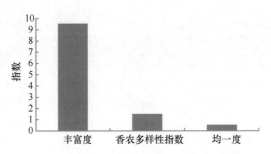

图 7.16　色林错区域植物物种多样性指数

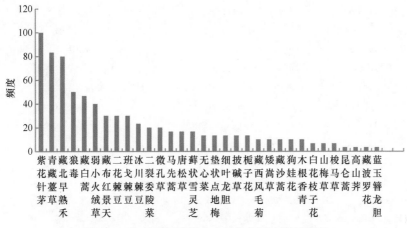

图 7.17　色林错区域样方内植物物种出现的频率

(2) 色林错区域药用和观赏植物多样性

这类资源植物具有分布广、种类多的特点，其中一部分为经济植物（具有商品价值的资源植物，称经济植物），如当地藏医常用的中草药（雪兔子、绿绒蒿、麻黄等）。这一类植物资源也是当地群众最常用的植物资源之一。色林错区域分布最广的一类资源植物，共记录 38 种，隶属 14 个科（表 7.10）。常见的有马尿泡（*Przewalskia tangutica* Maxim）、异鳞红景天 [*Rhodiola smithii* (Hamet) S. H. Fu]、肉果草（*L. tibetica*）、珠芽拳参（*P. viviparum*）、短穗兔耳草（*L. brachystachya*）、独一味（*L. rotata*）、梳齿银莲花（*Anemone obtusiloba* subsp. *ovalifolia* Brühl）、蓝翠雀花（*Delphinium caeruleum* Jacq. ex Camb.）、三裂碱毛茛 [*Halerpestes tricuspis* (Maxim.) Hand.-Mazz.]、藓状雪灵芝（*A.bryophylla*）、垫状雪灵芝（*A. pulvinata*）细果角茴香（*Hypecoum leptocarpum* Hook. f. et Thoms.）、多刺绿绒蒿（*Meconopsis horridula* Hook. f. et Thoms.）等。

表 7.10　色林错区域药用和观赏类植物名录

代码	科名	物种学名	物种中文名	用途
1	毛茛科 Ranunculaceae	*Adonis coerulea* f. *puberula* W. T. Wang	毛蓝侧金盏花	药用
2	毛茛科 Ranunculaceae	*Anemone obtusiloba* subsp. *ovalifolia* Brühl	疏齿银莲花	药用
3	毛茛科 Ranunculaceae	*Ranunculus tanguticus* (Maxim.) Ovcz.	高原毛茛	药用
4	毛茛科 Ranunculaceae	*Halerpestes tricuspis* (Maxim.) Hand.-Mazz.	三裂碱毛茛	药用

续表

代码	科名	物种学名	物种中文名	用途
5	毛茛科 Ranunculaceae	*Delphinium caeruleum* Jacq. ex Camb.	蓝翠雀花	药用、观赏
6	毛茛科 Ranunculaceae	*Oxygraphis glacialis*（Fisch.）Bunge	鸦跖花	药用
7	罂粟科 Papaveraceae	*Hypecoum leptocarpum* Hook. f. et Thoms.	细果角茴香	
8	罂粟科 Papaveraceae	*Meconopsis horridula* Hook. f. et Thoms.	多刺绿绒蒿	药用、观赏
9	罂粟科 Papaveraceae	*Corydalis hendersonii* Hemsl.	尼泊尔黄堇	药用
10	景天科 Crassulaceae	*Rhodiola smithii*（Hamet）S. H. Fu	异鳞红景天	药用
11	石竹科 Caryophyllaceae	*Arenaria bryophylla* Fernald	藓状雪灵芝	药用
12	石竹科 Caryophyllaceae	*Arenaria pulvinata* Edgew.	垫状雪灵芝	药用、水土保持
13	蓼科 Polygonaceae	*Polygonum viviparum* Linn.	珠芽蓼	药用
14	蔷薇科 Rosaceae	*Potentilla anserina* Linn.	蕨麻委陵菜	药用
15	蔷薇科 Rosaceae	*Potentilla bifurca* Linn.	二裂委陵菜	药用
16	蔷薇科 Rosaceae	*Potentilla multifida* var. *nubigena* Wolf	矮生多裂委陵菜	药用
17	蝶形花科 Papilionaceae	*Oxytropis falcata* Bunge	镰荚棘豆	药用
18	蝶形花科 Papilionaceae	*Oxytropis microphylla*（Pall.）DC.	小叶棘豆	药用
19	荨麻科 Urticaceae	*Urtica hyperborea* Jacq. ex Wedd.	高原荨麻	药用
20	川续断科 Dipsacaceae	*Morina kokonorica* Hao	青海刺参	药用
21	菊科 Asteraceae	*Ajania khartensis*（Dunn）C. Shih	铺散亚菊	药用
22	菊科 Asteraceae	*Artemisia minor* Jacq. ex Bess.	垫型蒿	药用
23	菊科 Asteraceae	*Artemisia wellbyi* Hemsl. et Pears. ex Deasy	藏沙蒿	药用
24	菊科 Asteraceae	*Aster asteroides*（DC.）O. Kuntze	星舌紫菀	药用
25	菊科 Asteraceae	*Aster flaccidus* Bunge	萎软紫菀	药用
26	菊科 Asteraceae	*Leontopodium monocephalum* Edgew.	单头火绒草	药用
27	菊科 Asteraceae	*Taraxacum leucanthum*	白花蒲公英	药用
28	报春花科 Primulaceae	*Androsace tapete* Maxim.	垫状点地梅	药用、水土保持
29	报春花科 Primulaceae	*Glaux maritima* Linn.	海乳草	药用
30	茄科 Solanaceae	*Przewalskia tangutica* Maxim.	马尿泡	药用
31	玄参科 Scrophulariaceae	*Lagotis brachystachya* Maxim.	短穗兔耳草	药用
32	玄参科 Scrophulariaceae	*Lancea tibetica* Hook. f. et Thoms.	肉果草	药用
33	玄参科 Scrophulariaceae	*Pedicularis cheilanthifolia* Schrenk	碎米蕨叶马先蒿	药用
34	紫草科 Bignoniaceae	*Incarvillea younghusbandii* Sprague	藏波罗花	药用、观赏
35	唇形科 Lamiaceae	*Dracocephalum heterophyllum* Benth.	白花枝子花	药用
36	唇形科 Lamiaceae	*Dracocephalum tanguticum* Maxim.	甘青青兰	药用
37	唇形科 Lamiaceae	*Lamiophlomis rotata*（Benth.）Kudo	独一味	药用
38	唇形科 Lamiaceae	*Elsholtzia densa* Benth.	密花香薷	药用

（3）色林错区域总体植物多样性

结合前人研究资料和本次科考，初步确定色林错及其周边拥有高等植物 36 科 143 属 360 种 42 变种或亚种（见本章附录）。发现羽叶点地梅（*Pomatosace filicula*）和马尿泡（*Przewalskia tangutica*）2 个中国特有属，以及西藏泡囊草（*Physochlaina praealta*）

等多个青藏高原特有种，以及红景天、白花枝子花、独一味、藏玄参等藏药植物资源。色林错东部超载放牧正加剧草地退化和沙化，西部道路建设造成局地草地退化、毒杂草呈蔓延趋势。班戈县城以东至那曲县公路沿线，由于超载过牧和鼠害等，其原生的高寒草甸（高山嵩草）和沼泽草甸（藏北嵩草）大面积退化 [图 7.18（a），图 7.18（b）]，并呈沙化趋势，青海刺参等毒杂草蔓延。班戈至色林错一带，主要是公路等基础设施建设造成公路沿线的高寒草原退化，瑞香狼毒、披针叶黄华、青藏大戟等毒杂草快速生长（图 7.19）。

（a）　　　　　　　　　　　　　　　　（b）

图 7.18　被鼠害破坏后的高寒草甸景观（a）和高寒草甸退化和沙化景观（b）

(a)青海刺参*Morina kokonorica*　　　　　(b)披针叶黄华*Thermopsis lanceolata*

(c)瑞香狼毒*Strllera chamaejasme*　　　　(d)青藏大戟*Euphorbia altotibetica*

图 7.19　色林错地区常见的毒杂草种类

7.2.6 色林错区域草地生产力总体评价

因为该区域气候寒冷、干燥，草地植物生长十分缓慢，植被覆盖度低下（平均约15.3%），草地植物生长季节短（约4个月），一般5月下旬至6月上旬才开始返青，8月底～9月初便开始进入枯黄期，因此草地产量也就相应低下。地上地下总生物量平均约1131.3 g/m²，其中地下生物量约1079.5 g/m²，占地上地下总生物量的95.4%，地上生物量仅51.8 g/m²，仅占地上地下总生物量的4.6%（图7.20）。

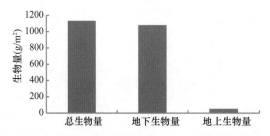

图 7.20 色林错区域高寒草原地上地下生物量及其分配

地下生物量主要分布在土壤表层30 cm以内，其中0～10 cm、10～20 cm和20～30 cm根系生物量约504.5 g/m²、379.8 g/m²和222.4 g/m²，分别占0～30 cm地下总生物量的46%、34%和20%（图7.21）。

不同植物物种对群落总生物量的贡献不同。尽管紫花针茅在群落中的频度最大，但其地上生物量仅占群落总地上生物量的11.3%，其中贡献量在所有植物物种中仅排名第三。弱小火绒草对群落生物量的贡献最大，其地上生物量约占群落总地上生物量的22%，其次为藏白蒿，地上生物量约占群落总地上生物量的13%（图7.22）。

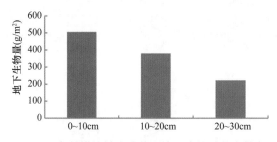

图 7.21 色林错区域高寒草原地下生物量分布特征

7.3 植物群落与环境之间的关系

7.3.1 植物群落在不同海拔的变化特征

在不同海拔区域，植物群落地上生物量、地下生物量、植物物种丰富度以及香

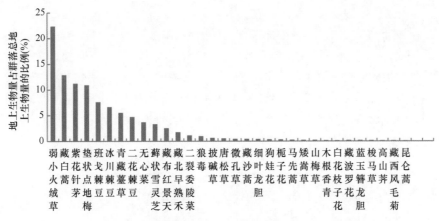

图 7.22　色林错区域草地植物地上生物量占群落总地上生物量的比例

农 - 维纳多样性指数均存在较大差异。植物群落平均地上生物量和物种丰富度在海拔
4609 m 时较海拔 4590 m 和 4654 m 低；平均地下生物量则在不同海拔区域差异不大
（图 7.23）。平均香农 - 维纳多样性指数在海拔 4654 m 时较海拔 4956 m 和 4609 m 时高。

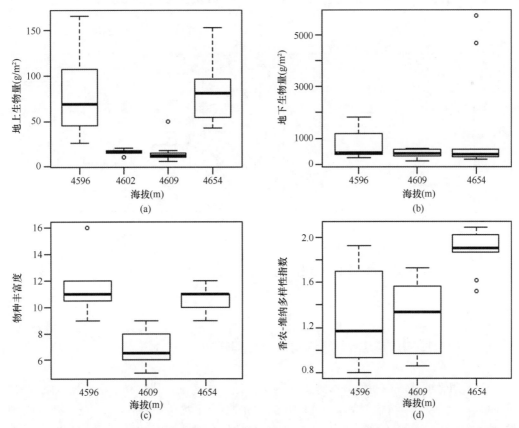

图 7.23　色林错区域草地植物群落总地上生物量、地下生物量、物种丰富度和香农 - 维纳多样性指数
在不同海拔下的变化特征

7.3.2 植物群落在不同纬度下的变化特征

在不同纬度区域，植物群落地上生物量、地下生物量、植物物种丰富度以及香农 - 维纳多样性指数均存在较大差异。植物群落平均地上生物量和香农 - 维纳多样性指数在 31.66°N 时较 31.37°N 和 31.62°N 时低；平均地下生物量则在不同北纬区域差异不大（图 7.24）。平均物种丰富度在 31.37°N 时较 31.62°N 和 31.66°N 时低。

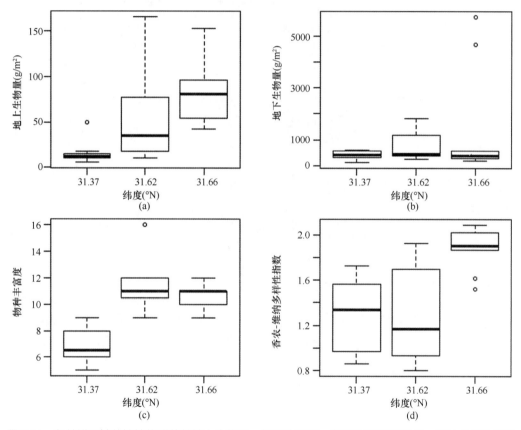

图 7.24 色林错区域草地植物群落总地上生物量、地下生物量、物种丰富度和香农 - 维纳多样性指数在不同纬度（北纬）下的变化特征

7.3.3 植物群落在不同经度下的变化特征

在不同经度区域，植物群落地上生物量、地下生物量、植物物种丰富度以及香农 - 维纳多样性指数均存在较大差异。植物群落平均地上生物量和物种丰富度在 90.52°E 时较 89.44°E 和 89.59°E 时低；平均地下生物量则在不同经度区域差异不大（图 7.25）。平均香农 - 维纳多样性指数在 89.44°E 时较 89.59°E 和 90.52°E 时高。

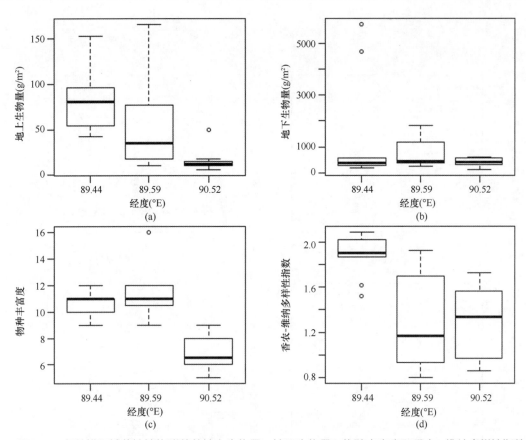

图 7.25　色林错区域草地植物群落总地上生物量、地下生物量、物种丰富度和香农 - 维纳多样性指数在不同经度（东经）下的变化特征

7.3.4　植物群落在不同土壤含碳量下的变化特征

（1）土壤碳总量

植物地上生物量和物种丰富度随土壤碳总量的升高而显著降低，土壤碳总量仅能解释植物地上生物量和物种丰富度变异量的 14% 和 28%（图 7.26）。植物地下生物量和香农 - 维纳多样性指数随土壤碳总量变化不显著。

（2）土壤有机碳量

植物地上生物量和物种丰富度随土壤有机碳量升高而显著降低，土壤有机碳量仅能解释植物地上生物量和物种丰富度变异量的 29% 和 48%（图 7.27）。植物地下生物量和香农 - 维纳多样性指数随土壤有机碳量变化不显著。

（3）土壤有效有机碳量

植物地上生物量随土壤有效有机碳量起初有所下降，但随后显著升高，而物种丰富度随土壤有效有机碳升高而显著提高。土壤有效有机碳量解释植物地上生物量和物种丰富度变异量达 67 % 和 74 %（图 7.28）。植物地下生物量和香农 - 维纳多样性指数

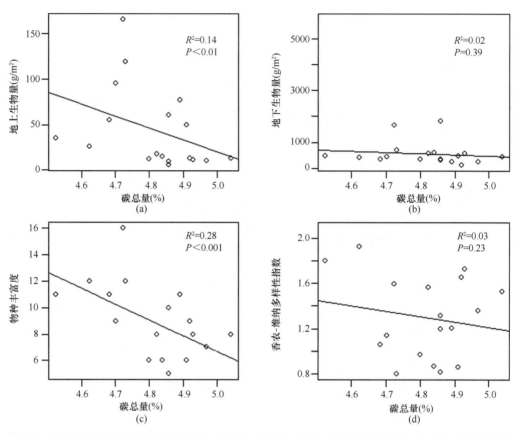

图 7.26　色林错区域草地植物群落总地上生物量、地下生物量、物种丰富度和香农 - 维纳多样性指数随土壤碳总量的变化特征

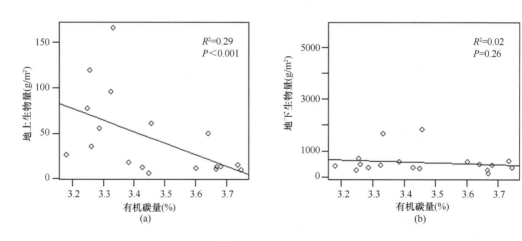

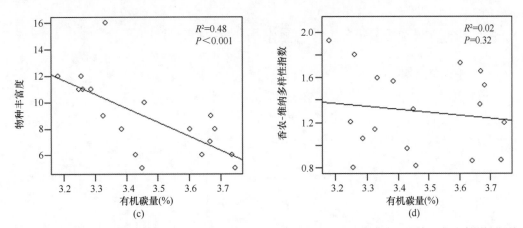

图 7.27 色林错区域草地植物群落总地上生物量、地下生物量、物种丰富度和香农 - 维纳多样性指数
随土壤有机碳量的变化特征

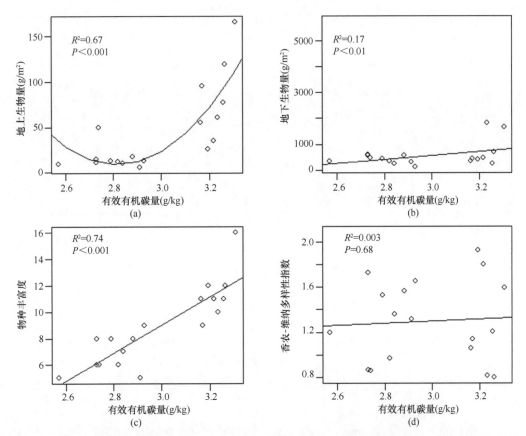

图 7.28 色林错区域草地植物群落总地上生物量、地下生物量、物种丰富度和香农 - 维纳多样性指数
随土壤有效有机碳量的变化特征

随土壤有机碳量变化不显著。

7.3.5　植物群落在不同土壤含氮量下的变化特征

（1）土壤氮总量

植物地上、地下生物量、植物物种丰富度随土壤氮总量升高而显著提高。土壤氮总量解释植物地上、地下生物量和物种丰富度变异量分别达 53%、22% 和 66%（图 7.29）。香农 - 维纳多样性指数随土壤氮总量变化不显著。

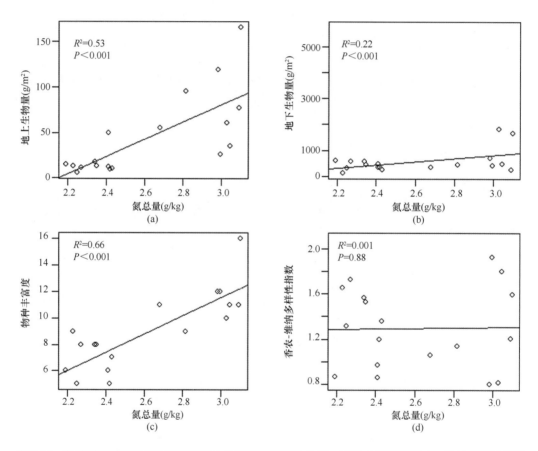

图 7.29　色林错区域草地植物群落总地上生物量、地下生物量、物种丰富度和香农 - 维纳多样性指数随土壤氮总量的变化特征

（2）土壤有效氮量

植物地上生物量和植物物种丰富度随土壤有效氮量升高而显著提高。土壤有效氮量解释植物地上生物量和物种丰富度变异量分别达 41 % 和 59 %（图 7.30）。植物地下生物量和香农 - 维纳多样性指数随土壤有效氮量变化不显著。

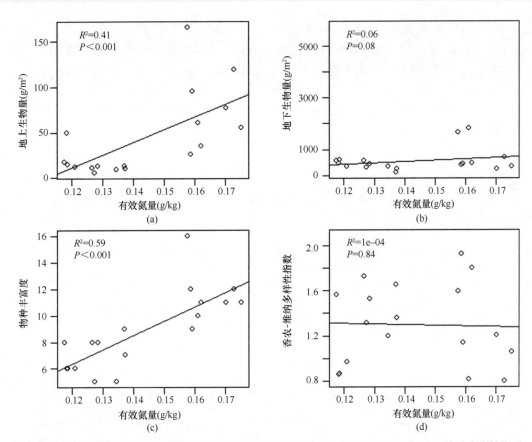

图 7.30　色林错区域草地植物群落总地上生物量、地下生物量、物种丰富度和香农 - 维纳多样性指数随土壤有效氮量的变化特征

7.3.6　植物群落在不同土壤含磷量下的变化特征

（1）土壤磷总量

植物地上生物量和植物物种丰富度随土壤磷总量升高而显著降低。土壤磷总量解释植物地上生物量和物种丰富度变异量分别为 14 % 和 28 %（图 7.31）。植物地下生物量和香农 - 维纳多样性指数随土壤磷总量变化不显著。

（2）土壤有效磷量

植物地上生物量和植物物种丰富度随土壤有效磷量升高而显著提高。土壤有效磷量解释植物地上生物量和物种丰富度变异量分别达 52 % 和 62 %（图 7.32）。植物地下生物量和香农 - 维纳多样性指数随土壤有效磷量变化不显著。

7.3.7　植物群落在不同土壤含钾量下的变化特征

（1）土壤钾总量

植物地上生物量起初随土壤钾总量升高而显著降低，但当土壤钾总量达 11.5 g/kg

后植物地上生物量保持不变，甚至有所上升。植物地下生物量和物种丰富度随土壤钾总量升高而显著降低。土壤钾总量解释植物地上、地下生物量和物种丰富度变异量分别达 47 %、18 % 和 61 %（图 7.33）。香农 - 维纳多样性指数随土壤钾总量变化不显著。

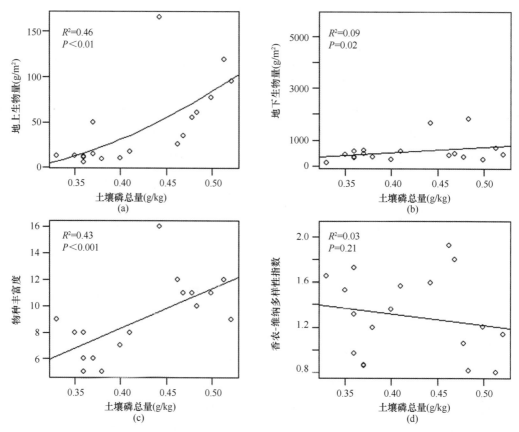

图 7.31　色林错区域草地植物群落总地上生物量、地下生物量、物种丰富度和香农 - 维纳多样性指数随土壤磷总量的变化特征

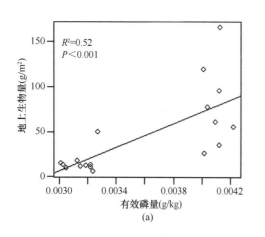

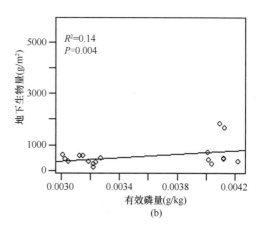

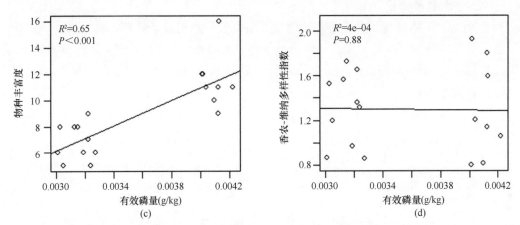

图 7.32　色林错区域草地植物群落总地上生物量、地下生物量、物种丰富度和香农 - 维纳物种多样性指数随土壤有效磷量的变化特征

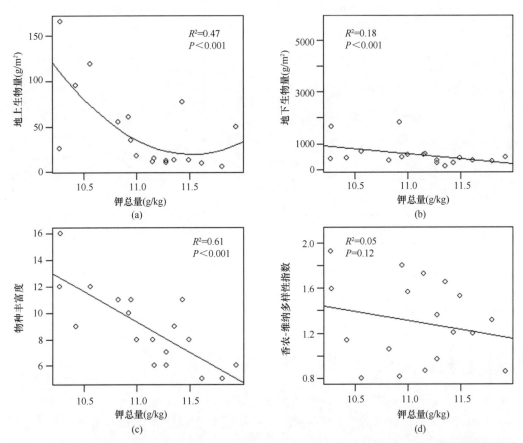

图 7.33　色林错区域草地植物群落总地上生物量、地下生物量、物种丰富度和香农 - 维纳多样性指数随土壤钾总量的变化特征

（2）土壤有效钾量

植物地上生物量起初随土壤有效钾量有所降低但随后显著提升（图 7.34）。植物地下生物量和物种丰富度随土壤有效钾量升高而显著提升。土壤有效钾量解释植物地上、地下生物量和物种丰富度变异量分别达 64 %、24 % 和 64 %（图 7.34）。香农 - 维纳多样性指数随土壤有效钾量变化不显著。

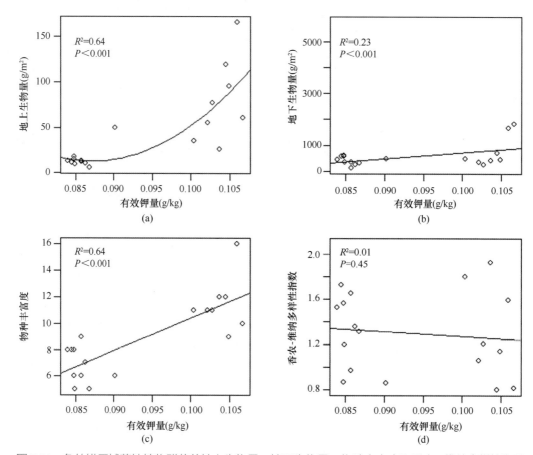

图 7.34　色林错区域草地植物群落总地上生物量、地下生物量、物种丰富度和香农 - 维纳多样性指数随土壤有效钾量的变化特征

参考文献

陈佐忠, 汪诗平. 2004. 草地生态系统观测方法. 北京: 中国环境科学出版社.

董鸣. 1996. 中国生态系统研究网络观测与分析标准方法——陆地生物群落调查观测与分析. 北京: 中国标准出版社.

杜国祯, 覃光莲, 李自珍, 等. 2003. 高寒草甸植物群落中物种丰富度与生产力的关系研究. 植物生态学报, 27: 125-132.

方精云, 王襄平, 沈泽昊, 等. 2009. 植物群落清查的主要内容、方法和技术规范. 生物多样性, (6): 533-548.

房飞, 胡玉昆, 张伟, 等. 2012. 高寒草原植物群落种间关系的数量分析. 生态学报, 32: 1898-1907.

姜恕. 1986. 草地生态研究方法. 北京: 中国农业出版社.

任继周. 1982. 草业科学研究方法. 北京: 中国农业出版社.

唐龙, 郝文芳, 孙洪罡, 等. 2005. 黄土高原四种乡土牧草群落种-面积曲线拟合及最小面积的确定. 干旱地区农业研究, 23(4): 83-88.

汪诗平, 李永宏, 王艳芬, 等. 2001. 不同放牧率对内蒙古冷蒿原植物多样性的影响. 植物学报, 43(1): 89-96.

王长庭, 王启基, 龙瑞军, 等. 2004. 高寒草甸群落植物多样性和初级生产力沿海拔梯度变化的研究. 植物生态学报, 28: 240-245.

王国杰, 汪诗平. 2003. 羊草草原植被监测方法的比较研究. 草地学报, (4): 283-288.

西藏自治区土地管理局. 1994. 西藏自治区草地资源. 北京: 科学出版社.

阳含熙, 卢泽愚. 1981. 植物生态学统计方法. 北京: 科学出版社.

杨利民, 韩梅, 李建东. 1997. 草地植物群落物种多样性取样强度的研究. 生物多样性, (3): 9-13.

Güler B, Jentsch A, Apostolova I, et al. 2016. How plot shape and spatial arrangement affect plant species richness counts: Implications for sampling design and rarefaction analyses. Journal of Vegetation Science, 27: 692-703.

Heywood J S, Debacker M D. 2007. Optimal sampling designs for monitoring plant frequency. Rangeland Ecology & Management, 60: 426-434.

Jiang X, Zhang E W, Yang Z, et al. 2003. The influence of disturbance on community structure and plant diversity of alpine meadow. Acta Botanica Boreali-occidentalia Sinica, 23: 1479-1485.

Keith B D A. 2010. Sampling designs, field techniques and analytical methods for systematic plant population surveys. Ecological Management & Restoration, 1: 125-139.

Li Z, Han X, Li W, et al. 2004. Conservation of species diversity and strategies of ecological restoration in alpine wetland plant community. Acta Botanica Boreali-occidentalia Sinica, 24: 363-369.

Miehe G, Bach K, Miehe S, et al. 2011. Alpine steppe plant communities of the Tibetan highlands. Applied Vegetation Science, 14: 547-560.

Miehe G, Miehe S, Kaise K, et al. 2008. Status and dynamics of the Kobresia pygmaea ecosystem on the Tibetan Plateau. AMBIO: A Journal of the Human Environment, 37: 272-279.

Shang Z H. 2005. Study on the change of plant species quantity under the different sampling extents in the typical arid mountainous ecosystems. Arid Land Geography.

Wang G, Li Y, Wang Y, et al. 2007. Typical alpine wetland system changes on the Qinghai-Tibet Plateau in recent 40 years. Acta Geographica Sinica, 62: 481-491.

Yu Z, Wang G, Wang Y. 2011. Changes in alpine wetland ecosystems of the Qinghai–Tibetan plateau from 1967 to 2004. Environmental Monitoring & Assessment, 180: 189-199.

（执笔人: 斯确多吉、汪诗平、杨永平）

附录 色林错地区种子植物名录

学名	中文名
Bignoniaceae 紫草科（7 属 9 种 3 变种）	
Incarvillea younghusbandii Sprague	藏波罗花
Actinocarya tibetica Benth.	锚刺果
Eritrichium lasiocarpum W. T. Wang	毛果齿缘草
Eritrichium laxum Johnst.	疏花齿缘草
Lasiocaryum densiflorum	毛果草
Metaeritrichium microuloides W. T. Wang	颈果草
Microula sikkimensis（Clarke）Hemsl.	微孔草
Microula tibetica Benth.	西藏微孔草
Microula tibetica var. *pratensis*（Maxim.）W. T. Wang	小花西藏微孔草
Microula tibetica var.*laevis*	光果西藏微孔草
Onosma hookeri	细花滇紫草
Onosma hookeri var. *longiflorum* Duthie ex Stapf	长花滇紫草
Caprifoliaceae 忍冬科（1 属 1 种）	
Lonicera hispida Pall. ex Roem. et Schult.	刚毛忍冬
Caryophyllaceae 石竹科（5 属 20 种）	
Arenaria bryophylla Fernald	藓状雪灵芝
Arenaria forrestii	西南无心菜
Arenaria gerzeensis	改则雪灵芝
Arenaria kansuensis Maxim.	甘肃雪灵芝
Arenaria musciformis Wall. ex Edgew. et Hook. f.	苔状蚤缀
Arenaria polytrichoides Edgew.	团状福禄草
Arenaria pulvinata Edgew.	垫状雪灵芝
Arenaria saginoides Maxim.	漆姑无心菜
Arenaria stracheyi Edgew.	藏西无心菜
Melandrium multicaule（Wall. ex Benth.）Walp.	多茎女娄菜
Silene adenocalyx Williams	腺萼蝇子草
Silene caespitella Williams	丛生蝇子草
Silene gonosperma（Rupr.）Bocquet	隐瓣蝇子草
Silene himalayensis（Rohrb.）Majumdar	喜马拉雅蝇子草
Silene napuligera Franch.	纺锤根蝇子草
Silene nepalensis Majumdar	尼泊尔蝇子草
Stellaria arenaria Maxim.	沙生繁缕
Stellaria decumbens Edgew.	偃卧繁缕
Stellaria decumbens var. *pulvinata*	垫状偃卧繁缕
Thylacospermum caespitosum（Camb.）Schischk.	囊种草
Chenopodiaceae 藜科（8 属 10 种 2 变种）	

续表

学名	中文名
Atriplex centralasiatica Iljin	中亚滨藜
Axyris prostrata Linn.	平卧轴藜
Ceratoides compacta (Losinsk.) C. P. Tsien et C. G. Ma	垫状驼绒藜
Ceratoides compacta var. *longipilosa* C. P. Tsien et C. G. Ma	长毛垫状驼绒藜
Chenopodium album Linn.	藜
Chenopodium foetidum Schrad.	菊叶香藜
Chenopodium prostratum Bunge	平卧藜
Corispermum tibeticum Iljin	藏虫实
Microgynoecium tibeticum Hook. f.	小果滨藜
Salsola collina Pall.	猪毛菜
Salsola monoptera Bunge	单翅猪毛菜
Suaeda corniculata var. *olufsenii* (Pauls.) G. L. Chu	西藏角果碱蓬
Compositae 菊科（14 属 54 种 3 变种）	
Ajania khartensis (Dunn) C. Shih	铺散亚菊
Anaphalis tibetica Kitam.	西藏香青
Anaphalis xylorhiza Sch.-Bip. ex Hook. f.	木根香青
Artemisia campbellii Hook. f. et Thoms.	绒毛蒿
Artemisia desertorum var. *foetida* (Jacq. ex DC.) Ling et Y. R. Ling	矮沙蒿
Artemisia desertorum var. *tongolensis* Pamp.	东俄洛沙蒿
Artemisia edgeworthii Balakr.	直茎蒿
Artemisia hedinii Ostenf. et Pauls.	臭蒿
Artemisia leucophylla (Turcz. ex Bess.) C. B. Clarke	白叶蒿
Artemisia macilenta (Maxim.) Krasch.	细杆沙蒿
Artemisia macrocephala Jacq. ex Bess.	大花蒿
Artemisia minor Jacq. ex Bess.	垫型蒿
Artemisia moorcroftiana var. *nitida* (Pamp.) Ling et Y. R. Ling	无毛小球花蒿
Artemisia moorcroftiana Wall. ex DC.	小球花蒿
Artemisia nanschanica Krasch.	昆仑蒿
Artemisia stracheyi Hook. f. et Thoms. ex C. B. Clarke	冻原白蒿
Artemisia vexans Pamp.	藏东蒿
Artemisia wellbyi Hemsl. et Pears. ex Deasy	藏沙蒿
Aster asteroides (DC.) O. Kuntze	星舌紫菀
Aster flaccidus Bunge	萎软紫菀
Aster flaccidus subsp. *glandulosus* (Keissl.) Onno	腺毛萎软紫菀
Aster himalaicus C. B. Clarke	须弥紫菀
Cremanthodium ellisii (Hook. f.) Kitam.	车前状垂头菊
Cremanthodium glandulipilosum Y. L. Chen ex S. W. Liu	腺毛垂头菊
Cremanthodium nanum (Decne.) W. W. Smith	小垂头菊
Crepis flexuosa (Ledeb.) C. B. Clarke	弯茎还阳参

学名	中文名
Crepis lactea Lipsch.	红花还阳参
Crepis nana Richards.	矮小还阳参
Heteropappus bowerii（Hemsl.）Griers.	青藏狗哇花
Heteropappus gouldii（C. E. C. Fisch.）Griers.	拉萨狗娃花
Heteropappus semiprostratus Griers.	半卧狗娃花
Hippolytia delavayi（Franch. ex W. W. Smith）C. Shih	川滇女蒿
Leontopodium monocephalum Edgew.	单头火绒草
Leontopodium pusillum（Beauv.）Hand.-Mazz.	弱小火绒草
Saussurea acrophila Diels	破血丹
Saussurea apus Maxim.	无梗风毛菊
Saussurea arenaria Maxim.	沙生风毛菊
Saussurea aster Hemsl.	云状雪兔子
Saussurea bracteata Decne.	膜苞雪莲
Saussurea depsangensis Pamp.	昆仑雪兔子
Saussurea glanduligera Sch.-Bip. ex Hook. f.	腺毛风毛菊
Saussurea gnaphalodes（Royle）Sch.-Bip.	鼠麴雪兔子
Saussurea graminea Dunn	禾叶风毛菊
Saussurea medusa Maxim.	水母雪莲花
Saussurea stoliczkae C. B. Clarke	川藏风毛菊
Saussurea subulata C. B. Clarke	钻叶风毛菊
Saussurea thomsonii C. B. Clarke	肉叶雪兔子
Saussurea thoroldii Hemsl.	草甸雪兔子
Saussurea tibetica C. Winkl.	西藏风毛菊
Saussurea wellbyi Hemsl.	羌塘雪兔子
Soroseris glomerata（Decne.）Stebbins	绢毛苣
Soroseris hirsuta（Anth.）C. Shih	羽裂绢毛苣
Syncalathium pilosum（Ling）C. Shih	柔毛合头菊
Taraxacum leucanthum	白花蒲公英
Waldheimia glabra（Decne.）Regel	西藏扁芒菊
Youngia gracilipes（Hook. f.）Babcock et Stebbins	细梗黄鹌菜
Youngia simulatrix（Babcock）Babcock et Stebbins	无茎黄鹌菜
Crassulaceae 景天科（1 属 4 种）	
Rhodiola fastigiata（Hook. f. et Thoms.）S. H. Fu	长鞭红景天
Rhodiola quadrifida（Pall.）Fisch. et Mey.	四裂红景天
Rhodiola rotundata（Hemsl.）S. H. Fu	宽瓣红景天
Rhodiola smithii（Hamet）S. H. Fu	异鳞红景天
Cruciferae 十字花科（19 属 33 种 5 变种）	
Aphragmus oxycarpus（Hook. f. et Thoms.）Jafri	尖果寒原荠
Aphragmus oxycarpus var. *glaber*	无毛寒原荠

续表

学名	中文名
Aphragmus tibeticus O. E. Schulz	寒原荠
Braya rosea (Turcz.) Bunge	红花肉叶荠
Braya rosea var. *glabrata*	无毛肉叶荠
Braya tibetica f. *breviscapa*	短葶肉叶荠
Braya tibetica f. *linearifolia* Z. X. An	条叶肉叶荠
Braya tibetica Hook. f. et Thoms.	西藏肉叶荠
Capsella bursa-pastoris (Linn.) Medic.	荠
Cheiranthus roseus Maxim.	红紫桂竹香
Christolea baiogoinensis K. C. Kuan et Z. X. An	藏北高原芥
Christolea crassifolia Camb.	高原芥
Christolea rosularia	莲座高原芥
Christolea stewartii (T. Anders.) Jafri	少花高原芥
Desideria baiogoinensis (K. C. Kuan et Z. X. An) Al-Shehbaz	藏北扇叶芥
Desideria himalayensis (Cambess.) Al-Shehbaz	须弥扇叶芥
Dilophia ebracteata Maxim.	无苞双脊荠
Dilophia salsa Thoms.	盐泽双脊荠
Dimorphostemon glandulosus (Kar. et Kir.) Golubk.	腺异蕊芥
Dontostemon glandulosus (Kar. et Kir.) O. E. Schulz	腺花旗杆
Draba altaica (C. A. Mey.) Bunge	阿尔泰葶苈
Draba glomerata Royle	球果葶苈
Draba lasiophylla Royle	毛叶葶苈
Draba oreades Schrenk	喜山葶苈
Draba oreades var. *commutata* (E. Regel) O. E. Schulz	矮喜山葶苈
Erysimum chamaephyton Maxim.	紫花糖芥
Hedinia tibetica (Thoms.) Ostenf.	藏荠
Lepidium apetalum Willd.	独行菜
Lepidium capitatum Hook. f. et Thoms.	头花独行菜
Lepidium cuneiforme C. Y. Wu	楔叶独行菜
Neotorularia brachycarpa (Vassilcz.) Hedge et J. Léonard	短果念珠芥
Neotorularia humilis (C. A. Mey.) Hedge et J. Leonard	蚓果芥
Pegaeophyton scapiflorum var. *pilosicalyx* R. L. Guo et T. Y. Cheo	毛萼单花荠
Phaeonychium parryoides (Kurz ex Hook. f. et T. Anders.) O. E. Schulz	藏芥
Ptilotrichum canescens (DC.) C. A. Mey.	燥原荠
Pycnoplinthus uniflora (Hook. f. et Thoms.) O. E. Schulz	簇芥
Sisymbriopsis shuanghuica (K. C. Kuan et Z. X. An) Al-Shehbaz，Z. X. An et G. Yang	双湖假蒜芥
Sisymbrium heteromallum C. A. Mey.	垂果大蒜芥
Cyperaceae 莎草科（6 属 24 种）	
Blysmus compressus (Linn.) Panz.	扁穗草
Blysmus sinocompressus Tang et Wang	华扁穗草

续表

学名	中文名
Carex atrofusca subsp. *minor*（Boott）T. Koyama	黑褐穗薹草
Carex enervis C. A. Mey.	无脉薹草
Carex ivanoviae Egonova.	无穗柄薹草
Carex montis-everestii Kükenth.	窄叶薹草
Carex moorcroftii Falc. ex Boott	青藏薹草
Carex oxyleuca V. I. Krecz.	白尖薹草
Carex pseudofoetida Kükenth.	无味薹草
Fimbristylis stolonifera C. B. Clarke	匍匐茎飘拂草
Kobresia angusta C. B. Clarke	细序嵩草
Kobresia deasyi	藏西嵩草
Kobresia humilis（C. A. Mey. ex Trautv.）Sergiev	矮生嵩草
Kobresia littledalei C. B. Clarke	藏北嵩草
Kobresia macrantha Bocklr.	大花嵩草
Kobresia microglochin（Wahlenb.）T. Tang et F.T. Wang ex Y. C. Yang	长轴嵩草
Kobresia prainii Kükenth.	不丹嵩草
Kobresia pygmaea C. B. Clarke	高山嵩草
Kobresia robusta Maxim.	粗壮嵩草
Kobresia royleana（Nees）Bocklr.	喜马拉雅嵩草
Kobresia schoenoides（C. A. Mey.）Steud.	赤箭嵩草
Kobresia stolonifera Y. C. Tang ex P. C. Li	匍茎嵩草
Scirpus distigmaticus（Kükenth.）Tang et Wang	双柱头藨草
Trichophorum distigmaticum（Kükenth.）Egorova	双柱头针蔺
Dipsacaceae 川续断科（1 属 1 种）	
Morina kokonorica Hao	青海刺参
Elaeagnaceae 胡颓子科（1 属 1 种）	
Hippophae thibetana Schlechtend.	西藏沙棘
Ephedraceae 麻黄科（1 属 2 种）	
Ephedra gerardiana Wall.	山岭麻黄
Ephedra monosperma Gmél. ex Mey.	单子麻黄
Euphorbiaceae 大戟科（1 属 3 种）	
Euphorbia altotibetica O. Pauls.	青藏大戟
Euphorbia stracheyi Boiss.	高山大戟
Euphorbia tibetica Boiss.	西藏大戟
Fabaceae 豆科（4 属 20 种）	
Astragalus arnoldii Hemsl.	团垫黄耆
Astragalus confertus Benth. ex Bunge	丛生黄耆
Astragalus densiflorus Kar. et Kir.	密花黄耆
Astragalus hendersonii Baker	绒毛黄耆
Astragalus heterodontus Boriss.	异齿黄耆

续表

学名	中文名
Astragalus heydei Baker	毛柱黄耆
Astragalus orbicularifolius	圆叶黄芪
Astragalus strictus R. Grah. ex Benth.	笔直黄耆
Astragalus tribulifolius Benth. ex Bunge	蒺藜叶黄耆
Oxytropis chiliophylla Royle ex Benth.	臭棘豆
Oxytropis densa Benth. ex Bunge	密丛棘豆
Oxytropis falcata Bunge	镰荚棘豆
Oxytropis microphylla （Pall.） DC.	小叶棘豆
Oxytropis platysema Schrenk	宽瓣棘豆
Oxytropis stracheyana Bunge	胀果棘豆
Stracheya tibetica Benth.	藏豆
Thermopsis alpina （Pall.） Ledeb.	高山野决明
Thermopsis inflata Camb.	轮生叶野决明
Thermopsis lanceolata R. Br.	披针叶野决明
Thermopsis lupinoides （Linn.） Link	狼毒决明
Gentianaceae 龙胆科（4 属 7 种）	
Comastoma falcatum （Turcz. ex Kar. et Kir.） Toyokuni	镰萼喉毛花
Gentiana leucomelaena Maxim.	蓝白龙胆
Gentiana prostrata var. *ludlowii* （C. Marquand） T. N. Ho	短蕊龙胆
Gentiana urnula H. Smith	乌奴龙胆
Gentianella pygmaea （Regel et Schmalh.） H. Smith	矮假龙胆
Lomatogonium carinthiacum （Wulf.） Reichb.	肋柱花
Swertia hispidicalyx Burk.	毛萼獐牙菜
Gramineae 禾本科（15 属 46 种 4 变种）	
Aristida triseta	三刺草
Deschampsia littoralis var. *ivanovae* （Tzvel.） P. C. Kuo et Z. L. Wu	短枝发草
Deyeuxia ampla Keng	长序野青茅
Deyeuxia compacta Munro ex Hook. f.	高原野青茅
Deyeuxia holciformis （Jaub. et Spach） Bor	青藏野青茅
Deyeuxia tibetica Bor	藏野青茅
Deyeuxia tibetica var. *przevalskyi* （Tzvel.） P. C. Kuo et S. L. Lu	矮野青茅
Elymus atratus （Nevski） Hand.-Mazz.	黑紫披碱草
Elymus nutans Griseb.	垂穗披碱草
Elymus sibiricus Linn.	老芒麦
Festuca coelestis （St.-Yves） Krecz. et Bobr.	矮羊茅
Festuca ovina Linn.	羊茅
Leymus angustus （Trin.） Pilger	窄颖赖草
Leymus chinensis （Trin. ex Bunge） Tzvelev	羊草
Leymus secalinus （Georgi） Tzvel.	赖草

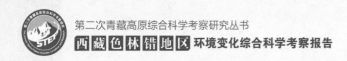
续表

学名	中文名
Orinus thoroldii（Stapf ex Hemsl.）Bor	固沙草
Pennisetum alopecuroides（Linn.）Spreng.	狼尾草
Pennisetum centrasiaticum Tzvel.	中亚狼尾草
Pennisetum flaccidum Griseb.	白草
Poa attenuata Trin.	渐尖早熟禾
Poa boreali-tibetica C. Ling	藏北早熟禾
Poa boreali-tibetica C. Ling	渐尖早熟禾
Poa calliopsis Litw. ex Ovcz.	花丽早熟禾
Poa poiphagorum Bor	波伐早熟禾
Poa pratensis Linn.	草地早熟禾
Puccinellia himalaica Tzvel.	喜马拉雅碱茅
Puccinellia kashmiriana Bor	克什米尔碱茅
Puccinellia ladyginii（Ivan.）Tzvel.	布达尔碱茅
Puccinellia minuta Bor	侏碱茅
Puccinellia nudiflora（Hack.）Tzvel.	裸花碱茅
Puccinellia pamirica Krecz.	帕米尔碱茅
Puccinellia pauciramea（Hack.）Krecz.	少枝碱茅
Puccinellia roborovskyi Tzvel.	疏穗碱茅
Roegneria aristiglumis Keng et S. L. Chen	芒颖鹅观草
Roegneria aristiglumis var. *leiantha*	光花芒颖鹅观草
Roegneria kamoji Ohwi	鹅观草
Roegneria nutans（Keng）Keng	垂穗鹅观草
Roegneria parvigluma Keng	小颖鹅观草
Roegneria thoroldiana（Oliv.）Keng	梭罗草
Sinochasea trigyna Keng	三蕊草
Stipa capillacea Keng	丝颖针茅
Stipa glareosa P. Smirn.	沙生针茅
Stipa penicillata Hand.-Mazz.	疏花针茅
Stipa purpurea Griseb.	紫花针茅
Stipa purpurea var. *arenosa* Tzvel.	大紫花针茅
Stipa roborowskyi Roshev.	昆仑针茅
Stipa subsessiliflora var. *basiplumosa*（Munro ex Hook. f.）P. C. Kuo et Y. H. Sun	羽柱针茅
Trikeraia hookeri（Stapf）Bor	三角草
Trisetum spicatum（Linn.）Richt.	穗三毛
Trisetum tibeticum P. C. Kuo et Z. L. Wu	西藏三毛草
Iridaceae 鸢尾科（1 属 1 种 1 变种）	
Iris potaninii Maxim.	卷鞘鸢尾
Iris potaninii var. *ionantha* Y. T. Zhao	蓝花卷鞘鸢尾
Juncaceae 灯芯草科（1 属 2 种）	

学名	中文名
Juncus thomsonii Buchen.	展苞灯心草
Juncus unifolius A. M. Lu et Z. Y. Zhang	单叶灯心草
Lamiaceae 唇形科（5 属 8 种 1 变种）	
Dracocephalum argunense Fisch. ex Link	光萼青兰
Dracocephalum heterophyllum Benth.	白花枝子花
Dracocephalum tanguticum Maxim.	甘青青兰
Dracocephalum tanguticum var. *nanum* C. Y. Wu et W. T. Wang	矮生甘青青兰
Elsholtzia densa Benth.	密花香薷
Lamiophlomis rotata（Benth.）Kudo	独一味
Nepeta densiflora Kar. et Kir.	密花荆芥
Nepeta longibracteata Benth.	长苞荆芥
Phlomis younghusbandii Mukerj.	螃蟹甲
Liliaceae 百合科（2 属 7 种）	
Allium carolinianum DC.	镰叶韭
Allium cyaneum Regel	天蓝韭
Allium fasciculatum Rendle	粗根韭
Allium hookeri	宽叶韭
Allium przewalskianum	青甘韭
Allium thunbergii G. Don	球序韭
Gagea pauciflora Turcz.	少花顶冰花
Malvaceae 锦葵科（1 属 1 种）	
Malva verticillata var. *chinensis*（Miller）S. Y. Hu	中华野葵
Papaveraceae 罂粟科（3 属 7 种）	
Corydalis hendersonii Hemsl.	尼泊尔黄堇
Corydalis hookeri Prain	拟锥花黄堇
Corydalis inopinata	卡惹拉黄堇
Corydalis mucronifera Maxim.	尖突黄堇
Corydalis tibetica Hook. f. et Thoms.	西藏黄堇
Hypecoum leptocarpum Hook. f. et Thoms.	细果角茴香
Meconopsis horridula Hook. f. et Thoms.	多刺绿绒蒿
Polygonaceae 蓼科（3 属 7 种 1 变种）	
Koenigia islandica Linn.	冰岛蓼
Polygonum sibiricum Laxm.	西伯利亚蓼
Polygonum sibiricum var. *thomsonii* Meisn. ex Stew.	细叶西伯利亚蓼
Polygonum viviparum Linn.	珠芽蓼
Rheum moorcroftianum Royle	卵果大黄
Rheum pumilum Maxim.	小大黄
Rheum rhomboideum A. Los.	菱叶大黄
Rheum spiciforme Royle	穗序大黄

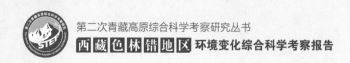
续表

学名	中文名
Potamogetonaceae 眼子菜科（2 属 3 种）	
Potamogeton pectinatus Linn.	篦齿眼子菜
Potamogeton pusillus Linn.	小眼子菜
Triglochin palustre Linn.	水麦冬
Primulaceae 报春花科（4 属 10 种）	
Androsace adenocephala Hand.-Mazz.	腺序点地梅
Androsace tangulashanensis	唐古拉点地梅
Androsace tapete Maxim.	垫状点地梅
Androsace yargongensis	雅江点地梅
Androsace zambalensis（Petitm.）Hand.-Mazz.	高原点地梅
Glaux maritima Linn.	海乳草
Pomatosace filicula Maxim.	羽叶点地梅
Primula fasciculata Balf. f. et Ward	束花粉报春
Primula macrophylla D. Don	大叶报春
Primula pumilio Maxim.	柔小粉报春
Ranunculaceae 毛茛科（11 属 39 种 8 变种）	
Aconitum flavum Hand.-Mazz.	伏毛铁棒锤
Aconitum ludlowii Exell	江孜乌头
Aconitum pendulum Busch	铁棒锤
Adonis coerulea f. puberula W. T. Wang	毛蓝侧金盏花
Anemone geum H. Lév.	路边青银莲花
Anemone imbricata Maxim.	叠裂银莲花
Anemone obtusiloba subsp. *ovalifolia* Brühl	疏齿银莲花
Anemone trullifolia var. *linearis*（Brühl）Hand.-Mazz.	条叶银莲花
Batrachium bungei var. *flavidum*（Hand.-Mazz.）L. Liu	黄花水毛茛
Batrachium trichophyllum（Chaix）Bossche	毛柄水毛茛
Callianthemum alatavicum Freyn	厚叶美花草
Callianthemum pimpinelloides（D. Don）Hook. f. et Thoms.	美花草
Clematis tangutica（Maxim.）Korsh.	甘青铁线莲
Clematis tenuifolia Royle	西藏铁线莲
Delphinium aemulans Nevski	塔城翠雀花
Delphinium brunonianum Royle	囊距翠雀花
Delphinium caeruleum Jacq. ex Camb.	蓝翠雀花
Delphinium caeruleum var. *obtusilobum* Bruhl ex Huth	钝裂蓝翠雀花
Delphinium candelabrum	奇林翠雀花
Delphinium candelabrum var. *monanthum*（Hand.-Mazz.）W. T. Wang	单花翠雀花
Delphinium chumulangmaense W. T. Wang	珠峰翠雀花
Delphinium glaciale Hook. f. et Thoms.	冰川翠雀花
Delphinium kingianum Bruhl ex Huth	密叶翠雀花

续表

学名	中文名
Delphinium kingianum var. *acuminatissimum*（W. T. Wang）W. T. Wang	尖裂密叶翠雀花
Delphinium nordhagenii Wendelbo	迭裂翠雀花
Delphinium tangkulaense W. T. Wang	唐古拉翠雀花
Halerpestes filisecta L. Liu	丝裂碱毛茛
Halerpestes ruthenica（Jacq.）Ovcz.	长叶碱毛茛
Halerpestes sarmentosa（Adams）Kom.	碱毛茛
Halerpestes tricuspis（Maxim.）Hand.-Mazz.	三裂碱毛茛
Halerpestes tricuspis var. *intermedia* W. T. Wang	浅三裂碱毛茛
Halerpestes tricuspis var. *variifolia*（Tamura）W. T. Wang	变叶三裂碱毛茛
Oxygraphis glacialis（Fisch.）Bunge	鸦跖花
Ranunculus banguoensis L. Liu	班戈毛茛
Ranunculus dongrergensis Hand.-Mazz.	圆裂毛茛
Ranunculus furcatifidus W. T. Wang	叉裂毛茛
Ranunculus hirtellus Royle	三裂毛茛
Ranunculus involucratus Maxim.	苞毛茛
Ranunculus nephelogenes Edgew.	云生毛茛
Ranunculus pulchellus C. A. Mey.	美丽毛茛
Ranunculus similis Hemsl.	苞毛茛
Ranunculus tanguticus（Maxim.）Ovcz.	高原毛茛
Thalictrum alpinum Linn.	高山唐松草
Thalictrum alpinum var. *microphyllum*（Royle）Hand.-Mazz.	柄果高山唐松草
Thalictrum cultratum Wall.	高原唐松草
Thalictrum foetidum Linn.	腺毛唐松草
Thalictrum rutifolium Hook. f. et Thoms.	芸香叶唐松草
Rosaceae 蔷薇科（3 属 13 种 8 变种）	
Chamaerhodos sabulosa Bunge	砂生地蔷薇
Potentilla anserina Linn.	蕨麻委陵菜
Potentilla biflora Willd. ex Schlecht.	双花委陵菜
Potentilla bifurca Linn.	二裂委陵菜
Potentilla bifurca var. *humilior* Rupr. et Osten-Sacken	矮生二裂委陵菜
Potentilla coriandrifolia D. Don	菱叶委陵菜
Potentilla cuneata Wall. ex Lehm.	楔叶委陵菜
Potentilla fruticosa Linn.	金露梅
Potentilla fruticosa var. *pumila* Hook. f.	垫状金露梅
Potentilla multicaulis Bunge	多茎委陵菜
Potentilla multiceps Yü et Li	多头委陵菜
Potentilla multifida var. *nubigena* Wolf	矮生多裂委陵菜
Potentilla parvifolia Fisch.	小叶金露梅
Potentilla parvifolia var. *hypoleuca* Hand.-Mazz.	白毛小叶金露梅

学名	中文名
Potentilla saundersiana Royle	钉柱委陵菜
Potentilla saundersiana var. *caespitosa*（Lehm.）Wolf	丛生钉柱委陵菜
Potentilla saundersiana var. *jacquemontii* Franch.	裂萼钉柱委陵菜
Potentilla saundersiana var. *subpinnata* Hand.-Mazz.	羽叶钉柱委陵菜
Sibbaldia adpressa Bunge	伏毛山莓草
Sibbaldia cuneata Hornem. ex O. Kuntze	楔叶山莓草
Sibbaldia tetrandra Bunge	四蕊山莓草
Rubiaceae 茜草科（1 属 1 种）	
Galium exile Hook. f.	单花拉拉藤
Salicaceae 杨柳科（1 属 2 种）	
Salix myrtillacea Anderss.	坡柳
Salix sclerophylla Anderss.	硬叶柳
Saxifragaceae 虎耳草科（1 属 6 种）	
Saxifraga cernua Linn.	零余虎耳草
Saxifraga consanguinea W. W. Smith	棒腺虎耳草
Saxifraga nanella Engl. et Irmsch.	光缘虎耳草
Saxifraga stella-aurea	金星虎耳草
Saxifraga tangutica Engl.	唐古特虎耳草
Saxifraga unguiculata Engl.	爪瓣虎耳草
Scrophulariaceae 玄参科（5 属 8 种 6 变种）	
Lagotis brachystachya Maxim.	短穗兔耳草
Lagotis integra W. W. Smith	全缘兔耳草
Lancea tibetica Hook. f. et Thoms.	肉果草
Oreosolen wattii Hook. f.	藏玄参
Pedicularis alaschanica Maxim.	阿拉善马先蒿
Pedicularis alaschanica subsp. *tibetica*（Maxim.）Tsoong	西藏阿拉善马先蒿
Pedicularis cheilanthifolia Schrenk	碎米蕨叶马先蒿
Pedicularis cheilanthifolia subsp. *svenhedinii*（Pauls.）Tsoong	斯文氏碎米蕨叶马先蒿
Pedicularis globifera Hook. f.	球花马先蒿
Pedicularis longiflora var. *tubiformis*（Klotz.）Tsoong	管状长花马先蒿
Pedicularis oederi Vahl	欧氏马先蒿
Pedicularis oederi var. *heteroglossa* Prain	异盔欧氏马先蒿
Pedicularis oederi var. *sinensis*（Maxim.）Hurus.	中国欧氏马先蒿
Veronica ciliata subsp. *cephaloides*（Pennell）Hong	拉萨长果婆婆纳
Solanaceae 茄科（3 属 3 种）	
Anisodus luridus Link et Otto	铃铛子
Physochlaina praealta（Decne.）Miers	西藏泡囊草
Przewalskia tangutica Maxim.	马尿泡
Tamaricaceae 柽柳科（1 属 1 种）	

续表

学名	中文名
Myricaria prostrata Hook. f. et Thoms. ex Benth. et Hook. f.	匍匐水柏枝
Thymelaeaceae 瑞香科（1 属 1 种）	
Stellera chamaejasme Linn.	瑞香狼毒
Umbelliferae 伞形科（3 属 3 种）	
Heracleum millefolium Diels	裂叶独活
Pleurospermum hedinii Diels	垫状棱子芹
Trachydium subnudum C. B. Clarke ex H. Wolff	密瘤瘤果芹
Urticaceae 荨麻草（1 属 1 种）	
Urtica hyperborea Jacq. ex Wedd.	高原荨麻
Valerianaceae 败酱科（1 属 1 种）	
Valeriana officinalis var. latifolia	宽叶缬草

第8章

动物多样性及其保护

本章导读：色林错地区是青藏高原特有有蹄类藏野驴、藏羚羊、藏原羚密集分布的地区，鸟类中大鵟和黑颈鹤的数量也较多。2017 年夏季我们在该地区根据距离抽样的规范进行了样线调查，并应用物种分布模型估计了野生动物的分布和数量。结果显示，藏野驴的分布集中于色林错的西北面；藏羚羊分布于色林错的南面、西面和北面，以及各拉丹冬南侧，在色林错西岸有 545 只的大群；藏原羚分布最为广泛，遍布调查区域，但是群体规模较小。大鵟在双湖县的密度最高。黑颈鹤在申扎县的密度最高，其主要集中于河滩草甸湿地和湖缘的沼泽湿地。色林错周边人类干扰程度较低，但是环湖围栏对藏羚羊的生存构成了严重的威胁。

关键词：有蹄类，分布和数量，生境适宜度，距离抽样，人类干扰

8.1 大型有蹄类及大鵟

第二次青藏高原科学考察研究色林错地区动物考察组于 2017 年 6 月 5 日～6 月 25 日开展野外考察工作，行程 6300 km，考察路线起点为拉萨，经那曲县、双湖县、尼玛县、班戈县、色林错、那曲县、安多县、各拉丹冬，然后回到拉萨。在调查中，采用距离抽样法（Buckland et al.，1993）记录沿路观察到的野生动物，并结合物种分布模型估计猛禽的分布和数量；应用卫星 GPS 跟踪器获取猛禽的定位信息，建立算法，详细分析猛禽的运动模式；利用无人机辅助调查，获得关键区域详细的物种分布和生境信息。

在考察中，我们记录到野生动物 8157 只，其中藏羚羊 299 群 2178 只（图 8.1），藏野驴 191 群 2751 只（图 8.2），藏原羚 187 群 678 只（图 8.3），大鵟 33 只（图 8.4）。藏野驴的分布集中于色林错的西北面；藏羚羊分布于色林错的南面、西面和北面，以及各拉丹冬南侧，在色林错西岸有 545 只的大群；藏原羚分布最为广泛，遍布调查区域，但是群体规模较小。大鵟在双湖县的密度最高。

距离抽样法的核心思想是动物被发现的概率同距离呈负相关（Schmidt et al.，2012；Miller et al.，2013）。通过准确估计动物的发现率同距离的关系，即探测函数，就能准确估计动物在调查区域的种群密度。

我们分别应用三种探测函数 [半正态探测（half-normal）函数、风险率（hazard-rate）探测函数和均匀（uniform）探测函数] 对物种的探测率与距离的关系进行拟合；同时对每种探测函数，分别应用余弦、简单多项式和 Hermite 多项式进行校正。结果发现，对于藏野驴、藏原羚和藏羚羊，都是半正态探测函数辅以余弦校正效果最好。三个物种的探测函数各不相同。藏原羚和藏羚羊的探测函数单调下降，藏野驴的探测函数在 800～1000 m 处有所回升（图 8.5～图 8.7）。在监测中多次发现大群的藏野驴（20～50 只）在距探测地 800～1000 m 处的河滩草地上觅食，这是探测率反弹的原因。计算得到藏野驴密度为 0.511 只 /km²（标准误差为 0.054）；藏原羚密度为 0.290 只 /km²（标准误差为 0.016）；藏羚羊密度为 0.467 只 /km²（标准误差为 0.157）。

基于物种分布模型的动物种群大小估算，物种分布模型（species distribution models）可以量化物种点分布信息和环境信息的对应关系，计算物种分布的适宜度

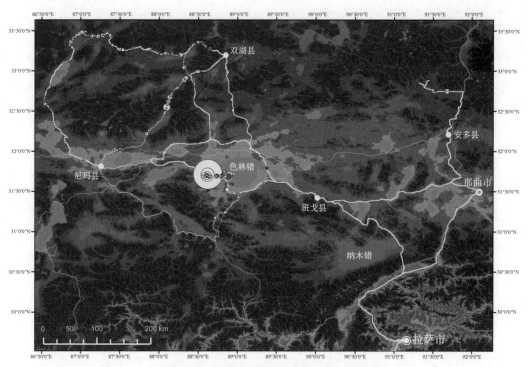

图 8.1 色林错地区考察藏羚羊分布点

圆圈的大小表示群体的大小；白色曲线为调查路线

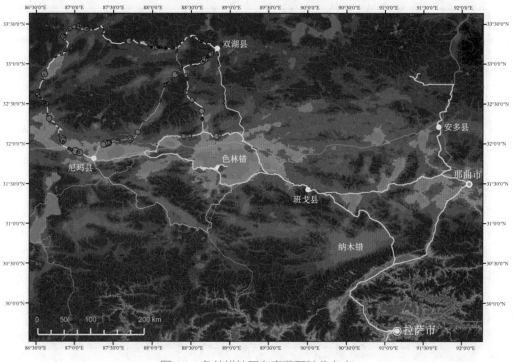

图 8.2 色林错地区考察藏野驴分布点

圆圈的大小表示群体的大小；白色曲线为调查路线

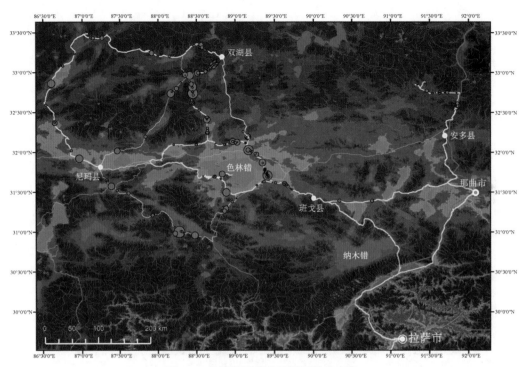

图 8.3 色林错地区考察藏原羚分布点

圆圈的大小表示群体的大小；白色曲线为调查路线

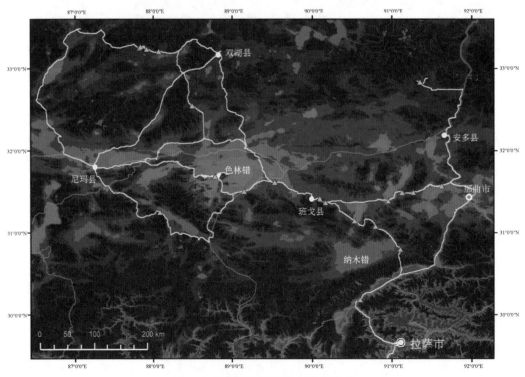

图 8.4 色林错地区考察大鵟分布点

白色曲线为调查路线

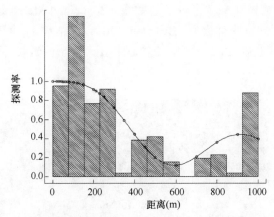

图 8.5　应用距离抽样法半正态探测函数估计的藏野驴的探测率

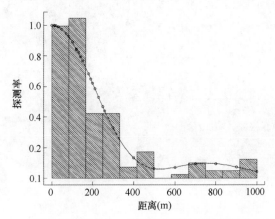

图 8.6　应用距离抽样法半正态探测函数估计的藏原羚的探测率

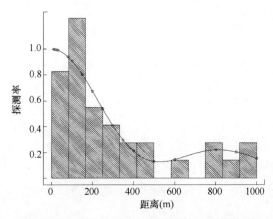

图 8.7　应用距离抽样法半正态探测函数估计的藏羚羊的探测率

(Guisan and Zimmermann，2000；Guisan and Thuiller，2005)。这个适宜度具有空间异质性，可以用来估计物种在整个区域的总数量(Boyce and McDonald，1999；Boyce et al.，2016)。本书应用随机森林模型(Breiman，2001)，结合 21 个环境变量，计算了藏野驴的生境适宜度(图 8.8)，进一步估计藏野驴在图示区域的数量为 27510～133785 只。

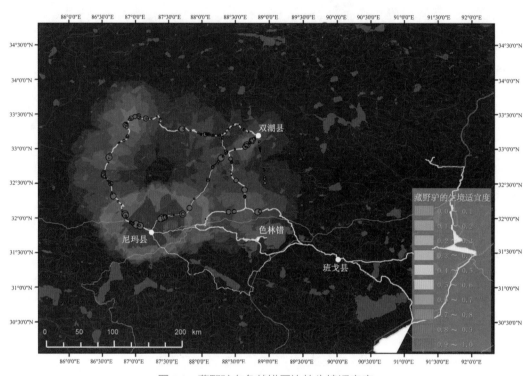

图 8.8　藏野驴在色林错周边的生境适宜度

8.2　鸟类和爬行动物

综合文献资料(姚建初等，1991；西藏自治区地方志编纂委员会，2005；刘廼发等，2013；国家林业局中南林业调查规划设计院，2015)及本次实际考察，初步确定色林错及其周边地区共分布有 97 种鸟类，隶属于 15 目 28 科，其中古北界区系特征明显(占本区鸟类种数的 53.6%)。97 种鸟类中，22 种为国家级重点保护野生鸟类，其中 I 级保护鸟类 6 种，II 级保护鸟类 16 种；IUCN 受威胁物种共 4 种，其中易危(VU)3 种、濒危(EN)1 种；CITES 附录 I 和附录 II 种类 21 种，其中附录 I 种类 3 种、附录 II 种类 18 种。

黑颈鹤(*Grus nigricollis*)属鹤形目鹤科，是青藏高原的旗舰鸟种，是世界现存 15 种鹤类中唯一终生生活在高原的鹤类，是国家 I 级重点保护野生动物，是鹤类中科学发现最晚的一种，其主要繁殖于青藏高原高原面，越冬于海拔较低的青藏高原南部区域(包括雅鲁藏布江河谷中段、喜马拉雅山脉南坡、不丹等)及云贵高原(李凤山，2014)。

色林错及周边是黑颈鹤的主要繁殖地，在调查区域共记录黑颈鹤 69 只，其中幼鹤或亚成体 9 只。申扎县是本次调查中记录黑颈鹤次数和数量最多的县，主要集中于河滩草甸湿地和湖缘的沼泽湿地。（表 8.1）。

表 8.1　色林错及周边黑颈鹤记录详表

行政区域	地点	纬度（°N）	经度（°E）	海拔（m）	数量	备注
班戈县	错龙确	90°58′21.23″	30°57′50.42″	4743	8	8 成
班戈县	英错	89°53′57.81″	31°28′17.75″	4726	1	1 成
班戈县	热次错	89°55′36.40″	31°29′15.54″	4688	4	2 成 2 幼
申扎县	伶垌错	89°12′13.63″	31°31′16.42″	4557	2	2 成
申扎县	S203 省道玉珠俄玛村附近	88°45′10.70″	31°13′44.56″	4651	3	1 成 2 幼
申扎县	S203 省道曲布村附近	88°41′10.52″	31° 3′49.03″	4797	3	3 成
申扎县	S203 省道曲布村附近	88°41′50.40″	31° 2′21.62″	4826	4	4 成
申扎县	县城窝扎藏布	88°40′25.01″	30°58′10.96″	4659	2	2 成
申扎县	县城窝扎藏布	88°39′36.70″	30°58′36.66″	4667	9	9 成
申扎县	县城窝扎藏布	88°38′8.82″	30°59′8.30″	4664	2	1 成 1 亚成
申扎县	县城窝扎藏布	88°36′38.80″	30°59′28.63″	4686	2	2 成
申扎县	县城窝扎藏布	88°35′32.78″	31°0′10.47″	4670	2	2 成
申扎县	洛波错	88°47′6.69″	30°45′13.92″	4703	21	17 成 4 幼
申扎县	测东拉错	88°51′40.83″	30°40′55.96″	4816	2	2 成
申扎县	测东拉错	88°51′11.91″	30°39′52.77″	4818	2	2 成
申扎县	S203 省道鄂洛测琼村附近河边	88°55′51.51″	30°33′31.97″	4856	2	2 成

鸟岛为鸟类重要的集中栖息地，应加强保护。本次调查在色林错地区共发现 3 个繁殖鸟鸟岛，其中错鄂湖 2 个、查藏错 1 个。3 个鸟岛中的主要繁殖鸟类组成相似，主要包括渔鸥（*Larus ichthyaetus*）、棕头鸥（*Larus brunnicephalus*）、赤麻鸭（*Tadorna ferruginea*）、斑头雁（*Anser indicus*）、普通秋沙鸭（*Mergus merganser*）、[普通] 鸬鹚（*Phalacrocorax carbo*）、普通燕鸥（*Sterna hirundo*）等。

本次考察在南边的雅鲁藏布江河谷中发现爬行动物 2 种，分别是西藏沙蜥（*Phrynocephalus theobaldi*）和拉萨岩蜥（*Laudakia sacra*）。在越过冈底斯山脉往北的色林错、达则错、扎日南木错发现爬行动物 1 种，即红尾沙蜥（*Phrynocephalus erythrurus*）。此次采用的是样线调查法，通过计算样线中的沙蜥洞穴密度来评估相应地点沙蜥种群的大小情况。本书发现，沙蜥种群数量呈现西多东少、南北相当的分布格局。色林错东岸、达则错西南岸以及扎日南木错西北岸的红尾沙蜥种群数量都比较多，而色林错南岸、安多至雁石坪镇道路附近以及拉萨市周边地区的种群数量较少，鲜有沙蜥活动。沙蜥属物种的具体分布情况如图 8.9 所示。

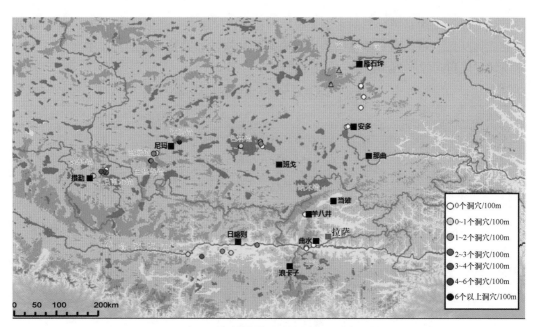

图 8.9　色林错附近沙蜥属物种分布

点的颜色越深表示相应地点沙蜥种群越大（背景地图颜色越深表示海拔越高）

参考文献

国家林业局中南林业调查规划设计院. 2015. 西藏色林错国家级自然保护区功能区调整区域综合考察报告.

李凤山. 2014. IUCN黑颈鹤保护行动计划. 动物学研究, 35(S1): 3-9.

刘迺发, 包新康, 廖继承. 2013. 青藏高原鸟类分类与分布. 北京: 科学出版社.

西藏自治区地方志编纂委员会. 2005. 西藏自治区志·动物志. 北京: 中国藏学出版社.

姚建初, 邵孟明, 陈兴汉. 1991. 西藏那曲地区的鸟类. 四川动物, 10(1): 10-13.

Boyce M S, Johnson C J, Merrill E H, et al. 2016. Can habitat selection predict abundance? Journal of Animal Ecology, 85: 11-20.

Boyce M S, McDonald L L. 1999. Relating populations to habitats using resource selection functions. Trends in Ecology & Evolution, 14: 268-272.

Breiman L. 2001. Random forests. Machine Learning, 45: 5-32.

Buckland S T, Anderson D R, Burnham K P, et al. 1993. Distance Sampling: Estimating Abundance of Biological Populations. London: Chapman and Hall.

Guisan A, Thuiller W. 2005. Predicting species distribution: Offering more than simple habitat models. Ecology Letters, 8: 993-1009.

Guisan A, Zimmermann N E. 2000. Predictive habitat distribution models in ecology. Ecological Modelling,

135: 147-186.

Miller D L, Burt M L, Rexstad E A, et al. 2013. Spatial models for distance sampling data: Recent developments and future directions. Methods in Ecology and Evolution, 4: 1001-1010.

Schmidt J H, Rattenbury K L, Lawler J P, et al. 2012. Using distance sampling and hierarchical models to improve estimates of Dall's sheep abundance. Journal of Wildlife Management, 76: 317-327.

（执笔人：李欣海、詹祥江、杨晓君、董　锋、高建云、徐　凯）

第9章

土地利用与土地覆被变化

本章导读：土地利用是人类活动作用于自然资源的主要形式，是人类活动与自然生态过程交互的纽带，它直接关系到全球和区域可持续发展。土地利用在满足人类日益增长的生产、生活需求的同时，也在不同程度上改变土地覆被格局和生态系统的组成及其物质、能量流动，从而产生广泛的环境效应。解析色林错地区的土地利用与土地覆被变化状况，有利于对该区域生态环境背景的把握，可为色林错地区自然保护和区域发展提供科学参考。本章主要介绍色林错地区土地利用与土地覆被的现状结构及其分布特点，从类型和空间的角度分析了土地覆被类型的变化情况。基于 MODIS 数据产品，分析了色林错地区地表温度和湿度的变化情况，探讨了不同土地覆被类型及其变化情况下，地表温度和土壤湿度的变化特征与差异。

关键词：土地利用与土地覆被，类型变化，空间特征，地表温度，土壤湿度

土地利用与土地覆被变化（LUCC）是全球气候变化和环境变化研究关注的重要内容（Mooney et al.，2013；Sterling et al.，2012；李秀彬，1996），同时也是人类活动与自然环境相互作用最直接的表现形式（刘纪远等，2014）。工业革命以来，土地利用的强度和范围逐渐扩大，城镇化、工业化、农田开垦等土地利用活动使生态系统承受的压力增加，土地利用活动与气候变化交织在一起，使得作为人类生存重要基础的生物多样性受到了严重的威胁（赵国松等，2014）。在这些因素的影响下，土地覆被类型空间数据在不同尺度的生态学和生物地理学过程都存着巨大的差异，由此产生不同的土地覆被格局和空间特征。目前，对色林错流域的土地利用与土地覆被变化的研究多集中于色林错湖泊本身面积的变化，特别是近些年色林错湖泊扩张及其与气候要素的关系成为学术界的研究热点（杨日红等，2003；边多等，2010；万玮等，2010；孟恺等，2012；张国庆等，2013；杜鹃等，2014；车向红等，2015；杨志刚等，2015；郝贵斌等，2016），或者是色林错地区涉及各县的草地退化问题（徐瑶等，2011；张晓克等，2014）。对色林错地区的土地利用与土地覆被变化的整体分析目前尚显不足，亟须对色林错地区整体的变化情况进行分析，更全面地了解色林错地区的生态与环境变化情况，以有效促进区域可持续发展和生态保护工作。

9.1　色林错地区土地利用现状

9.1.1　土地利用总体构成及分布

2015 年色林错地区土地利用由林地、草地、水域、居民建设用地和未利用土地五大类构成，其中，以草地为主，草地占全区总面积的 83.818%；水域面积共 5594.38 km²，占全区总面积的 9.443%；未利用土地面积共 3990.08 km²，占全区总面积的 6.735%。林地、居民建设用地面积极少，两者总面积仅占全区面积的 0.005%，其中林地面积为 2.49 km²，占全区总面积的 0.004%，居民建设用地面积最少，仅有 0.31 km²，占全区总面积的 0.001%（表 9.1）。

表 9.1　色林错区域土地利用一级类型面积及构成

土地利用类型	面积（km²）	比重（%）
林地	2.49	0.004
草地	49657.77	83.818
水域	5594.38	9.443
居民建设用地	0.31	0.001
未利用土地	3990.08	6.735
合计	59245.03	100.000

二级土地利用类型构成中（表 9.2），林地由有林地和灌木林地两种二级类型构成，其中以有林地为主，有林地面积为 1.28 km²，占林地总面积的 51.48%，灌木林地有 1.21 km²，占林地面积的 48.59%；草地由高覆盖度草地、中覆盖度草地和低覆盖度草地 3 个二级类型构成，其中中覆盖度草地面积最大，有 21064 km²，占草地总面积的42.42%，其次是低覆盖度草地，面积为 15017.49 km²，占草地总面积的 30.24%，高覆盖度草地仅有 13576.28 km²，占草地总面积的 27.34%；水域主要由河渠、湖泊、水库坑塘、永久性冰川雪地和滩地构成，其中湖泊面积最大，约有 4256.58 km² 的湖泊，占水域总面积的 76.09%，这与车向红等（2015）的分析结果较为一致，对气候变化敏感的冰川雪被面积约 206.44 km²，占水域总面积的 3.69%，滩地面积为 1044.14 km²，占水域总面积的 18.66%，河渠和水库坑塘等二级类型面积较少；居民建设用地中，城镇用地总面积约 0.17 km²，占居民建设用地总面积的 53.12%，农村居民点总面积约0.15 km²，占居民建设用地总面积的 46.88%；未利用土地中，面积占比最高的是裸岩石质地，占未利用土地总面积的 53.60%，面积达到 2138.57 km²，其次是盐碱地，共有 1687.50 km²，占未利用土地的 42.29%，余下的沙地、戈壁、沼泽地、其他未利用土地等二级类型面积相对较少。

表 9.2　色林错区域土地利用二级类型面积及构成

一级类型	二级类型	面积（km²）	占一级类型比重（%）
林地	有林地	1.28	51.41
	灌木林	1.21	48.59
草地	高覆盖度草地	13576.28	27.34
	中覆盖度草地	21064.00	42.42
	低覆盖度草地	15017.49	30.24
水域	河渠	83.84	1.50
	湖泊	4256.58	76.09
	水库坑塘	3.38	0.06
	永久性冰川雪地	206.44	3.69
	滩地	1044.14	18.66
居民建设用地	城镇用地	0.17	53.12
	农村居民点	0.15	46.88

续表

一级类型	二级类型	面积（km²）	占一级类型比重（%）
未利用土地	沙地	1.07	0.03
	戈壁	1.27	0.03
	盐碱地	1687.50	42.29
	沼泽地	2.90	0.07
	裸岩石质地	2138.57	53.60
	其他未利用土地	158.76	3.98

9.1.2　主要土地覆被类型分布特点

　　草地是色林错区域最主要的土地利用类型，由高覆盖度草地、中覆盖度草地和低覆盖度草地3类构成。其中，高覆盖度草地在色林错区域南部分布较多，主要包括申扎县、尼玛县及班戈县南部部分地区，此外在安多县也有分布。中覆盖草地是色林错区域分布最广阔的草地类型。低覆盖度草地主要分布在色林错区域尼玛县、安多县和申扎县的北部地区等高海拔地区，自南向北呈不断增加的趋势（图9.1）。

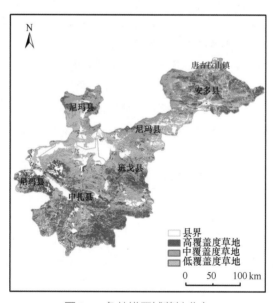

图9.1　色林错区域草地分布

　　从县域尺度的分布来看（图9.2），申扎县高覆盖度草地面积占比最高，占全县草地总面积的34.43%，牧业基础条件较好，其下依次为安多县、班戈县、尼玛县。中覆盖度草地在各县草地中均占据重要地位，其中唐古拉山镇中覆盖度草地面积占90.77%，其下依次为安多县、尼玛县、班戈县和申扎县。班戈县低覆盖度草地面积占比较高，达到39.52%，唐古拉山镇低覆盖度草地面积占比较少，为3.59%。色林错区域是西藏重要的牧业区，同时也是国家级自然保护区所在地，草地生态系统健康状况

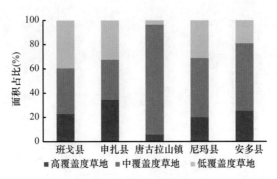

图 9.2 各县草地类型构成

直接影响着载畜能力、区域生态系统功能与生态安全屏障功能的发挥。整体而言，受水热条件和地形条件等影响，草地质量由南向北逐渐变差：南部申扎县草地质量较好，主要是中、高覆盖度草地；中部班戈县高覆盖度草地占比有所下降；北部的尼玛县、安多县以中、低覆盖度草地为主，牧业生产条件较差。

　　未利用土地是色林错区域主要的土地覆被类型，大部分的裸地分布在自然环境恶劣的区域（图 9.3）。色林错区域最主要的未利用土地类型是裸岩石质地，其主要分布在申扎县、尼玛县南部等地。盐碱地主要分布在班戈县、尼玛县和安多县南部。其他未利用土地主要包括高寒荒漠和苔原，其主要分布在班戈县东部、尼玛县东部和唐古拉山镇南部部分地区。少量的沙地、戈壁和沼泽地集中分布在班戈县、申扎县和安多县东部，其中沼泽地分布在地势平坦低洼、排水不畅的地方，主要位于尼玛县、班戈县、安多县南部和申扎县北部。沙地和戈壁分别被砂和碎砾石覆盖地表，该类型的植被覆盖度往往低于 5%。

　　从县域尺度分布来看（图 9.4），班戈县未利用土地中以盐碱地为主，占全县未利

图 9.3 色林错区域未利用土地分布

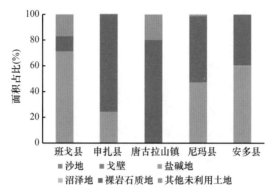

图 9.4　色林错地区各县未利用土地类型构成

用土地总面积的 71.06%，此外还包括裸岩石质地、高寒荒漠、苔原和少量的沼泽、戈壁等；申扎县未利用土地主要由盐碱地、裸岩石质地组成，此外还有极少量的沙地和戈壁分布。唐古拉山镇未利用土地类型包括裸岩石质地和高寒荒漠，两者比例约为 4：1。尼玛县、安多县未利用土地以盐碱地、裸岩石质地为主，其他类型占比较少。整体而言，由西南到东北，各县未利用土地构成结构呈复杂到简单的变化趋势，西南部未利用土地类型较多，而东北部各县未利用土地类型则相对单一。

水体是色林错区域重要的土地利用类型之一，包括河流、湖泊、冰川雪地、滩地和人工修建的水库坑塘等（图 9.5）。色林错是西藏第一大湖泊，湖泊及其周边湿地是黑颈鹤、棕头鸥、斑头雁、赤麻鸭等保护动物的重要栖息地。流域内湖泊主要分布在申扎、尼玛、班戈三县，内陆湖泊的变化往往是气候变化与环境变异的指示器（郝贵斌等，2016）。冰川雪被主要分布在申扎县、安多县和唐古拉山镇等，山地冰川变化对全球气候变化具有指示性作用，尤其是在地处气候变化敏感区和启动区的青藏高原

图 9-5　色林错区域水体分布

（边多等，2010；杜鹃等，2014）。滩地分布在安多、尼玛、申扎、班戈等县和唐古拉山镇。水库坑塘是人工修建的蓄水区，分布在安多县。

9.1.3　土地利用类型的地形分异特征

1. 坡向分布特点

坡向的空间统计显示（图 9.6 和图 9.7）：草地、水体和未利用土地在平地上的分布比例较其他类型高。林地主要分布在东、东南坡方向。草地总体的坡向分布较均匀，其中高覆盖度草地主要分布在西坡、北坡方向，中、低覆盖度草地的分布没有明显的坡向偏好。这是因为中、低覆盖度草地主要分布在色林错区域北部高寒荒漠地区，该地区气候寒冷，雨量较少，坡向分布偏好不明显；而高覆盖度草地主要分布在海拔较低的河谷地区，该地区阴坡水热条件良好。居民建设用地集中分布在西、北坡。未利用土地主要分布在南、西南、东南和北坡方向。

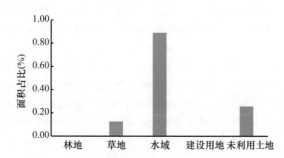

图 9.6　色林错区域土地利用类型在平地的分布

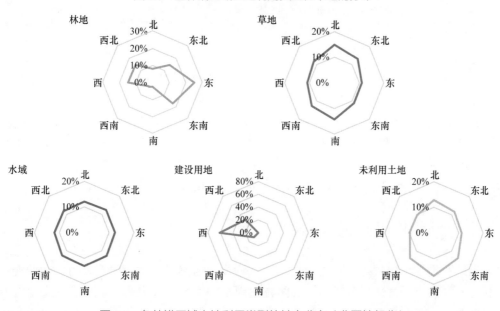

图 9.7　色林错区域土地利用类型的坡向分布（非平地部分）

2. 坡度分布特点

空间统计结果如图 9.8 所示，有林地主要分布在 26° 以上的范围，坡度越低分布越少，灌木林集中分布在 <2° 范围内。草地主要分布在 <14° 范围，其中高覆盖度草地主要分布在 < 10° 范围，坡度越大高覆盖度草地分布越少，中覆盖度草地和和低覆盖度草地随坡度增加也呈减少的趋势，在 < 10° 的范围内分布较多。冰川雪被集中分布在 10° ～ 22° 范围。湿地、河流和湖泊都多分布在 0° ～ 6°，这与水重力有关。居民建设用地主要分布在坡度 0° ～ 10° 的范围。未利用土地除裸岩石质地外，大部分分布在 < 6° 范围内，裸岩石质地主要分布在 2° ～ 30° 范围内。

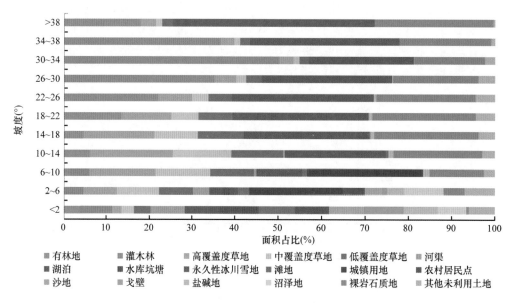

图 9.8　色林错区域相同坡度各类土地利用类型相对比例特征

从色林错区域范围内相同坡度、不同土地覆被的分配比例来看，土地利用类型随着坡度的变化呈现出 3 种变化趋势：一是随着坡度增加逐渐减少，二是随着坡度增加先增加后减少，三是随着坡度增加先减少后增加。草地属于第一种。永久性冰川雪地属于第二种，随坡度增加先逐渐增加，在 10° ～ 18° 范围内达到最大比例，之后随坡度增加又逐渐减少。有林地属于第三种，在 0° ～ 10° 范围内，其分布随坡度增加呈减少趋势，之后在 10° ～ 34° 范围内，随坡度增加，有林地分布又有所增加。

9.1.4　土地利用程度及区域差异

土地利用程度包含了人类对土地的改造程度和自然界在土地中受人为影响的变化程度。土地利用程度受到自然和社会两方面因素的影响，人类充分合理利用土地的方式有两种：一方面是不断扩大可利用土地的面积，即提高土地利用率；另一方面是增加劳动和物质投入，不断提高土地利用集约经营水平，即提高土地生产率（张富刚，2005）。色林错区域高亢的地势、严酷的水热条件极大地限制了人们对土地利用程度的加深，仍存在大片在当前技术条件下无法利用的土地。

1.土地利用率及其区域差异

土地利用率指已利用的土地面积与土地总面积之比，是反映土地利用程度的数量指标。土地利用率的高低取决于多种因素，主要有土地的自然条件，包括地势的高低，土壤的肥瘠，降水的多少，气温的高低，以及动物、植物、矿产的分布情况等；经济条件与技术水平。土地利用受经济因素的影响很大，这又和技术水平有密切关系。土地的利用程度可因技术条件改变，技术进步可以使土地利用率提高。有许多土地人类尚不能利用，如高山、沙漠、峭壁、陡坡、未经风化的岩石、积雪深厚的冰川等。色林错区域土地利用率为 0.929，其中土地利用率较高的县有班戈县、申扎县、安多县、尼玛县，它们以草地等牧业用地为主，唐古拉山镇土地利用率较低，地势过高和水热条件不足导致其土地难以利用，土地利用率为 0.767（表 9.3）。

表 9.3　色林错区域及各县土地利用率

区域	土地利用率
班戈县	0.932
申扎县	0.930
尼玛县	0.903
安多县	0.959
唐古拉山镇	0.767
色林错区域	0.929

2.土地利用程度的分级及定量表达

土地利用程度是土地利用现状的综合反映，是未来可持续利用的出发点。土地利用评价研究为我们全面了解当前土地资源的利用状况提供了重要的参考依据，对指导区域土地资源的可持续利用以及区域经济的发展具有重要意义。将土地利用程度按照土地自然综合体在社会因素影响下的自然平衡保持状态分为 4 级，并分级赋予指数（表 9.4），从而给出土地利用程度的定量表达（庄大方和刘纪远 1997）。

表 9.4　土地利用程度分级赋值

分级指数	土地利用类型
0	永久性冰川雪地、沙地、戈壁、盐碱地、沼泽地、裸岩石质地、其他未利用土地
0.25	有林地、灌木林、高覆盖度草地、中覆盖度草地、低覆盖度草地、河渠、湖泊、滩地
0.5	水库坑塘
1	城镇用地、农村居民点

第一级是土地未利用级，在这一级别上土地利用程度为 0，基本没有社会经济活动，

保持了原有的自然平衡。色林错区域的各种未利用土地和永久性冰川雪地属于这一级别，是人类对土地资源开发利用的起点。随着对土地利用程度的加深，部分土地上的自然系统和社会系统间开始发生初级的物质能量交流，主要由自然系统流向社会系统。这一级别为土地自然再生利用级，土地利用程度较低，色林错区域有林地、灌木林、高中低覆盖度的天然草地和各类河渠、湖泊河滩等属于这一级别。随着地上自然系统和社会系统交流的继续发展，其流向会发展为双向的，土地使用者不再单纯依靠土地的自然再生能力，而开始有意识地进行物质、能力的投入，使自然系统的平衡点发生了有利于社会系统的变化。色林错区域属于这一级别的土地利用类型有人工修建的水库坑塘。土地利用程度的最高级别是土地非再生利用级，这是土地利用的上限，人类一般无法对其进行进一步的利用与开发，原有的自然平衡已经在社会系统的影响下发生了彻底的变化。色林错区域城镇用地和农村居民点属于这一级别，地表已经完全被人工非再生性覆盖物所覆盖，土地资源的利用达到顶点。

这 4 种土地利用级别只是 4 种理想型，在实际状态下往往是混合存在于同一地区，土地利用程度的综合量化指标在此基础上进行数学综合，形成一个 0～1 连续分布的综合指数，指数值大小反映某一地区的土地利用程度（庄大方和刘纪远，1997）。

$$La = 100 \times \sum_{i=1}^{n} A_i \times C_i$$

La 为土地利用程度综合指数；A_i 为第 i 级的土地利用程度分级指数；C_i 为第 i 级土地利用程度分级面积百分比。La 值越大，表明区域的土地利用程度综合指数越大，人类对该区域土地的开发程度越高，土地利用程度分级赋值见表 9.4，计算所得色林错区域各县及全区土地利用程度如下（表 9.5）。

表 9.5　色林错区域各县土地利用程度

区域	土地利用程度
班戈县	0.233
申扎县	0.233
尼玛县	0.226
安多县	0.240
唐古拉山镇	0.192
色林错区域	0.232

3. 土地利用程度的区域分异特点

从土地利用程度分级图（图 9.9）中可以看出，色林错区域整体土地利用程度偏低，以土地未利用级和土地自然再生利用级为主，土地人为再生利用级和土地非再生利用级较少，主要集中在安多县和申扎县。

在县域单元的土地利用程度中，安多县土地利用程度最高，主要是由于畜牧业历史悠久，天然草场面积广阔，且未利用土地面积远小于其他地区。利用程度次于安多县的是班戈县、申扎县和尼玛县，这些地区水热条件较好，天然草地所占比重大。土

图 9.9　色林错区域土地利用程度分区

地利用程度最低的是该区域所包含的唐古拉山镇部分地区，这一地区水热条件差，地势高，存在大片未利用和难以利用的土地。

9.1.5　土地利用景观格局

土地利用景观格局主要是指不同类型的大小和形状不一的土地利用斑块在空间上的排列，其是景观异质性的具体表现。景观格局是由自然或人为形成的，一系列大小、形状各异，排列不同的景观要素共同作用的结果。而景观格局指数能够集中概括景观格局信息，可以用数据的形式建立景观结构与景观生态过程的联系，从而更好地理解生态景观的功能和过程。

1. 类型尺度上的土地利用景观格局现状

类型尺度的景观格局指标包括面积 – 边缘指标、形状指标和聚散性指标 3 类，共选择 12 个指标进行计算（表 9.6）。面积 – 边缘指标：选取总面积（CA）、景观百分比（PLAND）、最大斑块指数（LPI）3 项指标进行计算，其中类型面积 / 总面积指景观或各景观类型的面积；景观百分比表示各类型所占的比例；最大斑块指数表示景观中最大斑块占其总面积的百分比。形状指标：选择周长 – 面积分形维数（PAFRAC）进行计算，表示景观中斑块形状的复杂程度。聚散性指标：选择连接度（CONNECT）、斑块数量（NP）、斑块密度（PD）、聚集指数（AI）、景观形状指数（LSI）、斑块凝聚度指数（COHESION）、景观分割度（DIVISION）、散布与并列指标（IJI）8 项指标进行计算，其中连接度呈现的是各类型中斑块之间的连接程度；斑块数量和斑块密度分别表征各类型的斑块总数以及单位面积内各类型的斑块数量；聚集指数展现各土地类型的聚集程度，各类型中斑块之间的公共边界长度越大，聚集程度越高；景观形状指数通过周长-面积比例来反映土地类型的分散程度，即其值越大，斑块类型就越分散；斑块凝聚度指数体现各土地利用类型的生境连接性；散布与并列指标能显著反映受到某种自然条件严重制约的生态系统的分布特征；景观分割度和聚合度指数也反映了景观的聚散性。

表 9.6　2015 年色林错区域各土地利用类型景观格局特征

土地利用类型	CA(hm²)	PLAND/%	NP/ 个	PD/100ha	LPI/%	LSI
未利用土地	399007.5	2.6117	1594	0.0104	0.1564	71.3606
水域	559437.8	3.6618	597	0.0039	1.2058	41.6599
草地	4965777	32.5033	284	0.0019	32.117	33.0831
林地	249.48	0.0016	6	0	0.0005	5.0189
建设用地	31.23	0.0002	3	0	0.0001	3.2368
土地利用类型	PAFRAC	IJI/%	CONNECT	COHESION	DIVISION	AI
未利用土地	1.3708	20.5871	0.0784	99.2244	1	96.6561
水域	1.3758	26.1183	0.1394	99.8357	0.9998	98.3683
草地	1.2368	49.2048	0.958	99.9978	0.8968	99.568
林地	N/A	45.6831	13.3333	95.5981	1	92.1662
建设用地	N/A	0	33.3333	90.8023	1	87.0427

从面积-边缘指标来看，草地面积最大，占全区景观的 32.5033%，水域面积次之，占全区景观的 3.6618%，未利用土地面积排在第 3 位，占全区景观的 2.6117%，这使得草地景观成为色林错区域土地景观的主导景观类型。在最大斑块指数方面，草地的值最大，约为 32.117%，第二位为水域，其值仅为 1.2058%，表明草地在色林错区域土地景观中的优势地位显著。

从形状指标来看，周长-面积分形维数的取值范围在 1 ~ 2，越接近于 1，表明斑块的形状越简单，越有规律；越接近于 2，表明斑块的形状越复杂。水域、草地和未利用土地的值接近于 1，表明其斑块形状有规律。

从聚散性指标来看，连接度最低的是未利用土地，表明该类型的个体斑块之间受分布地形的限制，互相间的连通性较差。全区内斑块数量最多的为未利用土地，同时，斑块密度也较小，表明其在全区景观中占有重要地位，以较大斑块的形式分布在整个流域中。

2. 景观尺度上的土地利用景观格局现状

整体景观尺度的景观格局分析采用了面积-边缘指标中的总面积（TA）指数，聚散性指标中的斑块数量（NP）、斑块密度（PD）、斑块凝聚度指数（COHESION）4 项指数和多样性指标中的斑块多度（PR）、香农-维纳多样性指数（SHDI）、香农-维纳均匀度指数（SHEI）3 项指标，总计 7 个指标参与分析过程（表 9.7）。

表 9.7　色林错区域 2015 年土地利用景观总体格局

	TA	NP	PD	COHESION	PR	SHDI	SHEI
色林错区域	15277779.90	2484	0.0163	99.9841	5	0.5530	0.3436

斑块多度用以衡量土地景观的丰富度，香农-维纳多样性指数用以表征景观异质性，其值越大，任意两个斑块成为不同土地类型的可能性越大。香农-维纳均匀度指数为观察到的多样性水平与最大可能多样性之比，用以表征土地景观多样性的均匀程度。

色林错区域土地利用景观的平均斑块面积为 6150.48 hm²，斑块密度约为 0.0163 个/hm²，斑块凝聚度指数达到 99.98，表征出土地利用景观从整体上看连接度较好。而从香农-维纳多样性指数和香农-维纳均匀度指数来看，这两个指数值越接近于 1，斑块多度越增加且斑块类型的分布越为合理，越为均匀，由此看来，色林错区域土地利用的景观分布存在一定程度上的不均衡，景观异质性较高。

9.2　色林错地区土地覆被类型变化空间特征

9.2.1　土地覆被类型组成变化

1990 年，色林错地区共有林地、草地、水域、未利用土地四大类土地覆被类型，涵盖 14 种二级类型。其中，草地为流域最主要的覆被类型，约占流域总面积的 83.9%。其中高覆盖度草地约占 22.93%，中覆盖度草地占 35.57%，低覆盖度草地约占 25.40%，草地在流域内分布广泛，高覆盖度草地主要集中在流域东北部和西南部靠近河流的区域，随着距河流距离的增加，草地类型呈高覆盖度草地—中覆盖度草地—低覆盖度草地的变化趋势；湖泊面积占流域总面积的 7.10%，集中分布在流域西北部，主要包括色林错、班戈错、格仁错和错鄂等；裸岩石质地指地表为岩石或石砾，且覆盖面积 >5% 的土地，其主要分布在流域西部高海拔地区，面积约占流域总面积的 3.61%；流域内滩地主要分布在东北部，集中在沿河地带，总面积占比 1.76%；此外，流域内还分布有少量的林地，包括有林地和灌木林、河渠、沼泽地和盐碱地，总面积占比为 3%。

2015 年，色林错地区土地覆被类型有所变化，一级类增加到 5 类，包括林地、草地、水域、未利用土地和建设用地。从一级类变化来看，草地和未利用土地分别减少了 48 km² 和 3.29 km²，水域和建设用地分别增加了 50.98 km² 和 0.31 km²，而水域面积的增加与流域内色林错等内陆湖泊扩张有直接关系（万玮等，2010；车向红等，2015），林地未有明显变化。此外，这五大类所涵盖的二级类增加到 18 种，新增的二级土地覆被类型有水库坑塘、戈壁以及城镇用地和农村居民点。新增水库坑塘主要是指人工修建的蓄水区，总面积 3.38 km²，占流域总面积的 0.01%，分布在流域东北部，主要是沿河而建的人工蓄水区；新增城镇用地和农村居民点也集中分布在流域东部，新增面积分别为 0.17 km² 和 0.15 km²；戈壁是指地表以碎砾石为主，植被覆盖度在 5% 以下的土地，新增戈壁面积约 1.27 km²（图 9.10，表 9.8）。

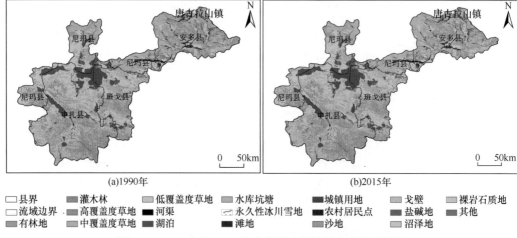

图 9.10 1990 年和 2015 年色林错及周边地区土地覆被图

　　除新增地类外，其他土地覆被类型中，面积增加的有湖泊和沼泽地，湖泊面积增加最多，湖泊约扩张了 48.51 km²，变化率达 1.15%，这与车向红等 (2015) 分析结果较为一致；沼泽地面积增加了 0.10 km²，变化率约 3.74%。面积减少的覆被类型主要有草地、盐碱地和裸地，其中草地面积减少最多，高覆盖度草地面积减少 7.97 km²，中覆盖度草地面积减少 11.43 km²，低覆盖度草地面积减少 28.60 km²，变化率分别为 0.06%、0.05% 和 0.19%；盐碱地面积减少了 4.29 km²，变化率约为 0.25%。

表 9.8 1990 年和 2015 年色林错地区土地覆被构成及变化

地类代码	1990 年		2015 年		变化面积 (km²)	变化率 (%)
	面积 (km²)	比重 (%)	面积 (km²)	比重 (%)		
有林地	1.28	0.00	1.28	0.00	0.00	0.00
灌木林	1.21	0.00	1.21	0.00	0.00	0.00
高覆盖度草地	13584.25	22.93	13576.28	22.92	−7.97	−0.06
中覆盖度草地	21075.43	35.57	21064.00	35.55	−11.43	−0.05
低覆盖度草地	15046.09	25.40	15017.49	25.35	−28.60	−0.19
河渠	83.84	0.14	83.84	0.14	0.00	0.00
湖泊	4208.08	7.10	4256.58	7.18	48.51	1.15
水库坑塘	—	—	3.38	0.01	3.38	—
永久性冰川雪地	206.44	0.35	206.44	0.35	0.00	0.00
滩地	1045.04	1.76	1044.14	1.76	−0.90	−0.09
城镇用地	—	—	0.17	0.00	0.17	—
农村居民点	—	—	0.15	0.00	0.15	—
沙地	1.07	0.00	1.07	0.00	0.00	0.00
戈壁	—	—	1.27	0.00	1.27	—
盐碱地	1691.79	2.86	1687.50	2.85	−4.29	−0.25
沼泽地	2.79	0.00	2.90	0.00	0.10	3.74
裸岩石质地	2138.74	3.61	2138.57	3.61	−0.17	−0.01
其他	158.98	0.27	158.76	0.27	−0.22	−0.14

9.2.2　土地覆被类型变化

从 1990～2015 年色林错地区的转移矩阵看出（表 9.9），期内流域土地覆被变化不明显，从一级类间转移情况来看，0.078% 的草地转化为水域，0.001% 的草地转化为建设用地，0.019% 的草地转化为未利用土地。此期间，0.008% 的水域转化为草地，0.143% 的水域转化为未利用土地。在未利用土地向其他土地类型转化的过程中，0.004% 的未利用土地转化为草地，0.515% 的未利用土地转化为水域。从二级土地覆被类型转化情况看，高覆盖度草地减少主要是向湖泊、盐碱地转化，部分高覆盖度草地退化使得覆盖度下降，转化为中覆盖度草地，3 种地类转化率总计约 0.05%；中覆盖度草地主要转化为湖泊、水库坑塘和盐碱地，转化率分别为 0.04%、0.01% 和 0.02%；低覆盖度草地主要转化为湖泊、水库坑塘和盐碱地，转化率分别为 0.15%、0.01%、0.03%，转化率高于中覆盖度草地和高覆盖度草地，更易向其他覆被类型转变；湖泊主要转化类型为盐碱地，转化率约 0.19%；滩地向坑塘水库的转化率面积约 1.25km^2，转化率约 0.12%，是最主要的转化类型；除此之外，林地、永久性冰川雪地、沼泽地在期内没有发生明显变化。

从贡献率来看，有林地、灌木林地、高覆盖度草地、低覆盖度草地、河渠、永久性冰川雪地和裸岩石质地 100% 来自于 1990～2015 年各地类没有变化的部分；其余地类中中覆盖度草地中各有 0.005% 由盐碱地和低覆盖度草地贡献；湖泊有约 0.48% 由盐碱地贡献、0.52% 由低覆盖度草地贡献、0.18% 和 0.16% 由中覆盖度草地和低覆盖度草地贡献，盐碱地是其最主要的贡献类型；水库坑塘为 2010 年新增地类，37.96% 由中覆盖度草地贡献、36.97% 由滩地贡献、25.07% 由低覆盖度草地贡献，这 3 种土地覆被类型是水库坑塘的主要贡献类型；同样是 2010 年新增的城镇用地和农村居民点，其 100% 由中覆盖度草地贡献；另一类新增覆被类型戈壁，42.60% 由低覆盖度草地贡献，是最主要的贡献类型，此外还有 37.58% 由盐碱地贡献、19.46% 由中覆盖度草地贡献；沼泽地的主要贡献类型为盐碱地和低覆盖度草地，贡献率分别为 2.30% 和 1.31%（图 9.11）。

9.2.3　土地覆被空间变化

从空间变化看（图 9.12），大部分草地没有发生变化，草地面积减少的区域主要在流域西南部和中部离河流较远且海拔较高的地区，水源条件差使得草地的生长受到限制，部分草地发生退化；草地增加区域集中在流域东北部海拔较低且靠近河流的区域。新增的城镇用地和农村居民点用地集中分布在流域东部，新增的面积很小，且多数位于靠近水源的地方，体现了人类亲水而居的特性。水体空间分布上没有发生明显变化，减少的区域位于流域南部，增加的区域一部分集中分布在流域北部，主要是依河而建的水库坑塘，此外新增水体面积多是在原有水体的四周扩展的，主要为湖泊的扩张和

表 9.9　1990 ~ 2015 年色林错地区土地覆被转移矩阵

（单位：km²）

1990年＼2015年	有林地	灌木林	高覆盖度草地	中覆盖度草地	低覆盖度草地	河渠	湖泊	水库坑塘	永久性冰川雪地	滩地	沙地	城镇用地	农村居民点	戈壁	盐碱地	沼泽地	裸岩石质地	其他未利用地
有林地	1.28	0.00	0.00	0.00	0.00	0.00	0.00	0.00	0.00	0.00	0.00	0.00	0.00	0.00	0.00	0.00	0.00	0.00
灌木林	0.00	1.21	0.00	0.00	0.00	0.00	0.00	0.00	0.00	0.00	0.00	0.00	0.00	0.00	0.00	0.00	0.00	0.00
高覆盖度草地	0.00	0.00	13576.28	0.43	0.00	0.00	6.97	0.00	0.00	0.05	0.00	0.00	0.00	0.00	0.52	0.00	0.00	0.00
中覆盖度草地	0.00	0.00	0.00	21062.68	0.00	0.00	7.57	1.28	0.00	0.11	0.00	0.17	0.15	0.25	3.22	0.00	0.00	0.00
低覆盖度草地	0.00	0.00	0.00	0.27	15017.49	0.00	22.02	0.85	0.00	0.00	0.00	0.00	0.00	0.54	4.89	0.04	0.00	0.00
河渠	0.00	0.00	0.00	0.00	0.00	83.84	0.00	0.00	0.00	0.00	0.00	0.00	0.00	0.00	0.00	0.00	0.00	0.00
湖泊	0.00	0.00	0.00	0.46	0.00	0.00	4199.47	0.00	0.00	0.00	0.00	0.00	0.00	0.00	7.94	0.00	0.00	0.00
永久性冰川雪地	0.00	0.00	0.00	0.00	0.00	0.00	0.00	0.00	206.44	0.20	0.00	0.00	0.00	0.00	0.00	0.00	0.00	0.00
滩地	0.00	0.00	0.00	0.00	0.00	0.00	0.00	1.25	0.00	1043.78	0.00	0.00	0.00	0.48	0.00	0.00	0.00	0.00
沙地	0.00	0.00	0.00	0.00	0.00	0.00	0.00	0.00	0.00	0.00	1.07	0.00	0.00	0.00	0.00	0.00	0.00	0.00
盐碱地	0.00	0.00	0.00	0.16	0.00	0.00	20.38	0.00	0.00	0.00	0.00	0.00	0.00	0.00	1670.71	0.07	0.00	0.00
沼泽地	0.00	0.00	0.00	0.00	0.00	0.00	0.00	0.00	0.00	0.00	0.00	0.00	0.00	0.00	0.00	2.79	0.00	0.00
裸岩石质地	0.00	0.00	0.00	0.00	0.00	0.00	0.00	0.00	0.00	0.00	0.00	0.00	0.00	0.00	0.00	0.00	2138.57	0.00
其他未利用地	0.00	0.00	0.00	0.00	0.00	0.00	0.17	0.00	0.00	0.00	0.00	0.00	0.00	0.00	0.22	0.00	0.00	158.76

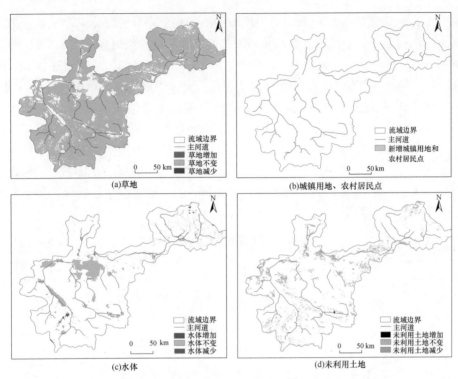

图 9.11　1990～2015 年色林错地区主要土地覆被类型的空间变化

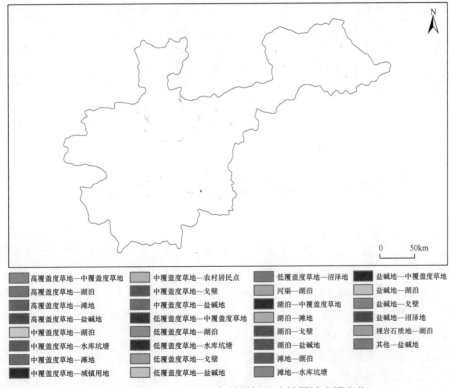

图 9.12　1990～2015 年色林错地区土地覆被空间变化

东北部河流滩地面积的增加。未利用土地增加的面积集中在流域中部和南部少部分区域，减少的面积主要位于流域北部，与新增坑塘水库的位置相对应。

1990～2015 年的土地变化面积不大（表 9.10），总计发生变化的面积为 80.66 km², 占流域面积的 0.14%。变化的主要原因是湖泊上涨导致草场的淹没。例如，分别有 6.97 km² 的高覆盖度草地、7.57 km² 的中覆盖度草地和 22.02 km² 的低覆盖度草地在 1990～2015 年转化为湖泊。同时期，湖泊与其周围的盐碱地也发生了相互转化，其中，7.94 km² 的湖泊转化为盐碱地，而盐碱地转化为湖泊的面积更多，达到了 20.38 km²。人类活动建设中，分别将 1.28 km² 的中覆盖度草地、0.85 km² 的低覆盖度草地和 1.25 km² 的滩地转化为水库坑塘，0.17 km² 的中覆盖度草地转化为城镇用地，0.15 km² 的中覆盖度草地转化为农村居民点。

表 9.10　主要覆被类型变化面积　　　（单位：km²）

变化类型	变化面积	变化类型	变化面积
高覆盖度草地—中覆盖度草地	0.43	低覆盖度草地—盐碱地	4.89
高覆盖度草地—湖泊	6.97	低覆盖度草地—沼泽地	0.04
高覆盖度草地—滩地	0.05	河渠—湖泊	0.00
高覆盖度草地—盐碱地	0.52	湖泊—中覆盖度草地	0.46
中覆盖度草地—湖泊	7.57	湖泊—滩地	0.20
中覆盖度草地—水库坑塘	1.28	湖泊—戈壁	0.00
中覆盖度草地—滩地	0.11	湖泊—盐碱地	7.94
中覆盖度草地—城镇用地	0.17	滩地—湖泊	0.00
中覆盖度草地—农村居民点	0.15	滩地—水库坑塘	1.25
中覆盖度草地—戈壁	0.25	盐碱地—中覆盖度草地	0.16
中覆盖度草地—盐碱地	3.22	盐碱地—湖泊	20.38
低覆盖度草地—中覆盖度草地	0.27	盐碱地—戈壁	0.48
低覆盖度草地—湖泊	22.02	盐碱地—沼泽地	0.07
低覆盖度草地—水库坑塘	0.85	裸岩石质地—湖泊	0.17
低覆盖度草地—戈壁	0.54	其他—盐碱地	0.22

9.3　土地覆被变化对地表温湿度变化的影响

青藏高原独特的地形改变了大气环流状况，使得青藏高原产生了独有的高原天气气候，它不仅影响我国天气气候，还对全球特别是亚洲的大气环流有极其重要的影响。其中，土壤温度和土壤湿度（含水量）是高原上地气间能量和水分循环过程中极其重要的组成部分，其变化直接影响着高原及其周围的水热循环、气候变化，进而影响高原及其周围大气环流的变化。

羌塘高原北部自然条件严峻，由于远离城镇，如果架设永久气象观测站点，那么维护成本过高，距离周边的气象站点很远，台站获取的气象数据已不能反映该地区的实际气温及地表温度的分布情况。另外，通过地统计插值方法获取的空间数据，即使叠加高程等信息，也无法保证远离气象台站或地形复杂区域的数据精度，而且观测数据不能满足实时分析的需求。随着遥感技术的发展，基于遥感卫星反演对地表温度估算的方法越来越成熟，目前主要方法有热红外数据或者微波遥感反演地表温度。本书的研究使用的数据主要来自于美国国家航空航天局（NASA）网站中 Land Processes DAAC 数据中心（http：//ladsweb. nascom. nasa.gov/data/search.html）的地表温度数据，以此分析羌塘高原 2003 ～ 2017 年的月均地表温度，并对其空间变化特征进行分析。

9.3.1　色林错地区地表温度变化

基于 MODIS 地表温度数据，每期 8 天合成，空间分辨率 1km，分析 2003 ～ 2017 年地表温度变化的情况。因为 MODIS 过境时间和数据的限制，其中白天平均温度的数据主要是 13：00，夜晚的数据主要是 01：00，以此代表区域白天和夜间温度的状况。

1. 色林错地区地表温度空间分布特征

基于 MODIS LST 地表温度数据 2003 ～ 2017 年的平均值分析显示，海拔总体控制流域内的白天和黑夜的温度分布状况。海拔较高，靠近冰川的河源地区不管是白天还是夜晚，平均温度均较低。

白天平均温度的空间分布结构相对复杂，这主要是因为地表土地覆被类型差异较大，太阳辐射的反射率不同，导致地表增温的效率产生差异。其中，草地、沙地的地表平均温度较高，湖泊、河渠、沼泽地等覆被类型地表平均温度较低（图 9.13）。

夜间平均温分布相对均一，温度的分布与海拔关系更紧密（图 9.14）。主要突出的

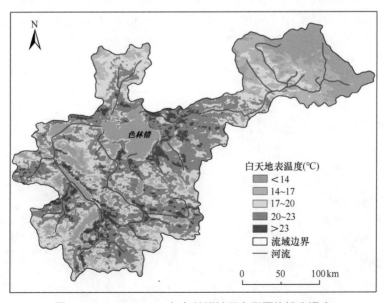

图 9.13　2003 ～ 2017 年色林错地区白天平均地表温度

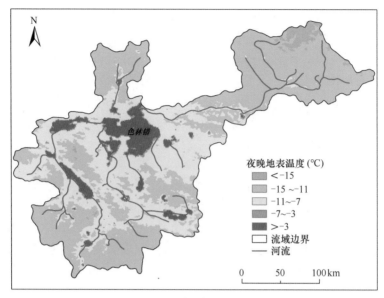

图 9.14　2003 ～ 2017 年色林错地区夜晚平均地表温度

差异体现在水体夜间的平均温度远高于其他土地覆被类型的平均温度。

2. 地表温度变化特征

趋势分析显示，2003 ～ 2017 年，色林错地区范围内白天地表温度呈现显著的上升趋势，85.79% 的面积都呈现出增温趋势，仅 14.21% 的面积出现降温的趋势（图9.15）。从空间分布上看，流域东北部海拔较高的区域增温相对集中，降温趋势主要发生在流域西部部分湖泊、河渠以及湖泊周边，这与色林错流域水体的扩张有一定的关联。夜间 82.97% 的面积出现了增温的趋势，16.52% 的面积出现降温的趋势（图9.16）。夜间增温区域的空间分布与白天有所区别，流域西部增温相对比较显著，降温趋势主要发生在流域的东南部和中部，尤其是门当乡至扎曲乡部分温度下降趋势分布较为集中。

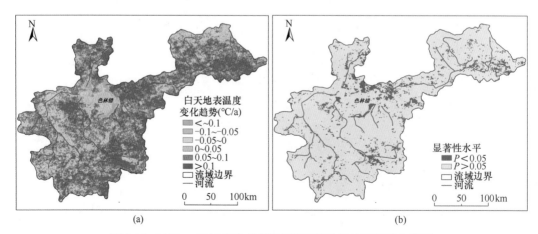

(a)　　　　　　　　　　　　　　　　　　(b)

图 9.15　2003 ～ 2017 年色林错地区白天平均地表温度变化趋势

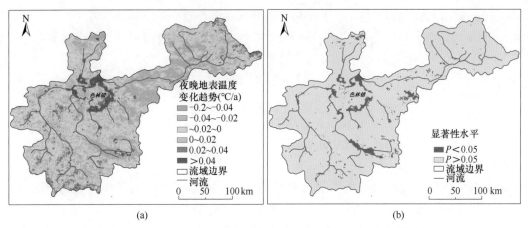

图 9.16　2003 ~ 2017 年色林错地区夜晚平均地表温度变化趋势

9.3.2　夏季土壤湿度变化

土壤湿度是陆面过程研究中重要的物理参数之一，它积累了地表水文过程的大部分信息，通过影响地表的反照率、陆面植被的生长状况以及蒸发等来改变陆 – 气之间的能量交换（卓嘎等，2017）。土壤湿度监测对预测区域干湿情况和适应区域及全球变化等具有重要意义（杨涛等，2010）。青藏高原地面观测站点稀少（刘川等，2015），缺乏长时间和大范围的土壤湿度观测资料（丁旭等，2018），多数研究主要通过敏感性数值模式模拟或利用再分析资料陆面模式资料以及卫星遥感反演资料进行诊断分析（王静等，2018；李哲等，2017）。目前，关于青藏高原土壤湿度时空分布情况存在大量的研究（卓嘎等，2017；扎西央宗等，2010；柳锦宝等，2013），特别是羌塘高原地区，由于地面观测资料较少，通过遥感来反演地表土壤湿度的分布和变化情况的研究工作较多（李彩瑛等，2017；傅新等，2012；宋春桥等，2011）。

已有研究表明，利用热红外遥感与光学相结合的温度植被干旱指数（temperature vegetation dryness index，TVDI）能较好地反映羌塘高原表层土壤水分。温度植被干旱指数法（TVDI）是基于植被蒸腾和地表蒸发能有效降低地表温度的原理，利用 TVDI 进行反演。TVDI 的值取决于 Ts-NDVI 的空间情况，其中，NDVI 作为植被覆盖指数，能基本反映植被覆盖的程度，而土壤水分又是 Ts-NDVI 空间的主要影响因素，因此从 Ts-NDVI 空间得到的 TVDI 能反映大部分区域的土壤湿度状况。Price（1990）和 Carlson 等（1994）发现，如果区域内植被覆盖类型很广，土壤湿度呈现从干旱到湿润的各种情况，以遥感数据获得的 Ts 和 NDVI 建立的散点图呈三角形。Sandholt 等（2002）因此发展了温度植被指数的土壤湿度监测方法，其表达式如下：

$$TVDI = \frac{Ts - Ts_{min}}{Ts_{max} - Ts_{min}} \tag{9-1}$$

式中，Ts 为任意像元的地表温度，本书的研究使用 MODIS11A2 中的地表温度产品代替；$Ts_{max}=a_1+b_1 \times NDVI$，为某一 NDVI 对应的最高地表温度，即 Ts-NDVI 空间的干边，a_1、b_1 为干边拟合方程的系数；$Ts_{min}=a_2+b_2 \times NDVI$，为某一 NDVI 对应的最低地表温度，即 Ts-NDVI 空间的湿边，a_2、b_2 为干边拟合方程的系数。

将 T_{smax} 与 T_{smin} 的拟合公式代入式（9-2）中得到的 TVDI 的表达式如下：

$$TVDI = \frac{Ts-(a_2 + b_2 \times NDVI)}{(a_1 + b_1 \times NDVI)-(a_2 + b_2 \times NDVI)} \tag{9-2}$$

TVDI 的取值处于 0～1，TVDI 值越大，表明该地区土壤含水量越低，TVDI 值越小，表明该地区土壤湿润。

本书的研究使用的数据主要来自于 NASA 网站中 Land Processes DAAC 数据中心（http://ladsweb.nascom.nasa.gov/data/search.html），基于 MOD11A2 产品（地表温度数据，每期 8 天合成，空间分辨率 1km）和 MOD13A2 产品（植被指数数据，每期 16 天合成，空间分辨率 1km），运用温度植被干旱指数法反演色林错流域 2000～2017 年夏季土壤湿度，以 2017 年为例，分析该年夏季土壤湿度空间分布并探讨 2000～2017 年土壤湿度的动态特征。由于 TVDI 只能模拟生长季内时段的土壤湿度，难以反映春、冬季土壤湿度的时空变化（宋春桥等，2012），故本书的研究选取 MOD11A2 产品每年的 177 天、185、193、201、209、217、225、233 八期数据，MOD13A2 产品选取每年的 177、193、209、225 四期数据。考虑到天数的对等性，运用最大值合成法将 MOD11A2 数据两期合成为一期，如 177 和 185 合成后表示为 177。为便于表示某期影像，后文将在每一期前加上 DOY（day of year）。

TVDI 反演结果表示土壤湿度的相对值，其取值为 0～1，值越大，说明土壤含水量越低。TVDI 作为土壤湿度的替代指标，其反演结果反映的是研究区土壤湿度的分布状况而非土壤的绝对含水量。本书沿用宋春桥等（2012）对 TVDI 值进行分等定级：$0.00 \leqslant TVDI < 0.30$ 表示湿润，$0.30 \leqslant TVDI < 0.50$ 表示偏湿，$0.50 \leqslant TVDI < 0.60$ 表示正常，$0.60 \leqslant TVDI < 0.75$ 表示偏干，$0.75 \leqslant TVDI < 1.00$ 表示干旱。

1. 色林错流域 2017 年夏季土壤湿度空间分布

从空间分布来看，2017 年夏季色林错流域土壤湿度空间分布总体表现为：东北部和西南部大部分土壤偏湿或正常，除色林错湖周边地区土壤呈现偏湿状态以外，中部大部分地区土壤偏干（图 9.17）。从不同级别土壤湿度面积占比来看，全区土壤湿度正常和偏湿面积比例较大，分别占 36.90% 和 32.24%，其次为偏干面积，占 29.00%，最少为湿润和干旱面积，分别占 1.34% 和 0.52%。

2. 色林错地区夏季土壤湿度季节变化

分别对 DOY177、DOY193、DOY209、DOY225 四期取多年平均值（2000～2017 年）。从反演结果可以看出，DOY177 期（6 月 26 日～7 月 11 日）中，研究区中部大部分地区土壤偏干。DOY193（7 月 12～27 日）和 DOY209（7 月 28 日～8 月 12 日）两期空间分布类似，中部少部分土壤偏干，其余大部分地区土壤偏湿或者正常，这可能与这段时间降雨较为稳定有一定关系。DOY225 期（8 月 13 ～ 28 日）中，全区土壤湿度呈现正常或偏湿状态，土壤偏干有少许零星分布（图 9.18）。总体而言，随着时间的推后，

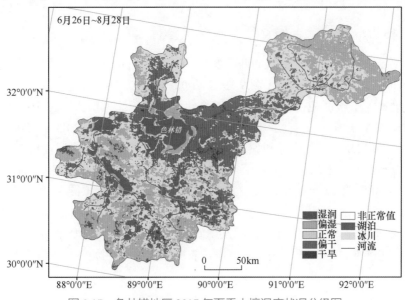

图 9.17　色林错地区 2017 年夏季土壤湿度状况分级图

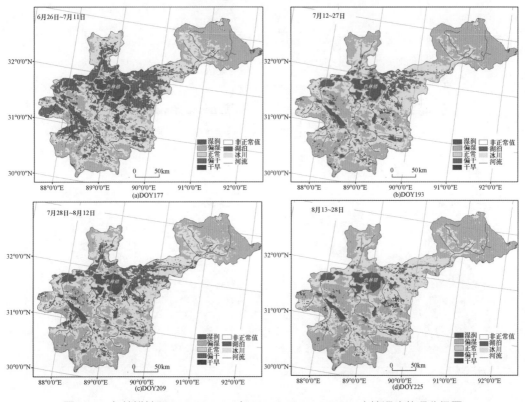

图 9.18　色林错地区 2000 ～ 2017 年 DOY177 ～ DOY225 土壤湿度状况分级图

色林错流域中部和西部土壤湿度变化较为明显，土壤湿度从偏干逐渐变为正常，这是由于雨季到来，降水量增多，导致湖积平原土壤湿度增大。研究区东北部土壤湿度几乎无变化，整个夏季土壤湿度偏湿或正常。

3. 色林错地区夏季土壤湿度年际变化分析

分别对 2000 ~ 2017 年每年的四期数据（DOY177 ~ DOY225）取平均值，再提取18 年间不同级别土壤湿度面积（图 9.19）。2000 ~ 2017 年色林错流域干旱和湿润面积较小且波动小，干旱面积占比接近 0。2009 年湿润面积比例最大，占 10.53%。土壤湿度正常面积占比在 30% 左右波动，2000 年面积占比最大，达 41.85%，2004 年面积占比最小，达 23.52%。土壤偏湿和偏干面积占比年际波动较大，偏湿占比较大的年份则偏干面积较小。2010 年、2017 年，偏湿、正常、偏干土壤占比相差不大，占比 30% 左右。分别为对 2000 ~ 2017 年的年际变化趋势空间分布进行分析（图 9.20），2000 ~ 2017年夏季中，全区大部分地区土壤湿度呈现变干趋势，湖泊和冰川周边呈现变湿的趋势。将 $P<0.05$ 水平的显著性检验可视化，发现研究区内出现显著性变化的地方呈现零星分布的状态，绝大部分地区变化趋势不显著，表明土壤湿度年际变化波动较大。

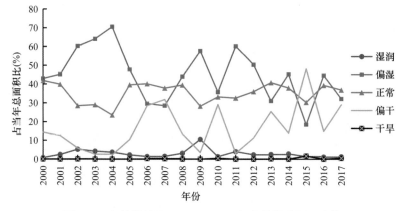

图 9.19　色林错地区 2000 ~ 2017 年土壤湿度面积变化

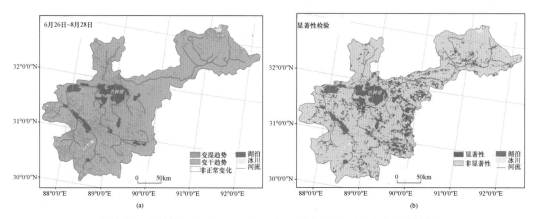

图 9.20　色林错地区 2000 ~ 2017 年夏季土壤湿度的变化趋势特征

9.3.3　不同土地覆被类型的土壤温湿度变化

1. 不同土地覆被类型的地表温度变化特征

不同土地覆被类型的年平均地表温度具有显著的差异（表9.11），从白天的地表平均温度来看，永久性冰川雪地的地表温度最低，永久性冰川雪地的平均温度高于0℃，是因为MODIS数据得到的地表温度是1 km分辨率的，像素代表的地表单元是复合的，包括冰川以及冰川附近的流石坡等，综合计算的地表平均温度为4.97±5.72℃，较大的方差也体现了区域内类型的复杂性。湖泊等水体的表面温度仅高于冰雪覆盖的区域，远低于其他土地覆被类型的地表温度。滩地、沼泽地等，土壤含水量较高的覆被类型，平均地表温度相对也偏低。草地的平均温度最高，主要是因为草地分布的区域相对来说海拔要低一些，自然条件相对较好。草地的平均温度与覆盖度直接相关，随着草地覆盖度的降低，地表平均温度逐渐升高。

从夜晚的地表平均温度来看，由于海拔高，冬季寒冷，色林错区域各土地覆被类型年均地表温度均低于0℃。湖泊等水体的夜间平均温度远高于其他覆被类型，夜间年平均温度达到–0.06±3.87℃，基本上在0℃附近。除湖泊表面夜间温度较高之外，盐碱地的夜间地表温度也相对较高（–8.63±4.03℃），这主要是由于盐碱地通常分布在湖边区域，地下水位较高，土壤的含水量也相对高一些。永久性冰川雪地的夜间温度最低，年平均温度达–15.56±3.81℃，远低于其他覆被类型，这主要是由于永久性冰川雪地分布的海拔较高，积雪等温度较低所致。草地、滩地、裸岩石质地等夜间平均温度较为接近。与白天的平均温度比较来看，夜间温度的变异较小，同样土地覆被类型的地表温度，夜间平均温度的方差均小于白天。

表 9.11　主要土地覆被类型的年均地表温度

土地利用类型	白天平均温度（℃）	夜晚平均温度（℃）	昼夜温差（℃）
高覆盖度草地	17.86±3.38	–11.66±1.85	29.52
中覆盖度草地	18.44±3.71	–11.65±1.96	30.09
低覆盖度草地	19.59±3.20	–10.41±2.29	30.00
湖泊	8.94±4.32	–0.06±3.87	9.00
永久性冰川雪地	4.97±5.72	–15.56±3.81	20.52
滩地	15.61±2.87	–11.39±2.04	26.99
盐碱地	17.67±4.44	–8.63±4.03	26.30
沼泽地	14.57±4.42	–12.59±1.55	27.16
裸岩石质地	15.79±5.16	–11.87±2.40	27.65
其他未利用地	18.03±5.41	–11.83±2.64	29.86

从昼夜温差来看，湖泊等水体的昼夜温差最小，仅9℃左右。其次是永久性冰川雪地，昼夜温差在21℃左右。草地的昼夜温差最大，年平均白天和夜间的地表温度差

达到30℃左右。由于色林错流域土地覆被类型的变化，主要是由于湖泊面积扩张、草地面积减少，这必然对整个区域地表温度带来显著的影响。其主要表现在湖泊扩张区域的白天地表温度降低，夜间地表温度升高。

从色林错流域不同土地覆被类型的地表温度变化趋势来看，无论是白天还是夜间，温度增加是主要的趋势，总体上白天的增温速率要高于夜间（图9.21）。不过不同的土地覆被类型白天和夜间的温度增减程度有所差异。

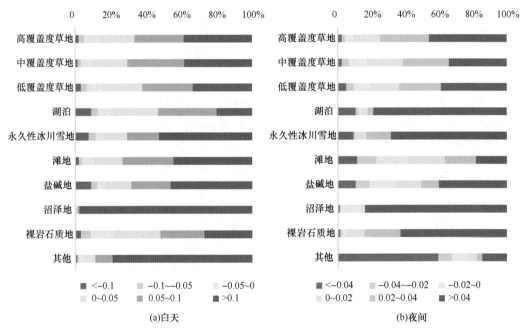

图9.21 色林错地区不同土地覆被类型地表温度变化占比

2. 不同土地覆被类型土壤湿度变化

不同土地覆被类型的土壤湿度存在一定的分布规律，土壤的温度和水分条件对土地覆被的分布也会产生一定的影响。从不同土地覆被类型土壤湿度构成比例来看，盐碱地和滩地的土壤湿度要高于草地。盐碱地由于地下水位较高，土壤湿度为湿润等级占比最高。滩地由于季节性被水淹没，总体上土壤湿度偏湿，占比较高。对草地而言，按照覆盖度的从高到低，土壤湿度逐渐降低（图9.22）。

总体上看，2000 ~ 2017年夏季，只有10.55%的土壤有变湿的趋势，有89.26%的土壤有变干的趋势。其中，盐碱地变湿的趋势相对面积占比较高，约14.33%的盐碱地有变湿的趋势，85.43%的盐碱地有变干的趋势；5.95%的滩地有变湿的趋势，94.01%的滩地有变干的趋势。从变化面积上看，变湿趋势和变干趋势主要分布在高、中、低覆盖度草地，3种类型变化面积差异不显著（图9.23）。

色林错流域土地覆被类型涵盖了林地、草地、水域、建设用地和未利用土地五大

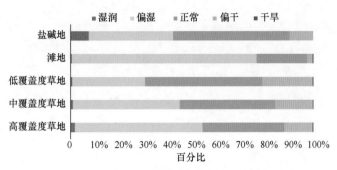

图 9.22　主要土地覆被类型土壤湿度分布

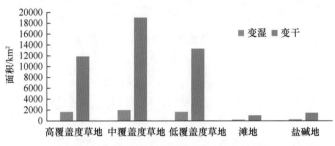

图 9.23　主要土地覆被类型土壤湿度变化

类 18 种二级类，其中草地为最主要的覆被类型，约占流域总面积的 83.82%，水域面积占比 9.44%，二者面积超过流域面积的 90%，土地覆被类型相对稳定，变化面积占 0.14%。湖泊面积净增加 48.51 km²，主要淹没草地和盐碱地。土地利用率和土地利用程度相对较低，流域内土地利用在空间上相对较为均匀，空间差异不显著。畜牧业是该区主要的土地利用形式，牧业发展和草地保护是该区域需要重点关注的问题。

白天地表温度与土地覆被类型关系较为显著，草地、盐碱地的地表平均温度较高，湖泊、河渠、沼泽地等地表平均温度较低。夜间湖泊、盐碱地等类型地表温度明显高于其他土地覆被类型。色林错地区范围内白天地表温度呈现显著的上升趋势，85.79% 的面积都呈现出增温趋势，仅 14.21% 的面积出现降温的趋势。夜间 82.97% 的面积出现了增温的趋势，16.52% 的面积出现降温的趋势。各类土地覆被类型地表均呈现明显的增温趋势，降温主要是土地覆被类型变化导致，尤其是湖泊水体扩张，替代了草地和盐碱地导致局部区域地表温度呈现下降趋势。

色林错流域土壤湿度空间分布总体表现为：东北部和西南部大部分土壤偏湿或正常，除色林错湖周边地区土壤呈现偏湿状态以外，中部大部分地区土壤偏干。土壤湿度干旱、偏干、正常、偏湿、湿润面积占比分别为 0.52%、29.00%、36.90%、32.24%、1.34%。2000 ～ 2017 年夏季，色林错流域大部分地区土壤湿度呈现变干趋势，湖泊和冰川周边呈现变湿的趋势。研究区内出现显著性变化的地方呈现零星分布的状态，绝大部分地区变化趋势不显著，表明土壤湿度年际变化波动较大。2000 ～ 2017 年夏季色林错流域干旱和湿润的土壤面积最小且波动较小，偏干、正常、偏湿的面积均出现不同程度的波动。

参考文献

边多, 边巴次仁, 拉巴, 等. 2010. 1975～2008年西藏色林错湖面变化对气候变化的响应. 地理学报, 65(3): 313-319.

车向红, 冯敏, 姜浩, 等. 2015. 2000-2013年青藏高原湖泊面积MODIS遥感监测分析. 地球信息科学学报, 17(1): 99-107.

丁旭, 赖欣, 范广洲, 等. 2018. 再分析土壤温湿度资料在青藏高原地区适用性的分析. 高原气象, 37(3): 626-641.

杜鹃, 杨太保, 何毅. 2014. 1990-2011年色林错流域湖泊-冰川变化对气候的响应. 干旱区资源与环境, 28(12): 88-93.

傅新, 宋春桥, 钟新科. 2012. 藏北高原土壤湿度时空变化分析. 水科学进展, 23(4): 464-474.

李彩瑛, 阎建忠, 刘林山, 等. 2017. 基于TVDI的羌塘高原夏季土壤湿度变化分析. 地理研究, 36(11): 2101-2111.

李秀彬. 1996. 全球环境变化研究的核心领域——土地利用/土地覆被变化的国际研究动向. 地理学报, 51(6): 553-558.

李哲, 王磊, 王林, 等. 2017. 基于AMSR-E反演青藏高原夏季表层土壤湿度. 高原气象, 36(1): 67-78.

刘川, 余晔, 解晋, 等. 2015. 多套土壤温湿度资料在青藏高原的适用性. 高原气象, 34(3): 653-665.

刘纪远, 匡文慧, 张增祥, 等. 2014. 20世纪80年代末以来中国土地利用变化的基本特征与空间格局. 地理学报, 69(1): 3-14.

柳锦宝, 何政伟, 段英杰. 2013. MODIS数据支持下的西藏干旱遥感监测. 干旱区资源与环境, 7(6): 134-139.

孟恺, 石许华, 王二七, 等. 2012. 青藏高原中部色林错湖近10年来湖面急剧上涨与冰川消融. 科学通报, 57(7): 571-579.

宋春桥, 游松财, 柯灵红, 等. 2012. 藏北高原土壤湿度MODIS遥感监测研究. 土壤通报, 43(2): 294-300.

宋春桥, 游松财, 刘高焕, 等. 2011. 基于TVDI的藏北地区土壤湿度空间格局. 地理科学进展, 30(5): 569-576.

万玮, 肖鹏峰, 冯学智, 等. 2010. 近30年来青藏高原羌塘地区东南部湖泊变化遥感分析. 湖泊科学, 22(6): 874-881.

王静, 何金海, 祁莉, 等. 2018. 青藏高原土壤湿度的变化特征及其对中国东部降水影响的研究进展. 大气科学学报, (1): 1-11.

徐瑶, 何政伟, 陈涛. 2011. 西藏班戈县草地退化动态变化及其驱动力分析. 草地学报, 19(3): 377-380.

杨日红, 于学政, 李玉龙. 2003. 西藏色林错湖面增长遥感信息动态分析. 国土资源遥感, 15(2): 64-67.

杨涛, 宫辉力, 李小娟, 等. 2010. 土壤水分遥感监测研究进展. 生态学报, 30(22): 6264-6277.

扎西央宗, 杨秀海, 边巴次仁, 等. 2010. 基于TVDI的西藏地区旱情遥感监测. 气象科技, (4): 495-499.

张富刚. 2005. 土地空间利用分析及土地利用程度评价研究. 北京: 中国农业大学硕士学位论文.

张国庆, Xie H J, 姚檀栋, 等. 2013. 基于ICESat和Landsat的中国十大湖泊水量平衡估算. 科学通报, 58(26): 2664-2678.

张晓克, 鲁旭阳, 王小丹. 2014. 2000-2010年藏北申扎县植被ndvi时空变化与气候因子的关系. 山地学报, 32(4): 475-480.

赵国松, 刘纪远, 匡文慧, 等. 2014. 1990-2010年中国土地利用变化对生物多样性保护重点区域的扰动. 地理学报, 69(11): 1640-1650.

庄大方, 刘纪远. 1997. 中国土地利用程度的区域分异模型研究. 自然资源学报, 12(2): 10-16.

卓嘎, 陈涛, 格桑. 2017. 青藏高原及其典型区域土壤湿度的分布和变化特征. 南京信息工程大学学报(自然科学版), 9(4): 445-454.

Carlson T N, Gillies R R, Perry E M. 1994. A method to make use of thermal infrared temperature and NDVI measurements to infer surface soil water content and fractional vegetaional cover. Remote Sensing Review, 52: 45-59.

Mooney H A, Duraiappah A, Larigauderie A. 2013. Evolution of natural and social science interactions in global change research programs. Proceedings of National Academy of Sciences of American, 110(Suppl 1): 3665-3672.

Price J C. 1990. Using spatial context in satellite data to infer regional scale evapotranspiration. IEEE Transactions on Geoscience and Remote Sensing, 28: 940-948.

Sandholt I, Rasmussen K, Andersen J. 2002. A simple interpretation of the surface temperature - vegetation index space for assessment of surface moisture status. Remote Sensing of Environment, 79: 213-224.

Sterling S M, Ducharne A, Polcher J. 2012. The impact of global land-cover change on the terrestrial water cycle. Nature Climate Change, 3(4): 385-390.

（执笔人：刘林山、赵志龙、谢芳荻、李彩瑛、李兰晖、张镱锂）

第 10 章

湖泊沉积记录的过去环境变化

本章导读：湖泊沉积物具有沉积环境相对稳定、沉积连续、记录的环境信息丰富和分辨率较高等特点，成为研究过去全球变化的重要介质。相对于冰川和树木等在青藏高原分布的局地性，湖泊分布更为广泛。因此，湖泊沉积研究是探究青藏高原过去环境变化的重要手段。本次考察以湖泊沉积物作为研究载体，从考察区内典型湖泊获取古环境研究材料，在可靠的年代学基础上，结合多种古气候环境代用指标，探讨色林错流域及毗连区域乃至青藏高原过去气候环境变化，获得区域和全球环境变化的内在联系。本章将介绍基于湖泊沉积物的过去环境研究方法、典型湖泊沉积物记录的过去气候变化（令戈错、色林错、赤布张错和达则错）以及总体的区域环境变化特征。

关键词：湖泊沉积物，过去环境变化，色林错，区域，气候

10.1 湖泊沉积的过去环境变化研究方法

10.1.1 样品采集与处理

湖泊环境科学钻探是过去生态与环境变化等基础科学研究不可缺少的重要手段。本次科考在对湖泊水下地形测量的基础上，利用奥地利 Uwitec 公司的采样平台，通过活塞取样器和重力取样器进行湖芯样品的钻取。该采样平台携带及操作方便，当采样位置水深较大时，能够在多次采样过程中精准定位初始采样位置，对样品产生较小扰动。活塞取样技术主要依靠活塞锥形头及大锥度空心钻头对地层进行挤压式钻进（刘蓓等，2013）。利用活塞钻在色林错不同位置获取多个短岩芯（60～90 cm）及两个位置的长岩芯（～6 m 和～10 m）。在令戈错采集连续湖芯样品 6 根，全长 9.87 m。在达则错及赤布张错分别获取了长 2.91 m 和近 5.5 m 的湖芯。湖芯野外密封后运回实验室后冷藏保存，在室内对样品进行切割、拍照及记录。

重力取样技术的原理是将取样钻具（包括配重）在水面自由释放，使其依靠重力势能贯入湖底沉积物中一定深度时迅速触动密封，保证样品在提取过程中不丢失（姚彤宝等，2008）。利用重力采样器在色林错获取了多个短岩芯，这些短岩芯的精确定年结果可为研究湖区近百年来的环境变化提供良好的基础。

湖泊表层沉积物是进行湖泊沉积现代过程研究和利用硅藻、摇蚊、孢粉、生物标志化合物等指标进行环境变化定量重建的重要材料。本次科考利用德国生产的 Ekman 箱式沉积物采样器获取样品。将采样器放入水中后，箱体依其自重使铲刀切入沉积物中，用力提拉采样器时铲刀切割沉积物并封住箱口，样品即可进入采样器中。用汤匙将上部的 2 cm 样品装入样品袋内，冷藏保存，带回实验室低温烘干。在色林错不同位置累计采集了沉积物表层样品 68 个，这些样品水深范围为 0.4～51.6 m，覆盖了整个色林错湖区的大部分区域。其余湖泊共采集 30 余个表层沉积物样品。

10.1.2 样品定年

建立精确可信的年代序列是利用湖泊沉积物反演古气候和古环境的前提和基础。

本次考察研究中，主要利用了两种定年方式：一是利用重力岩芯沉积物中 ^{210}Pb 和 ^{137}Cs 比活度变化计算百年尺度的沉积速率，从而确定顶部沉积物的年代；二是利用放射性碳同位素测年法对万年尺度的沉积物进行年代厘定。

1. 基于沉积物 ^{210}Pb 和 ^{137}Cs 比活度的沉积速率和百年尺度年代确定

天然放射性铅同位素 ^{210}Pb 是 ^{238}U 系列中 ^{226}Ra 衰变中间产物 ^{222}Rn 的 α 衰变子体，半衰期为 22.3 年，其适用于近 200 年的湖泊沉积物定年。大气中的 ^{210}Pb 生成后被迅速地吸附到大气微粒上，然后通过尘埃、降雨和降雪等干湿沉降进入湖泊，并蓄积在湖泊沉积物中。沉积物中积蓄的这部分 ^{210}Pb 因不与其母体 ^{226}Ra 共存和平衡，统称为过剩 ^{210}Pb（^{210}Pb$_{ex}$）。通过分析沉积物岩芯中不同深度样品中 ^{210}Pb$_{ex}$ 的比活度，即可利用 ^{210}Pb$_{ex}$ 计年模式计算得到各层位的沉积年龄。利用 ^{210}Pb 计年的数据计算模式有 3 种：①稳定输入通量 – 稳定沉积物堆积速率（CFS）模式，该模式适用于 ^{210}Pb$_{ex}$ 输入通量和沉积物堆积速率都稳定的条件；②常量初始浓度（constant initial concentration，CIC）模式，该模式中沉积物的 ^{210}Pb 主要来源于表层侵蚀产物，并且在水中滞留时间较短，^{210}Pb 含量明显受物源影响；③恒定补给速率（constant rate of supply，CRS）模式中沉积物的 ^{210}Pb 主要来源于水面上大气的沉降，原来由物源区挟带而来的 ^{210}Pb 对其总量不产生影响，即当 ^{210}Pb 输入通量保持恒定时，沉积物堆积速率可能在时间变化的条件下计算沉积物平均堆积速率（万国江，1997）。

^{137}Cs 是一种人工放射性核素，其半衰期为 30.17 年，是研究流域侵蚀和湖泊沉积的一个独特而有效的示踪剂，在沉积物岩芯剖面中的分布被用作近代沉积物定年的重要手段之一（万国江和 Appleby，2000）。^{137}Cs 最主要的来源与 20 世纪 50 年代初开始的大气层核试验相关，1963～1964 年则是 ^{137}Cs 散落的高峰期，苏联切尔诺贝利核电站在 1986 年的核泄漏事故也让一部分海洋和湖泊沉积物中出现了 ^{137}Cs 的蓄积峰（Buesseler et al.，1987）。青藏高原地区湖泊沉积的 ^{137}Cs 深度剖面图中，以单蓄积峰为主，多数湖泊的剖面曲线在达到最大值后迅速下降，与北半球 ^{137}Cs 逐年大气总沉降量变化曲线相似，表明放射性降尘多来源于平流层中 1963 年全球大气核爆高峰期的沉降，受切尔诺贝利事故及我国核试验的影响较小（曾理等，2009）。

2. 放射性 ^{14}C 年代学

^{14}C 是碳的放射性同位素，其半衰期为 5730±40 年。地球上发现的大多数 ^{14}C 都产生在高层大气中，由宇宙射线的高能粒子与氮原子发生反应而生成，其在大气中的数量比例相对稳定。高层大气中的 ^{14}C 主要以 CO_2 的形式存在，植物通过光合作用吸收 CO_2 将碳原子保存在有机体中，使得植物体中 ^{14}C 与大气保持一致，草食性动物或兼食性动物通过食用植物也吸收同样比例的碳原子。这些生物死亡埋藏后，包含这些生物体的沉积物有机质中的 ^{14}C 发生衰变减少，对比样品中 ^{14}C 和现今标准大气中 ^{14}C 的比例，根据 ^{14}C 的半衰期可以得到样品 ^{14}C 衰变所需的时间。一般而言，经历 10 个半衰期后的 ^{14}C 测量精度较差，因此，^{14}C 测年的有效范围不超过 55000 年。由于沉积

物中的有机质是死亡陆生生物体和其他含碳有机质的混合物，这些有机质中可能含有与沉积时大气^{14}C不一致的含碳物质，因此，测年结果会出现"老碳"或"新碳"等碳库效应，并影响测年结果的精度（沈吉，2009；沈吉等，2010）。对于湖泊沉积物，常用的^{14}C测年材料有碳酸盐物质、总有机质、腐殖质、大化石、孢粉。大化石中的陆源有机残体被认为是最理想的测试材料，受到碳库效应的影响最小。但是，因为高原植被覆盖低，沉积岩芯中不能总是找到相应的陆源有机残体，总有机质作为^{14}C测年材料情况比较多，因此需要对样品的碳库效应进行评估。常用的碳库效应校正方法有：利用表层样品的^{14}C测年结果与沉积时的绝对年代差值来代替碳库年龄；对整个沉积岩芯中^{14}C测年结果进行线性插值，用插值出的最表层年龄替代碳库效应；利用地球化学沉积模式校正碳库效应；用特征事件所代表的时间与样品的^{14}C年龄差值作为相应的碳库效应；利用^{14}C年代与其他独立测年方法所得的绝对年代进行对比，如^{210}Pb、^{137}Cs，二者之间的差值代表同层位的碳库效应年龄（Hou et al.，2012）。对于湖泊钻孔沉积物而言，由于用于测年的样品量有限，目前应用最多的为加速器质谱（accelerator mass spectrometry）^{14}C定年。

10.1.3 湖泊沉积物中常用环境指标

1. 粒度

湖泊沉积物粒度能直接反映湖泊水动力条件，进而能反演湖泊湖面变化以及湖区干湿状况的演化（孙千里等，2001；王君波等，2007）。本研究的粒度分析方法为：取冻干后样品～0.1 g，加入20 ml 10%的H_2O_2去除有机质，之后加入10% HCl加热至沸腾以去除碳酸盐，静置12 h后加入六偏磷酸钠$(NaPO_3)_6$上机测试。粒度分析利用Mastersizer 3000激光粒度分析仪完成。粒度数据处理利用GRADISTAT软件完成，为了提取粒度数据中的环境信息，基于Matlab软件的分层贝叶斯端元建模分析法（BEMMA）（Yu et al.，2016），提取粒度数据中的稳定端元。

对内陆封闭、半封闭湖泊不同沉积相的沉积物粒度的研究结果表明，粗粒沉积物指示湖泊收缩、低水位时期的干旱气候，细粒沉积物指示湖泊扩张、高水位时期的湿润气候（陈敬安等，2003）。这种解释在内蒙古岱海（孙千里等，2001）和西藏南部的沉错（王君波和朱立平，2002）沉积环境变化研究中得到较好应用。短时期内降水的变化也以不同的方式影响沉积物粒度的特征。降水增多能够增强流域的侵蚀力度，增大入湖径流的搬运能力，有利于粗颗粒物质进入湖泊。因此，粗颗粒物质的增多也可以反映区域降水量的增加，指示湿润的气候状况；而细颗粒物质则反映了降水量减少的干旱气候条件（王九一，2012）。张家武等（2004）在对青海湖岩芯的研究中，认为粒度反映了入湖河流的补给量，是区域降水的指标。对博斯腾湖岩芯的多指标综合分析发现，小冰期期间粒度明显偏粗，与其他指标指示的流域降水增加重合，记录了西风环流显著影响区较为湿润的小冰期气候（陈发虎等，2007）。在冰川融水占重要补给地位的湖泊，粒度可能间接反映区域温度。对藏南沉错的研究发现，粒径大小与夏季气温变化趋势相反，推测湖泊沉积物粒度变化反映的是湖泊水位的变化，这种变化受制于气温变化带来的冰川融水量的大小（Zhu et al.，2003）。刘兴起等（2003）对青海湖岩芯粒度特征进行分析时，也提出冷干和暖湿的气候状况都可以造成入湖粗颗粒物质增加，暖湿气候条件下冰融水的大量补给或降水量的增加带来了大量粗颗粒物质。

由于湖泊沉积环境的复杂性，湖泊沉积粒度所指示的环境意义往往具有多解性。因此，在湖泊粒度的研究中要分析研究对象的特征、自然地理和区域地质条件，才能提取出准确而有效的古环境信息（王九一，2012）。

2. 总有机碳

湖泊沉积物中总有机碳（total organic carbon，TOC）含量的高低不仅可以说明湖泊沉积物中有机质的输入情况，而且还可以反映有机物的存在情况和湖泊生产力的状况特点（Meyers，2009）。湖泊沉积物中 TOC 既有来自湖泊水生生物所产生的有机质，也有地表径流搬运入湖的陆生植物有机成分（沈吉等，2010）。气候适宜时，陆生植被繁茂，有机物腐烂和降解作用及微生物作用活跃，入湖径流量大，带来大量的陆生植物残体和其他营养物质促使湖泊生产力提高，使沉积物中有机质含量较高；相反，气候条件变得干燥少雨时，陆源有机质数量就会减少，营养矿物质也随之降低，水生浮游生物生长繁殖因此受到限制，使得湖泊沉积物中有机质含量较低（刘亚生，2015）。

湖泊沉积物 TOC 含量的高低可以反映温度和降水的变化。例如，对云南程海现代沉积物的研究发现，TOC 的高值指示温暖期，低值对应相对寒冷期（陈敬安等，2002）。对青藏高原地区的若尔盖盆地 RH 孔（张平中等，1995）、塔若错（张小龙等，2012）的研究表明，湖泊沉积物中 TOC 的高值对应暖期。青海湖的湖泊沉积物 TOC 变化可以很好地反映青海湖湖区的有效湿度（Xu et al.，2006）。王永波等（2008）对青藏高原北部可可西里库赛湖沉积岩芯的研究表明，TOC 含量在 840 cal a B. P. 后的升高指示该地区小冰期时期气候偏湿，有效降水增大。沉积过程中微生物降解作用会导致最初输入湖泊的有机质流失，从而影响 TOC 对沉积环境解译的可靠性。Eadie 等（1984）在北美密歇根湖泊表面及水下 100m 处分别设置沉积物捕获器发现，湖底沉积物 TOC 含量只有湖面 TOC 含量的 6%，这可能反映了湖底环境中微生物分解活动活跃，使大部分有机质分解，从而导致 TOC 值较低。因此，沉积物中 TOC 的具体指示意义需综合其他资料进行判定。

3. X 射线荧光光谱分析（XRF）

X 射线荧光光谱分析的基本原理是荧光 X 射线的强度与相应元素的含量有一定的关系，据此可以进行元素的定量分析。近年来，XRF 岩芯扫描分析方法逐步发展，它可以直接扫描岩芯剖面得到元素含量的相对变化（成艾颖等，2010）。该方法具有快速、无破坏性、连续测试元素、对样品制备要求非常小等优势，能对多种常用元素进行分析（包括 Al、Si、Ca、Rb、Sr 等）。但是，岩芯扫描结果容易受到以下几方面因素的影响：样品物质的不均一性；岩芯沉积物水分含量或沉积物中所含的孔隙水；沉积物中存在的裂隙；岩芯沉积物中颗粒的粒度。除此之外，XRF 数据还受到 X 射线源的能量等级、计数时间的影响（成艾颖等，2010）。

对青海托素湖沉积岩芯的高分辨率 XRF 扫描分析结果表明，沉积物中的 Ca、Sr 主要受托素湖中内生碳酸盐的影响，而外源碎屑元素 Si、Al、K、Ti 主要受托素湖流域降水量的控制，这在一定程度上指示了流域的干湿波动和极端气候事件发生的幅度与频率（成艾颖等，2011）。Kasper 等（2012）对 XRF 扫描结果提供的元素含量变化进行统计分析，以 Ti、Fe 等元素含量代表陆源物质的输入，研究了纳木错流域 4ka B. P. 以来的季风活动变化。在挪威西部的 Sørsendalsvatn 冰前湖泊沉积研究中，Bakke 等（2013）利用 XRF 扫描提供的元素含量变化重建了该湖上游全新世以来的冰川活动变化曲线。

4. 叶蜡单体氢同位素（δD）

叶蜡是指包围着植物角质层的蜡状物，其主要成分为各种脂类化合物，包括正构烷烃、正构脂肪醇、正构脂肪酸等。大部分脂类化合物中的氢原子与碳原子以共价键的形式连接，在漫长的地质过程中不易发生生物降解，可以较好地保存在沉积物中（Eglinton and Eglinton，2008）。叶蜡化合物来源于陆生高等植物，其在光合作用过程中利用大气降水合成叶蜡，因此记录了大气降水信息，可以用来重建降水同位素变化（Hou et al.，2008；Rao et al.，2009）。

叶蜡化合物的抽提参照 Kornilova 和 Rosell-Melé（2003）的方法。称取 5 ～ 7 g 干燥样品，加入 25 ml 二氯甲烷和甲醇混合溶液（体积比 2 : 1）后装入微波消解仪（MARS Xpress，CEM），在 0 ～ 10 min 逐步升温至 70℃，保持 45 min 后，逐渐冷却至室温。得到的可溶性有机质萃取液首先利用高纯氮气吹干浓缩至～ 1 ml，载入氨基硅胶柱（LC-NH$_2$）后依次使用二氯甲烷 - 异丙醇混合液（体积比 2 : 1）洗脱出中性组分，乙醚 - 乙酸混合液（体积比 96 : 4）洗脱出酸性组分。中性组分密封保存，酸性组分进行甲基化。甲基化的具体步骤为：利用高纯氮气将酸性组分吹干，加入 0.3 ml 甲苯和 1 ml 酸化甲醇（乙酰氯：甲醇体积比 = 5 : 95）。容量瓶中通入高纯氮气 5 s 以排除空气，之后密闭 60℃加热 12 h。利用正己烷萃取甲基化反应之后液体中的有机组分，吹干后载入硅胶柱，依次使用正己烷和二氯甲烷洗脱，二氯甲烷洗脱出来的即为饱和脂肪酸组分，加入已知浓度的标准化合物（外标：DRH-008S-R2，AccuStandard）后定容，准备上机测试。正构脂肪酸的氢同位素（δD）利用气相色谱 – 火焰离子化检测器（GC-FID，Agilent 7890A）测定。GC-FID 进样口温度 320℃，升温程序：0 ～ 2 min 保持 60℃，然后以 15℃ /min 升温至 150℃，其后以 5℃ /min 升温至 310℃，保持 20 min。单体氢同位素利用气相色谱 – 热转换 – 同位素质谱联用仪（Thermo Delta V）测试完成，测量过程中将已知同位素比值的高纯氢气作为实验室标准气体，进行样品分析时穿插测量并计算 H$_3^+$ 系数。每 6 次样品测量后测量一次实验室同位素标准以保证仪器精度。样品多次测量标准偏差小于 2‰。

将叶蜡氢同位素（δD）应用于古降水重建的前提是二者之间具有恒定的稳定同位素

分馏。近年来，对全球 δD 现代过程的研究发现，无论在欧洲（Sachse et al.，2004）、美洲（Hou et al.，2008）或在非洲（Garcin et al.，2012），叶蜡氢同位素都与降水同位素具有较好的相关性。青藏高原表层湖泊沉积物 δD 的现代过程研究表明，δD 同样可以用来恢复大气降水信息（Aichner et al.，2010；Günther et al.，2013；Hu et al.，2014；田茜等，2017）。在利用 δD 进行青藏高原古气候重建中，谢营等（2012）比较了过去 80 年藏南沉错浅湖芯正构烷烃 δD 和宁金岗桑冰芯的氢稳定同位素（δD_{ice}），发现陆生植物 δD 可以记录大气降水氢同位素的信号。Wang 等（2013）利用 δD 重建了苏干湖地区过去 1700 年的局地水汽变化。Günther 等（2015）对青藏高原南部纳木错 24 ～ 7.5 ka B.P. 的湖泊沉积物进行了 δD 指标和其他地球化学指标分析，结果显示，δD 对气候和环境变化的响应滞后于陆生环境，而叶蜡 δD_{29} 是反映古水文、古季风的有效指标。Thomas 等（2016）利用青海湖 32 ～ 0 ka B.P. 沉积物 δD 指标探讨了该地区古季风的变化，表明太阳辐射和北大西洋环流的变化可能引起了夏季风到达程度的变化。

5. 长链不饱和烯酮

长链烯酮（long-chain alkenones）包括一系列的 C_{37} ～ C_{39} 烯酮，2 ～ 4 个不饱和甲基酮和乙基酮，其不受碳酸盐溶解作用、沉积作用、氧化作用及长链烯酮丰度等因素影响（孙青和储国强，2002），已成为古气候变化研究的重要指标。Cranwell（1985）首次在湖泊沉积物中发现了长链不饱和烯酮化合物，并推测其来源可能是单鞭金藻。Zink 等（2001）认为，湖水酸碱度控制了产生长链烯酮的藻类生长速度。Chu 等（2005）推测淡水湖中长链烯酮的母源可能为金藻，认为颗石藻可能是某些湖泊中长链烯酮的母源。虽然湖泊中大部分的长链烯酮母源还不确定，对母源藻响应外界环境变化（温度、盐度、光照强度等）的认识还不深入，但是区分可能的母源对于选择最合适的校正公式是十分有用的。

建立长链不饱和烯酮指标（如 U_{37}^{K}、$U_{37}^{K'}$）与气候要素（如温度）或环境要素（湖水温度、盐度）之间的转换方程是古气候定量重建的前提和关键。青藏高原已开展的烯酮转换方程研究，包括原位校正（Wang and Liu，2013）、断面校正（Li et al.，2015）以及多手段相结合（Hou et al.，2016），但是仍缺少湖泊烯酮母源藻培养实验的研究实例。Zhao 等（2013）利用长链烯酮重建了柴达木盆地可鲁克湖全新世以来的温度变化。Hou 等（2016）基于多种方法建立了 U_{37}^{K} 与夏季湖水温度的转换方程，并用其重建了青海湖 16ka 以来的夏季湖水温度变化。相比温度重建，Liu 等（2006）最早利用烯酮含量（$\%C_{37:4}$）重建了晚全新世以来青海湖湖水盐度相对变化。He 等（2013a，2013b）利用 $U_{37}^{K'}$ 与 $\%C_{37:4}$ 重建了尕海和苏干湖过去两千多年的温度与降水记录。

10.2　令戈错湖芯重建的末次冰消期以来环境变化

令戈错（33°48′N ～ 33°55′N，88°32′E ～ 88°38′E）位于青藏高原北部羌塘高原腹地，唐古拉山脉西端、普若岗日冰原西侧（图 10.1），湖泊呈北东—南西向延伸，湖面海拔

5059 m a.s.l.，水深超过 70 m，南北长约 13.5 km，东西宽约 8.5 km。2014 年湖泊面积约为 125 km²（Wan et al.，2016），湖面结冰期为 12 月～次年 3 月（Pan et al.，2012）。湖泊集水面积 1550.4 km²，补给系数 12.4，主要由冰川融水和降水补给，入湖河流多为时令河，其中最大的一条入湖河流源自东部普若岗日冰川，湖水 pH 为 8.5，矿化度 0.99 g/L，属硫酸钠亚型淡水湖（王苏民与窦鸿身，1998）。研究区气候干冷，年均气温约 –6 ℃，年均降水量为 150～200 mm（中国科学院地理研究所，1990），年蒸发量是降水量的 6 倍（Li et al.，2006）。

　　令戈错汇水盆地分布着大片戈壁（图 10.1），磨圆差的砂砾覆盖于戈壁表面，局部

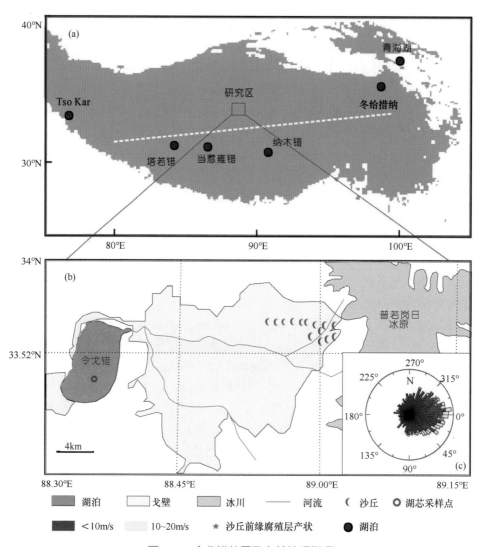

图 10.1　令戈错位置及自然地理概况

（a）研究区地理位置，白色虚线代表现代亚洲季风北上边界（引自 Tian et al.，2007）；（b）令戈错盆地自然地理概况；
（c）令戈错盆地日均风速玫瑰图（2000.10.1～2014.10.29），数据来自 High Asia Refined analysis（HAR）数据（引自 Maussion et al.，2013），红点代表沙丘前积纹层产状统计（引自李孝泽等，2002）

还有漂砾散布。戈壁中东部存在大量新月形沙丘，沙丘朝东，坡度在 40° ～ 130°，高度在 10 ～ 40 m。砂砾主要为粉砂，平均粒径在 130 ～ 290 μm，分选较好（Li et al.，2006）。研究区属高山冰原植被类型，主要植物包括 *Carex vulpinaris* var. *Psudofoetida*（kuk）Y. C. Yang，*Myricaria prostrate* Hook，*Thylacospermum caespitosum*（Cambess）（Schischk），*Arenaria bryophylla* Fernald，*A. roboramskii* Maxim 和 *Saussurea thomsonic* C.B. Clake（中国科学院地理研究所，1990）。

10.2.1　样品采集及年代学

2011 年 3 月，利用 Uwitec 公司的活塞钻平台在令戈错 60 m 水深处采集湖芯样品（LGC-2011），湖芯全长 987 cm，沉积岩芯野外密封后运回实验室后冷藏保存。湖泊表层样品（15 cm 及以上）以 1 cm 间隔进行 ^{210}Pb/^{137}Cs 测试，整个湖芯样品每隔 50 cm 进行 AMS ^{14}C 定年，定年材料主要为全样有机质。614 m 和 763 cm 处发现较多植物残体，一并进行 AMS ^{14}C 测试。^{14}C 年代使用 Bacon 软件校正至日历年龄（Blaauw and Christen，2011）。表层样品的 ^{210}Pb$_{ex}$ 比活度表现出较好的指数衰减趋势，^{137}Cs 未见明显峰值。利用常量初始浓度模式计算得到表层 15 cm 平均沉积速率为 0.92 mm/a。

令戈错样品 ^{14}C 定年结果见表 10.1。0 ～ 350 cm 层位 ^{14}C 年龄均在 5000 ～ 8000 年，350 ～ 850 cm 层位 ^{14}C 年龄与深度表现出良好的线性关系。614 m 和 763 cm 层位发现的植物残体腐殖程度较高，未能鉴定其种属，根据 ^{13}C/^{12}C 值（−23.1‰）推测其可能为陆生植物。利用全样有机质与植物残体 ^{14}C 线性拟合，得到令戈错湖芯 LGC-2011 碳库年龄为 1620 年。输入 ^{210}Pb，^{14}C 年龄和碳库年龄，通过 Bacon 软件利用 Student-*t* 检验自动剔除异常数据，并通过 IntCal13 标准曲线校正至日历年龄（Blaauw and Christen，2011），获得最终的湖芯年代学框架（图 10.2）。

表 10.1　令戈错 ^{14}C 定年结果

实验室编号	样品名	深度（cm）	定年物质	^{13}C/^{12}C（‰）	^{14}C 年龄（年）	^{14}C 误差（年）
Beta-346741	LGC-1	30	全有机质	−23	7350	30
Beta-346742	LGC-2	66	全有机质	−23.5	7860	40
Beta-346743	LGC-3	115	全有机质	−22	5580	30
Beta-346744	LGC-4	164	全有机质	−23	6420	30
Beta-346745	LGC-5	215	全有机质	−22.2	6090	30
Beta-346746	LGC-6	264	全有机质	−23.6	5730	30
Beta-346747	LGC-7	314	全有机质	−22.6	7630	30
Beta-346748	LGC-8	415	全有机质	−23.4	6500	30
Beta-346749	LGC-9	514	全有机质	−24.3	8410	40
Beta-346750	LGC-10	614	全有机质	−23.2	10320	50
Beta-347095	LGC-10P	614	植物残体	−23.1	8110	40
Beta-346751	LGC-11	714	全有机质	−23.3	12120	50
Beta-346752	LGC-12	818	全有机质	−17.1	14710	60

续表

实验室编号	样品名	深度（cm）	定年物质	$^{13}C/^{12}C$（‰）	^{14}C 年龄（年）	^{14}C 误差（年）
Beta-346753	LGC-13	870	全有机质	−20.9	13570	50
Beta-346754	LGC-14	914	全有机质	−19.9	13860	50
Beta-346755	LGC-15	977	全有机质	−21.4	20430	90
BA121037	LGC-65	65	全有机质	—	NA	NA
BA121038	LGC-161	161	全有机质	—	NA	NA
BA121039	LGC-266	266	全有机质	—	NA	NA
BA121040	LGC-363	363	全有机质	—	5850	40
BA121041	LGC-463	463	全有机质	—	7340	45
BA121042	LGC-563	563	全有机质	—	8905	50
BA121043	LGC-661	661	全有机质	—	10650	60
BA121044	LGC-764	764	全有机质	—	11390	60
BA121045	LGC-839	839	全有机质	—	NA	NA
BA121046	LGC-961	961	全有机质	—	19390	110
BA121047	LGC-763P	763	植物残体	—	10810	35

注：—表示数据未报道；NA 表示有机质含量过低。

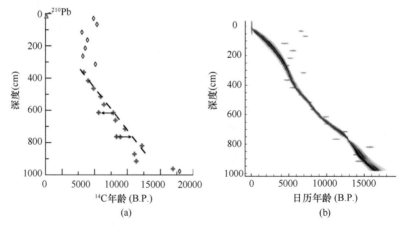

图 10.2　令戈错 LGC-2011 岩芯深度 - 年代模式

10.2.2　令戈错沉积物代用指标的环境意义

1. 令戈错沉积物粒度的气候指示意义

令戈错样品粒度主要由两部分组成，粗颗粒物质粒径为 $100 \sim 250\ \mu m$，细颗粒物质粒径峰值为 $3 \sim 8\ \mu m$（图 10.3）。基于令戈错沉积物粒度信息可以提取出 4 个端元。端元 1 包含 $3 \sim 6\ \mu m$、$20 \sim 40\ \mu m$ 和 $100 \sim 250\ \mu m$ 3 个峰，显微镜下观察样品矿物成分包括石英、长石和岩屑颗粒等；端元 2、端元 3、端元 4 均表现为单一优势峰，其

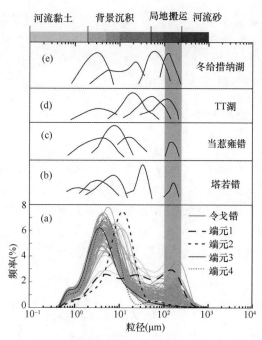

图 10.3　令戈错样品粒度分布、稳定端元粒度特征及其对比

(a) 令戈错样品及各端元粒度分布曲线；(b) 塔若错稳定端元粒度组成；(c) 当惹雍错稳定端元粒度组成；(d) 当惹雍错
临近小湖（TT 湖）稳定端元粒度组成；(e) 冬给措纳湖稳定端元粒度组成。顶部条带表示各粒径区间的环境指示意义；
(b) ～ (e) 以及各粒径区间的划分均来自 (Dietze et al., 2014)

主峰值分别位于 10 ～ 20 μm、～ 4 μm 和～ 6 μm（图 10.3）。

　　令戈错盆地存在大规模沙丘，沙丘砂平均粒径为 130 ～ 290 μm，沙丘多为近源堆积且风选历程短暂，沙丘砂磨圆度普遍较差，其矿物组成主要为石英、长石和岩屑等（Li et al.，2006）。令戈错沉积物中粗颗粒粒径为 100 ～ 250 μm，粒径范围与沙丘砂接近。镜下观察发现，粗颗粒物质总体分选不好，磨圆较差，主要矿物包括长石、石英和基岩岩屑等，其与沙丘砂的矿物组成一致。同时，粗颗粒中还可见分选较差、棱角鲜明的石英矿物颗粒，指示该组分未经历有效的分选和磨圆过程（如河流搬运）。因此，令戈错端元 1 粗细颗粒均有的组分可能反映了来自风力的搬运沉积。令戈错盆地冬季风力最大，沙丘前积纹层的产状统计表明，令戈错盆地主要盛行西风。因此，令戈错沉积端元 1 可以作为西风强度的指标，高得分意味着较强的西风强度。由于缺乏湖泊悬浮物数据，端元 2 ～ 4 的环境指示意义尚不能完全明确。端元 2 接近单峰分布，其在粒度区间（<1μm，对应河流悬浮搬运）载荷较小，可能表明其属于风力搬运。端元 3 和端元 4 包含较多悬浮搬运组分（0.5 ～ 1 μm），表明两者可能都与水流搬运有关，但两个端元在大于 20 μm 区间存在差异，可能代表春季冰川融水和夏季季风降水的差异。

　　冰消期（11.7 ka B. P. 之前），端元 1 得分较高，其峰值出现在～ 16.5、～ 15、～13.2 和 12.7 ～ 11.7 ka B. P. 层位；进入全新世，粗颗粒物质消失，端元 1 得分接近 0。端元 2 在 17 ～ 5.5 ka B. P. 波动频繁，8 ～ 5.5 ka B. P. 波动幅度最大，5.5 ka B. P. 之后端

元得分接近 0；端元 3、端元 4 得分普遍较高，17 ～ 11.7 ka B. P.，分别在 0.08 ～ 0.5 和 0 ～ 0.5 波动，11.7 ～ 5.5 ka B. P.，端元 3 得分降低而端元 4 得分升高，两端元变化相对平缓，最低得分及较大波动出现在 7 ～ 5.5 ka B. P.，5.5 ka B. P. 之后端元 3 得分逐渐升高，端元 4 得分在 0.5 附近波动（图 10.4）。

2. 令戈错介形虫种属及壳体 $\delta^{18}O$ 的环境意义

令戈错湖芯主要鉴定出两类介形虫：奇妙白花介（*Leucocythere mirabilis*）和意外湖花介（*Limnocythere inopinata*）。奇妙白花介与意外湖花介都具有较广的盐度适应范围（奇妙白花介为 3323 ～ 37377 µS/cm，最适宜为 11145 µS/cm；意外湖花介为 1403 ～ 19761 µS/cm，最适宜为 5265 µS/cm）（Mischke et al.，2007）。17 ～ 11.7 ka B. P.，广盐性的意外湖花介和高盐性的奇妙白花介均有出现，可能反映了当时令戈错湖泊较浅，相对封闭，导致频繁而剧烈的湖水盐度波动；11.7 ka B. P. 以来，喜浅水环境的意外湖

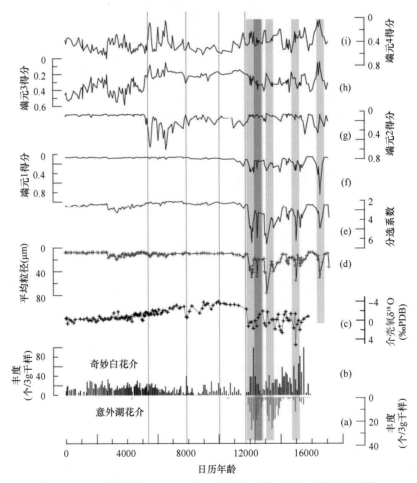

图 10.4　令戈错湖芯介形虫丰度、稳定同位素和粒度参数记录比较

(a) 意外湖花介的丰度；(b) 奇妙白花介的丰度；(c) 介形虫 $\delta^{18}O$；(d) 平均粒径；(e) 分选系数；(f) 端元 1 得分；(g) 端元 2 得分；(h) 端元 3 得分；(i) 端元 4 得分。灰色区间指示平均粒径峰值

花介消失，反映湖泊水位升高，蒸发减弱，湖水盐度下降（图 10.4）。

介形虫壳体 $\delta^{18}O$ 变化范围在 $-4.02‰ \sim 5.16‰$，其差值高达 9.18‰（图 10.5）。介形虫壳体 $\delta^{18}O$ 主要受壳体形成时的湖水温度和湖水 $\delta^{18}O$ 影响（Grafenstein et al.，1999）。基于 Craig 和 Gordon（1965）建立的温度与自生碳酸盐氧同位素的关系（Craig and Gordon，1965），温度升高 1℃ 会导致 $\delta^{18}O$ 降低 0.24‰。显然单纯的温度变化不足以解释令戈错介形虫壳体 $\delta^{18}O$ 的变化，湖水同位素可能是主要控制因素。湖水同位素主要受降水 / 蒸发比（P/E）、降水同位素组成和地表径流影响（Leng and Barker，2006）。在青藏高原北部的干旱半干旱地区，P/E 变化更多地受到湖面蒸发的影响（Lister et al.，1991）。因此，令戈错介形虫壳体的 $\delta^{18}O$ 偏正说明蒸发作用较强，$\delta^{18}O$ 降低可能是由气候变湿或冰川融水增加造成的。11.7 ka B. P. 之前，$\delta^{18}O$ 普遍为正且存在较大波动，偏正峰值都与平均粒径的极大值具有较好的对应关系，最高值出现在 ～15 ka B. P. 层位，该层位平均粒径较大，分选较差（图 10.4）。11.7 ka B. P.，$\delta^{18}O$ 突然负偏与平均粒径的突然减小和意外湖花介消失对应。10 ～ 8 ka B. P.，$\delta^{18}O$ 存在显著波动，8 ka B. P. 之后 $\delta^{18}O$ 逐渐正偏（图 10.5）。

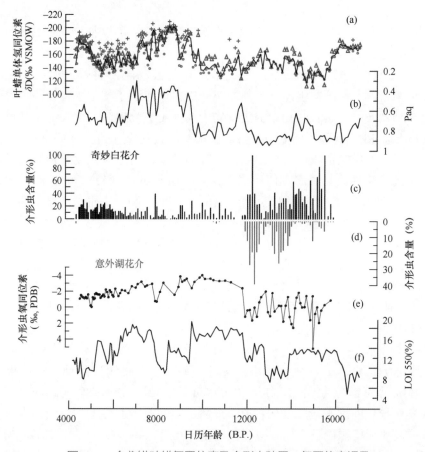

图 10.5　令戈错叶蜡氢同位素及介形虫种属、氧同位素记录

(a) 叶蜡脂肪酸单体氢同位素，红色圆圈：C26，蓝色三角：C28，紫色十字：C30；（b）Paq；（c）奇妙白花介的丰度；（d）意外湖花介的丰度；(e) 奇妙白花介介壳氧同位素；(f) 沉积物烧失量

3. 令戈错叶蜡氢同位素（δD）的环境指示意义

青藏高原现代降水观测（Tian et al.，2007，2003）与气候模型（Gao et al.，2011；Vuille et al.，2005）表明，印度季风降水对于青藏高原夏季降水同位素具有重要影响。令戈错位于印度季风与西风的交界带（Tian et al.，2007），当印度季风强盛时，季风降水到达令戈错盆地，降水同位素偏负，沉积物叶蜡化合物 δD 偏负；当印度季风减弱时，令戈错盆地主要由西风或区域蒸发再循环的水汽控制，同位素值偏正。叶蜡化合物单体氢同位素继承了大气降水的同位素信息（Sachse et al.，2012），因此令戈错长链脂肪酸单体氢同位素变化可以作为印度季风强弱的指标。10 ka B. P. 之前，δD 总体偏正，说明西风可能是控制令戈错盆地的主要因素。$10 \sim 7$ ka B. P.，δD 先减小后升高代表了季风增加到逐步减弱的过程；$6 \sim 4$ ka B. P.，δD 的降低可能归因于水汽来源的变化或降水的季节性（Sarkar et al.，2015）（图 10.5）。

10.2.3　令戈错 17 ka B. P. 以来环境变化

根据令戈错介形虫种属、壳体 $\delta^{18}O$ 以及粒度指标，可以把令戈错过去 17 ka B. P. 以来的环境变化分为 4 个阶段（图 10.6）。

第一阶段（$17 \sim 11.7$ ka B. P.），令戈错 $\delta^{18}O$ 值波动剧烈且普遍偏正，反映令戈错水位变化频繁，湖泊蒸发强烈。意外湖花介的出现印证了湖泊水位较浅，容易引起湖水同位素剧烈波动。这一时期湖泊沉积物中端元 1 得分较高，反映冬季西风强烈。16.5 ka、15 ka、13.2 ka 和 $12.7 \sim 11.7$ ka 端元 1 得分达到峰值，$\delta^{18}O$ 正偏，可能反映了西风增强，冰川融水减少，湖泊水位下降的环境，而这些时期分别对应于末次冰消期的一系列冷事件。与青海湖西风强度指数（An et al.，2012）、北大西洋冰川漂砾（Bond et al.，1997）以及格陵兰冰芯记录（Alley，2000）吻合。青藏高原中部纳木错孢粉判别指数在 ~ 16.5 ka 数值为正（Zhu et al.，2015），说明西风占主导地位，这与令戈错平均粒径及端元 1 得分峰值相吻合，~ 15、13.2 和 $12.7 \sim 11.7$ ka B. P. 也存在一定程度的正偏，可能反映了亚洲季风占主导，但是西风略微增强的气候背景。高原西部的 Tso Kar 湖孢粉记录显示，$15.2 \sim 14$ ka B. P. 气候干冷，长距离搬运的松属孢粉沉积通量较大，表明这一时期盛行西风或者西北风（Demske et al.，2009），大致与令戈错平均粒径 15 ka B. P. 附近峰值对应。

第二阶段（$11.7 \sim 10$ ka），$\delta^{18}O$ 突然负偏反映湖泊水位升高。此后，令戈错稳定在较高湖面，$\delta^{18}O$ 与粒度变化较小，这一趋势与令戈错湖岸阶地定年结果揭示的 ~ 9.6 ka B. P. 令戈错为高湖面相吻合（Pan et al.，2012）。该时期意外湖花介消失可能也与水文变化导致的湖水盐度变化相关。全新世早期有效湿度增加，湖泊水位上升的趋势在青藏高原天门洞以及高原其他气候记录中均有报道（Cai et al.，2012；Mishra et al.，2015）。该阶段端元 1 得分接近 0，说明西风影响甚微。11.7 ka B. P. 令戈错记录揭示的西风减弱和亚洲季风增强与青海湖记录一致（An et al.，2012）。

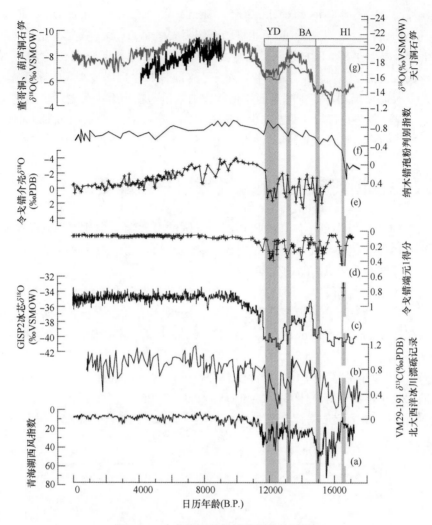

图 10.6　令戈错记录与其他记录的对比

(a) 青海湖西风指数（An et al.，2012）；(b) 北大西洋 VM29-191 钻孔 δ^{13}C 记录（Bond et al.，1997）；(c) 格陵兰 GISP2 冰芯 δ^{18}O 记录（Alley，2000）；(d) 令戈错端元 1 得分；(e) 令戈错介壳 δ^{18}O 记录；(f) 纳木错孢粉判别指数，正值代表西风控制，负值代表季风控制（Zhu et al.，2015）；(g) 天门洞（黑色）、董哥洞和葫芦洞（灰色）石笋 δ^{18}O 记录（Cai et al.，2012；Dykoski et al.，2005；Wang et al.，2005）

第三阶段（10～8 ka B. P.），δ^{18}O 显著正偏，代表湖泊水量减少，其峰值在～9.2、～8.5 和～7.9 ka B. P. 附近。同一时期天门洞（Cai et al.，2012）、董哥洞石笋（Dykoski et al.，2005）以及阿拉伯海洋记录（Gupta et al.，2011）中均出现季风减弱信号；同时希门错（Mischke and Zhang，2010）、克鲁克湖（Zhao et al.，2013）和古里雅冰芯（王宁练等，2002）还记录了这一时期存在若干气候变冷事件。这一阶段令戈错 δ^{18}O 的正偏可能响应于季风降水的减少，或者气候变冷导致的普若岗日冰川融水量降低。

第四阶段（8～5.5 ka B. P.），8 ka B. P. 之后 δ^{18}O 逐步正偏，反映令戈错持续萎缩，可能对应于印度季风的逐步减弱。在青藏高原气候记录中，8 ka B. P. 之后普遍存在湖面降低或有效湿度减弱的趋势（Mishra et al., 2015; Shen et al., 2005; Wünnemann et al., 2010）。印度季风与热带辐合带（ITCZ）的南北移动密切相关，而 ITCZ 主要受南北半球气温差驱动，南北半球温差在 8 ka B. P. 达到最大（McGee et al., 2014），此时 ITCZ 扩张至最北地区（Schneider et al., 2014），此后逐渐南移，对应于 8 ka B. P. 之后印度季风的逐渐减弱。这一阶段平均粒径略有增加，与青海湖西风指数和纳木错孢粉指数大致对应，可能反映了西风的增强，这一趋势在青藏高原西部也有报道（Demske et al., 2009; Leipe et al., 2014）。5.5 ka B. P. 之后令戈错记录缺乏年代约束，在 2.5 ka B. P. 之后令戈错趋于稳定。

10.3　色林错湖芯重建的晚冰期以来环境变化

色林错位于印度洋夏季风和西风环流交汇区的最北端，是开展季风西风相互作用研究的理想区域。色林错是目前西藏面积最大的湖泊。近年来，色林错湖面快速上涨表明其对全球气候变化具有敏感的响应。

色林错的古环境研究与青藏高原的其他大湖，如青海湖、纳木错等相比显得非常薄弱。万年尺度湖泊沉积环境变化序列只有在 1988 年中日合作开展的研究工作，其是在距离南岸约 3 km 水深 27 m 的地点采集了 3.08 m 长的岩芯（编号：CH8803，采样位置如图 10.7 所示），通过地球化学分析、花粉分析、碳酸盐同位素等对色林错 12 ka B. P.（13ka B. P.）以来的环境变化、湖面变化与植被演化特征进行了研究，并探讨了高原夏季风的演化（顾兆炎等，1993；Kashiwaya et al., 1995）。然而限于当时的采样技术，采样位置并不理想（位于南岸较陡的水下斜坡上，如图 10.7 所示），采样点较浅，低

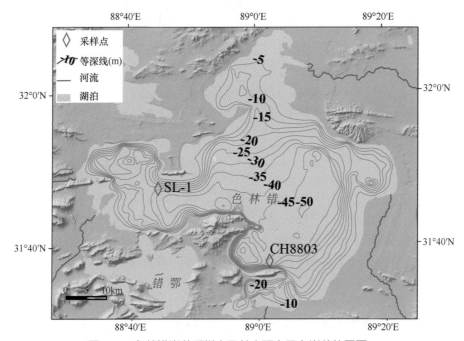

图 10.7　色林错岩芯采样点及前人研究已有岩芯位置图

水位时可能已经处于干涸状况（Kashiwaya et al.，1995）。最近，有研究者在色林错西部湖盆水深 30 m 处采集 2.78 m 岩芯（编号：SL-1，采样位置如图 10.7 所示），通过粒度、矿物组合等分析了色林错 5.33 ka B. P. 以来的水位变化和环境变化（王海雷和郑绵平，2014；林勇杰等，2014）。

在近几年的考察中，特别是 2017 年 6 月依托第二次青藏高原综合科学考察研究，获取了较好的沉积物岩芯，其为开展该地区古环境变化研究提供了良好的材料。

10.3.1　色林错湖芯年代测试分析

已在色林错不同水深位置获取 3 个重力钻短岩芯（SLG14-1 水深 50 m；SLG14-3 水深约 35 m，SLG14-7 水深约 42 m），这些岩芯长 60 ~ 90 cm。在重力钻相同位置进行了活塞钻钻取，分别获得了 SLLC14-1 岩芯（5.85 m）、SL16-1 岩芯（约 6 m）和 SL17-2B 岩芯（约 10 m）。对 3 个重力钻短岩芯进行了 ^{210}Pb 和 ^{137}Cs 测试，计算其近代沉积速率，并以此为依据，对 ^{14}C 测年可能的碳库效应进行评估。目前已完成 3 个重力钻的测试和初步分析，从测试结果来看，过剩 ^{210}Pb 活度在表层样品中都较高，接近或超过 300 Bq/kg，3 个岩芯也基本显示了指数衰减的特征，较为适合进行沉积速率及年代估算，而 ^{137}Cs 活度也都显示了明显的峰值，只是峰值位置较浅。利用 ^{210}Pb 数据计算 3 个岩芯的上层平均沉积速率分别为 0.46、0.22 和 0.28 mm/a。以 ^{137}Cs 峰值位置为 1963 年计算，则可得这 3 个岩芯 51 年来的平均沉积速率分别为 0.49、0.20 和 0.29 mm/a，这与 ^{210}Pb 计算结果基本吻合。图 10.8 显示了位于东部主湖区 SLG14-1 岩芯的 ^{210}Pb 和 ^{137}Cs 变化曲线。

对 SLLC14-1 岩芯开展较为详细的研究，获得了初步的认识。该岩芯获得了 15 个

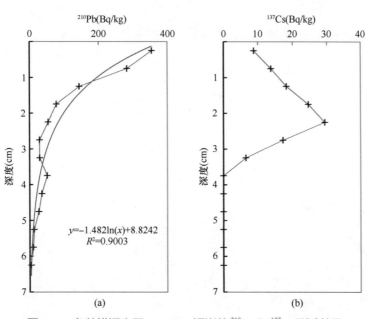

图 10.8　色林错深水区 SLG14-1 短岩芯 ^{210}Pb 和 ^{137}Cs 测试结果

AMS ^{14}C 年代，样品为全样有机质，在美国 BETA 实验室完成（表 10.2）。根据 CRS 模型算得 19cm 处的年代为 305 a B.P.，此处测得 ^{14}C 年代为 2940 a B.P.。因此，碳库约有 2635 年。假定全岩芯碳库一致，扣减 2635 年碳库后，利用贝叶斯模型进行拟合，得到全岩芯年代，底部年龄约为 12940 a B.P.（图 10.9）。

表 10.2　色林错 SLLC14-1 岩芯 AMS^{14}C 测试数据

实验室编号	深度（cm）	材料	^{14}C（年龄 a B.P.）	^{14}C Error（年）
487222	3	全有机质	3280	30
402046	19	全有机质	2940	30
465643	70	全有机质	3830	30
465644	120	全有机质	4750	30
487223	179	全有机质	6300	30
402047	195	全有机质	6460	30
465645	250	全有机质	6450	30
465646	300	全有机质	7050	30
465647	350	全有机质	8000	30
402048	400	全有机质	9500	30
465648	450	全有机质	10660	40
465649	500	全有机质	13020	40
487224	519	全有机质	13200	40
465650	550	全有机质	13390	50
391704	580	全有机质	13140	50

10.3.2　色林错湖芯反映的环境变化

目前已完成 XRF 扫描（0.5 mm 分辨率）、粒度（1 cm 间隔）、有机碳和总氮（3 cm

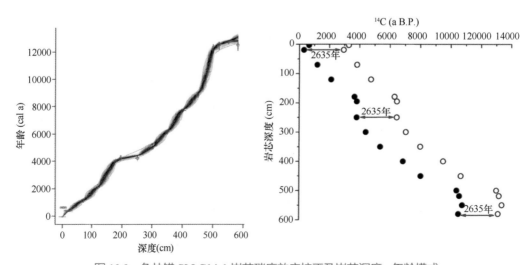

图 10.9　色林错 SLLC14-1 岩芯碳库效应校正及岩芯深度 - 年龄模式

间隔）等分析测试，据此可以初步建立该地区 12.9 ka B. P. 以来环境变化情况。根据指标变化情况，可将色林错近 12.9 ka B. P. 以来的环境状况划分为 4 个阶段（图 10.10）。

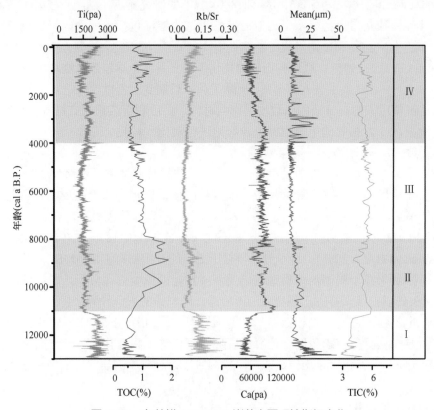

图 10.10　色林错 SLLC14-1 岩芯主要环境指标变化

（1）12.9 ～ 11 ka B. P.

增加的 Ti 含量以及较高的 Rb/Sr 值和平均粒径反映了流域较多的径流量。较低的 TIC 和 Ca 含量反映了较少的自生碳酸盐沉积，指示了相对较低的盐度。TOC 含量降至较低水平反映了较低的有机质积累，指示了流域较冷。

在 12.8 ～ 12.2 ka B. P.，TOC 含量最低可能对应了新仙女木（Younger Dryas，YD）事件在本地区的表现。较多的陆源碎屑输入与增强的径流有关，这可能是由增加的降水导致的。这也可能导致湖水离子浓度下降，从而导致自生碳酸盐沉积减少。11.8 ～ 11 ka B. P.，Ti 的含量和 Rb/Sr 比值逐步减少，同时 Ca 和 TIC 含量的增加反映了流域气候从湿向干过渡。可见，色林错地区全新世之前气候总体上处于冷湿状态。

11.2 ～ 10.8 ka B. P.，Ti、Rb/Sr、Ca 等指标发生剧烈变化，在短时间内出现急剧波动，这是整个序列中变化最大的事件，Ti 和 Rb/Sr 快速降低，指示流域内风化作用降低，从而带入湖泊中的碎屑物质大量减少，该时段温度小幅回升，推测降水的大量减少是造成这一变化的主要原因，而反映湖泊内生碳酸盐沉淀的 Ca 和 TIC 含量都明显上升，说明湖水经历了咸化过程，反映了进入全新世之前冷湿阶段的彻底结束。

本书的研究中色林错在全新世之前的冷湿状态与前人的研究结果略有不同，基于1988 年中日合作采集的 305 cm 长的 CH8803 岩芯的研究显示，这一阶段处于寒冷干燥状态，且各种独立指标都显示了相似的结果，这些指标包括碳酸盐碳氧同位素和自生碳酸盐含量及 Mg/Ca 和矿物组成（顾兆炎等，1993）、沉积物含水量及粒度等物理性状（Kashiways et al.，1995）。从这些指标的变化特征来看，色林错沉积物在 11 ka B. P.（或者10ka B. P.）左右发生了显著的改变，反映了从冰后期到全新世的转折点。该研究初期，沉积物定年使用碳酸盐（液闪计数法）作为材料，之后利用沉积物有机质（AMS）补充了测年数据，二者获取的年代数据可较好地进行对比，可见岩芯年代不同并不是造成结果不一致的主要原因。

然而，如前所述，该岩芯采集点位于距离南岸较近的地方，水深为 27 m，在冰后期寒冷干燥阶段湖面下降可导致湖泊退缩，从而使采样点暴露于地表。事实上，在该项研究的最后阶段，研究者订正了整个岩芯的年代序列，结果显示，岩芯上部 240 cm已达到 13 ka B. P.，这与之前研究中使用的 305 cm 岩芯代表 12 ka B. P. 的结果差距非常大（Kashiwaya et al.，1995）。这一方面得益于更多的沉积物有机质 AMS ^{14}C 测年数据，另一方面则是来源于对湖泊地形地貌以及环境指标的综合对比分析，最终使研究者认为 13 ka B. P. 以前该采样点已不被湖泊所覆盖，即湖面的下降导致采样点位置出露于地表，而自此之后湖面上升又淹没这一地点，从而造成各指标在 13 ka B. P. 前后的剧烈变化。这一方面从沉积相的角度合理解释了环境指标的大幅变化，另一方面也从侧面说明从 13 ka B. P. 开始色林错地区进入一个冷湿阶段，这与本书研究中的结果基本上是一致的。

（2）11～8 ka B. P.

11～8.2 ka B. P.，逐渐下降的 TIC 和 Ca 含量反映了自生碳酸盐沉积的减少，Ti含量和粒度的小幅度增加反映了湖面有所上升，湖水盐度相对较低。此外，相对较高的 Rb/Sr 值指示了增强的化学风化。在这个时期，较高的 TOC 可能是由于增强的陆源有机质的输入，反映了该时期流域较为温暖。

8.2～8 ka B. P.，TOC 含量，Ti、粒度组分以及 Rb/Sr 值逐步下降，Ca 和 TIC 含量逐步上升反映了流域环境从暖湿向温暖和降低的湖面特征过渡。

（3）8～4 ka B. P.

这个阶段湖面相对稳定。根据较高的 TIC 和 Ca 含量反映了较多的碳酸盐积累，因而湖泊的盐度可能较高。Rb/Sr 值较低反映了流域化学风化程度较弱。TOC 含量变化较小（实际上 TOC 在缓慢下降）反映了相对稳定的有机质输入。该阶段反映了相对较高的盐度，湖面较为稳定，径流输入减少，流域环境干旱。

（4）4～0 ka B. P.

4～3 ka B. P.，TIC 和 Ca 含量的增加反映了自生碳酸盐积累增加，湖面较低。3 ka B. P. 以来，Ca 含量的降低，高的 Ti 含量和 Rb/Sr 值反映湖面有所上升，TOC 增加且在 800 cal a B.P. 左右达到峰值。

10.4　赤布张错湖芯反映的晚冰期以来环境变化

赤布张错（33.31°N ～ 33.67°N，90.01°E ～ 90.43°E；4941 m a.s.l.）处在青藏高原中部唐古拉山中段偏西、羌塘盆地内流区东缘，属于长江源地区（图 10.11）。该湖东到各拉丹冬峰直线距离约 66 km，东南距唐古拉山主峰约 80 km，西北到普若岗日冰川 105 km，到令戈错 150 km。湖东岸、东南岸分别有切尔恰藏曲、曾松曲，其源自尕恰迪如岗雪山、各拉丹冬冰川，与北流的长江源头沱沱河共享同一冰川源。这为通过湖泊沉积反演的古环境变化来分析长江源地区气候演变提供了绝佳机会和难得的材料。

地质构造上，该区域位于东特提斯构造域北部，居拉竹龙 – 金沙江缝合带与班公湖 – 怒江缝合带之间的北羌塘陆块中部（潘桂棠等，1997）。21 世纪初，中国地质调查局完成了 1 ∶ 25 万赤布张错幅区域地质图（姚华舟等，2004）。测区内构造类型为断层和褶皱。断层以 NW 向为主，见少量 NE 及近 SN 向；性质主要为逆断层，其次是正断层，见少量走滑断层；褶皱主要为轴向 NW 及近 EW 向的一系列背斜及向斜（李莉等，2010）。出露地层以侏罗系、古 / 新近系和第四系为主，局部是三叠系及少量二叠系、前二叠系。岩性上以侏罗纪沉积岩为主，并分布有晚二叠世、晚三叠世以及新近纪火山岩和晚白垩世侵入岩，同时有少量变质岩出露（冯兴贵，2014）。

10.4.1　研究材料

2016 年 11 月初，在赤布张错中部深水湖区 60 m 水深处，利用活塞钻（6 m PVC 取样管）和改造的 ETH-gravity corer（Kelts et al.，1986）分别钻取了一根长湖芯 CBZLC16-1（长 5.48m）和一根重力钻湖芯 CBZGC16-1（长 61 cm）（表 10.3）。长岩芯

图 10.11　赤布张错流域概况图及钻孔位置

图像来源：Google 地图（影像日期：2013.12.9）。蓝色区域显示 2015 年湖泊面积为 538 km²

数据来源：http://www.tpedatabase.cn

CBZLC16-1沉积层理较好，颗粒粗细变化，湖相沉积特征显著，沉积环境转变界线清晰。沉积相变化较为清晰，390 cm以下为浅湖相，390 cm以上为（深）湖相沉积，具体描述见表10.4。

表10.3　赤布张错研究材料情况表

岩芯分段/标号	分段长度（按分样）	XRF扫描图像长度（cm）	
CBZLC16-1_1	135 cm（0～135 cm）	1342.5 mm，按134.5 cm算	取芯时间：2016.11.1上午 钻孔坐标：33.37° N，90.23° E 当时天气：晴朗无风条件 当时水温：3.5℃左右 孔位水深：60m；取样位置：湖泊最深区域西侧
CBZLC16-1_2	141 cm（135～276 cm）	1408.3 mm，按141 cm算	
CBZLC16-1_3	141 cm（276～417 cm）	1403.265 mm，按140.5 cm算	
CBZLC16-1_4	130.5 cm（417～548 cm）	1299.31 mm，按130 cm算	
CBZGC16-1	61cm	—	

表10.4　岩芯CBZLC16-1岩性表

分段深度	深度（cm）	岩性描述
0～135 cm 深湖相沉积，有植物残体	0～79	浅黄色、黄色粉砂质淤泥；13～21.5 cm段呈灰黄色，有小砾石，表面粗糙
	79～135	黑色、灰黑色，视感颗粒粗；110.5～115 cm段呈浅棕色–灰青色，层理好，富含水草残体，点片状；115～135 cm段呈灰黑色–灰青色–煤黑色；131 cm处有植物残体
135～276 cm 湖相沉积，层理性好，色彩变化大，富含有机质	135～144	灰褐色，有白色薄层纹理，每层厚1～2 mm，断面为褐色层（主层）与白色层交替，颗粒较细
	144～160.5	黄色黏土，有弹性，颗粒细，表面较硬，黏性高
	160.5～164	极好的沉积层埋，灰青色–黄褐色
	164～193	灰色–黑色层交替，29 cm处有2 mm厚深黑色层
	193～276	以黄褐色（棕色）为底层，表面较为光滑，颗粒细，夹杂大量黑色团斑或1 cm宽的黑色层，表面粗糙
276～417 cm 湖相沉积，有植物残体和可能的盐壳层	276～344.5	黄棕色–黑色层交替，黏土质粉砂
	344.5～417	灰青色–浅棕色，层埋性好；109～124 cm和385～400 cm段呈青黄色，有大量植物残体；136～137 cm和412～413 cm段有粗砂
417～547.5 cm 河湖交错相、浅湖相沉积，颗粒粗	417～447	浅灰色，以细砂、粉砂为主，层理较清晰
	447～457	灰黑色，粉砂、粗砂，层理性好，黑色与灰青色交替
	457～480.5	浅灰色–浅棕色，细砂→粗砂
	480.5～547.5	煤黑色层，总体层理性差，粗砂、细砂。有腐臭味

10.4.2　年代学与沉积速率

赤布张错沉积岩芯的年代学框架主要基于20个沉积物和3个植物样品的AMS ^{14}C年龄以及过剩 ^{210}Pb、^{137}Cs活性测定数据来确定。AMS ^{14}C测年工作在美国BETA实验室完成。赤布张错长岩芯CBZLC16-1共计23个测年样品，包括20个全样有机质（bulk organic sediment）和3个植物残体（plant material）样品。其中，113、140和510 cm处，同时测定全样有机质和植物残体年龄，其余深度样品为全样有机质的年龄。113 cm植物残体为单个大型水生植物碎片，而140 cm和510 cm的植物残体为过筛180 μm时截留的植物碎屑样品。对重力钻岩芯CBZGC16-1的测年工作，选取上部

20 cm 的 40 个样品（0.5 cm 分样），进行过剩 ^{210}Pb 与 ^{137}Cs 测定。利用专用容器准备测试样品，记录称量，在中国科学院青藏高原环境变化与地表过程重点实验室完成测试，所用仪器为高纯锗谱仪（ORTECGWL-120-15），每个样品测量时间为 80000 s。

^{210}Pb 测量结果拟合曲线表明，现代平均沉积速率（sediment accumulation rate，SAR）为 0.0424 cm/a（顶部 6 cm）（图 10.12）。^{137}Cs 测定峰值在 2 cm，设定为 1963 年，平均沉积速率为 0.0377 cm/a。

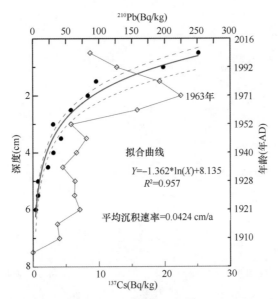

图 10.12　赤布张错 CBZGC16-1 岩芯 ^{210}Pb 和 ^{137}Cs 活性测定以及定年结果
^{210}Pb 定年采用 CRS 模型

20 个沉积物 ^{14}C 年龄反映出年代倒转问题 [图 10.13（a）]，即测年材料中混有较老的 ^{14}C。上部 285 cm 的年龄随深度分布正常，而 285 ～ 548 cm 的年龄出现"老 – 年轻"波动变化，向下逐渐呈垂直分布。从平均粒度和碳酸盐含量变化看，0 ～ 390 cm 和 390 ～ 548 cm 两段反映明显不同的沉积环境。因此，在 390 cm 深度将岩芯 CBZLC16-1 分为两段（Unit A 和 Unit B），对上下段的沉积物 ^{14}C 年龄分别进行线性回归分析。其中，上段部分无论是 0 ～ 285 cm/353 cm/390 cm 的回归，斜率都很小（0.0342 ～ 0.0414 cm/a），数值相对稳定（$R^2 >0.95$）。^{210}Pb$_{ex}$ 定年结果显示 5 cm 处为 22 a B.P.（1928 年 AD），与同深度 ^{14}C 年龄 [（3510±30）a B.P.] 比较得出湖泊现代碳库（modern reservoir effect，modern RE）为 3488 年。上段（0 ～ 390 cm）沉积物 ^{14}C 年龄的回归分析表明，截距大概在 3500 年，反映大致的平均碳库水平。下段对应倒转的年龄，受变化的碳库影响，理论上是利用碳库相对一致的测年点来评估大致的沉积速率范围。在赤布张错，^{14}C 年龄的碳库主要受到流域输入的碳酸盐影响，碳库水平高低对应沉积物碳酸盐含量的高低（Chen et al.，2019）。下段评估的平均沉积速率范围在 0.0775 ～ 0.0975 ～ 0.1554 cm/a，中间值为 0.1 ～ 0.11 cm/a。从粒度变化看，上段为细颗粒沉积，而下段整个变成粗颗粒沉积，一般可能对应更快的沉积速率。510 cm 深度处植物碎屑 $\delta^{13}C$ 值为 –27.6‰，可能代表陆源输入，推定可以代表沉积时段的真实年龄，即 10470±60 a B.P.，与对应的全样沉积物的年龄差值为 2380 年，因此，选取该差值为下段（390 ～ 548 cm）的碳库年龄估计值。综上，建立了全部岩芯的年龄 – 深度模型（age-depth models）给出岩芯 CBZLC16-1 的底部年龄为 12711 a B.P.[图 10.13（b）]。

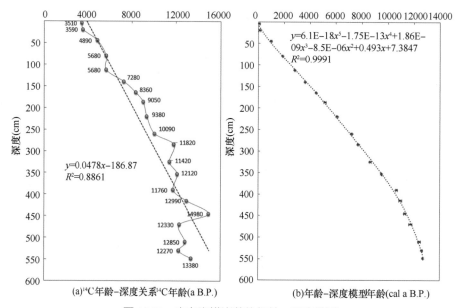

图 10.13　赤布张错岩芯的年龄 – 深度模型

底部年龄在 12711 cal a B.P.

（a）沉积物 ^{14}C 年龄序列和整体回归分析，底部偏差最大；（b）沉积速率模型（SAR model），基于 ^{14}C 年龄意义上的分段沉积速率，上段平均速率：0.0414 cm/a，下段平均速率：0.1146 cm/a。将计算的年龄校正到日历年龄，得到图上序列，用一个多项式模型获得十分光滑的拟合曲线

10.4.3　赤布张错湖芯代用指标的环境意义

利用以下指标对赤布张错 CBZLC16-1 岩芯进行了环境变化分析。XRF 元素化学指标分析使用瑞典产的 Itrax core scanner 元素扫描仪。有机碳氮指标（TN、TC、TOC、C/N）分析使用的仪器为日本产的 Shimadzu TOC-L 总有机碳分析仪和德国产的 CNS Elementar 元素分析仪。粒度分析使用英国产的 MASTERSIZER 3000 激光粒度分析仪，测量粒径范围为 0.01 ～ 3500 μm。所有分析均在中国科学院青藏高原研究所完成。

1. 粒度分析

根据平均粒径分析，全岩芯主要分为两部分，上段为 0 ～ 390 cm，粒径较细，以粉砂、黏土质为主，波动平稳；下段为 390 ～ 548 cm，粒径较粗，以砂质、粉砂为主，波动剧烈（图 10.14）。从顶部到底部，平均粒径从 10 ～ 20 μm（0 ～ 390 cm）变到

40 ～ 45 μm（390 ～ 410 cm），再变到 60 μm 左右（410 ～ 548 cm），反映了沉积环境的巨大转变。通过对数转换，上段 390 cm 也可以分辨出更加明显的阶段变化，如 0 ～ 80 cm 平均粒径 10 ～ 15 μm，80 ～ 280 cm 平均粒径 15 ～ 20 μm，280 ～ 390 cm 平均粒径 10 ～ 15 μm（中间个别地方有小尖峰）。基本上是以细粉砂为主，黏粒次之。中值粒径基本呈现出与平均粒径一致的变化，但相比而言，保持平稳的阶段是持续到 410 cm，基本保持在 10 μm 的水平线，仅在 80 ～ 200 cm、390 ～ 410 cm 有明显起伏和小幅波动，达到 15 μm 左右。410 ～ 548 cm 出现剧烈波动，其中 450 cm、500 cm 附近也出现明显变细的沉积间断，而且远比平均粒径数值要小一半。

从各组分变化看，砂质组分（>63 μm）变化与平均粒径基本一致（图 10.14）。粉砂（4 ～ 63 μm）和黏粒（<4 μm）的比例变化呈现出 4 个阶段特征：390 ～ 548 cm 和 240 ～ 390 cm，总体步调一致（前者完全一致，后者从 375 ～ 240 cm 转为总体一致、细节完全相反）；80 ～ 240 cm 和 0 ～ 80 cm 呈现完全相反的变化趋势。390 ～ 548 cm 砂质组分高，而且含量变化频繁而显著时，在长时间上代表水动力比较强的低水位，即浅水湖的沉积相。0 ～ 390 cm 砂质组分非常低，主要是粉砂与黏土质沉积，这种细颗粒占主导代表了高水位，即深湖相沉积。但是细颗粒组分内部的阶段特征，同时揭示了在较高水位下的湖面波动。

赤布张错 CBZLC16-1 岩芯 K_G（峰态）和 SK_φ（偏态）的变化基本一致，从下到上数值整体上变大，而 σ_φ（分选系数）相反，向上变小。3 个参数具体也可分为 4 个阶段，

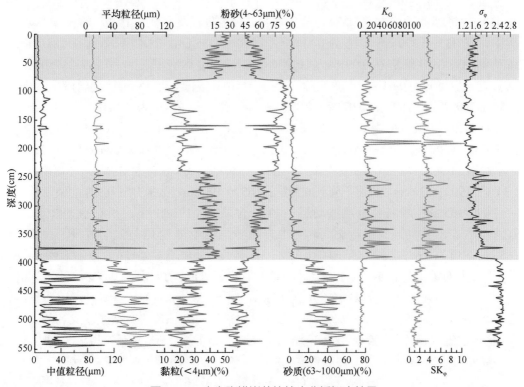

图 10.14　赤布张错岩芯的粒度分析初步结果

与粉砂的分段一致。对照粒度组分，初步认为 390～548 cm 是浅湖相或滨岸区沉积，颗粒整体较粗，以砂质粉砂和粉砂质砂交替变化，峰态变化复杂，偏态为粗中带细，分选性差。390 cm 以上，为较深水位的湖泊相沉积，颗粒整体较细，以黏土质粉砂、粉砂为主，峰态比较尖锐，呈正偏态，分选性向好。

2. TOC、TS 与 TN

根据 TOC（总有机碳）、TN（总氮）、TS（总硫）、TIC（总无机碳）变化，各指标可大致分为 3 个阶段：390～548 cm、165～390 cm、0～165 cm（图 10.15）。

390～548 cm（低有机质沉积层）：TC（2.5%～3.5%）、TN（约 0.050%）、TIC（约 2.66%）、TOC（约 0.43%）处于最低波动水平。该阶段实际上包括 410～548 cm 和 390～410 cm 两个小段，前一段为平直波动，后一段为上升趋势，以 TC、TN、TOC 表现最明显。在 390 cm，TOC 增加到 0.86%，TN 增加到 0.10%。这表明这一阶段沉积物有机质含量整体偏低，湖泊生产力或流域输入并累积的有机物质很低，到本阶段结束有机质开始迅速增加。本阶段，TS 处于较高值（约 0.95%），并波动上升，而在 450～390 cm 含量平均为 1.19%。

165～390 cm（高有机质沉积层）：以 TOC、TN 为参考，这一阶段有机质整体含量很高，阶段性强，又可以细分为 3 个亚段。① 335～390 cm：TOC 在 370～390 cm 平直波动，均值为 0.78%；在 335～370 cm 猛增到 1.20%，含量最高。TN 从上一阶段 410 cm 持续波动增加，到 340 cm 为 0.14%，本阶段均值为 0.10%，但波动剧烈。其中，在 335～370 cm 均值为 0.11%。② 280～335 cm：TOC 下降到 0.91%（平稳波动），TN 相对稳定在 0.091%。对应的 TIC、TS 也比较稳定。③ 165～280 cm：TOC 进一步下降到 0.67%，小幅波动。TN 在 0.10% 上下波动，幅度比上一阶段大，在 255 cm（0.057%）、169 cm（0.071%）为低谷；在 200 cm 附近为 0.14%。整个 165～390 cm 阶段，TC、TIC 整体处于最高水平，尤其在 165～370 cm 这一阶段，均值分别为 5.67%、4.85%。370～390 cm 是 TIC 快速波动上升阶段，从 3% 左右上升到 4.22%，并叠加上 TOC 的增加。TS 变化比较独特，330～410 cm 含量最高，平均水平为 1.34%；190～330 cm，快速下降到 0.52%；165～190 cm，又上升到 0.99%，波动显著。

0～165 cm（较高有机质波动层）：TIC 含量在 4.19% 上下，相对平直波动，而 TC 在 5% 左右波动，到最近 20 cm 有上升趋势。TS 含量变化是波动减少，在 80～165 cm 均值为 0.68%，变化范围在 0.32%～1.37%，并出现多处峰值；0～80 cm，突然下降到很低水平，稳定在 0.15%。本阶段，TOC、TN 波动剧烈，出现多个极端峰值，TS 变化与之对应较好，可以细分为三小段：① 80～165 cm，TOC、TN 平均含量分别为 0.86%、0.12%，波动很大。二者在 163 cm、143 cm、111 cm、97 cm 出现尖利的峰值，TN 含量超过 0.15%，甚至达到 0.20%，而 TOC 含量超过 1.0%，有的接近 1.50%。这些尖峰处也是 TS 的峰值点，含量超过 1.0%。② 20～80 cm，TN 含量在 0.095% 左右，基本变化不大，比前一段小幅下降。TOC 含量均值在 0.86%，与上一段比较，变化较小，但在 50 cm 附近出现约 1.49% 的突出值。该段整体沉积稳定。③ 0～20 cm，TS 含量下降到最低水平（0.12%～0.18%），且相当稳定。TOC 含量在 1.19%，仅次于 335～370 cm 沉积层（全新世大暖期）。TN 含量也突然上升到高值，约 0.11%。从全岩芯看，TN 在 390 cm 以上基本处在较高水平，超过 0.09%，而 390 cm 以下部分含量仅在 0.06% 以下。

综上，岩芯中有机物质含量（TOC、TN）总体呈现下低上高两大阶段，以 390 cm 附近为界，同时又有两个最高值区段，即 335～370 cm、0～20 cm。165 cm 以上频繁出现有机质异常累积层。TC、TIC 基本也是两大段，但明显存在 390～548 cm（低）、165～390 cm（高）、0～165 cm（次高）。TS 在 330 cm 以下先升后降，330 cm 以上是波动下降，最上变为最低。

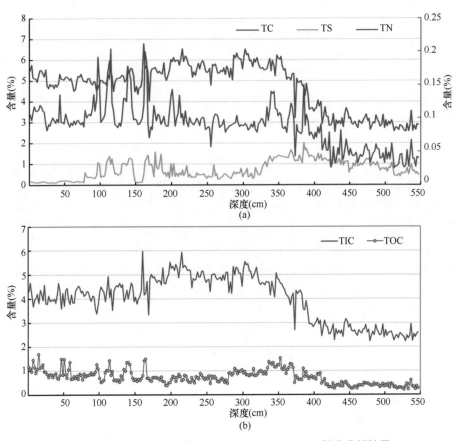

图 10.15　赤布张错岩芯的 C、N、S、TOC、TIC 组分分析结果

3. 元素地球化学

岩芯主要元素组成与含量（计数）通过岩芯扫描仪（XRF）分析获取（图 10.16），包括 Ca、Fe、Si 等常规元素和 Rb、Sr 等微量元素，还有一些稀土元素。

根据变化趋势，所测得的元素分为两类：第一类是 Si、Fe、Al、Ti、Rb 等元素，代表碎屑沉积，反映流域物理风化的碎屑输入情况；第二类是 Ca、Sr，但二者又存在差异，

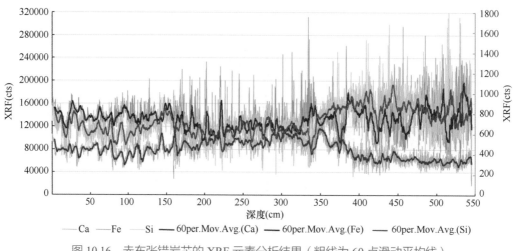

图 10.16　赤布张错岩芯的 XRF 元素分析结果（粗线为 60 点滑动平均线）

以常见的 Ca、Fe、Si 三种元素为代表，存在以 390cm 为大致分界的上下两阶段变化

Ca 变化类似 TIC。这些元素的数值水平在整体上也呈现出两大阶段的变化。以 Si 为例（图 10.16），390～548 cm 含量处于全岩芯的高值水平，同时波动变化；335～390 cm 迅速下降，165～335 cm 为最低水平波动，0～165 cm 先上升后下降，再波动上升（顶部 20 cm）。Fe 元素测定曲线整体类似 Si 元素，但在 390～335～165 cm 峰值段与 Si 元素的低谷段对应，呈相反变化，尽管整段的数值在全岩芯的变化类似。Ca 元素随深度的变化整体是两大段，自下而上先是缓慢上升趋势（350～548 cm），而后是缓慢下降趋势，并相对稳定波动（0～350 cm）。具体可分为：① 390～548 cm 低值稳定波动；② 350～390 cm 较快地波动上升，350 cm 处达到最高值；③ 80～350 cm 缓慢波动降低，尤其 80～165 cm 呈波状下降，而在 165～350 cm 处在高值段；④ 5～80 cm，80 cm 处为低谷，随后突然上升，之后相对稳定；⑤ 0～5 cm 突然快速上升。

元素比值，如 Si/Ca、Rb/Sr、Fe/Mn 变化比较一致（图 10.17），而且与 Ti、Si 元素曲线变化大致相同。整体上，这些比值曲线分为两大段（390～548 cm 和 0～390 cm），下段数值较高，上段较低。但 Sr/Ca 呈现完全相反的变化，总体为略微上升的趋势。其中，存在两个转换期。① 350～390 cm（快速变化期），Si/Ca、Rb/Sr 明显降低，390 cm 左右迅速下降，到 350 cm 处最低。而 Fe/Mn 从 390 cm 向上突然降低，350～380 cm 变化不大，处于低谷，350 cm 后又快速上升。Sr/Ca 则是明显上升。因此，该转变期是增加或下降的单一变化。② 110～165 cm（剧烈波动期），Si/Ca、Rb/Sr、Fe/Mn 经历"两峰三谷"，即 160～165 cm 骤降骤升，反向低值峰尖锐；140～160 cm 为较宽峰值段，下端急升，上端急降；135～140 cm，低谷段，140 cm 左右是陡直下降，随后快速上升；115～135 cm，为峰值段；113～115 cm，为低谷，113 cm 以后变化不大。不过，Si/Ca 在 130 cm 以上变化更复杂，110～165 cm 是三降三升，125 cm 左右是低谷，113 cm 处反而是峰值，与 Rb/Sr、Fe/Mn 情况相反。而 Fe/Mn 在 140 cm 后线性快速上升到 120 cm 左右为峰值。Sr/Ca 波动与上述峰值相反，是"两谷三峰"，低谷不明显，峰值极其尖利。

在元素地球化学中，根据元素活性（迁移能力）不同，流域侵蚀—搬运—堆积导

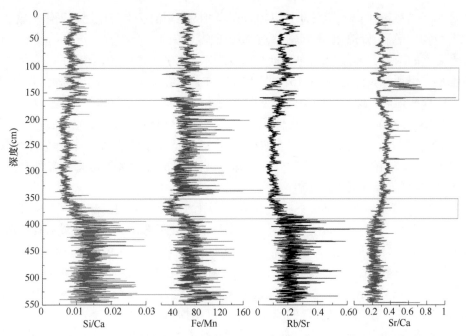

图 10.17　赤布张错岩芯的元素比值结果（红色方框表示环境变化的转换期）

致的沉积分异结果一般被用来判断物源区的风化程度。在物源区，气候干冷，化学风化较弱，Rb/Sr 值低；暖湿气候下，化学风化强，Rb/Sr 值高。随着流域的化学风化程度增大和降水增强，由于 Sr 的活动性较强，它比 Rb 更容易被雨水淋滤而进入水体，进而在沉积物中富集，湖泊沉积物中的 Rb/Sr 值变小。Si/Ca 值类似，Ca 同 Sr 一样易被淋洗，但考虑到 Si 元素存在于黏土矿物与 SiO_2（石英）之中，性质差异大，而流域碳酸盐基岩的风化、侵蚀也导致非离子 Ca 的搬运，所以 Si/Ca 的变化常常更复杂。

　　如图 10.17 所示，赤布张错岩芯的元素比值初步反映的流域化学风化程度分为三段特征（基于 Rb/Sr 与 Si/Ca 值）：下段（390 ～ 548 cm）晚冰期 - 全新世起始物理风化强，化学风化弱，以碎屑物质沉积为主；中段（165 ～ 350 cm）全新世早中期化学风化程度高，气候暖湿，迁移性元素在沉积物中富集；上段（0 ～ 110 cm）晚全新世化学风化略微减弱，但比下段要强烈。

　　湖泊的氧化还原状态则根据 Fe/Mn 值来判断。通常是高的比值代表还原条件，而低的比值表示氧化作用强，背后又间接与湖泊水位有关，即高水位时深湖区底部更可能是还原条件，反之浅水环境是氧化条件。若此，下段（390 ～ 548 cm）湖泊还原性更强，而上部（0 ～ 390 cm）则氧化性更强，尤其 350 ～ 390 cm Fe/Mn 值最低。然而，由于 Fe、Mn 来源的变化也会影响 Fe/Mn，其大小也有不同的解释。一种说法是，当 Fe 的峰值对应 Fe/Mn 的低值时，湖泊被认为处于还原状态，如果都是峰值相对应，则反映了物源变化。若此，CBZLC16-1 中的 Fe/Mn 曲线反映的湖泊氧化还原历史更加复杂。考虑到 Fe 的周期性震荡（图 10.16），下段（390 ～ 548 cm）湖泊很可能是氧化–还原交替变化，而 350 ～ 390 cm 段内（图 10.17），较低的 Fe/Mn 值对应 Fe 的峰值（380 ～ 390 cm）一低谷（370 ～ 375 cm）—峰值（350 ～ 370 cm），对应的湖泊状态为还原—氧化—原。

沉积物中总硫（TS）也是判别湖泊氧化还原状态的一个指标，该指标反映了沉积物中硫化物的浓度。一般硫化物含量升高，表示湖泊底部溶解氧浓度下降，表层沉积物中还原作用加强。结合图 10.15 与图 10.17，TS 含量在 330 cm 以下都很高，尤其在 330 ～ 410 cm 最高，似乎表明该段从下向上还原能力增强。在整体数值保持大于 1% 的水平下，TS 在 350 ～ 390 cm 段内似乎也表现出同 Fe 曲线类似的峰值—低谷—峰值的变化。比较而言，TS 变化可以支持 Fe/Mn 关于 390 cm 以下的判断，大致也支持 330 cm 以上的氧化性增强的认识。不过，简单的总硫测定可能包含大气沉降等多种来源，从而增加了 TS 这一指标的不确定性。

从粒度数据看，平均粒径下粗上细揭示了湖泊水位"下浅上深"的两个阶段的变化，按 Fe/Mn 值与水位的间接关系反推得出，下段处于低水位，氧化性强，Fe/Mn 应为低值；而上部是还原性强，应该是高的 Fe/Mn 值。显然，两者存在矛盾，说明存在更复杂的对应关系。在赤布张错，Fe/Mn 值对湖泊氧化还原状态的指示并不是线性的，如下段（390 ～ 548 cm）很可能对应湖泊的氧化条件，较高的 Fe/Mn 值是由于流域物源变化引起的，同时存在大气沉降的硫化物进入沉积物中。

Sr/Ca 值在古环境研究中是比较重要的水化学指标，一般用来反映湖水的盐度变化，类似的指标还有 Mg/Ca、Sr/Ba。Ca、Sr 来自同一主族，元素活性都较强，易被流水迁移，以离子形式进入湖泊，但离子半径依次增大，迁移性存在差异。Sr^{2+} 离子半径较 Ca^{2+} 离子的大，因而迁移能力更强，富集 Sr 的气候环境一般比富集 Ca 的更干燥。事实上，在干旱区的封闭湖泊中，Sr 的含量随干旱程度的增加而升高，即 Sr/Ca 值会变大。Mg/Ca 值类似于此，作为另一种常用盐度反演的指标，Ca^{2+} 离子比 Mg^{2+} 离子更容易迁移，富集 Ca 的环境比富集 Mg 的更干燥，Mg 含量还受到水温的影响（沈吉等，2010）。

在赤布张错，如图 10.17 所示，Sr/Ca 值在 390 ～ 548 cm 为低值水平（～ 0.2），160 ～ 390 cm 为高值水平（0.3 ～ 0.35），0 ～ 160 cm 有所下降，表明该湖泊盐度有先上升后下降的趋势。但 Sr/Ca 值在 160 cm、125 ～ 140 cm 和 115 cm 出现异常的峰值，对应的岩性呈现深褐色的较硬泥质沉积，并且夹杂多条白色超薄纹层，这可能对应短期的环境突变，湖水咸化。

10.4.4　赤布张错过去近 13000 年环境演化

根据已有的数据指标，赤布张错沉积记录反映的近 13000 年的环境演化初步划分成 4 个阶段（图 10.18）。这先主要基于平均粒径、粉砂、TIC、Ca、Ca/Si 划分出两大阶段（0 ～ 390 cm 和 390 ～ 550 cm），再基于粉砂、C/N 等划分出亚阶段：0 ～ 80 cm、80 ～ 240 cm，240 ～ 390 cm。具体描述如下。

（1）晚冰期末期到全新世初期（12.71 ～ 10.65 ka B.P.）

390 ～ 548 cm，从新仙女木事件到结束，气候为冷干，湖泊为浅水湖。沉积物表现为粗颗粒沉积，平均粒径波动变化大，粉砂含量在 40% 上下波动，为研究时段内最低水平，而砂质沉积较高，达到 40%。TOC 含量极低，在 0.4% 左右，C/N 比值在 8 ～ 10；而 TIC 含量也低，代表的总碳酸盐含量很低，对应的 Ca 含量、Ca/Si 也处于低值，都表明此时湖泊处于快速波动、水位较低的淡水环境。对应的气候环境为冷暖波动，总体上为寒冷干燥。

（2）早中全新世（10.65 ～ 7.69 ～ 6.58 ka B.P.）

240 ～ 390 cm，处于全新世较为适宜的暖湿时期，湖泊为高水位的深水湖。湖泊沉积的平均粒径接近 20 μm，以中细粉砂为主，同时 TOC 处于高值阶段（0.8% ～ 1.2%），C/N 比值在 10 左右，后期下降到 6 ～ 8，表明流域处于相对暖湿的环境，尽管蒸发也增加，但小于补给的增加，湖泊处于高水位状态。早全新世到中全新世，TOC、C/N 比值达到最高，陆源输入强，流域内植被繁盛；中全新世后期气候转温凉，有机质沉积以水生植物为主，平均粒径略微上升，水位有所下降。整个时段，TIC、Ca/Si 上升，随后相对稳定，指示沉积物中总碳酸盐含量快速上升，并保持较高的沉积量。结合流域地质背景，估计这表明有大量陆源碳酸盐输入，湖泊矿化度增加，湖泊在高 - 较高水位相对稳定，但湖水可能有所"咸化"。

10 ～ 7.69 ka B.P.（280 ～ 375 cm）是赤布张错的全新世大暖期，出现最高水位，可能比现在高出几十米。据《中国湖泊志》记载，西边毗连的多尔索洞错，高水位阶地的海拔在 39 m，此时赤布张错可能与多尔索洞错、北岸两支大水系的一些湖泊连成一片，为该地区的大湖时期。

（3）中晚全新世（6.58 ～ 1.88 ka B.P.）

该阶段处于 80 ～ 240 cm 深度，基本处于相对凉干 - 冷湿气候，以 160 cm 为界，湖泊为中高水位。高粉砂沉积，达到 80%，Ca 波动较小，略微下降，表明湖泊水位和陆源输入相对稳定。在 4.5 ～ 2.0 ka B.P.，TOC、平均粒径至少出现 4 个短促的高峰，而 C/N 值都较低，在 8 左右或以下，对应的 Ca/Si 出现尖峰，表明了快速干旱事件。结合图 10.18 和图 10.19，这些事件很可能是暖干事件，蒸发强烈，湖水浓缩，导致 Sr/Ca 值异常高，盐度变大，湖水咸化。地表径流以冰川融水为主，降水导致的流域侵蚀较弱，同时湖泊水位显著降低，水生植物茂盛，导致对应的沉积层位出现一些人眼可以分辨的植物残体碎屑。尤其，113 cm 处植物残体，经测定为当时的水生植物；此时，湖泊可能是较高盐度的中低水位湖泊。

（4）近 2000 年（0 ～ 80 cm）

流域气候暖湿化趋势明显，湖泊处于较高水位。湖泊沉积的平均粒径十分稳定地保持低值，约 10 μm，而粉砂比例显著下降到 50% ～ 55%，TOC、C/N 比值有所增加，尤其在最近 1000 年快速增加，并处于中高值，表明温湿条件，湖泊处于中高 - 较高水位，基本同现代水平一致。同时期，TIC、Ca/Si 比值波动相对稳定，但 Ti、Si、Rb/Sr 等在最近几百年也快速增加，意味着湿度条件转好。这与最近 1000 年的冰芯记录反映的暖湿化趋势基本一致（姚檀栋等，2006；陈德亮等，2015）。

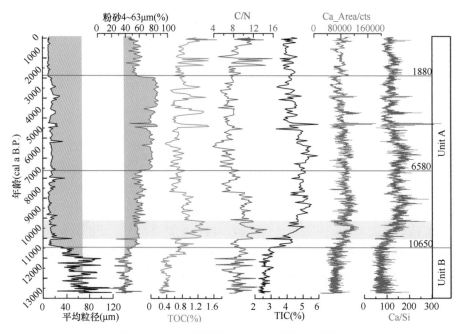

图 10.18　赤布张错近 13000 年环境变化记录

初步分为 4 个阶段，以 390 cm 为界，上部为深湖期，下部为浅湖期。又以 390cm（10650 cal a B.P.）为界，上部（390～240 cm）为暖湿时期，下部（548～390 cm）为新仙女木事件（YD）

10.5　达则错湖芯揭示的最近 2000 年气候变化

达则错位于青藏高原中部（图 10.19），主要受西风与印度季风影响，开展这一区域的古气候研究有助于理解不同时期季风环流对高原中部的影响。通过对达则错沉积物的研究，重建该区域典型气候期的过去气候变化历史。

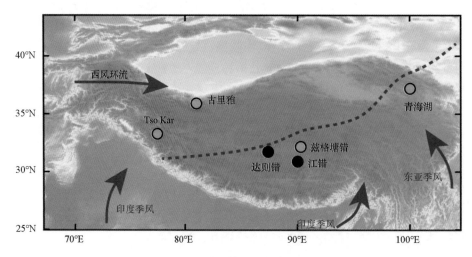

图 10.19　达则错地理位置示意图

10.5.1　样品采集及年代学

2011 年 6 月利用奥地利 Uwitec 取样平台（活塞钻取样器）在达则错湖盆深水区采集湖芯样品（DZC2011-1），采样点点位 31.85°N，87.54°E，4434 m a.s.l.，采样点水深 37 m。DZC2011-1 湖芯样品总长度 291 cm，按 1 cm 分样。分样后，样品装入 Nasco Whirl-Pak 无菌采样袋冷冻保存。

达则错湖芯（DZC2011-1）的年代学框架基于顶部 11 cm 的 ^{210}Pb/^{137}Cs 和 20 cm 以下的 AMS ^{14}C 结果，共获得 7 个 ^{14}C 年龄（表 10.5），并利用 CALIB 软件（版本 7.0.2）对 ^{14}C 数据进行日历年龄校正，通过外推法，获得碳库年龄为 2586 年。同时利用 ^{210}Pb 模型外推到 20 cm（最上面 ^{14}C 定年点层位），两者的差值作为这一层位的碳库，为 2517 年。最终将 2 个碳库年龄的平均值 2552 年作为平均碳库年龄，建立达则错湖芯 DZC2011-1 年代学序列（图 10.20）。

表 10.5　达则错湖芯 DZC2011-1 ^{14}C 年龄及校正的日历年龄

实验室编号	深度（cm）	^{14}C 年龄（a B.P.）	^{14}C 年龄误差（年）	校正年龄（a B.P.）	校正年龄误差（年）	扣除碳库后的校正年龄
Beta317161	20	2700	20	2803	43	251
BA130012	50	3030	30	3213	38	661
BA120309	100	3230	30	3446	65	894
BA120312	150	3680	30	4002	89	1450
BA120310	200	4020	30	4478	58	1926
BA130011	250	4285	25	4849	19	2297
BA120311	289	4895	30	5625	38	3073

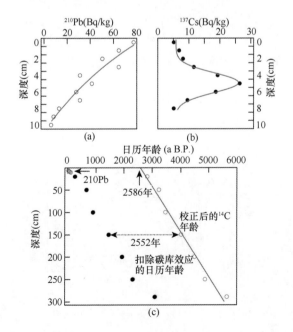

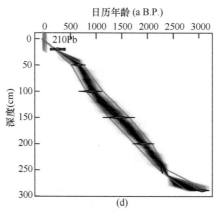

图 10.20　达则错湖芯 DZC2011-1 年代学框架

10.5.2　过去 2000 年达则错气候变化

1. 过去 2000 年达则错温度变化

　　基于长链烯酮重建的结果表明，近 2000 年以来，达则错湖区气温波动十分明显。距今约 170 年，气温达到最低值。随后，距今 300～500 年为小冰期，气温低于目前约 3℃。距今 500～750 年为中世纪暖期，温度与现代基本持平。总体来看，距今 1000～2000 年的平均气温高于现代气温。频谱分析结果显示，达则错的温度变化在过去 2000 年以来具有明显的周期性，主要周期为 210 年（图 10.21）。

2. 过去 2000 年达则错降水同位素变化

　　叶蜡氢同位素可以有效记录大气降水同位素信息。通过分析叶蜡化合物脂肪酸氢同位素，重建了达则错湖区降水同位素变化。已有文献报道不同类型植物叶蜡氢同位素具有显著差异。例如，木本植物与草本植物叶蜡氢同位素（Hou et al.，2007；Sachse

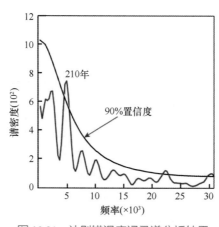

图 10.21　达则错温度记录谱分析结果

et al.，2012)，选取 C_{26} 和 C_{28} 脂肪酸氢同位素的加权平均值作为叶蜡氢同位素比值，以减少植物类型的潜在影响。数据显示，过去 2000 年达则错湖区降水同位素存在显著波动。氢同位素分别在距今 200～400 年、750～900 年、1100～1400 年、1600～1800 年偏正，在距今 400～750 年、～1000 年和 1400～1600 年偏负。在过去 1000 年，在寒冷期（如小冰期）氢同位素偏正，温暖期（如中世纪暖期）同位素偏负。距今 1000～2000 年，降水同位素与气温的关系发生变化，寒冷期（距今约 1100、1400～1550 年）氢同位素偏负。

10.5.3　过去 2000 年达则错气候变化的影响因素

青藏高原中部气候干旱、蒸发作用等可能对叶蜡同位素分馏过程有显著影响。通过对现代湖泊沉积物及植物样品的调查（Günther et al.，2013)，以及对青藏高原冰芯氧同位素记录的对比（Günther et al.，2011)，发现叶蜡氢同位素仍可以有效记录降水同位素组成，因此达则错叶蜡氢同位素可以反映高原中部降水同位素变化。

通过对青藏高原降水同位素的现代观测，高原南部和东部主要受季风环流影响，降水同位素反映降水量变化，即"降水量效应"。高原北部和西部，降水稳定同位素在空间和时间上都随温度变化而变化，即"温度效应"（Gao et al.，2011；Tian et al.，2007；Yao et al.，2013)，同时该区域还受到局地对流活动的影响（Tian et al.，2007)。基于距达则错东南约 150 km 的申扎县气象站观测数据（1981～2006 年）以及 HYSPLIT 模式显示，达则错湖泊流域现代降水主要来自于印度洋，90% 的降雨发生在夏季（6～9 月)，因此达则错降水同位素可以反映印度夏季风的强弱变化。需要指出，本书的研究无法排除在季风减弱以及西风环流增强时期对降水同位素的影响。

（1）过去 1000 年季风对高原中部的影响

达则错温度和降水同位素记录显示（图 10.22)，过去 1000 年以来，小冰期时期气候为冷干，中世纪暖期气候为暖湿。这一气候特征与季风区万象洞石笋（Zhang et al.，2008）和高原中部普若岗日冰芯记录（Thompson et al.，2006）较为吻合，即过去 1000 年以来，高原中部和东北部受控于同一气候系统。已发表的湖泊（He et al.，2013a；Henderson and Holmes，2009；Henderson et al.，2010）以及树轮记录（Yang et al.，2003，2009）显示，过去 1000 年以来印度季风对青藏高原的气候具有显著影响。与其他湖泊对比发现，达则错降水同位素记录不同于青藏高原北部柴达木盆地的苏干湖和尕海的湿度记录（He et al.，2013b)。上述两个湖泊在中世纪暖期时气候为暖干，因此过去 1000 年以来高原中部和柴达木盆地水汽来源并不相同。值得注意的是，达则错脂肪酸氢同位素与 ITCZ 的南北移动相吻合，Cariaco 盆地海洋沉积物 Ti 含量反映 ITCZ 的南北移动（Haug et al.，2001)，中世纪暖期 ITCZ 向北移动而小冰期向南移动，结合达则错在两个时段的气候特征，可以认为高原中部的气候变化与 ITCZ 移动具有密切关系。

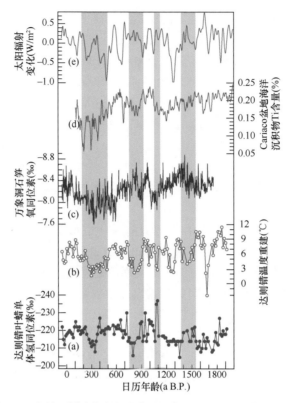

图 10.22　过去 2000 年达则错古气候记录与季风区记录、ITCZ 以及太阳辐射变化对比

(a) 达则错叶蜡氢同位素；(b) 基于长链不饱和烯酮重建的达则错湖区气温变化；(c) 万象洞石笋氧同位素 (Zhang et al.,
2008)；(d) Cariaco 盆地海洋沉积物 Ti 含量 (Haug et al., 2001)；(e) 太阳辐射变化 (Steinhilber et al., 2012)

(2) 距今 1000～2000 年高原中部气候变化

距今 1000～2000 年，Cariaco 盆地海洋沉积物 Ti 含量显示 ITCZ 向北移动 (Haug et al., 2001)，而万象洞石笋氧同位素揭示印度季风在同一时段增强 (Zhang et al., 2008)。与此同时，达则错叶蜡氢同位素显示相对偏正。达则错降水同位素和温度记录在这 1000 年变化相似，冷期同位素偏负，如距今约 1000 年、距今 1440～1550 年，反之亦然。两者的关系与过去 1000 年相反，达则错的气候记录暗示了距今约 1000 年，高原中部的气候发生显著变化。距今 1000～2000 年，温度与总太阳辐射变化基本一致，降水同位素受到季风及其他因素的共同影响。气候相对寒冷时期，高原中部降水同位素偏负可能与西风环流增强有关。印度夏季风减弱，高原中部降水减少，此时西风环流在一定程度上影响该地区 (An et al., 2012；Henderson et al., 2010)。另外，高原中部降水的季节性变化也可能是降水同位素变化的另一原因。达则错距今 1000～2000年温度和降水同位素记录显示，高原中部气候在暖期主要受到印度季风影响，而在冷期，季风强度减弱，西风可能对该区域气候产生影响。

(3) 过去 2000 年高原中部温度的周期变化

太阳活动代用指标 (^{14}C、^{10}Be) 均表明，210 年是典型的太阳活动周期。而谱分析结果显示，达则错温度变化具有明显的 210 年周期，因此说明该区域气候受到太阳活动变化的影响。需要指出，年代学对于周期分析十分重要，其可能对周期分析结果存在影响，但目前还无法对达则错湖芯"碳库年龄"在过去的变化进行评估。尽管如此，达则错温度重建记录和太阳活动变化较好的一致性也说明在这一时间尺度上太阳活动对该地区温度的影响。

10.6　区域环境变化特征

青藏高原中部地区位于印度季风和西风的过渡区域，地质历史时期受到季风和西风的交互影响，这些信息会保存在冰芯、湖芯等档案材料中。湖泊沉积因具有序列连续、沉积环境相对稳定、记录的环境信息丰富和分辨率较高等特点，成为研究过去环境变化的重要载体（沈吉，2012；王苏民和窦鸿身，1998）。青藏高原湖泊众多，分布广泛，其沉积物忠实地记录过去气候和环境信息，为开展过去环境变化研究提供了重要的地质材料。因而，青藏高原中部印度季风和西风过渡区的色林错及其周边湖泊的沉积记录能够为青藏高原过去环境变化提供新的区域性证据，有助于认识印度季风和西风的相互作用过程及驱动机制。色林错及其周边的令戈错、达则错、江错和赤布张错沉积记录揭示了该区域末次冰消期以来的古环境变化。结合邻近地区的古环境记录，对青藏高原中部地区的古环境变化进行了总结。

10.6.1　环境变化代用指标的选择

湖泊沉积研究中，环境变化代用指标具有多样性、环境意义的不确定性和复杂性。因而，区域环境变化对比研究，选择合适的环境变化代用指标至关重要。该区域环境变化对比研究选用的环境指标如下。

温度方面：总有机碳（total organic carbon，TOC）反映了湖泊生产力状况，经常用来指示温度变化（朱立平等，2006）。花粉比值－蒿莎草含量比值（*Artemisia* to Cyperaceae，简写为 A/Cy）在青藏高原东部（如兹格塘错）被用来指示夏季温度的变化以及草原 / 草甸植被的变迁，其基本原理为：青藏高原中东部高寒环境下，莎草科植物较多；高原南部和东北部，温暖海拔低的环境下，蒿属植物含量较高（Herzschuh et al.，2006）。介形虫壳体的氧同位素也被用于指示温度的变化（Grafenstein et al.，1999；Holmes，1996）（图 10.23）。

降水（湿度）方面：Rb/Sr 常作为指示化学风化强度的指标，有研究将 Rb/Sr 解释为沉积物来源和湖泊水文状况，即低值指示了降水增加（Jin et al.，2015）。Ti 含量的变化反映了流域的径流状况，因而可以用来指示湿度变化。湖泊沉积物粒度通常可以用来指示水深的变化，间接反映了气候的干湿状况。沉积物叶蜡氢同位素可以有效地指示降水变化。花粉－蒿藜比值（*Artemisia*/Chenopodiaceae，简写为 A/C）作为湿度指标，在干旱和半干旱区地区得到了广泛的应用（图 10.24）。

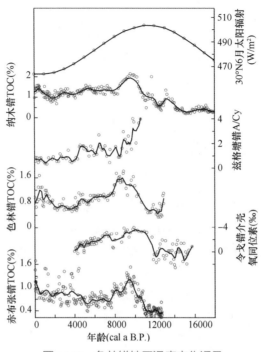

图 10.23　色林错地区温度变化记录

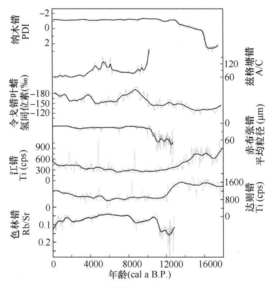

图 10.24　色林错地区降水（湿度）变化

10.6.2　区域环境变化历史

1. 末次冰消期区域环境变化

末次冰消期，是指从末次冰期冰盛期（Last Glacial Maximum）向全新世（Holocene）

过渡的一个地质时期。这一时期是一个气候波动剧烈的时期，一般以新仙女木事件（Younger Dryas）作为结束，之后进入全新世阶段。

图 10.23 所示，11.5 ka B.P. 以前，色林错和赤布张错 TOC 含量很低，令戈错介形虫壳体 δ^{18}O 值序列最高（He et al.，2018），指示了这一时期气候寒冷。区域内纳木错沉积记录 TOC 含量显示，这一时期 TOC 含量最低，这也印证了研究区末次冰消期寒冷的气候特征（Zhu et al.，2015）。

图 10.24 中 11.5 ka B.P. 之前，色林错 Rb/Sr 全序列最高值，指示了气候干旱；赤布张错平均粒径最大，应为湖面低、水动力强所致，反映了这一时期气候干旱；令戈错叶蜡 δD 的高值表明，在末次冰消期印度季风难以影响到该湖区，该流域主要受西风控制，气候较为干旱（Hou et al.，2017a）。与色林错、赤布张错和令戈错不同的是，达则错和江错 Ti 含量在这一时期呈现高值，Hou 等（2017b）认为这反映了地表径流丰富，有效湿度较高，可能是由于低温导致蒸发弱，地表径流反而较多。纳木错花粉判别指数（pollen discrimination index，PDI）反映 16.5 ka B.P. 以前，高原中部主要受西风控制，气候干旱；16.5 ka B.P. 至全新世早期，季风显著增强，成为影响该地区最主要的大气环流，气候变湿（Zhu et al.，2015）。

2. 区域全新世环境变化

全新世是地质时代的最新时段，其环境变化与人类社会的发展密切相关。近几十年来，青藏高原全新世气候和环境变化研究成果多有报道。从已有青藏高原全新世古气候研究来看，气候变化的主要事实已基本清晰，但是变化的区域分异研究仍需加强。色林错及其周边地区位于青藏高原中部，属季风与西风过渡区，造成了该区域气候变化具有一定的同步性，也存在一定的差异性。

图 10.23 所示，11.5 ka B.P. 左右，色林错和赤布张错 TOC 含量快速上升，令戈错介形虫壳体 δ^{18}O 快速下降，反映了研究区气候快速转暖。而区域内纳木错 TOC 含量的快速上升也证明了研究区气候变暖的同步性。早全新世（10～8 ka B.P.）色林错、赤布张错和纳木错 TOC 高值表明这一时期气候温暖，兹格塘错 A/Cy 高值（Herzschuh et al.，2006）和令戈错介形虫壳体 δ^{18}O 低值（He et al.，2018）也说明了早全新世温暖的气候特征。之后中全新世各湖盆均呈降温趋势。晚全新世，尤其是 2000 cal a B.P. 以来，除兹格塘错温度较低且较稳定以外，色林错、赤布张错和纳木错均有所上升。

区域全新世降水（或湿度）变化有明显的空间差异。图 10.24 所示，赤布张错平均粒径和令戈错叶蜡氢同位素（Hou et al.，2017a）表明早、晚全新世气候较为湿润，而中全新世气候干旱。兹格塘错 A/C 反映了该流域早、中全新世湿润，晚全新世干旱（Herzschuh et al.，2006）。色林错 Rb/Sr 值指示了中全新世气候最为湿润，早、晚全新世相对干旱。纳木错 PDI 在早全新世最低，表明早全新世印度季风最为强盛，气候湿润；之后 PDI 呈上升趋势，反映了季风减弱，气候变干（Zhu et al.，2015）。然而，达则错和江错 Ti 含量则反映了晚全新世相对湿润，而早中全新世气候干旱（Hou et al.，2017b）。

图 10.23 显示区域温度变化与太阳辐射具有很好的相关性，这说明太阳辐射可能

是制约区域温度变化的主导因素。图10.24表明区域降水（或湿度）变化具有明显的空间差异性，可能是由于历史时期西风与季风相互作用的时空差异造成的。此外，湖泊补给来源的不同也可能造成影响。例如，研究认为，达则错和江错末次冰消期和晚全新世气候湿润，而早、中全新世气候干旱。Hou等（2017b）认为二者属于没有冰川补给的湖泊，早全新世太阳辐射强烈，流域缺少冰川融水补给，温暖的气候导致蒸发强，地表径流少，有效湿度低。

参考文献

陈德亮, 徐柏青, 姚檀栋, 等. 2015. 青藏高原环境变化科学评估: 过去、现在与未来. 科学通报, 60(32): 3025-3035.

陈发虎, 黄小忠, 张家武, 等. 2007. 新疆博斯腾湖记录的亚洲内陆干旱区小冰期湿润气候研究. 中国科学: 地球科学, 37(1): 77-85.

陈敬安, 万国江, 汪福顺, 等. 2002. 湖泊现代沉积物碳环境记录研究. 中国科学: 地球科学, 32(1): 73-80.

陈敬安, 万国江, 张峰, 等. 2003. 不同时间尺度下的湖泊沉积物环境记录——以沉积物粒度为例. 中国科学: 地球科学, 33(6): 563-568.

成艾颖, 余俊清, 张丽莎, 等. 2010. XRF岩芯扫描分析方法及其在湖泊沉积研究中的应用. 盐湖研究, 18(2): 7-13.

成艾颖, 余俊清, 张丽莎, 等. 2011. 托素湖岩芯XRF元素扫描分析及多元统计方法的应用. 盐湖研究, 19(1): 20-25.

冯兴贵. 2014. 羌北坳陷赤布张错地区侏罗系沉积相特征分析. 地下水, 36(1): 178-179.

顾兆炎, 刘嘉麒, 袁宝印, 等. 1993. 12000年来青藏高原季风变化——色林错沉积物地球化学的证据. 科学通报, 38(1): 61.

李莉, 庞迎春, 陈宇达. 2010. 1: 25万赤布张错幅区域地质图空间数据库建设方法与意义. 华南地质与矿产, (3): 77-82.

李孝泽, 姚檀栋, 屈建军, 等. 2002. 从冰前风沙地貌初看普若岗日冰原的形成演变. 冰川冻土, 24: 63-67.

林勇杰, 郑绵平, 王海雷. 2014. 青藏高原中部色林错矿物组合特征对晚全新世气候的响应. 科技导报, (35): 35-40.

刘蓓, 刘娇, 李志军, 等. 2013. 达里湖冬季环境取样钻探技术研究. 探矿工程(岩土钻掘工程), 19-22.

刘兴起, 王苏民, 沈吉. 2003. 青海湖QH-2000钻孔沉积物粒度组成的古气候古环境意义. 湖泊科学, 15(2): 112-117.

刘亚生. 2015. 云南腾冲青海湖泊沉积物物化参数的环境意义及末次冰消期以来气候变化. 昆明: 云南师范大学.

潘桂棠, 陈智梁, 李兴振, 等. 1997. 东特提斯地质构造形成演化. 北京: 地质出版社.

沈吉. 2009. 湖泊沉积研究的历史进展与展望. 湖泊科学, 21(3): 307-313.

沈吉. 2012. 末次盛冰期以来中国湖泊时空演变及驱动机制研究综述: 来自湖泊沉积的证据. 科学通报,

57(34): 3228-3242.

沈吉, 薛滨, 吴敬禄, 等. 2010. 湖泊沉积与环境演化. 北京: 科学出版社.

孙千里, 周杰, 肖举乐. 2001. 岱海沉积物粒度特征及其古环境意义. 海洋地质与第四纪地质, 1: 93-95.

孙青, 储国强. 2002. 长链烯酮不饱和度温标研究进展. 地球与环境, 30(4): 63-67.

田茜, 方小敏, 王明达. 2017. 青藏高原干旱区湖泊正构烷烃氢同位素记录降水同位素. 科学通报, (7): 700-710.

万国江. 1997. 现代沉积的^{210}Pb计年. 第四纪研究, 17(3): 230-239.

万国江, Appleby P G. 2000. 环境生态系统散落核素示踪研究新进展. 地球科学进展, 15(2): 172-177.

王海雷, 郑绵平. 2014. 青藏高原中部色林错SL-1孔粒度参数指示的5.33 ka B. P. 以来的水位变化. 科技导报, (35): 29-34.

王九一. 2012. 柴达木西部察汗斯拉图凹陷2.8Ma以来的湖泊沉积演化与亚洲内陆干旱化. 北京: 中国科学院大学博士学位论文.

王君波, 鞠建廷, 朱立平. 2007. 两种激光粒度仪测量湖泊沉积物粒度结果的对比. 湖泊科学, 19(5): 509-515.

王君波, 朱立平. 2002. 藏南沉错沉积物的粒度特征及其环境意义. 地理科学进展, 21(5): 459-467.

王明达, 李秀美, 梁洁, 等. 2016. 青藏高原湖泊长链不饱和烯酮研究现状及展望. 第四纪研究, 36(4): 1002-1014.

王宁练, 姚檀栋, Thompson L G, 等. 2002. 全新世早期强降温事件的古里雅冰芯记录证据. 科学通报, 47: 818-823.

王苏民, 窦鸿身. 1998. 中国湖泊志. 北京: 科学出版社.

王永波, 刘兴起, 羊向东, 等. 2008. 可可西里库赛湖揭示的青藏高原北部近4000年来的干湿变化. 湖泊科学, 20(5): 605-612.

谢营, 徐柏青, 邬光剑, et al. 2012. 藏南地区降水量变化对陆源正构烷烃单体氢稳定同位素影响初探. 科学通报, 57(15): 1353-1361.

姚华舟, 段其发, 牛志军, 等. 2004. 赤布张错幅地质调查新成果及主要进展. 地质通报, 23(5-6): 530-537.

姚檀栋, 秦大河, 徐柏青, 等. 2006. 冰芯记录的过去1000a青藏高原温度变化. 气候变化研究进展, 2(3): 99-103.

姚彤宝, 刘宝林, 李国民. 2008. 湖泊环境科学钻探取样技术. 探矿工程(岩土钻掘工程), 35(4): 17-19.

曾理, 吴丰昌, 万国江, 等. 2009. 中国地区湖泊沉积物中^{137}Cs分布特征和环境意义. 湖泊科学, 21(1): 1-9.

张家武, 金明, 陈发虎, 等. 2004. 青海湖沉积岩芯记录的青藏高原东北部过去800以来的降水变化. 科学通报, 49(1): 10-14.

张平中, 王先彬, 陈践发, 等. 1995. 青藏高原若尔盖盆地RH孔沉积有机质的δ^{13}C值和氢指数记录. 中国科学: 地球科学, (6): 631-638.

张小龙, 徐柏青, 李久乐, 等. 2012. 青藏高原西南部塔若错湖泊沉积物记录的近300年来气候环境变化. 地球科学与环境学报, 34(1): 79-90.

中国科学院地理研究所. 1990. 青藏高原地图集. 北京: 科学出版社.

朱立平, 鞠建廷, 王君波, 等. 2006. 湖泊沉积物揭示的末次冰消开始时期普莫雍措湖区环境变化. 第四纪研究, 26(5): 772-780.

Aichner B, Herzschuh U, Wilkes H, et al. 2010. δD values of n-alkanes in Tibetan lake sediments and aquatic macrophytes–A surface sediment study and application to a 16 ka record from Lake Koucha. Organic Geochemistry, 41: 779-790.

Alley R B. 2000. The younger dryas cold interval as viewed from central greenland. Quaternary Science Reviews, 19: 213-226.

An Z, Colman S M, Zhou W, et al. 2012. Interplay between the Westerlies and Asian monsoon recorded in Lake Qinghai sediments since 32 ka. Scientific Reports, 2: 619.

Bakke J, Trachsel M, Kvisvik B C, et al. 2013. NumeriCal analyses of a multi-proxy data set from a distal glacier-fed lake Sørsendalsvatn western Norway. Quaternary Science Reviews, 73: 182-195.

Blaauw M, Christen J A. 2011. Flexible paleoclimate age-depth models using an autoregressive gamma process. Bayesian Analysis, 6: 457-474.

Bond G, Showers W, Cheseby M, et al. 1997. A pervasive millennial-scale cycle in North Atlantic Holocene and glacial climates. Science, 278: 1257-1266.

Buesseler K O, Livingston H D, Honjo S, et al. 1987. Chernobyl radionuclides in a Black-Sea sediment trap. Nature, 329: 825-828.

Cai Y, Zhang H, Cheng H, et al. 2012. The Holocene Indian monsoon variability over the southern Tibetan Plateau and its teleconnections. Earth and Planetary Science Letters, 335: 135-144.

Chen H, Zhu L P, Ju J T, et al. 2019. Temporal variability of ^{14}C reservoir effects and sedimentological chronology analysis in lake sediments from Chibuzhang Co, North Tibet (China). Quaternary Geochronology, 52: 88-102.

Chu G, Sun Q, Li S, et al. 2005. Long-chain alkenone distributions and temperature dependence in lacustrine surface sediments from China. Geochimica Et Cosmochimica Acta, 69: 4985-5003.

Craig H, Gordon L I. 1965. Deuterium and oxygen 18 variations in the ocean and marine atmosphere. Symposium on Marine Geochemistry, 277-374.

Cranwell P A. 1985. Long-chain unsaturated ketones in recent lacustrine sediments. Geochimica Et Cosmochimica Acta, 49: 1545-1551.

Demske D, Tarasov P, Wunnemann B, et al. 2009. Late glacial and Holocene vegetation Indian monsoon and westerly circulation in the Trans-Himalaya recorded in the lacustrine pollen sequence from Tso Kar Ladakh NW India. Palaeogeography Palaeoclimatology Palaeoecology, 279: 172-185.

Dietze E, Maussion F, Ahlborn M, et al. 2014. Sediment transport processes across the Tibetan Plateau inferred from robust grain-size end members in lake sediments. Climate of the Past, 10: 91-106.

Dykoski C A, Edwards R L, Cheng H, et al. 2005. A high-resolution absolute-dated Holocene and deglacial Asian monsoon record from Dongge Cave China. Earth and Planetary Science Letters, 233: 71-86.

Eadie B J, Chambers R L, Gardner W S, et al. 1984. Sediment trap studies in Lake Michigan: Resuspension and chemical fluxes in the southern basin. Journal of Great Lakes Research, 10: 307-321.

Eglinton T I, Eglinton G. 2008. Molecular proxies for paleoclimatology. Earth and Planetary Science Letters,

275: 1-16.

Gao J, Masson-Delmotte V, Yao T, et al. 2011. Precipitation water stable isotopes in the south Tibetan Plateau: Observations and modeling. Journal of Climate, 24: 3161-3178.

Garcin Y, Schwab V F, Gleixner G, et al. 2012. Hydrogen isotope ratios of lacustrine sedimentary n-alkanes as proxies of tropical African hydrology: Insights from a calibration transect across Cameroon. Geochimica et Cosmochimica Acta, 79: 106-126.

Grafenstein U V, Erlernkeuser H, Trimborn P. 1999. Oxygen and carbon isotopes in modern fresh-water ostracod valves: assessing vital offsets and autecological effects of interest for palaeoclimate studies. Palaeogeography Palaeoclimatology Palaeoecology, 148: 133-152.

Gupta A K, Mohan K, Sarkar S, et al. 2011. East-West similarities and differences in the surface and deep northern Arabian Sea records during the past 21 kyr. Palaeogeography Palaeoclimatology Palaeoecology, 301: 75-85.

Günther F, Aichner B, Siegwolf R, et al. 2013. A synthesis of hydrogen isotope variability and its hydrological significance at the Qinghai–Tibetan Plateau. Quaternary International, 313-314: 3-16.

Günther F, Mügler I, Mäusbacher R, et al. 2011. Response of δD values of sedimentary n-alkanes to variations in source water isotope signals and climate proxies at lake Nam Co Tibetan Plateau. Quaternary International, 236: 82-90.

Günther F, Witt R, Schouten S, et al. 2015. Quaternary ecological responses and impacts of the Indian Ocean Summer monsoon at Nam Co southern Tibetan Plateau. Quaternary Science Reviews, 112: 66-77.

Haug G H, Hughen K A, Sigman D M, et al. 2001. Southward migration of the intertropical convergence zone through the Holocene. Science, 293: 1304-1308.

He Y, Hou J, Brown E, et al. 2018. Timing of the Indian Summer Monsoon onset during the early Holocene: Evidence from a sediment core at Linggo Co central Tibetan Plateau. The Holocene, 28（5）: 755-766.

He Y X, Liu W G, Zhao C, et al. 2013a. Solar influenced late Holocene temperature changes on the northern Tibetan Plateau. Chinese Science Bulletin, 58: 1053-1059.

He Y X, Zhao C, Wang Z, et al. 2013b. Late Holocene coupled moisture and temperature changes on the northern Tibetan Plateau. Quaternary Science Reviews, 80: 47-57.

Henderson A C, Holmes J A. 2009. Palaeolimnological evidence for environmental change over the past millennium from Lake Qinghai sediments: A review and future research prospective. Quaternary International, 194: 134-147.

Henderson A C, Holmes J A, Leng M J. 2010. Late Holocene isotope hydrology of Lake Qinghai NE Tibetan Plateau: Effective moisture variability and atmospheric circulation changes. Quaternary Science Reviews, 29: 2215-2223.

Herzschuh U, Winter K, Wünnemann B, et al. 2006. A general cooling trend on the central Tibetan Plateau throughout the Holocene recorded by the Lake Zigetang pollen spectra. Quaternary International, 154: 113-121.

Holmes J. 1996. Trace-element and stable-isotope geochemistry of non-marine ostracod shells in Quaternary palaeoenvironmental reconstruction. Journal of Paleolimnology, 15: 223-235.

Hou J, Andrea W, Liu Z. 2012. The influence of ^{14}C reservoir age on interpretation of paleolimnological records from the Tibetan Plateau. Quaternary Science Reviews, 48: 67-79.

Hou J, d'Andrea W, Huang Y. 2008. Can sedimentary leaf waxes record D/H ratios of continental precipitation? Field model and experimental assessments. Geochimica et Cosmochimica Acta, 72: 3503-3517.

Hou J, d'Andrea W, Macdonald D, et al. 2007. Hydrogen isotopic variability in leaf waxes among terrestrial and aquatic plants around Blood Pond Massachusetts (USA). Organic Geochemistry, 38: 977-984.

Hou J, d'Andrea W, Wang M, et al. 2017a. Influence of the Indian monsoon and the subtropical jet on climate change on the Tibetan Plateau since the late Pleistocene. Quaternary Science Reviews, 163: 84-94.

Hou J, Huang Y, Zhao J, et al. 2016. Large Holocene summer temperature oscillations and impact on the peopling of the northeastern Tibetan Plateau. Geophysical Research Letters, 43: 1323-1330.

Hou J, Tian Q, Liang J, et al. 2017b. Climatic implications of hydrologic changes in two lake catchments on the central Tibetan Plateau since the last glacial. Journal of Paleolimnology, 58(2): 257-273.

Hu X, Zhu L, Wang Y, et al. 2014. Climatic significance of n-alkanes and their compound-specific δD values from lake surface sediments on the Southwestern Tibetan Plateau. Chinese Science Bulletin, 59: 3022-3033.

Jin Z, An Z, Yu J, et al. 2015. Lake Qinghai sediment geochemistry linked to hydroclimate variability since the last glacial. Quaternary Science Reviews, 122: 63-73.

Kashiwaya K, Masuzawa T, Morinaga H, et al. 1995. Changes in hydrological conditions in the central Qing-Zang (Tibetan) Plateau inferred from lake bottom sediments. Earth and Planetary Science Letters, 135: 31-39.

Kasper T, Haberzettl T, Doberschütz S, et al. 2012. Indian Ocean Summer Monsoon (IOSM)-dynamics within the past 4ka recorded in the sediments of lake Nam Co central Tibetan Plateau (China). Quaternary Science Reviews, 39: 73-85.

Leipe C, Demske D, Tarasov P E. 2014. A Holocene pollen record from the northwestern Himalayan lake Tso Moriri: Implications for palaeoclimatic and archaeological research. Quaternary International, 348: 93-112.

Leng M J, Barker P A. 2006. A review of the oxygen isotope composition of lacustrine diatom silica for palaeoclimate reconstruction. Earth Science Reviews, 75: 5-27.

Li X, Liang J, Hou J, et al. 2015. Centennial-scale climate variability during the past 2000 years on the central Tibetan Plateau. Holocene, 25: 892-899.

Li X, Yi C, Chen F, et al. 2006. Formation of proglacial dunes in front of the Puruogangri Icefield in the central Qinghai-Tibet Plateau: Implications for reconstructing paleoenvironmental changes since the Lateglacial. Quaternary International, 154: 122-127.

Lister G S, Kelts K, Chen K Z, et al. 1991. Lake Qinghai China: Closed-basin like levels and the oxygen isotope record for ostracoda since the latest Pleistocene. Palaeogeography Palaeoclimatology

Palaeoecology, 84: 141-162.

Liu Z, Henderson A C, Huang Y. 2006. Alkenone-based reconstruction of late-Holocene surface temperature and salinity changes in Lake Qinghai China. Geophysical Research Letters, 33: L09707.

Maussion F, Scherer D, Mölg T, et al. 2013. Precipitation seasonality and variability over the Tibetan Plateau as resolved by the high Asia reanalysis. Journal of Climate, 27: 1910-1927.

Mcgee D, Donohoe A, Marshall J, et al. 2014. Changes in ITCZ location and cross-equatorial heat transport at the Last Glacial Maximum Heinrich Stadial 1 and the mid-Holocene. Earth and Planetary Science Letters, 390: 69-79.

Meyers P A. 2009. Organic geochemical proxies//Gornitz V. Encyclopedia of Paleoclimatology and Ancient Environments, Encyclopedia of Earth Sciences Series. Dordrecht: Springer.

Mischke S, Zhang C. 2010. Holocene cold events on the Tibetan Plateau. Global and Planetary Change, 72: 155-163.

Mishra P K, Anoop A, Schettler G, et al. 2015. Reconstructed late quaternary hydrological changes from Lake Tso Moriri NW Himalaya. Quaternary International, 371: 76-86.

Pan B, Yi C, Jiang T, et al. 2012. Holocene lake-level changes of Linggo Co in central Tibet. Quaternary Geochronology, 10: 117-122.

Rao Z, Zhu Z, Jia G, et al. 2009. Compound specific δD values of long chain n-alkanes derived from terrestrial higher plants are indicative of the δD of meteoric waters: Evidence from surface soils in eastern China. Organic Geochemistry, 40: 922-930.

Sachse D, Billault I, Bowen G J, et al. 2012. Molecular paleohydrology: Interpreting the hydrogen-isotopic composition of lipid biomarkers from photosynthesizing organisms. Annual Review of Earth and Planetary Sciences, 40: 221-249.

Sachse D, Radke J, Gleixner G. 2004. Hydrogen isotope ratios of recent lacustrine sedimentary n-alkanes record modern climate variability. Geochimica et Cosmochimica Acta, 68: 4877-4889.

Sarkar S, Prasad S, Wilkes H, et al. 2015. Monsoon source shifts during the drying mid-Holocene: Biomarker isotope based evidence from the core 'monsoon zone' (CMZ) of India. Quaternary Science Reviews, 123: 144-157.

Schneider T, Bischoff T, Haug G H. 2014. Migrations and dynamics of the intertropical convergence zone. Nature, 513: 45-53.

Shen J, Liu X, Wang S, et al. 2005. Palaeoclimatic changes in the Qinghai Lake area during the last 18, 000 years. Quaternary International, 136: 131-140.

Steinhilber F, Abreu J A, Beer J, et al. 2012. 9400 years of cosmic radiation and solar activity from ice cores and tree rings. Proceedings of the National Academy of Sciences of the United States of America, 109: 5967-5971.

Thomas E K, Huang Y, Clemens S C. 2016. Changes in dominant moisture sources and the consequences for hydroclimate on the northeastern Tibetan Plateau during the past 32kyr. Quaternary Science Reviews, 131: 157-167.

Thompson L G, Yao T D, Davis M E, et al. 2006. Holocene climate variability archived in the Puruogangri ice cap on the central Tibetan Plateau. Annals of Glaciology, 43: 61-69.

Tian L, Yao T, MacClune K, et al. 2007. Stable isotopic variations in west China: A consideration of moisture sources. Journal of Geophysical Research: Atmospheres, 112: D1029.

Tian L, Yao T, Schuster P F, et al. 2003. Oxygen-18 concentrations in recent precipitation and ice cores on the Tibetan Plateau. Journal of Geophysical Research: Atmospheres 108（D9）: 4293.

Vuille M, Werner M, Bradley R S, et al. 2005. Stable isotopes in precipitation in the Asian monsoon region. Journal of Geophysical Research: Atmospheres, 110: D23108.

Wan W, Long D, Hong Y, et al. 2016. A lake data set for the Tibetan Plateau from the 1960s 2005 and 2014. Scientific Data, 3: 160039.

Wang Y, Cheng H, Edwards R L, et al. 2005. The Holocene Asian monsoon: Links to solar changes and North Atlantic climate. Science, 308: 854-857.

Wang Z, Liu W. 2013. Calibration of the $U_{37}^{K'}$ index of long-chain alkenones with the in-situ water temperature in Lake Qinghai in the Tibetan Plateau. Science Bulletin, 58: 803-808.

Wang Z, Liu W, Liu Z, et al. 2013. A 1700-year n-alkanes hydrogen isotope record of moisture changes in sediments from Lake Sugan in the Qaidam Basin northeastern Tibetan Plateau. The Holocene, 23: 1350-1354.

Wang Z, Liu Z, Zhang F, et al. 2015. A new approach for reconstructing Holocene temperatures from a multi-species long chain alkenone record from Lake Qinghai on the northeastern Tibetan Plateau. Organic Geochemistry, 88: 50-58.

Wünnemann B, Demske D, Tarasov P, et al. 2010. Hydrological evolution during the last 15 kyr in the Tso Kar lake basin（Ladakh India）derived from geomorphological sedimentological and palynological records. Quaternary Science Reviews, 29: 1138-1155.

Xu H, Ai L, Tan L, et al. 2006. Stable isotope in bulk carbonates and organic matter in recent sediments of Lake Qinghai and their climatic implications. Chemical Geology, 235: 262-275.

Yang B, Bräuning A, Liu J, et al. 2009. Temperature changes on the Tibetan Plateau during the past 600 years inferred from ice cores and tree rings. Global and Planetary Change, 69: 71-78.

Yang B Y, Bräuning A, Shi Y. 2003. Late Holocene temperature fluctuations on the Tibetan Plateau. Quaternary Science Reviews, 22: 2335-2344.

Yao T, Masson-Delmotte V, Gao J, et al. 2013. A review of climatic controls on $\delta^{18}O$ in precipitation over the Tibetan Plateau: Observations and simulations. Reviews of Geophysics, 51: 525-548.

Yu S Y, Colman S M, Li L. 2016. BEMMA: A hierarchical Bayesian end-member modeling analysis of sediment grain-size distributions. Mathematical Geosciences, 48: 723-741.

Zhang P, Cheng H, Edwards R L, et al. 2008. A test of climate sun and culture relationships from an 1810-year Chinese cave record. Science, 322: 940-942.

Zhao C, Liu Z, Rohling E J, et al. 2013. Holocene temperature fluctuations in the northern Tibetan Plateau. Quaternary Research, 80: 55-65.

Zhu L, Lü X, Wang J, et al. 2015. Climate change on the Tibetan Plateau in response to shifting atmospheric circulation since the LGM. Scientific Reports, 5: 13318.

Zhu L, Zhang P, Xia W, et al. 2003. 1400-yrs cold/warm fluctuations reflected by environmental magnetism of a lake sediment core from the Chen Co southern Tibet China. Journal of Paleolimnology, 29（4）: 391-401.

Zink K G, Leythaeuser D, Melkonian M, et al. 2001. Temperature dependency of long-chain alkenone distributions in recent to fossil limnic sediments and in lake waters 1. Geochimica Et Cosmochimica Acta, 65: 253-265.

（执笔人：王君波、侯居峙、王明达、陈　浩、马庆峰、李　皎）

附　　录

2017 年江湖源科考日志 (6.3 ～ 7.12)

1. 色林错及周边核心区湖泊考察分队（湖泊 1 队，野外考察负责人：王君波）

日期（每天）	工作内容	停留地点	交通工具	住宿条件
2017.6.3～7	考察队员在拉萨陆续集结并开展准备工作	拉萨	飞机／火车／汽车	中国科学院青藏高原研究所拉萨部
2017.6.8	考察队员在集结完毕；先遣小组前往那曲办理科考手续	拉萨／那曲	越野车	中国科学院青藏高原研究所拉萨部／那曲宾馆
2017.6.9	大部分考察队员从拉萨出发到达班戈	班戈	越野车／卡车	宾馆
2017.6.10	到达色林错湖畔并搭建营地	色林错	越野车／卡车	湖畔大营
2017.6.11～12	组装采样平台等相关设备	色林错	越野车	湖畔大营
2017.6.13～14	色林错湖上开展第一点位沉积物钻取工作	色林错	船	湖畔大营
2017.6.15	因天气原因未开展湖上工作；营地配合媒体进行直播准备工作	色林错	越野车	湖畔大营
2017.6.16	继续色林错湖上沉积物钻取工作	色林错	船	湖畔大营
2017.6.17～18	部分队员返回拉萨参加二次科考启动仪式；其余队员继续湖上工作	色林错／拉萨	船／越野车	湖畔大营／拉萨
2017.6.19	继续色林错湖上工作；同时配合央视进行拍摄	色林错	船	湖畔大营
2017.6.20	继续色林错湖上工作	色林错	船	湖畔大营
2017.6.21	完成第一点位沉积物钻探工作，转移工作平台至第二钻取点位；配合央视进行直播报道	色林错	船	湖畔大营
2017.6.22	开展第二点位沉积物钻取工作；配合央视进行直播报道	色林错	船	湖畔大营
2017.6.23	继续色林错湖上工作及央视直播报道	色林错	船	湖畔大营
2017.6.24	开展并完成错鄂湖上考察工作	错鄂／色林错	越野车／卡车／船	湖畔大营
2017.6.25	上午天气状况不佳，营地整理样品；中午开始湖上工作，深夜 01:30 返回	色林错	船	湖畔大营
2017.6.26	继续色林错湖上工作，天气状况不佳	色林错	船	湖畔大营
2017.6.27	继续色林错湖上工作，天气状况不佳	色林错	船	湖畔大营
2017.6.28	继续色林错湖上工作，天气好转，钻取工作取得较大进展	色林错	船	湖畔大营
2017.6.29	样品整理	色林错	船	湖畔大营
2017.6.30	继续色林错湖上工作	色林错	船	湖畔大营
2017.7.1	继续色林错湖上工作；部分人员前往格仁错完成考察工作	色林错／格仁错	越野车／卡车／船	湖畔大营
2017.7.2	上午天气不佳，营地整理样品；中午后继续色林错湖上工作	色林错	船	湖畔大营
2017.7.3	继续色林错湖上工作，天气状况不佳	色林错	船	湖畔大营
2017.7.4	继续色林错湖上工作	色林错	船	湖畔大营
2017.7.5	继续色林错湖上工作	色林错	船	湖畔大营
2017.7.6	继续色林错湖上工作，天气状况不佳	色林错	船	湖畔大营

续表

日期（每天）	工作内容	停留地点	交通工具	住宿条件
2017.7.7	继续色林错湖上工作，白天天气状况较好，晚上不佳	色林错	船	湖畔大营
2017.7.8	色林错湖上工作收尾，撤回湖上工作平台至岸上	色林错	船	湖畔大营
2017.7.9	色林错营地撤离，大部队返回班戈	色林错 / 班戈	越野车 / 卡车	班戈
2017.7.10 ～ 11	大部队返回拉萨，开展仪器、样品后续整理工作	拉萨	越野车 / 卡车	中国科学院青藏高原研究所拉萨部
2017.7.12	全部考察队伍拉萨集合，野外工作全面结束	拉萨	越野车 / 卡车	中国科学院青藏高原研究所拉萨部

2. 色林错外围区湖泊考察分队（湖泊 2 队，野外考察负责人：侯居峙）

日期（每天）	工作内容	停留地点	交通工具	住宿条件
2017.6.16 ～ 18	考察队员拉萨集结，开展野外前准备工作	拉萨	飞机 / 火车 / 汽车	中国科学院青藏高原研究所拉萨部
2017.6.19	拉萨出发到达班戈县	班戈	越野车 / 卡车	班戈县天湖宾馆
2017.6.20	班戈县出发到色林错湖边扎营	色林错	越野车 / 卡车	湖畔大营
2017.6.21	色林错上湖（采样、测试无人船）	色林错	船	湖畔大营
2017.6.22	色林错上湖（找温度计）	色林错	船	湖畔大营
2017.6.23	色林错上湖（CCTV 直播）	色林错	船	湖畔大营
2017.6.24	色林错上湖（读取岛上温度数据）	色林错	船	湖畔大营
2017.6.25	色林错出发到达则错扎营	达则错	越野车 / 卡车	湖边营地
2017.6.26	达则错上湖（读取岛上温度数据）	达则错	船	湖边营地
2017.6.27	达则错上湖、采湖周围土样	达则错	船、越野车	湖边营地
2017.6.28	达则错上湖、采湖周围土样，赶到尼玛县	尼玛县	船 / 越野车 / 卡车	尼玛县味当家招待所
2017.6.29	尼玛县采样、修整，补充野外补给	尼玛县	越野车	尼玛县味当家招待所
2017.6.30	尼玛县出发到达达吾玛宗村	协德乡达吾玛宗村	越野车 / 卡车	协德乡达吾玛宗村村支部
2017.7.1	尕阿错采样，到达多玛乡果根擦曲村	多玛乡果根擦曲村	船 / 越野车 / 卡车	多玛乡果根擦曲村
2017.7.2	多玛乡果根擦曲村出发，途经瀑赛尔错采样，到达巴岭乡	巴岭乡	船 / 越野车 / 卡车	巴岭乡乡政府
2017.7.3	巴岭乡修整，处理样品	巴岭乡	越野车	巴岭乡乡政府
2017.7.4	其香错上湖，到达班戈县	班戈县	越野车 / 卡车	班戈县天湖宾馆
2017.7.5	班戈县出发到达安多县	安多县	越野车 / 卡车	安多县宾馆
2017.7.6	安多县出发到达强玛镇	强玛镇	越野车 / 卡车	强玛镇镇政府
2017.7.7	强玛镇修整，处理样品	强玛镇	越野车	强玛镇镇政府
2017.7.8	兹格塘错上湖	强玛镇	船 / 越野车 / 卡车	强玛镇镇政府
2017.7.9	强玛镇出发，途经达如错上湖，到达江错	江错	船 / 越野车 / 卡车	湖边营地
2017.7.10	江错上湖，湖边采土样	江错	船 / 越野车	湖边营地
2017.7.11	江错出发，途经巴木错上湖，而后返回拉萨	拉萨	船 / 越野车 / 卡车	中国科学院青藏高原研究所拉萨部